普通高等教育"十三五"规划教材

农业气象学

Agro-meteorology

第2版

王世华　崔日鲜　张艳慧　主编

化学工业出版社

·北京·

《农业气象学》（第 2 版）是在第 1 版的基础上进行修订补充而成。全书共 12 章，分别包括大气、辐射、温度、水分、气压与空气运动、天气、灾害性天气与农业气象灾害、气候与农业气候、农业小气候基础、气象与农业气象观测方法、气候资料的统计分析、农业气象灾害和病虫害的观测和调查等内容。理论结合实践案例，简明扼要。本书第 2 版在第 1 版的基础上增加了两章新的内容，以增加学生们的实践知识和提高实验能力。

　　《农业气象学》（第 2 版）可作为高等农林院校的农学、种子科学与工程、园艺、植保、林学、园林和农业资源与环境等专业师生教材，亦可作为相关专业专科学生以及相关科研工作者的参考书。

图书在版编目（CIP）数据

农业气象学/王世华，崔日鲜，张艳慧主编. —2 版.
—北京：化学工业出版社，2019.10（2025.3 重印）
普通高等教育"十三五"规划教材
ISBN 978-7-122-34964-4

Ⅰ.①农…　Ⅱ.①王…②崔…③张…　Ⅲ.①农业
气象-气象学　Ⅳ.①S16

中国版本图书馆 CIP 数据核字（2019）第 164415 号

责任编辑：尤彩霞　　　　　　　　　　文字编辑：李　玥
责任校对：宋　夏　　　　　　　　　　装帧设计：张　辉

出版发行：化学工业出版社（北京市东城区青年湖南街 13 号　邮政编码 100011）
印　　装：北京云浩印刷有限责任公司
787mm×1092mm　1/16　印张 16¼　字数 408 千字　2025 年 3 月北京第 2 版第 6 次印刷

购书咨询：010-64518888　　　　　　　售后服务：010-64518899
网　　址：http://www.cip.com.cn
凡购买本书，如有缺损质量问题，本社销售中心负责调换。

定　　价：49.00 元

本书编者名单

主　　编

王世华　河南科技大学

崔日鲜　青岛农业大学

张艳慧　山东农业大学

副　主　编

张　均　河南科技大学

杨宏斌　山西农业大学

刘振威　河南科技学院

李　聪　河南省郑州市气象局

其他参编（按姓氏拼音排序）

李学来　河南省洛阳市洛宁县农业局农业推广学校

刘晨洲　河南科技大学

刘文霞　河南农业大学

刘秀英　河南科技大学

苗　蕾　河南农业大学

任中兴　山东农业大学

孙　丽　河南科技学院

吴姗薇　河南科技大学

杨林菲　河南省洛阳市气象局

杨小燕　河南农业大学

前 言

　　《农业气象学》教材是为高等农林院校非气象专业所开设的专业基础课编写的，作为高等农林院校重要的专业基础课之一，被应用在农学、种子、林学、园艺、园林、植物保护、资源环境与科学以及土壤学等农学门类各专业教学中，受到广泛欢迎。编写高等学校"十三五"规划教材《农业气象学》，就是为了落实《国家中长期教育改革和发展规划纲要》（2010—2020 年），以满足《普通高等学校本科专业目录》（修订二稿）的专业设置需求。

　　在编写过程中，借鉴国内外同类教材的优点，并查阅相关的研究成果，力求将气象学理论与农学门类各专业对象有机结合，各编写单位结合多年农业气象学教学实践，按照农业气象学的教学规律，考虑各校教学计划学时和学期的安排，合理设置章节，各章后配有思考题，同时把主要气象要素、气候资料的观测分析方法作为实验部分，以满足学生自学的需要，新增加的第 12 章也将有助于农业生产实践及课程实习。

　　本版教材修订人员及分工如下：前言和绪论由王世华、刘文霞编写；第 1 章由张艳慧、李聪编写；第 2 章由杨宏斌编写；第 3 章由崔日鲜、刘振威编写；第 4 章由吴姗薇、王世华编写；第 5 章由任中兴、吴姗薇编写；第 6、7、10 章由张均编写；第 8 章由王世华编写；第 9 章由吴姗薇编写；第 11 章由崔日鲜、李学来编写；第 12 章由杨林菲、孙丽编写。全书由王世华统稿，李有审定，苗蕾、杨小燕、刘晨洲、刘秀英四位对全书的图片、参考文献、体例格式等进行统稿工作。

　　本版教材修订时修正了第 1 版中存在的错误，但限于作者水平，书中难免会仍有不足之处，敬请读者不吝指正！同时，我们对第 1 版所有编写人员表示衷心的感谢！

编者

2020 年 3 月

第1版前言

《农业气象学》作为高等农林院校重要的专业基础课之一，在农学、林学、园艺、园林、植保和资源与环境等农学门类各专业的研究对象与大气环境之间起着非常关键的知识纽带和应用桥梁作用，编写普通高等教育"十二五"规划教材《农业气象学》，就是为了落实《国家中长期教育改革和发展规划纲要》（2010～2020年），以满足《普通高等学校本科专业目录》（修订二稿）的专业设置需求。

本教材是各编写单位多年农业气象教学研究成果的结晶，在编写过程中，力求将气象学理论与农学门类各专业对象有机结合，注重最新研究成果的吸收，在总结现有同类教材编排优点的基础上，按照农业气象的教学规律，并考虑各校教学计划学时和学期的安排，合理设置章节，并把主要气象要素的观测方法单独设章，章后配有思考题，以满足学生自学的需要。

本教材编写人员及分工如下：前言和绪论由李有、刘文霞编写；第1章由刘文霞编写；第2章由刘文霞、王世华编写；第3章由崔日鲜、刘振威编写；第4章由刘振威、任中兴编写；第5章由任中兴、王世华编写；第6章和第7章由张均编写；第8章由王世华、孙丽编写；第9章由孙丽编写；第10章由张均、杨林菲编写。全书统稿和审定由李有和刘文霞完成，河南科技大学张金良为本书的编写和出版也付出了大量的心血，在此一并表示感谢！

尽管所有参编人员竭尽全力，书中难免会有不足之处，敬请读者不吝指正。

编者

2012 年 7 月

目　录

绪论 ……………………………………………………………………………… 1

0.1　气象学 ……………………………………………………………………… 1
0.2　气象学的分支 ……………………………………………………………… 1
0.3　农业气象学 ………………………………………………………………… 2
　　0.3.1　概念 ……………………………………………………………… 2
　　0.3.2　基本任务 ………………………………………………………… 2
　　0.3.3　研究方法 ………………………………………………………… 2

第1章　大气 …………………………………………………………………… 4

1.1　大气的组成 ………………………………………………………………… 4
　　1.1.1　干洁大气 ………………………………………………………… 4
　　1.1.2　水汽 ……………………………………………………………… 6
　　1.1.3　气溶胶粒子 ……………………………………………………… 6
1.2　大气的垂直结构 …………………………………………………………… 7
　　1.2.1　对流层 …………………………………………………………… 8
　　1.2.2　平流层 …………………………………………………………… 9
　　1.2.3　中间层 …………………………………………………………… 9
　　1.2.4　热成层 …………………………………………………………… 9
　　1.2.5　散逸层 …………………………………………………………… 10
1.3　大气污染 …………………………………………………………………… 10
　　1.3.1　硫氧化物 ………………………………………………………… 11
　　1.3.2　氟化物 …………………………………………………………… 11
　　1.3.3　酸雨 ……………………………………………………………… 11
　　1.3.4　氟氯烃类化合物 ………………………………………………… 11
思考题 …………………………………………………………………………… 12

第2章　辐射 …………………………………………………………………… 13

2.1　辐射的基本知识 …………………………………………………………… 13

　　2.1.1　辐射的概念 ‥‥‥‥‥‥‥‥‥‥‥‥‥‥‥‥‥‥‥‥‥‥‥‥‥ 13
　　2.1.2　物体对辐射的吸收、反射和透射 ‥‥‥‥‥‥‥‥‥‥‥‥‥‥‥ 14
　　2.1.3　辐射的基本定律 ‥‥‥‥‥‥‥‥‥‥‥‥‥‥‥‥‥‥‥‥‥‥ 14
　2.2　日地关系及季节的形成 ‥‥‥‥‥‥‥‥‥‥‥‥‥‥‥‥‥‥‥‥‥‥ 16
　　2.2.1　日地关系 ‥‥‥‥‥‥‥‥‥‥‥‥‥‥‥‥‥‥‥‥‥‥‥‥‥ 16
　　2.2.2　太阳在天空中的位置 ‥‥‥‥‥‥‥‥‥‥‥‥‥‥‥‥‥‥‥‥ 17
　　2.2.3　昼夜形成与日长变化 ‥‥‥‥‥‥‥‥‥‥‥‥‥‥‥‥‥‥‥‥ 18
　　2.2.4　季节的形成与冷暖变化 ‥‥‥‥‥‥‥‥‥‥‥‥‥‥‥‥‥‥‥ 21
　2.3　太阳辐射 ‥‥‥‥‥‥‥‥‥‥‥‥‥‥‥‥‥‥‥‥‥‥‥‥‥‥‥‥‥ 21
　　2.3.1　大气上界的太阳辐射 ‥‥‥‥‥‥‥‥‥‥‥‥‥‥‥‥‥‥‥‥ 21
　　2.3.2　太阳辐射在大气中的减弱 ‥‥‥‥‥‥‥‥‥‥‥‥‥‥‥‥‥‥ 21
　　2.3.3　影响太阳辐射在大气中减弱的因素 ‥‥‥‥‥‥‥‥‥‥‥‥‥‥ 25
　2.4　到达地面的太阳辐射 ‥‥‥‥‥‥‥‥‥‥‥‥‥‥‥‥‥‥‥‥‥‥‥ 26
　　2.4.1　太阳直接辐射 ‥‥‥‥‥‥‥‥‥‥‥‥‥‥‥‥‥‥‥‥‥‥‥ 26
　　2.4.2　太阳散射辐射 ‥‥‥‥‥‥‥‥‥‥‥‥‥‥‥‥‥‥‥‥‥‥‥ 27
　　2.4.3　太阳总辐射 ‥‥‥‥‥‥‥‥‥‥‥‥‥‥‥‥‥‥‥‥‥‥‥‥ 28
　　2.4.4　太阳辐射总量 ‥‥‥‥‥‥‥‥‥‥‥‥‥‥‥‥‥‥‥‥‥‥‥ 28
　　2.4.5　下垫面对太阳辐射的反射 ‥‥‥‥‥‥‥‥‥‥‥‥‥‥‥‥‥‥ 29
　2.5　地面辐射、大气辐射和地面有效辐射 ‥‥‥‥‥‥‥‥‥‥‥‥‥‥‥ 31
　　2.5.1　地面辐射 ‥‥‥‥‥‥‥‥‥‥‥‥‥‥‥‥‥‥‥‥‥‥‥‥‥ 31
　　2.5.2　大气辐射和大气逆辐射 ‥‥‥‥‥‥‥‥‥‥‥‥‥‥‥‥‥‥‥ 31
　　2.5.3　地面有效辐射 ‥‥‥‥‥‥‥‥‥‥‥‥‥‥‥‥‥‥‥‥‥‥‥ 32
　2.6　地面净辐射 ‥‥‥‥‥‥‥‥‥‥‥‥‥‥‥‥‥‥‥‥‥‥‥‥‥‥‥ 33
　　2.6.1　地面净辐射的方程 ‥‥‥‥‥‥‥‥‥‥‥‥‥‥‥‥‥‥‥‥‥ 33
　　2.6.2　地面净辐射的日变化 ‥‥‥‥‥‥‥‥‥‥‥‥‥‥‥‥‥‥‥‥ 34
　　2.6.3　地面净辐射的年变化 ‥‥‥‥‥‥‥‥‥‥‥‥‥‥‥‥‥‥‥‥ 34
　2.7　太阳辐射与农业生产 ‥‥‥‥‥‥‥‥‥‥‥‥‥‥‥‥‥‥‥‥‥‥‥ 34
　　2.7.1　太阳辐射光谱对植物的影响 ‥‥‥‥‥‥‥‥‥‥‥‥‥‥‥‥‥ 34
　　2.7.2　辐射强度与植物生长发育 ‥‥‥‥‥‥‥‥‥‥‥‥‥‥‥‥‥‥ 35
　　2.7.3　光照时间与植物生长发育 ‥‥‥‥‥‥‥‥‥‥‥‥‥‥‥‥‥‥ 38
　思考题 ‥‥‥‥‥‥‥‥‥‥‥‥‥‥‥‥‥‥‥‥‥‥‥‥‥‥‥‥‥‥‥‥‥ 39

第3章　温度 ‥‥‥‥‥‥‥‥‥‥‥‥‥‥‥‥‥‥‥‥‥‥‥‥‥‥‥‥‥‥‥ 41

　3.1　热量交换方式 ‥‥‥‥‥‥‥‥‥‥‥‥‥‥‥‥‥‥‥‥‥‥‥‥‥‥‥ 41
　　3.1.1　辐射热交换 ‥‥‥‥‥‥‥‥‥‥‥‥‥‥‥‥‥‥‥‥‥‥‥‥ 41
　　3.1.2　分子传导热交换 ‥‥‥‥‥‥‥‥‥‥‥‥‥‥‥‥‥‥‥‥‥‥ 41
　　3.1.3　流体流动热交换 ‥‥‥‥‥‥‥‥‥‥‥‥‥‥‥‥‥‥‥‥‥‥ 41
　　3.1.4　潜热交换 ‥‥‥‥‥‥‥‥‥‥‥‥‥‥‥‥‥‥‥‥‥‥‥‥‥ 42
　3.2　土壤温度 ‥‥‥‥‥‥‥‥‥‥‥‥‥‥‥‥‥‥‥‥‥‥‥‥‥‥‥‥‥ 42
　　3.2.1　地面热量收支平衡 ‥‥‥‥‥‥‥‥‥‥‥‥‥‥‥‥‥‥‥‥‥ 42
　　3.2.2　土壤热特性 ‥‥‥‥‥‥‥‥‥‥‥‥‥‥‥‥‥‥‥‥‥‥‥‥ 43
　　3.2.3　土壤温度随时间的变化 ‥‥‥‥‥‥‥‥‥‥‥‥‥‥‥‥‥‥‥ 45
　　3.2.4　土壤温度的垂直分布 ‥‥‥‥‥‥‥‥‥‥‥‥‥‥‥‥‥‥‥‥ 48

　　　3.2.5　土壤的冻结和解冻 ·· 48
　3.3　水体温度 ··· 49
　　　3.3.1　影响水体温度变化的因素 ································· 49
　　　3.3.2　水面温度的日变化和年变化 ······················· 50
　3.4　空气温度 ··· 50
　　　3.4.1　空气温度随时间的变化 ································· 50
　　　3.4.2　气温的垂直分布 ·· 52
　　　3.4.3　空气的绝热变化和大气稳定度 ······················· 54
　　　3.4.4　温度与农业生产 ·· 57
　思考题 ··· 62

第4章　水分 ··· 63

　4.1　空气湿度 ··· 63
　　　4.1.1　空气湿度的表示方法 ····································· 63
　　　4.1.2　空气湿度的变化 ·· 66
　4.2　蒸发和蒸腾 ··· 68
　　　4.2.1　水面蒸发 ··· 68
　　　4.2.2　土壤蒸发 ··· 69
　　　4.2.3　植物蒸腾 ··· 69
　　　4.2.4　农田蒸散 ··· 70
　4.3　水汽凝结 ··· 71
　　　4.3.1　水汽凝结的条件 ·· 71
　　　4.3.2　水汽凝结物 ··· 72
　4.4　降水 ··· 75
　　　4.4.1　降水的成因 ··· 76
　　　4.4.2　降水的种类 ··· 76
　　　4.4.3　降水的表示方法 ·· 77
　　　4.4.4　人工降水 ··· 78
　4.5　水分循环和水分平衡 ·· 78
　　　4.5.1　外循环 ·· 79
　　　4.5.2　内循环 ·· 79
　　　4.5.3　农田水分平衡 ··· 80
　4.6　水分与农业生产 ·· 80
　　　4.6.1　降水量与作物 ··· 80
　　　4.6.2　空气湿度与作物 ·· 81
　　　4.6.3　土壤湿度与作物 ·· 81
　　　4.6.4　作物水分临界期和关键期 ································· 81
　　　4.6.5　作物需水量 ··· 82
　　　4.6.6　水分利用率及其提高途径 ································· 82
　思考题 ··· 83

第5章　气压与空气运动 ··· 84

　5.1　气压 ··· 84

　　5.1.1　气压及其单位 ……………………………………………………………… 84
　　5.1.2　气压随高度的变化 ………………………………………………………… 84
　　5.1.3　气压场的表示方法 ………………………………………………………… 86
　5.2　风的形成 ………………………………………………………………………… 89
　　5.2.1　风的概念 …………………………………………………………………… 89
　　5.2.2　作用于空气的力 …………………………………………………………… 90
　　5.2.3　自由大气中的风 …………………………………………………………… 92
　　5.2.4　摩擦层中的风 ……………………………………………………………… 93
　5.3　大气环流 ………………………………………………………………………… 94
　　5.3.1　太阳辐射和单圈环流 ……………………………………………………… 94
　　5.3.2　地球自转和三圈环流 ……………………………………………………… 95
　　5.3.3　海陆热力差异和大气活动中心 …………………………………………… 96
　　5.3.4　季风和地方性风 …………………………………………………………… 97
　5.4　近地面层空气的湍流运动 …………………………………………………… 100
　　5.4.1　湍流的概念及成因 ………………………………………………………… 100
　　5.4.2　湍流交换过程 ……………………………………………………………… 100
　5.5　风与农业生产 ………………………………………………………………… 101
　　5.5.1　风对农业生产的有利影响 ………………………………………………… 101
　　5.5.2　风对农业生产的不利影响 ………………………………………………… 102
　思考题 ……………………………………………………………………………… 103

第6章　天气 …………………………………………………………………………… 104

　6.1　气团和锋 ……………………………………………………………………… 106
　　6.1.1　气团 ………………………………………………………………………… 106
　　6.1.2　锋 …………………………………………………………………………… 109
　6.2　气旋和反气旋 ………………………………………………………………… 112
　　6.2.1　气旋 ………………………………………………………………………… 112
　　6.2.2　反气旋 ……………………………………………………………………… 114
　6.3　高空槽（脊）、切变线及其天气 ……………………………………………… 117
　　6.3.1　高空槽（脊）及其天气 …………………………………………………… 117
　　6.3.2　切变线及其天气 …………………………………………………………… 117
　6.4　天气预报简介 ………………………………………………………………… 118
　　6.4.1　天气图预报法 ……………………………………………………………… 119
　　6.4.2　数值预报法 ………………………………………………………………… 119
　　6.4.3　概率统计预报法 …………………………………………………………… 120
　　6.4.4　卫星云图预报法 …………………………………………………………… 120
　思考题 ……………………………………………………………………………… 123

第7章　灾害性天气与农业气象灾害 ……………………………………………… 125

　7.1　寒潮 …………………………………………………………………………… 125
　　7.1.1　寒潮的概念 ………………………………………………………………… 125
　　7.1.2　寒潮的源地及路径 ………………………………………………………… 125
　　7.1.3　寒潮天气 …………………………………………………………………… 126

7.2　霜冻 ┈┈┈ 126

　　7.2.1　霜冻的概念 ┈┈┈┈┈┈┈┈┈┈┈┈┈┈┈┈┈┈┈┈┈┈┈┈┈┈┈┈┈┈┈┈┈┈┈ 126

　　7.2.2　霜冻的分类 ┈┈┈┈┈┈┈┈┈┈┈┈┈┈┈┈┈┈┈┈┈┈┈┈┈┈┈┈┈┈┈┈┈┈┈ 127

　　7.2.3　霜冻对作物的危害 ┈┈┈┈┈┈┈┈┈┈┈┈┈┈┈┈┈┈┈┈┈┈┈┈┈┈┈┈┈ 127

　　7.2.4　防霜冻措施 ┈┈┈┈┈┈┈┈┈┈┈┈┈┈┈┈┈┈┈┈┈┈┈┈┈┈┈┈┈┈┈┈┈┈┈ 128

7.3　冷害 ┈┈┈ 129

　　7.3.1　冷害的概念 ┈┈┈┈┈┈┈┈┈┈┈┈┈┈┈┈┈┈┈┈┈┈┈┈┈┈┈┈┈┈┈┈┈┈┈ 129

　　7.3.2　冷害的分类 ┈┈┈┈┈┈┈┈┈┈┈┈┈┈┈┈┈┈┈┈┈┈┈┈┈┈┈┈┈┈┈┈┈┈┈ 129

　　7.3.3　冷害的防御措施 ┈┈┈┈┈┈┈┈┈┈┈┈┈┈┈┈┈┈┈┈┈┈┈┈┈┈┈┈┈┈┈ 130

7.4　冻害 ┈┈┈ 130

　　7.4.1　冻害的概念 ┈┈┈┈┈┈┈┈┈┈┈┈┈┈┈┈┈┈┈┈┈┈┈┈┈┈┈┈┈┈┈┈┈┈┈ 130

　　7.4.2　冻害的分类 ┈┈┈┈┈┈┈┈┈┈┈┈┈┈┈┈┈┈┈┈┈┈┈┈┈┈┈┈┈┈┈┈┈┈┈ 130

　　7.4.3　冻害的防御措施 ┈┈┈┈┈┈┈┈┈┈┈┈┈┈┈┈┈┈┈┈┈┈┈┈┈┈┈┈┈┈┈ 130

7.5　干旱 ┈┈┈ 131

　　7.5.1　干旱的概念及指标 ┈┈┈┈┈┈┈┈┈┈┈┈┈┈┈┈┈┈┈┈┈┈┈┈┈┈┈┈┈ 131

　　7.5.2　干旱分布特征 ┈┈┈┈┈┈┈┈┈┈┈┈┈┈┈┈┈┈┈┈┈┈┈┈┈┈┈┈┈┈┈┈┈ 131

　　7.5.3　旱灾的防御措施 ┈┈┈┈┈┈┈┈┈┈┈┈┈┈┈┈┈┈┈┈┈┈┈┈┈┈┈┈┈┈┈ 132

7.6　梅雨 ┈┈┈ 132

　　7.6.1　梅雨天气特征 ┈┈┈┈┈┈┈┈┈┈┈┈┈┈┈┈┈┈┈┈┈┈┈┈┈┈┈┈┈┈┈┈┈ 132

　　7.6.2　梅雨的形成和结束 ┈┈┈┈┈┈┈┈┈┈┈┈┈┈┈┈┈┈┈┈┈┈┈┈┈┈┈┈┈ 132

　　7.6.3　梅雨天气和农业生产 ┈┈┈┈┈┈┈┈┈┈┈┈┈┈┈┈┈┈┈┈┈┈┈┈┈┈┈ 133

7.7　干热风 ┈┈┈ 133

　　7.7.1　干热风天气特点与形成 ┈┈┈┈┈┈┈┈┈┈┈┈┈┈┈┈┈┈┈┈┈┈┈┈┈ 133

　　7.7.2　干热风天气危害的指标 ┈┈┈┈┈┈┈┈┈┈┈┈┈┈┈┈┈┈┈┈┈┈┈┈┈ 134

　　7.7.3　干热风分类及分布 ┈┈┈┈┈┈┈┈┈┈┈┈┈┈┈┈┈┈┈┈┈┈┈┈┈┈┈┈┈ 134

　　7.7.4　干热风天气对小麦的危害 ┈┈┈┈┈┈┈┈┈┈┈┈┈┈┈┈┈┈┈┈┈┈┈ 134

　　7.7.5　小麦干热风防御措施 ┈┈┈┈┈┈┈┈┈┈┈┈┈┈┈┈┈┈┈┈┈┈┈┈┈┈┈ 135

7.8　冰雹 ┈┈┈ 135

　　7.8.1　冰雹的发生及分布 ┈┈┈┈┈┈┈┈┈┈┈┈┈┈┈┈┈┈┈┈┈┈┈┈┈┈┈┈┈ 135

　　7.8.2　冰雹的形成条件和过程 ┈┈┈┈┈┈┈┈┈┈┈┈┈┈┈┈┈┈┈┈┈┈┈┈┈ 135

　　7.8.3　冰雹灾害的防治对策 ┈┈┈┈┈┈┈┈┈┈┈┈┈┈┈┈┈┈┈┈┈┈┈┈┈┈┈ 136

7.9　台风 ┈┈┈ 137

　　7.9.1　台风源地、标准及其命名 ┈┈┈┈┈┈┈┈┈┈┈┈┈┈┈┈┈┈┈┈┈┈┈ 137

　　7.9.2　台风移动路径 ┈┈┈┈┈┈┈┈┈┈┈┈┈┈┈┈┈┈┈┈┈┈┈┈┈┈┈┈┈┈┈┈┈ 137

　　7.9.3　台风的结构和天气特征 ┈┈┈┈┈┈┈┈┈┈┈┈┈┈┈┈┈┈┈┈┈┈┈┈┈ 138

　　7.9.4　台风的活动规律 ┈┈┈┈┈┈┈┈┈┈┈┈┈┈┈┈┈┈┈┈┈┈┈┈┈┈┈┈┈┈┈ 139

　　7.9.5　台风灾害的防御 ┈┈┈┈┈┈┈┈┈┈┈┈┈┈┈┈┈┈┈┈┈┈┈┈┈┈┈┈┈┈┈ 139

7.10　龙卷风和沙尘暴 ┈┈┈┈┈┈┈┈┈┈┈┈┈┈┈┈┈┈┈┈┈┈┈┈┈┈┈┈┈┈┈┈┈┈┈┈┈ 139

　　7.10.1　龙卷风 ┈┈┈┈┈┈┈┈┈┈┈┈┈┈┈┈┈┈┈┈┈┈┈┈┈┈┈┈┈┈┈┈┈┈┈┈┈┈ 139

　　7.10.2　沙尘暴 ┈┈┈┈┈┈┈┈┈┈┈┈┈┈┈┈┈┈┈┈┈┈┈┈┈┈┈┈┈┈┈┈┈┈┈┈┈┈ 140

思考题 ┈┈┈ 141

第8章　气候与农业气候 ┈┈┈┈┈┈┈┈┈┈┈┈┈┈┈┈┈┈┈┈┈┈┈┈┈┈┈┈┈┈┈┈┈┈┈ 142

8.1　气候形成的因素 ┈┈┈┈┈┈┈┈┈┈┈┈┈┈┈┈┈┈┈┈┈┈┈┈┈┈┈┈┈┈┈┈┈┈┈┈┈ 143

8.1.1 太阳辐射因素 ··· 143

8.1.2 大气环流因素 ··· 144

8.1.3 下垫面因素 ··· 145

8.1.4 人类活动 ··· 147

8.2 气候带和气候型 ··· 149

8.2.1 气候带 ··· 149

8.2.2 气候型 ··· 152

8.3 气候变化 ··· 154

8.3.1 气候变化历程 ··· 154

8.3.2 气候变化的原因 ··· 157

8.3.3 气候异常 ··· 158

8.4 中国气候 ··· 161

8.4.1 中国气候的基本特征 ··· 162

8.4.2 气候资源分布 ··· 167

8.4.3 中国的节气和季节 ··· 173

8.5 农业气候资源 ··· 174

8.5.1 农业气候资源的基本概念和特征 ································· 174

8.5.2 农业气候资源分析 ··· 175

8.5.3 气候生产潜力分析 ··· 176

8.5.4 中国农业气候资源和生产潜力的分布 ····························· 178

8.5.5 农业气候资源的合理利用 ······································· 179

思考题 ··· 181

第9章 农业小气候基础 ··· 182

9.1 小气候形成的理论基础 ··· 182

9.1.1 小气候形成因素 ··· 182

9.1.2 活动面与活动层 ··· 182

9.2 农田小气候 ··· 183

9.2.1 农田小气候一般特征 ··· 183

9.2.2 农业技术措施的小气候效应 ····································· 188

9.3 森林小气候 ··· 193

9.3.1 辐射 ··· 193

9.3.2 温度 ··· 195

9.3.3 空气湿度 ··· 197

9.3.4 降水 ··· 197

9.3.5 风 ··· 198

9.4 果园小气候 ··· 198

9.4.1 光照 ··· 198

9.4.2 温度 ··· 199

9.4.3 湿度 ··· 199

9.4.4 风 ··· 200

9.5 保护地小气候 ··· 200

9.5.1 地膜覆盖小气候 ··· 201

9.5.2 防护林小气候 ………………………………………………………… 202

9.6 温室小气候 ……………………………………………………………… 204

   9.6.1 温室小气候的形成 ……………………………………………… 204

   9.6.2 温室内的小气候状况 …………………………………………… 205

   9.6.3 温室小气候的控制和调节 ……………………………………… 206

   9.6.4 塑料大棚小气候 ………………………………………………… 207

9.7 农业地形小气候 ………………………………………………………… 208

   9.7.1 坡地小气候 ……………………………………………………… 208

   9.7.2 谷底小气候 ……………………………………………………… 210

思考题 ………………………………………………………………………… 212

第 10 章　气象与农业气象观测方法 …………………………………… 213

10.1 观测场地 ……………………………………………………………… 213

   10.1.1 地面气象观测站 ………………………………………………… 213

   10.1.2 农业气象观测站 ………………………………………………… 216

10.2 空气温度和土壤温度的观测 ………………………………………… 218

   10.2.1 各种液体温度表 ………………………………………………… 218

   10.2.2 温度计 …………………………………………………………… 219

   10.2.3 铂电阻温度传感器 ……………………………………………… 219

   10.2.4 观测方法 ………………………………………………………… 220

10.3 空气湿度的观测 ……………………………………………………… 221

   10.3.1 干湿球温度表 …………………………………………………… 221

   10.3.2 通风干湿表 ……………………………………………………… 221

   10.3.3 毛发湿度表 ……………………………………………………… 222

   10.3.4 毛发湿度计 ……………………………………………………… 223

   10.3.5 湿敏电容湿度传感器 …………………………………………… 223

10.4 《湿度查算表》的使用方法 …………………………………………… 223

   10.4.1 《湿度查算表》的结构 ………………………………………… 223

   10.4.2 查算方法 ………………………………………………………… 223

10.5 降水的观测 …………………………………………………………… 224

   10.5.1 雨量器 …………………………………………………………… 224

   10.5.2 翻斗式雨量计 …………………………………………………… 225

   10.5.3 虹吸式雨量计 …………………………………………………… 226

   10.5.4 双阀容栅式雨量传感器 ………………………………………… 226

10.6 蒸发的观测 …………………………………………………………… 227

   10.6.1 小型蒸发器的结构 ……………………………………………… 227

   10.6.2 蒸发器的使用与维护 …………………………………………… 227

思考题 ………………………………………………………………………… 228

第 11 章　气候资料的统计分析 ………………………………………… 229

11.1 界限温度起止日期及持续日数的求算 ……………………………… 229

11.2 积温的求算 …………………………………………………………… 231

   11.2.1 累计法 …………………………………………………………… 231

11.2.2 直方图法 ·· 232

11.3 气象要素保证率的求算 ·· 233

11.4 气候要素变率的求算 ·· 235

思考题 ·· 236

第12章 农业气象灾害和病虫害的观测和调查 ························· 237

12.1 主要农业气象灾害观测 ·· 237

12.1.1 观测的范围和重点 ·· 237

12.1.2 观测的时间和地点 ·· 238

12.1.3 观测和记载项目 ·· 238

12.1.4 受害期 ·· 238

12.1.5 天气气候情况 ·· 238

12.1.6 受害症状 ··· 238

12.1.7 受害程度 ··· 240

12.1.8 灾前、灾后采取的主要措施 ··· 240

12.1.9 预计对产量的影响 ·· 240

12.1.10 地段代表灾害类型 ·· 241

12.1.11 地段所在区、乡和全县（乃至更大范围内）受灾面积和比例 ··· 241

12.2 主要病虫害观测 ·· 241

12.2.1 观测范围和重点 ·· 241

12.2.2 观测时间 ··· 241

12.2.3 观测地点 ··· 241

12.2.4 观测项目和记载方法 ·· 241

12.3 农业气象灾害和病虫害调查 ·· 241

12.3.1 调查项目 ··· 242

12.3.2 调查方法 ··· 242

思考题 ·· 242

参考文献 ·· 243

绪　论

0.1　气象学

地球作为人类赖以生存的场所，在其周围环绕着一个大气层，大气层内深厚的空气称为大气。在大气中，不断地发生着各种物理现象和过程，物理现象主要有风、云、雨、雪、光、声、电等；物理过程主要是大气的增热和冷却、蒸发和凝结等。气象学就是研究大气中所发生的各种气象现象和物理过程的科学。

定性或定量描述大气物理现象和过程的物理量称为气象要素，主要有气压、气温、湿度、风、降水、云、能见度、太阳辐射、日照等。各种气象要素之间是相互联系、相互制约的。气象要素随时间和空间的变化而变化，对其进行观测和记录，可为天气预报、气候分析和有关科学研究提供基础资料。

0.2　气象学的分支

随着科学技术的发展，气象学形成了许多分支学科，主要有天气学、气候学、大气物理学、动力气象学、应用气象学、大气探测学等。

天气是指一地短时间的大气状态；天气学是研究天气现象的发生发展规律，并运用这些规律预报未来天气的学科。

气候是指一地多年平均和特有的大气状态；气候学是研究气候特征及其形成和变化规律，综合分析评价各地气候资源及其与人类关系的学科。

大气物理学是一门研究大气的物理现象、物理过程及其演变规律的学科，包括大气光学及辐射学、大气声学、大气电学、云雾物理学、微气象学等。

动力气象学是一门应用物理学和流体力学定律，研究大气运动的动力过程、热力过程以及它们之间相互关系的学科。

应用气象学是将气象学的原理、方法和成果应用于人类社会经济活动的各方面，同各专业学科相结合而形成的边缘性学科，包括农业气象学、森林气象学、水文气象学、航空气象学、海洋气象学、医疗气象学以及污染气象学等。

气象学的各个分支学科不是孤立的，相互间存在着有机联系，并且在深入发展中呈现出又分又合的趋势。

0.3　农业气象学

0.3.1　概念

农业气象学是研究农业与气象条件之间关系及相互作用规律的一门学科，是应用气象学的重要组成部分。

气象要素中与农业生产密切相关的要素有辐射、温度、降水、湿度和风等，它们是影响农林业生产的诸多环境因素中最活跃的因素。它们既为生物提供基本的物质和能量，也是构成生物生长、产量和品质的外界条件，所以农业气象学的研究对象包括两个方面：一是研究与农林业生产有关的气象条件的发生、变化和分布规律；二是研究受气象条件影响和制约的有关农业问题及其解决途径。

农业气象学是大气科学与农林业相互交叉渗透形成的一门边缘学科，主要研究农林业生产与气象条件的相互关系和相互作用，研究内容包括农林业生产过程与气象条件的关系和变化规律，受气象条件影响和制约的农林业问题及其解决途径，生物群体、农林业生产技术措施对周边气象和微气象环境的影响及调控途径等。

0.3.2　基本任务

农业气象学的基本任务是研究农业生产中的气象现象和过程，寻求解决矛盾的最佳方案。具体任务有以下几方面：①农林业气象监测，包括仪器的研制、站网设置和观测监测方法，是发展农林气象事业的基础工作。②农林业气象情报和预报，农林业气象情报包括农林业气象灾害的情报和雨情、墒情、火情、农情等情报。农林业气象预报包括农用天气预报、农林业气象灾害预报、作物发育期预报以及产量预报等。目前可根据资源卫星获取的作物或林木生长状况及气象条件等资料，估计大范围的某作物或林木的产量。③农林业气候资源的开发利用与保护，光、热、水、气是重要的农林业气候资源。由于各地气候资源分布并不均衡，且具有显著的季节与年际变化的特点，因此，应从合理开发利用与保护的观点出发，分析一个地区农林业气候资源的变化特点，为因地因时制宜地确定生产类型和结构、改善种植制度、调整作物布局、引种和搭配品种以及荒地的开发利用等提供科学依据。④农林业小气候的利用与调节，包括农田小气候、地形小气候、森林小气候、水域小气候、畜舍小气候以及各种人工措施的小气候效应研究，为农林小气候的调节与改良提供依据与措施。⑤农林业气象灾害规律的掌握及灾害防御，探讨各种农林业气象灾害对农林业生产对象的危害规律、危害指标与机制以及各种防御措施的气象效应与经济效益。⑥农林业气象基础理论的研究，主要研究农林生物生长发育及产量、品质形成的气象理论，农林业气候生产潜力的理论，农林小气候的调控理论，农林气象系统中物质传输与能量转化过程及其模式，森林生态系统对局地、区域和地球气候的可能影响及对维持生态平衡和改善环境的作用。

0.3.3　研究方法

农林气象学研究的对象涉及农林业生产和气象条件，因而在进行各项气象要素、农林气象灾害观测的同时，还应进行作物及林木生长发育状况、产量、品质的观测，称为平行观测法（也称联合观测法），这是农林气象观测的基本方法。通过对平行观测资料的对比分析，可对气象条件与作物或林木的生长发育、产量、品质等的关系作出正确评价。为了在较短时间内取得研究、分析时所需的资料，在平行观测的普遍原则指导下，经常采用下列具体方法：

（1）分期播种法　在同一地方，每隔 5d 或 10d 播种同一种作物，根据研究任务，可播

5～10 期，最少不少于 3 期。这样，在一年内就可获得各种不同气象条件对该作物生长发育影响的资料，进而经过分析即可得出该作物在各发育期对气象条件要求的数量指标。

（2）地理播种法　在气候条件不同的若干地点上，选择土壤条件一致的地段，采用相同的农业技术措施，于各地最适宜的播期，播种同一作物品种，并按照统一计划进行平行观测，这样就可在一年内获得同一品种在若干不同气候条件下的生长发育资料，达到缩短研究年限的目的。

（3）地理分期播种法　是将地理播种和分期播种结合起来的一种试验方法。它兼有地理播种法和分期播种法的优点，并弥补了单纯地理播种法很难取得地形、土壤、栽培技术完全一致与分期播种只在一个点上进行试验的不足，是一种比较完善的田间试验方法。

（4）人工气候实验法　采用人工气候室或人工气候箱模拟各种气象条件，以满足作物生长发育的需要，得出作物或树木要求的定量指标；也可模拟极端气象条件，以研究对作物或林木生长发育、产量、品质的影响。

（5）气候分析法　对有关的农林业资料和气象部门的气象观测资料进行统计分析，得出影响作物或林木产量或品质的关键因子、关键期及气候指标。

随着科学技术的进步，新的研究方法和手段不断涌现，观测手段正向自动化、遥测和精确化方向发展。在实际生产中，要根据研究目的、任务、要求的精确度和期限等来确定采用的方法。作物或林木气象条件研究方法上的突出特点是开展数值模拟和模型试验。在农林业气候方面，应用了现代数学方法，使气候区划工作更加客观化、定量化，综合性也比过去显著加强。

第1章 大 气

　　人类生活在地球大气中，每时每刻都经历着地球大气的洗礼。大气具有各种各样的特性，有些是物理特性，有些是化学特性，有些特性为人们所知，有些特性还有待于人们去探索。本章简要介绍大气的基本物理特征，包括大气的组成、垂直结构和质量分布等，并对大气中主要的光学、电学和声学现象进行粗略的介绍，让大家对地球大气的主要物理背景和物理现象有一个初步的认识。

1.1　大气的组成

　　由于地球引力场的作用，地球周围聚集着一层深厚的大气，称为地球大气，简称大气（atmosphere）。大气是包括悬浮于其中的固态和液态微粒在内的混合物，由干洁大气、水汽和悬浮在大气中的固态、液态微粒（气溶胶粒子）三部分组成。

1.1.1　干洁大气

　　不含水汽和气溶胶粒子的混合空气称为干洁大气，其主要成分是氮气、氧气和氩气，这3种气体约占干洁大气总体积的 99.97%，其余气体如二氧化碳、氖、氙、氪、氢和臭氧等的含量甚微。表 1-1 给出 25km 以下气层干洁空气的成分，可以看出，除二氧化碳和臭氧稍有变化外，其它气体都比较稳定。据观测，在 100～120km 以下，干洁空气中各成分的比例基本上不变。组成干洁空气的各种气体的沸点都很低，在自然条件下，永无液化的可能，故干洁大气是永久气体。

表 1-1　干洁大气的成分

气体名称	分子量	含量（体积分数）/%
氮（N_2）	28.013	78.09
氧（O_2）	32.000	20.95
氩（Ar）	39.944	0.93
二氧化碳（CO_2）	44.010	0.03
氖（Ne）	20.183	$18.18×10^{-4}$
甲烷（CH_4）	16.042	$2.00×10^{-4}$
氪（Kr）	83.700	$1.14×10^{-4}$
氢（H_2）	2.016	$0.50×10^{-4}$

气体名称	分子量	含量(体积分数)/%
氙(Xe)	131.300	0.08×10^{-4}
臭氧(O_3)	48.000	1.00×10^{-6}
干洁大气	28.966	100

大气中存在着空气的对流、湍流及扩散作用，使不同地区、不同高度的大气得以交换和混合。所以，从地面到90km高度，干洁大气的主要成分和含量比例基本保持不变。因而可以把这层干洁大气当作分子量约为29的"单一成分"的气体来看待。在90km以上，氮气稍有减少，氧气稍有增多，氩和二氧化碳则明显减少。根据火箭探测，在95km高度上，氮、氧和氩的含量分别为77.11%、21.52%和0.76%。低层干洁大气中以氮、氧、二氧化碳和臭氧最为重要；它们对大气中发生的物理过程和物理现象有很大的影响，在气象学和生物学上都有重要的意义。

1.1.1.1 氮气

氮气是大气中含量最多的气体，是地球上生命体的基本组分，并以蛋白质的形式存在于有机体中。氮气是一种不活泼的气体，大气中的氮不能被植物直接吸收，但可同土壤中的根瘤菌结合，生成能被植物吸收的氮化物。另外，大气中的闪电可将氮、氧结合起来，形成氮氧化物并随降水进入土壤，被植物吸收利用。

1.1.1.2 氧气

氧气是维持人类及动植物生命极为重要的气体，因为动植物都需要呼吸，并在氧化作用中获得热量，以维持生命。氧气对有机物质的燃烧、腐败和分解起着极其重要的作用。

1.1.1.3 臭氧

大气中的臭氧主要是在太阳紫外线的作用下由氧分子与氧原子结合形成。另外，有机物的氧化和闪电作用也能形成臭氧。在近地气层中，臭氧含量很少；在5~10km高度，含量开始增加；在20~25km处达最大浓度，形成明显的臭氧层；再往上则逐渐减少，至55km基本消失。其原因是大气上层的太阳紫外辐射很强，氧分子电离多，使氧原子很难遇到氧分子，不能形成臭氧；相反，在低层大气中，太阳紫外辐射大为减弱，氧分子不易被分解，氧原子数量极少，也不能形成臭氧。而在20~25km高度，氧分子和氧原子都有相当数量，是形成臭氧的最适环境。大气中的臭氧浓度是很低的，但它能强烈吸收紫外线。由于紫外线对人类和动植物有杀伤作用，因此，臭氧的存在对地球上有机体的生存起到保护作用。另外，因臭氧层吸收紫外线而引起的增暖，可影响大气温度的垂直分布。气象卫星探测的臭氧总量资料表明，南极上空的臭氧浓度在逐年减少，到目前为止仅为正常值的60%~70%，低时甚至只有40%左右。

1.1.1.4 二氧化碳

二氧化碳在大气中含量很少，其在大气中所占的体积百分比平均约为0.03%。大气中二氧化碳主要来自海洋及陆地上有机物的腐烂、分解，动植物的呼吸作用，石油、煤等矿物质的燃烧和火山喷发等。因此，二氧化碳多集中于大气底部20km以下的气层内。二氧化碳含量随时间和地点的变化而不同，一般夏季少，冬季多；白天少，夜间多；农村少，城市、工矿区多。某些大工业城市含量可达0.05%以上，而农村可低至0.02%。

在大气中，尽管与大气最主要成分相比二氧化碳的含量很少，但其作用却很大。一方面，二氧化碳是绿色植物进行光合作用不可缺少的原料，很多研究指出，增加空气中二氧化碳浓度，能提高农作物产量，但在目前技术水平下，要保持农田中较高的二氧化碳浓度是困难的；另一方面，二氧化碳能够强烈吸收地面和大气长波辐射并放射长波辐射，在一定程度上补偿地面因长波辐射而失去的热量，形成保温作用，即温室效应，使地面保持较高的温度。相关资料表明，1750 年之前，二氧化碳在大气中所占的体积分数基本维持在 0.028% 左右，但自工业革命以来，随着人类活动尤其是化石燃料消耗量的不断增长和森林植被的大量破坏，人为排放到大气中的二氧化碳大量增加，大气中二氧化碳的含量逐年上升，目前已上升到约 0.036%。大气中二氧化碳含量的变化，会带来明显的气候效应，近一个半世纪以来，由于大气中二氧化碳含量的增加，导致温室效应增强，地表和低层大气温度升高，气候变暖。如果大气中二氧化碳含量不断增加，将使全球气候发生明显的变化，这一问题已引起全世界的重视。

1.1.2　水汽

水汽（water vapour）是实际大气的重要组成成分。大气中的水汽来自江、河、湖、海、潮湿陆面的水分蒸发和植物表面的蒸腾，水汽在大气中所占的体积分数平均不到 0.5%，并且随时间、空间以及气象条件而不断变化。水汽主要集中在低层大气中，其密度随高度的增加而迅速减小，在 1.5～2km 高度上，水汽密度仅为近地气层的一半；在 5km 的高度上，仅为地面的 1/10；在 10～15km 处，水汽的含量就极少了。大气中的水汽在水平方向上的分布也是不均匀的。在炎热干燥的沙漠上空，其含量几乎接近于零；在温暖潮湿的洋面上空，其含量可达 4%；在极地平均为 0.02%。一般低纬度大于高纬度，下层大于上层，夏季大于冬季。

大气中水汽含量虽然不多，却是实际大气中唯一能在自然条件下发生气、液、固三态变化的成分，由于它在大气温度变化范围内可以相变为水滴或冰晶，因而它对大气中的物理过程起着重要作用，是天气变化的主角，大气中的雾、云、雨、雪、雹等天气现象都是水汽相变的产物。水汽在相变过程中要吸收或放出潜热，所以大气中水汽含量的多少能直接影响地面和空气的温度，影响天气的变化。水汽还是自然界中的水由海洋向陆地转移的载体，制约着云的形成和雨的降落，通过地面和植被的蒸发、蒸腾作用，调节着大气的湿度并完成热量的转移。

大气中的水汽对太阳辐射吸收弱，但易吸收和放射长波辐射，对大气保温起重要作用，水汽含量多能增加大气逆辐射，减弱地面有效辐射，因此，它和二氧化碳一起参与大气温室效应。大气中的水汽含量影响植物蒸腾和土壤蒸发的速率，并间接制约着植物对 CO_2 的吸收、病菌的萌发和流行，因此，对植物的生长发育和产量的形成有着重要作用。水汽的凝结物如露、雾、雨、雪等对农林业生产的影响更大，因此大气中水汽含量的多少对地面和大气的温度状况有着重要影响。

1.1.3　气溶胶粒子

在实际大气中，除干洁大气、水汽之外，还包含有悬浮其中的固态和液态微粒。我们将悬浮在大气中的固体或液体微粒与气体载体共同组成的多相体，粒径为 $10^{-4}～100\mu m$ 的，通常简称为气溶胶粒子（aerosol particle）。如大气中的烟尘、硫酸盐粒子、沙尘、工业污染形成的雾和霾都是大气气溶胶粒子。气溶胶粒子是低层大气的重要组成部分，含量随时间、地点和高度而异，通常城市多于农村，陆地多于海洋，冬季多于夏季，随高度的增加而迅速减少。它的存在对大气中的物理过程和物理现象的产生有着极大的作用：①吸收太阳辐射，使空气温度升高，但也削弱了到达地面的太阳辐射；②缓冲地面辐射冷却，部分补偿地面因长波有效辐射而失去的热量；③降低大气透明度，影响大气能见度；④充当水汽凝结核，对云、雾及降水的形成有重要意义。在大气中沉降速率极小，其液体粒子可以使水汽凝结成为水滴和冰晶，对成云致雨有着重要的作用。固体粒子可分为有机和无机两类，其中有机质的数量较少，大多为植物花粉、微生物和细菌等；无机质的数量较多，主要来源有：岩石或土壤风化后的尘粒，地面燃烧升起的烟粒，海洋中浪花飞溅的盐粒，流星飞逝后留下的灰烬，火山爆发时喷射出的火山尘埃等。

　　大气气溶胶有多种多样的来源，但大体上分为两种，一种是在一定的气候条件下产生的，另一种是工厂烟囱和汽车尾气排放等人为活动产生的。

　　自然界产生的气溶胶：①干裸地表和沙漠在强风情况下容易扬起大量沙尘，从而形成大量的大气气溶胶粒子。由于干燥的地表土壤疏松，微小土沙随风吹起，这就形成大量的气溶胶粒子。如沙漠地区在强风情况下，微小沙粒随风吹起，并可随气流传播到很远的地区，从而在大气中形成大范围的具有高溶度的气溶胶。我国春季到初夏，由于北方干燥少雨，土壤松散，特别在内蒙古、宁夏、新疆和甘肃有许多地区是沙漠，当有强冷空气南下或气旋发生时，由于伴有强风，把微小颗粒的沙尘扬起，严重时会出现沙尘暴，然后随风向传播，经常造成我国北部和东部的扬尘天气，从而对工农业生产、交通运输以及人民生活造成严重的影响。如2000年我国北方由于严重干旱、土壤干燥加上春季风大，产生了13次沙尘暴，而2001年春季，由于北方干旱加重，土壤更加干燥，又发生了18次沙尘暴和沙尘天气。②由于森林火灾和火山爆发把大量气溶胶物质输送到大气中。森林火灾发生时，燃烧产生的烟灰随着上升气流被带到大气中，如1997年夏季由于苏门答腊岛干旱，发生严重的森林火灾，从而产生大量的烟尘，严重影响大气气溶胶的含量和大气能见度，从而造成经过其上空的飞机失事。在火山爆发时，随着岩浆的喷发，大量火山灰喷射到大气的高空，从而形成浓厚的气溶胶层。并且根据拉格朗日环流理论，这层浓厚的气溶胶层随大气中"剩余环流"（由实际的经圈平均流扣除由热量输送强迫所产生的二级经圈环流）输运到平流层中，并在高纬度平流层下沉到对流层，在对流层又从极地向赤道输送。火山爆发时喷射的气溶胶粒子直径约为 $1.0 \sim 2.0 \mu m$。20世纪最大的一次火山爆发是于1991年6月12日菲律宾皮纳图博（Pinatubo）火山的爆发，它大约把 $200 \times 10^4 t$ 的火山灰尘和 SO_2 输运到平流层中。

　　人类活动产生的气溶胶：①由于人类工业生产，如发电厂以及其他把煤和石油等矿物燃料作为动力的工厂，其烟囱排放出大量烟尘的颗粒物和 SO_2 物质，在大气中形成气溶胶物质。②汽车尾气和石油化工厂排放大量的氮氧化物（NO_x）和挥发性有机物（VOCs），会形成气溶胶物质，这些物质在紫外线的照射下会形成化学烟雾的污染。在一些工业发达的城市，由于汽车尾气带来的光化学烟雾还是相当严重的。

1.2　大气的垂直结构

　　大气的底界是地球表面，又称为下垫面。但其上界是模糊的，地球大气和星际气体之间不存在一个明确的界面，而是逐渐过渡的。为了实际上的应用，可将大气划定一个大致的上界。一种是根据大气中的物理现象——极光出现的最大高度，作为大气的物理上界，高度为 $1000 \sim 1200 km$。另一种是以大气密度接近星际气体密度的高度作为大气上界的标准，按人造卫星探测资料，大气上界在 $2000 \sim 3000 km$ 高度。

　　观测证明，大气在垂直方向上的物理性质是不均匀的。根据温度、成分、电荷等物理性质，同时考虑到大气的垂直运动等情况，可将大气从地面到上界分为5层，即对流层、平流层、中间层、热成层和散逸层（图1-1）。

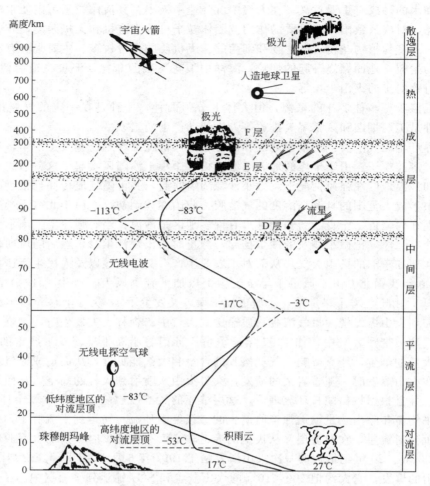

图 1-1　大气的垂直分层

1.2.1　对流层

对流层是大气运动最活跃的一个层，它的厚度随纬度和季节的不同而变化。就纬度而言，低纬度平均为 17～18km，中纬度为 10～12km，高纬度只有 8～9km。就季节而言，夏季厚、冬季薄。

对流层的主要特征：①集中了 3/4 的大气质量和几乎全部的水汽。对流层的厚度同整个大气层相比，虽然十分薄，不及整个大气层厚度的 1%，但由于地球引力，使大气质量的 3/4 和几乎全部的水汽都集中在这一层。云、雾、雨、雪、风等主要大气现象都发生在这一层中，它是天气变化最为复杂的层次，因而也是对人类生产、生活影响最大的一层。②气温随高度增加而降低。由于对流层与地面相接触，空气从地面获得热量，温度随高度的增加而降低。在不同地区、不同季节、不同高度，气温降低的情况是不同的。平均而言，每升高 100m，气温约下降 0.65℃。如在广州，夏季地面温度约 30.0℃，在它上空 3.0km 处空气温度为 10.5℃左右。在高山上常年积雪，高空云多由冰晶或过冷却水滴组成，也充分说明了这一点。③空气具有强烈的对流和乱流运动。由于对流层连接高山、海洋、陆地，并且在这一层，高层空气冷，低层空气暖，暖空气上升，冷空气下降，从而产生空气的垂直对流运动，高层和低层的空气能够进行交换和混合，使得近地面的热量、水汽、固体杂质等向上输送，对成云致雨有重要作用。④气象要素的水平分布不均匀。由于对流层受地表影响最大，而地表有海陆、地形起伏等性质差异，使对流层中温度、湿度、二氧化碳等的水平分布极不均匀。在寒带大陆上空的空气因受热较少和水源缺乏，显得寒冷而干燥；在热带海洋上空的空气因受热多、水汽充沛，则比较温暖而潮湿。温度、湿度等的水平差异常引起大规模的空气水平运动。

在对流层内，按气流、温度和天气特点又可分为下层、中层、上层3个层次。

下层：又称摩擦层，自地面起到1～2km高度。该层受地面状况影响最大，各气象要素具有明显的日变化，空气的对流和乱流运动很强，再加上水汽充沛、气溶胶多，因而云、雾、霾、浮尘等现象出现频繁，2m以下贴近地面的薄层空气称为贴地气层。

中层：距地面2～6km高的气层，受地表摩擦的影响很小，空气的垂直运动也比下层小。云和降水现象多发生在此层。

上层：距地面6km到对流层顶，气温常年在0℃以下，此层水汽少。

另外，在对流层和平流层之间，有一厚度约为1.5km的过渡层，称为对流层顶。这里气温不再随高度上升而降低，而是基本不变，这一特征对垂直气流有很大的阻挡作用，上升的水汽和尘埃多聚集其下。对流层顶的温度，在赤道上空约为－83℃，极地附近约为－53℃。

1.2.2 平流层

从对流层顶到约55km高空的大气层称为平流层，高度为11～50km。这一层大气约占大气质量的20%。平流层没有山脉且不直接与陆地、海洋相接，故这一层几乎没有水汽。因此，在这一层大气运动不像在对流层那样复杂。气流垂直运动显著减弱，多呈水平运动，水汽和尘埃等很少。下部气温随高度几乎不变，上部气温随高度上升而显著升高，这是臭氧强烈吸收紫外线的结果。平流层顶气温可达－3℃左右。有时对流层中形成旺盛的积雨云也可伸展到平流层下部。在高纬度20km以上高度，可在早晚观测到贝母云（又称珍珠云）。

1.2.3 中间层

从平流层顶到约85km高度的大气层称为中间层。这一层的特征是气温随高度的增加迅速降低，气流有强烈的垂直运动，故又称高空对流层。该层顶部的气温可降至－113～－83℃，其原因是这一层中几乎没有臭氧存在，能被氮和氧直接吸收的波长更短的太阳辐射大部分被其上层大气（热成层）吸收了。层内的二氧化碳、水汽等更稀少，几乎没有云层出现，仅在75～90km高度有时能见到一种薄而带银白色的夜光云，但机会很少，这种夜光云有人认为是由极细微的尘埃组成的。在60～90km高度上，有一个只在白天出现的电离层叫D层。

1.2.4 热成层

从中间层顶至约800km高度的大气层称为热成层，又称暖层。该层空气密度很小，空气质点在太阳紫外辐射和宇宙高能粒子作用下，产生电离现象。据探测，热成层中各高度上的空气电离的程度是不均匀的，其中最强的有两层，即E层和F层。E层位于90～130km，F层位于160～350km。由于该层可反射无线电波，从这一特征来说，又可称为电离层。正由于该层的存在，人们才可以收听到很远地方的无线电台的广播。气温随高度增加迅速升高，至500km处高达1200℃，这是由于波长小于$0.175\mu m$的太阳紫外辐射都被该层大气（主要是原子氧）吸收。

此外，在高纬度地区的晴夜，热成层中可以出现彩色的极光，这是由太阳发出的高速带电粒子使高层稀薄的空气分子或原子激发后发出的光。这些高速带电粒子在地球磁场的作用下向南北两极移动，所以极光常出现在高纬度地区的上空。

1.2.5 散逸层

热成层以上的大气层称为散逸层，是地球大气的最外层，又称外层、逃逸层，是大气层与星际空间的过渡带。这层空气在太阳紫外线和宇宙射线的作用下，大部分分子发生电离；使质子和氦核的含量大大超过中性氢原子的含量。逃逸层空气极为稀薄，其密度几乎与太空密度相同，故又常称为外大气层。由于空气受地心引力极小，气体及微粒可以从这层飞出地球重力场进入太空。散逸层是地球大气的最外层，该层的上界在哪里目前还没有一致的看法。实际上地球大气与星际空间并没有明确的界限，大气已极其稀薄。由于温度高，空气粒子运动速度很快，又因距地心很远，受地心引力很小，所以大气粒子常可散逸至星际空间，同时也有宇宙空间的气体分子闯入大气，二者可保持动态平衡。

1.3　大气污染

由于人类活动或自然过程，使局部甚至全球范围的大气成分发生对生物界有害的变化，由此产生的危害称为大气污染。大气中的污染物质主要集中在 3km 以下的低层大气中。一般来讲，城市多，农村少；陆地多，海洋少；冬季多，夏季少。大气中某些污染物的含量长期超过正常水平时，对动植物以及整个生态环境系统产生深刻的影响和危害。在农业方面，大气污染对农作物、果树、蔬菜、饲料及绿化植物造成不良影响和危害，造成巨大的经济损失，而且还会通过食物链引起人和动物患病或死亡。因此，大气污染对农业的影响已成为当今世界十分关注的环境问题。

据《中国环境保护 21 世纪议程》中资料记载，中国大气污染仍属煤烟型，主要污染物为降尘（粉尘和烟尘）和二氧化硫，酸雨发生频率和面积也正在扩大。从对农业环境的影响和危害来看，二氧化硫、氟化物及酸雨等污染物更为突出。

大气污染物质有两大来源：一是自然过程形成，如火山爆发、风吹扬沙和沙尘暴、雷击森林失火等；二是人类活动造成，如工业和交通上煤炭、石油、天然气的使用，农业上化肥、农药的喷施，生活上制冷采暖的排放与泄漏等。这些过程都或多或少地增加了大气中有害气体的浓度。据统计，目前世界每年排入大气的有害气体成分为 $(6\sim7)\times10^8$ t。大气污染物种类很多，其中对人类环境威胁较大的主要有二氧化硫、氮氧化物、一氧化碳、烃类化合物、硫化氢、氟化物及光化学氧化剂等。按其形成过程不同，可分为一次污染物和二次污染物。一次污染物是指直接从污染源排出的物质。二次污染物是进入大气的一次污染物互相作用或与大气正常组分发生化学反应，以及在太阳辐射线的参与下引起光化学反应而产生的新的污染物。表 1-2 列出几种常见的一次污染物和二次污染物。

表 1-2　常见的一次污染物和二次污染物

污染物	一次污染物	二次污染物
含硫化合物	SO_2、H_2S	SO_3、H_2SO_4、硫酸盐
含氮化合物	NO、NH_3	NO_2、HNO_3、硝酸盐
碳的氧化物	CO、CO_2	H_2CO_3、碳酸盐
碳氢化合物	$C_1\sim C_5$ 化合物	醛、酮、过氧乙酰基硝酸酯
卤素化合物	HF、HCl	无

这些物质不仅直接污染大气，而且从空中降落到地面后又污染地表及地下水、土壤和生物体，它严重地污染了环境，危害人类健康，影响到农、牧、林业的发展，而且也影响了天

气和气候的演变。

1.3.1　硫氧化物

SO_2 对植物的伤害通常分为急性伤害和慢性伤害两种。急性伤害一般表现为在 SO_2 浓度高的大气中暴露几小时或几天之后叶片边际或叶脉之间出现水渍状暗绿色斑块，干燥后一般呈浅黄或白色斑块，也有植物显示棕色或红色斑块，而且叶片出现症状的部分与未受害部分之间的界限分明，如刀刻状。单子叶植物（玉米、牧草）的叶片伤害出现在叶尖和与叶脉平行的窄带上。慢性危害是指植物长期或重复地暴露在污染物浓度超标量较低的条件下，接触几十天后，植物才表现出的失绿、早衰、生长缓慢等症状。SO_2 还可引起不可见症状危害。所谓不可见症状危害是指从外观上很难用肉眼看出的植物生理代谢反应和细胞内部结构改变等一类影响，统称为不可见症状危害。这类危害一般被认为是 SO_2 引起植物生长、发育和繁殖等变化的初始阶段。据报道，SO_2 危害可引起冬小麦、大豆、玉米、水稻、马铃薯、白菜、菜豆等作物减产。

SO_2 在大气中易被氧化形成 SO_3，然后与水分子结合形成硫酸分子，经过均相或非均相成核作用，形成硫酸气溶胶，并同时发生化学反应生成硫酸盐，硫酸和硫酸盐可以形成硫酸烟雾和酸性降水，危害很大。

1.3.2　氟化物

氟化物危害植物的典型症状是在幼叶、幼芽的尖端和叶缘部分出现坏死斑。不论急性危害还是慢性危害，其症状基本相同。受害初期叶尖和叶缘呈现水浸渍状，再逐渐失绿变黄，最后出现褐红色伤斑，而且受害部分与正常组织之间有一条明显的红棕色或深褐色界线。坏死组织经常破裂并脱落，严重时伤斑从叶缘向较大的叶脉间发展，向叶的中基部延伸，出现整个叶片失绿、坏死脱落现象，禾谷类经常在叶尖出现浅棕色、白色失绿伤斑或"烧尖"。

1.3.3　酸雨

酸雨是酸性沉降物的总称，它既包括 pH 值<5.6 的雨、雾、雪、霜、露等，也包括气态及固态的酸性污染物（SO_2 及酸性颗粒物）。据研究，酸雨对作物蔬菜的可见伤害症状是植株叶片上出现褪绿色的黄白色小圆点。酸雨次数增加，伤害斑点增多，扩大呈黄褐色枯斑，重者枯斑穿孔。酸雨损害植物的新生叶芽，从而影响其生长发育。大量试验资料表明，pH 值为 3.0 的酸雨会抑制作物的生长、发育，降低生物产量。国外有研究认为，菠菜、甜菜及谷物在酸雨及 SO_2 综合作用下可减产 $20\%\sim40\%$。此外，酸雨能引起土壤酸化；淋洗土壤中钙、镁、钾等，引起营养元素流失；使重金属等有毒元素活化；影响土壤微生物种群和生理活性；抑制土壤中有机物的分解和氮的固定；改变营养元素的循环速率，破坏土壤结构，使土壤肥力大大降低。酸雨使湖泊、河流等地表水酸化，危害鱼类及其他水生生物的正常生长、繁殖，甚至造成水生生物绝迹，还会引起地下水的污染。

1.3.4　氟氯烃类化合物

氟氯烃（CFCs）类化合物在对流层中不发生化学反应，进入平流层后 C—Cl 键才被紫外线断裂。也正因为这种化学惰性使得它们进入平流层前未被破坏，而到平流层中却是潜在的臭氧破坏剂。需要大约一个世纪才能使这些分子全部降解，所以它们一旦释放，所产生的效应将持续很久。

氟氯烃类化合物也是温室气体，特别是一氟三氯甲烷（CFC-11）和二氟二氯甲烷（CFC-12），它们吸收红外线的能力要比 CO_2 强得多。大气中每增加一个氟氯烃类化合物的分子，就相当于增加了 10^4 个 CO_2 分子。因此，氟氯烃类化合物既可以破坏臭氧层也可以导致温室效应。

思　考　题

1. 试述大气的组成及其在气象学和生物学上的意义。
2. 大气在垂直方向上分层的依据是什么？依据大气温度垂直分布特征，地球大气在垂直方向上可分为哪几层？
3. 试述对流层的主要特点。
4. 二氧化碳增加对植物有何影响？二氧化碳施肥有何作用？
5. 试述农业环境中的大气污染状况。

农业气象学

第 2 章 辐 射

在大气中发生的多数物理过程和物理现象都是由太阳辐射、地面辐射和大气辐射供给能量而发生和发展的，它们对于植物生长也有巨大的作用，因此，研究太阳辐射、地面辐射和大气辐射是气象学的首要任务。

2.1 辐射的基本知识

2.1.1 辐射的概念

物体以电磁波或粒子的形式放射和输送能量的现象称为辐射。以辐射方式放射或输送的能量称为辐射能，也简称为辐射。任何温度在热力学零度以上的物体都在不停地放射和吸收着电磁波或粒子，因此辐射具有波动性和粒子性。

2.1.1.1 辐射的波动性

电磁波的波长（λ）、频率（γ）和传播速度（v）三者之间的关系为：

$$v = \lambda\gamma \tag{2-1}$$

由于各种频率的电磁波在真空中的传播速度相等，所以频率不同的电磁波，它们的波长也就不同，频率高的电磁波波长较短，而频率低的电磁波波长较长。

电磁波波长的单位通常用微米（μm）或纳米（nm）表示。$1\mu m = 10^{-6}$ m，$1nm = 10^{-9}$ m。

实验证明：无线电波、红外线、可见光、紫外线、X 射线和 γ 射线等都是电磁波，它们的频率（或波长）不同。

2.1.1.2 辐射的粒子性

辐射的粒子学说认为，电磁辐射由许多具有一定质量、能量和动量的微粒组成。这些微粒称为量子（或光量子）。每一个量子所具有的能量（E）与其频率（γ）成正比，与其波长（λ）成反比。它们之间的关系为：

$$E = h\gamma \tag{2-2}$$

或

$$E = h\frac{V}{\lambda} \tag{2-3}$$

式中，$h = 6.626 \times 10^{-34}$ J·s，称为普朗克常数；$V = 3 \times 10^8$ m·s^{-1}。

上式表明：频率愈高，波长愈短，其光量子所具有的能量愈大。

2.1.1.3 辐射的基本度量

（1）辐射通量 单位时间内通过任一表面的辐射能称为辐射通量。辐射通量即为辐射功率，它可以用来表示某表面向外放射的、接受的或通过的辐射功率，以瓦（W）或焦耳·秒$^{-1}$（J·s^{-1}）为单位。

（2）辐射通量密度 单位面积上的辐射通量称为辐射通量密度，即单位时间内通过单位面积的辐射能，以瓦·米$^{-2}$（W·m^{-2}）为单位。

辐射通量密度没有限定方向，可以表示任意方向向某表面投射的辐射，也可以表示从某一放射面向任一方向射出的辐射。一般来说，放射体表面所放出的辐射通量密度称为辐射出射度，简称辐出度；被辐照的物体表面的辐射通量密度或者说到达接受面的辐射通量密度称为辐射照度，简称辐照度。

（3）光通量密度 单位面积上通过的可见光通量称为光通量密度，以流明·米$^{-2}$（lm·m^{-2}）为单位。单位面积上接受的光通量称为光照度或照度，以勒克斯（lx）为单位。光照度在一定程度上反映植物所能选择吸收的可见光的强弱。1lx＝1lm·m^{-2}。

2.1.2 物体对辐射的吸收、反射和透射

任何物体，在它向外放出辐射的同时也接受外界向它投射来的辐射。投射到某物体上的辐射，一部分被该物体吸收，一部分被反射，一部分可能透过该物体。

物体对辐射的吸收、反射和透射的能力分别用吸收率、反射率和透射率表示。物体吸收的辐射与投射到该物体表面上的总辐射之比称为吸收率（a）；物体反射的辐射与投射到该物体表面上的总辐射之比称为反射率（r）；物体所透过的辐射与投射到该物体表面上的总辐射之比称为透射率（t）。吸收率、反射率和透射率都用百分数表示。对一均匀介质而言，它们之间有如下关系：

$$a+r+t=1 \tag{2-4}$$

a、r、t 是 0～1 之间的无量纲量。物体的反射率和透射率是可以测量的，吸收率可通过式(2-4)求算。

物体吸收率、反射率和透射率的大小随辐射的波长和物体的性质而改变。这种不同波长的辐射有不同的吸收率、反射率和透射率的特性称为物体对辐射吸收、反射和透射的选择性。

如果某种物体在任何温度下对各种波长的入射辐射的吸收率都等于1，也就是说，投射于其上的辐射能全部吸收，这种物体称为绝对黑体。如果某种物体的吸收率小于1，并且不随波长而改变，这种物体称为灰体。实际上，自然界并不存在真正的黑体和灰体，但为了研究的方便，在一定波长范围内，例如在 8～14μm 波段内，黑而潮湿的土壤和植物，具有 0.97～0.99 的吸收率，也可近似地把它们看成黑体。

物体的放射能力同它的吸收率有密切关系。对于不同的物体来说，吸收率愈大放射能力愈强。黑体吸收率最大，所以和同温度的其他物体比较，黑体的放射能力最强。就同一物体而言，如果某一温度下放射一定波长的辐射，那么，在同一温度下它也吸收同一波长的辐射。

2.1.3 辐射的基本定律

2.1.3.1 基尔霍夫定律

假定一物体与其他物体之间只能通过辐射和吸收来交换能量，当该物体发出的辐射能量比吸收的能量多时，它的温度就会下降，这时辐射就会减弱；反之，当发射的辐射能量比吸收的能量少时，温度就会上升，辐射就会增强。如果这一系统是封闭的，则经过一段时间

后，物体之间就会建立起热平衡状态，此时各物体在单位时间内发出的辐射能量正好等于吸收的能量，因而，在热平衡状态下，辐射能力较强的物体，其吸收能力也就较强；反之，辐射能力较弱的物体，其吸收能力也较弱。1859 年，基尔霍夫（G. Kirchhoff）根据热平衡原理得出：物体的发射能力和吸收能力的比值与物体的性质无关，而只是频率和温度的函数，即 $E/A = f(v, T)$。地球大气不是严格地处于热平衡状态，但实际上，不管物体是否处于热平衡状态，基尔霍夫定律都是成立的。只要气体分子碰撞频率与吸收和发射的频率相比是较大的，那么基尔霍夫定律就适用于该种气体。而在地球大气中，一直到 60km 的高度（包括对流层和平流层），这个条件都是满足的，因而基尔霍夫定律是适用的。

2.1.3.2 普兰克（Planck）第一定律

根据黑体的定义，黑体吸收所有波长的辐射，即吸收能力为 1，又能发射所有波长的电磁波，因而，根据基尔霍夫定律，黑体的发射能力完全由它的温度和辐射频率所决定。黑体所发射的单色辐射强度 $B_v(T)$ 可写成：

$$B_v(T) = \frac{2\pi hc^2}{\lambda^5\left[\exp\left(\frac{hc}{\lambda kT} - 1\right)\right]} \tag{2-5}$$

这就是普朗克定律，是 1901 年普朗克（M. Planck）根据能量量子化的假设提出来的。式中，$B_v(T)$ 表示在温度 T、波长 λ 发射的辐射能量；$h = 6.626 \times 10^{-34} J \cdot s$，称为普朗克常数；$k = 1.38 \times 10^{-23} J \cdot K^{-1}$，称为玻尔兹曼常数；$c = 3.0 \times 10^8 m \cdot s^{-1}$，称为光速。

2.1.3.3 斯蒂芬-玻尔兹曼定律

实测结果表明，黑体的辐射能力是随温度而改变的。图 2-1 为根据实验数据绘制的热力学温度为 300K、250K 和 200K 时黑体辐射能力随波长的变化曲线。由图看出，随着温度的升高，黑体对各波长的放射能力都相应增强，因而其放射的总能量（用曲线与横坐标之间所围成的面积来表示）也显著增大。

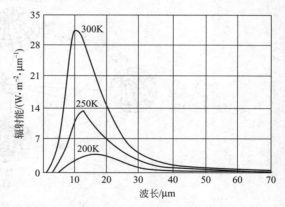

图 2-1　黑体辐射能力与温度和波长的关系

将上述普朗克定律在所有频率范围内积分，可得到黑体的辐射通量如下：

$$B(T) = \int_0^\infty B_v(T)\mathrm{d}v = \sigma T^4 \tag{2-6}$$

这就是斯蒂芬-玻尔兹曼（Stefan-Boltzmann）定律，其中 v 为电磁波频率，$\sigma = 5.67 \times 10^{-8}$ $W \cdot m^{-2} \cdot K^{-4}$，称为斯蒂芬-玻尔兹曼常数。该定律指出，黑体放射能力 $B(T)$ 与其表面热力学温度（T）的四次方成正比。

斯蒂芬-玻尔兹曼定律说明了黑体辐射只与物体的温度有关。对于许多非黑体，其总的放射能力也随温度的升高而迅速增强。

2.1.3.4 维恩位移定律

由图 2-1 还可看出，每一温度下的辐射曲线都有一辐射能力最强的波长（λ_{max}），即辐射曲线有一最大值。1893 年维恩从理论上推导出，黑体放射能力最大值所对应的波长（λ_{max}）与热力学温度（T）成反比，表达式为：

$$\lambda_{max} T = b \tag{2-7}$$

式中，$b = 2.8978 \times 10^{-3} m \cdot K$，是一常数，该式就是维恩（W. Wien）位移定律。它表

明：当黑体的温度升高时，最大辐射强度向短波方向移动。当黑体温度不高时，辐射能量主要集中在长波区域；温度较高时，辐射能量的主要部分在短波区域。

虽然维恩位移定律和斯蒂芬-玻尔兹曼定律在这里是根据普朗克定律推导而得，但实际上，这个定律在普朗克定律出现之前就已由其他方法得到了。

温度高于热力学温度为零度的物体都向外放射辐射，即电磁波。放射体的温度越高，放射的能量就越大（斯蒂芬-玻尔兹曼定律），并且放射能量的最大波长也缩短（维恩位移定律）。因而，实际上，不仅是太阳和地球，所有的物体都发射电磁波。假如我们具有一双能感觉所有波长范围内电磁波的眼睛，就可以看到周围的一切都是闪闪发光的，包括我们自己也是在发着光的。可惜我们的眼睛只能感觉到可见光，其波长范围为 $0.35\sim0.7\mu m$。

2.2 日地关系及季节的形成

2.2.1 日地关系

地球围绕太阳转动，称为公转。该轨道面为一椭圆，太阳位于一个焦点上。近日点约在 1 月 3 日，相距 1.47×10^8 km；远日点约在 7 月 4 日，相距 1.52×10^8 km。公转一周需 365.2422 天。在地球公转轨道上，每隔 15° 定一节气，全年共有 24 个节气（图 2-2）。

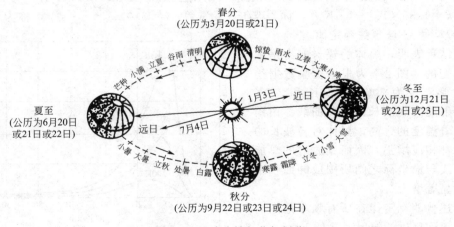

图 2-2　地球公转与节气划分

地球绕地轴自西向东转动，称为自转。自转一周需 23h 56min 4s。地球在自转过程中，地轴与公转轨道面的交角为 66°33′，且地轴方向始终指向北极星，致使在一年中，太阳光线垂直入射到地球上的位置（简称太阳直射点）不断变化。在气象学上，把太阳直射点所在的地理纬度称为赤纬（δ），规定北半球为正，南半球为负。事实上，赤纬就是穿过地心的太阳光线（假定地球是透明的）与赤道面所形成的最小夹角。每日的 δ 值可从当年的天文年历中查得，也可由下式作近似求算：

$$|\delta|\approx23°26'\sin N \tag{2-8}$$

式中，N 为所求日期离春分或秋分日中较短的日数。

太阳直射点在地球表面的变化由图 2-2 推知。在冬至日，太阳直射南回归线（$\delta=-23°26'$）。之后，直射点向赤道逐渐移动，于春分日到达赤道（$\delta=0°$）。春分之后，直射点继续北移，于夏至日到达北回归线（$\delta=23°26'$）。此后，太阳直射点开始南返，于秋分日再度达到赤道（$\delta=0°$）。秋分后，太阳直射点继续南移，于冬至日返回到南回归线。随后继续重复上述过程，构成年际间的交替。不难看出，在一年之中太阳赤纬变动于−23°26′～23°26′之间。

2.2.2 太阳在天空中的位置

在太阳的视运动中，太阳在天空中的位置可用太阳高度角和太阳方位角来确定。

2.2.2.1 太阳高度角（h）

因为日地相距甚远，太阳从遥远的距离发射到地面某一有限平面上的辐射可以认为是以平行光的方式到达的。太阳平行光线与水平面的夹角称为太阳高度角，简称为太阳高度，常用 h 表示。

太阳高度角与该地的地理纬度（φ）、太阳赤纬（δ）以及当时的时刻（以时角 ω 表示）有关，太阳高度角的求算式为：

$$\sin h = \sin\varphi\sin\delta + \cos\varphi\cos\delta\cos\omega \tag{2-9}$$

式中，φ 为观测地点的地理纬度，北半球为正，南半球为负。δ 为观测时间的太阳赤纬，即太阳直射点的纬度。当太阳直射点在北半球时赤纬取正值，在南半球时取负值。一年里太阳赤纬在 $-23.5°\sim23.5°$ 之间变动。春分和秋分日，太阳直射赤道，$\delta=0°$；夏至日，太阳直射北回线，$\delta=+23.5°$；冬至日，太阳直射南回归线，$\delta=-23.5°$。太阳赤纬可从天文年历查得。ω 为求算时刻的时角，以当地真太阳时正午为零度，下午为正，上午为负，真太阳每运动一小时，相对应的时角为 $15°$。

由式(2-9)可导出某地正午时刻（$\omega=0°$）太阳高度角的表达式：

$$h=90°-|\varphi-\delta| \tag{2-10}$$

式中，φ 为当地的地理纬度；δ 为太阳直射点的纬度；ω 为求算时刻的时角。简而言之，时角就是由当地真太阳时（以太阳在当地正南时定为 12 时的计时方法）换算出的角度，规定正午为 $0°$，下午为正，上午为负。时角与真太阳时（t）的换算公式为：

$$\omega=15°(t-12) \tag{2-11}$$

该式还表明，每 1h 相当于时角 $15°$，或每 $1°$ 相当于 4min。由式(2-11)不难推出，在一天中，正午时的太阳高度角最大。

当 $\varphi=\delta$ 时，$h_n=90°$，表明正午时刻太阳从天顶直射纬度为 δ 的地面，这在回归线以内地区，一年有两次机会，而在回归线以外的地区，太阳光线总是斜射的。

为了说明正午时的太阳高度角与赤纬和纬度的关系，图 2-3 分别给出春秋分（a）、夏至（b）和冬至（c）3 种典型情况的示意图。图中 P 点为所求纬度为 φ 的地面位置；PR 是 P 点的地平线；虚线为平行的太阳光线；D 点为太阳直射点，不难看出，该点所处的地理纬度与该日的赤纬 δ 一致。

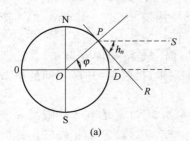 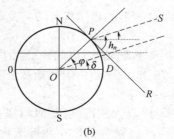 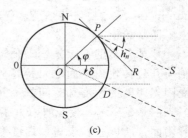

(a)　　　　　　　　　(b)　　　　　　　　　(c)

图 2-3　正午太阳高度角示意图

正午时刻的太阳高度角是一天中太阳高度的最大值，它是反映太阳辐射状况的一个重要

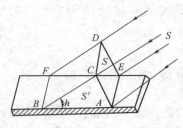

图 2-4 水平面上太阳辐射通量
密度 S' 和垂直面上太阳
辐射通量密度 S 的关系

特征值。太阳高度角的大小,是水平面上单位面积获得太阳辐射能量多少的决定因素,如图 2-4 所示。

单位时间内,水平面 $ABFE$ 上与垂直于太阳光线 $ACDE$ 面上所接受的太阳辐射总量是相等的。设 $ABFE$ 面上的太阳辐射通量密度为 S',$ACDE$ 面上的太阳辐射通量密度为 S,则:

$$S' \times AB \times AE = S \times AC \times AE \qquad (2\text{-}12)$$

则

$$S' = S \times \frac{AC}{AB} \quad 即 \quad S' = S \times \sin h \qquad (2\text{-}13)$$

式中,h 为太阳高度角。

上式表明,水平面上的太阳辐射通量密度与太阳高度角的正弦成正比,这就是朗伯定律。$h = 0°$ 时,水平面所得到的太阳辐射最小;$h = 90°$ 时,太阳辐射最大。一天中早晨和傍晚,h 最小,水平面上得到太阳能少;正午,h 最大,水平面上得到的太阳能最多。一年中冬至 h 最小,夏至 h 最大,所以,太阳辐射能夏季大,冬季小。

2.2.2.2 太阳方位角

太阳光线在地平面的投影与当地正南方向的夹角称为太阳方位角,用 A 表示。该角为在地平面上量度的角,正南为 $0°$,向西为正,向东为负,取值范围为 $-180° \sim 180°$。

太阳方位角可由下式确定:

$$\cos A = \frac{\sin h \sin \varphi - \sin \delta}{\cos h \cos \varphi} \qquad (2\text{-}14)$$

当日出或日落时,$h = 0°$,则式(2-14)可简化为:

$$\cos A_0 = -\frac{\sin \delta}{\cos \varphi} \qquad (2\text{-}15)$$

式中,A_0 为日出或日落的方位角。对于北半球来说,由式(2-15)可得出如下结论:①在春分、秋分日,$\delta = 0°$,$\cos A_0 = 0°$,$A_0 = \pm 90°$,无论何地,太阳总是正东升起,正西落下。②在夏半年(春分至秋分),$\delta > 0°$,$\cos A_0 < 0°$,$90° < |A_0| < 180°$,无论何地,太阳总是由东北方升起,到西北方落下。纬度越高,太阳升落方向越偏北。③在冬半年(秋分到春分),$\delta < 0°$,$\cos A_0 > 0°$,$A_0 < \pm 90°$,无论何地,太阳总是从东南方升起,西南方落下。纬度越高,太阳升落方向越偏南。

2.2.3 昼夜形成与日长变化

2.2.3.1 昼夜形成

地球昼夜不停地进行两个基本运动:一是绕自身轴的运动称自转,自转一周需 23h 56min 4s,产生了昼夜交替;二是绕太阳的运动称公转,公转一周需 365d 5h 48min 46s,产生了四季轮换。

地球公转的特点是:①公转时,旋转轴永远保持一定的方向(始终指向北极星)。②地轴与其公转轨道平面之间始终呈 66°33′ 的倾角。因此地球上不同地区或同一地区不同的季节受阳光照射的角度和时间都不同。

图 2-5 显示,夏至日(6 月 22 日),太阳直射北回归线(23.5°N),北半球向阳面大于背阴面,所以昼长夜短,纬度愈高,白昼愈长,在北极圈内(66.5°N)为 24h 白昼,称极昼现象。南半球则相反。此时,北半球为夏季,南半球为冬季。冬至日(12 月 22 日),太阳直射南回归线(23.5°S),北半球向阳面小于背阴面,所以昼短夜长,纬度愈高,白昼愈短,在北极圈内为 24h 黑夜,称极夜现象。此时北半球为冬季,南半球为夏季。春分日(3

月 21 日）和秋分日（9 月 23 日），太阳直射赤道，全球各纬度上均昼夜平分，各为 12h。综上所述，北半球昼长变化可归纳为两条规律：①相同纬度，昼长随季节变化，冬短夏长，春、秋介于二者间。②夏季昼长随纬度升高而加长，冬季昼长随纬度升高而缩短，春、秋季则不随纬度升高而变。

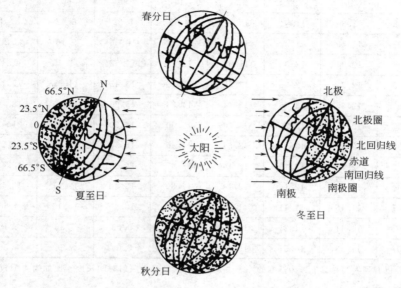

图 2-5　地球上昼夜长短的季节变化

2.2.3.2　日照长度计算

太阳中心从出现在一地的东方地平线到进入西方地平线，其直射光在无地物、云、雾等任何遮蔽的条件下照射地面所经历的时间称可照时间或昼长，亦称可照时数。可照时间能用理论求出。

在日出或日落时，$h=0°$，令此刻的时角为 ω_0。则式（2-9）可写成：

$$\cos\omega_0 = -\tan\varphi\tan\delta \tag{2-16}$$

由此计算出的 $+\omega_0$ 和 $-\omega_0$ 分别为日落和日出的时角。由于日出到正午和正午到日落的时角相等，即 $|-\omega_0| = |+\omega_0|$，故全天的时角为 $2\omega_0$，考虑到每 1h 相当于时角 15°，所以，可照时数（H_k）为：

$$H_k = \frac{2|\omega_0|}{15°} \tag{2-17}$$

对于北半球而言，由式（2-16）和式（2-17）得出如下结论：①在赤道上，$\varphi=0°$，$\cos\omega_0=0°$，$|\omega_0|=90°$，$H_k=12$，无论何时（δ 为任意值），总是 6 时日出，18 时日落，可照时数均为 12h。②在春分日、秋分日，$\delta=0°$，$\cos\omega_0=0°$，$|\omega_0|=90°$，$H_k=12$，无论何地均是 6 时日出，18 时日落，可照时数均为 12h，故有"春分秋分，昼夜平分"之说。③在夏半年，$\delta=0°$，$\cos\omega_0\leqslant0°$，$|\omega_0|\geqslant90°$，$H_k\geqslant12$，各地（除赤道外）日出在 6 时之前，日落在 18 时以后，可照时数大于 12h，且随纬度的增加，可照时数增长。④在冬半年，$\delta<0°$，$\cos\omega_0\geqslant0°$，$|\omega_0|\leqslant90°$，$H_k\leqslant12$，各地（除赤道外）日出在 6 时之后，日落在 18 时以前，可照时数小于 12h，且随纬度的增加，可照时数减少。⑤在北极圈，$\varphi=66°33'$。如果在夏至，$\varphi=23°26'$，$\cos\omega_0=-1$，$|\omega_0|=180°$，$H_k=24$，这就是北极圈内所谓的"永昼现象"。同理，如果在冬至，$\delta=-23°26'$，$\cos\omega_0=-1$，$|\omega_0|=0°$，$H_k=0$，这就是北极圈内所谓的"永夜现象"。

用式（2-16）与式（2-17）计算的各纬度每月 15 日的可照时数见表 2-1。

表 2-1　北半球每月 15 日可照时数简表[①]　　　　　单位：h·min

月份	北纬(N)/(°)								
	0	10	20	30	40	50	60	65	70
1	12.08	11.36	11.04	10.25	9.39	8.33	6.42	5.01	0
2	12.07	11.49	11.30	11.09	10.41	10.06	9.10	8.28	7.22
3	12.07	12.04	12.02	11.58	11.55	11.52	11.48	11.41	1.34
4	12.06	12.22	12.36	12.55	13.15	13.45	14.31	15.11	16.08
5	12.07	12.35	13.05	13.41	14.23	15.23	17.06	18.44	23.00
6	12.07	12.43	13.20	14.04	15.00	16.20	18.49	21.42	24.00
7	12.07	12.40	13.14	13.56	14.45	16.06	18.06	20.23	24.00
8	12.07	12.27	12.49	13.14	13.47	14.32	15.43	16.45	18.20
9	12.06	12.11	12.16	12.21	12.27	12.36	12.57	13.12	13.30
10	12.07	11.15	11.41	11.27	11.12	10.40	10.15	9.50	9.12
11	12.07	11.41	11.21	10.39	10.00	9.03	7.36	6.19	3.58
12	12.07	11.33	10.57	10.15	9.22	8.08	5.56	3.50	0

① 表中数据是以看到太阳光盘上缘为基准的，表中数据表示的是日光照射时间长度，比如第 1 个数字 12.08 表示时长 12 小时零 8 分钟。余同。

由理论计算的可照时数只反映一地最大可能照射时间。事实上，由于太阳光线受到云、雾等天气现象与地形、地物遮蔽的影响，一地实际受到的照射时间通常短于可照时数。气象学上，把太阳光实际照射的时数称为实照时数（H_s）。实照时数是用日照计观测的，该仪器只能感应能引起化学效应（或热效应）一定波长的太阳辐射，感应的辐射通量密度大于 $(0.2 \sim 0.3) \times 10^3 \, W \cdot m^{-2}$。所以，即使在晴空无云的空旷地，实照时数仍会小于可照时数。

在评价一地农业气象条件时，为获得时空的可比性，常用日照百分率作为指标。日照百分率（R_s）的表达式为：

$$R_s(\%) = \frac{H_s}{H_k} \times 100 \tag{2-18}$$

该式表明，一地实际照射时间愈长，其日照百分率愈大。它的大小说明晴阴状况，日照百分率大说明晴天多。

2.2.3.3　曙暮光和光照时间

在日出之前，地平线下的太阳光线投射到太空，经大气的散射、折射等投向地面，这种光称为曙光。在日落之后，大气散射和折射到地面的光称为暮光。

曙暮光的时间界限是按需要规定的。天文学上的曙暮光时间是指太阳在地平线以下 $0° \sim 18°$ 的这段时间。当太阳在地平线以下 $18°$（$h = -18°$）时，其光通量密度在晴天条件下为 $6.0 \times 10^{-4} \, lx$，这时，最暗的星星也能用肉眼看见。民用曙暮光的界限是指太阳在地平线以下 $0° \sim 6°$ 的这段时间。当太阳在地平线以下 $6°$ 时（$h = -6°$），晴天条件下的光通量密度约为 $3.5 \, lx$，此时肉眼难以看清印刷品中的特大号字体。光谱成分为可见光中的长波部分以及近红外线。

曙暮光时间可由式（2-16）与式（2-17）求得，首先求出曙（暮）光的太阳高度角上、下限所对应的时角，再求二角之差并除以 $15°$，所得值即为曙暮光时间，该值的 2 倍就是曙暮光时间（H_m）。

在日出前和日落后的一段时间内，地面仍能得到高空大气的散射光，使昼夜的转变不是突然发生的，天文学上称之为晨昏影，习惯上称为曙暮光，我们把包括曙暮光在内的昼长时间称为光照时间。可照时间与曙暮光时间之和称为光照时间（H_g），即

$$H_g = H_k + H_m \tag{2-19}$$

曙暮光的时间，全年以夏季最长，冬季最短。就纬度而言，高纬度长于低纬度，夏半年尤为明显。

2.2.4 季节的形成与冷暖变化

地球围绕太阳的运动称公转，公转一周需 365d5h48min46s，产生了四季轮换。地球公转的特点是：公转时，旋转轴永远保持一定的方向（始终指向北极星）。地轴与其公转轨道平面之间始终呈 66°33′的倾角。因此地球上不同地区或同一地区不同的季节受阳光照射的角度和时间都不同。如果地球不公转，则地球上各地所接受的太阳辐射虽有强有弱，但不随时间变化，导致没有冷暖的季节变化。如果只有地球的公转与自转，而地轴不倾斜，则赤纬没有时间变化（$\delta \equiv 0°$），也没有季节的转换与更迭。因此，地球表面之所以有四季的形成与交替，其原因就是地球的公转与地轴的倾斜。

2.3 太阳辐射

2.3.1 大气上界的太阳辐射

太阳是一个炽热的气体星球，它的表面温度约有 6000K，中心温度高达 1000 万～2000 万摄氏度。太阳不停地以辐射的方式向宇宙空间放射出巨大的能量，这些放射出来的光、热能量总称为太阳辐射能，简称太阳辐射或太阳能。太阳表面的平均辐射出射度为 $7.35 \times 10^8\,W \cdot m^{-2}$，太阳辐射的总功率（即辐射通量）为 $3.83 \times 10^{26}\,W$，地球上获得的太阳辐射大约只占其总能量的二十二亿分之一。太阳辐射是地球上一切生命活动最重要的能量来源，也是大气中一切物理过程和物理现象发生和发展的能量基础。

2.3.1.1 太阳辐射光谱

太阳辐射经色散分光后按波长大小排列的图案，称太阳辐射光谱。太阳辐射光谱包括无线电波、红外线、可见光、紫外线、X 射线、γ 射线等几个波段（图 2-6）。

在大气上界太阳辐射能量的 99% 集中在波长 $0.15\sim4.0\mu m$ 的光谱区内，其中，约 7% 的能量在紫外线区；47% 的能量在可见光的范围内；46% 的能量在红外线范围内。其能量最大的波长为 $0.475\mu m$（图 2-7）。

2.3.1.2 太阳常数

在大气上界，当日地处于平均距离时，垂直于太阳光线平面上，单位面积、单位时间内所接受的太阳辐射能称为太阳常数，通常用 S_0 表示。太阳常数的数值因观测方法、观测地点以及太阳活动的变化而不同。1981 年世界气象组织提出了太阳常数的最佳值为（1367±7）$W \cdot m^{-2}$。太阳常数是一个重要常数，一切有关研究太阳辐射的问题都以这个数据为参数，地球表面上的太阳辐射通量密度因大气对其减弱作用而小于太阳常数。

2.3.2 太阳辐射在大气中的减弱

太阳辐射通过大气到达地面时被削弱，这种削弱主要是大气对太阳辐射的吸收、散射及反射作用造成的。

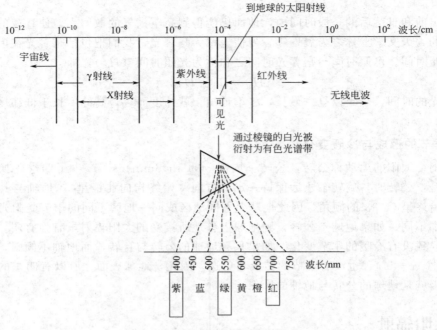

图 2-6 太阳辐射的光谱

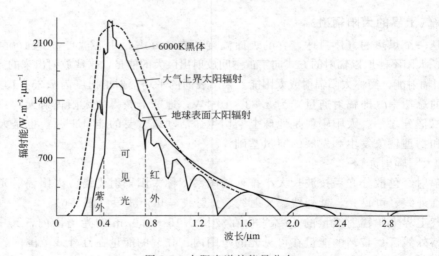

图 2-7 太阳光谱的能量分布

2.3.2.1 大气对太阳辐射的吸收

太阳辐射穿过大气层时，大气成分中的水汽、氧、臭氧、二氧化碳及固体杂质等物质有选择吸收一定波长辐射能的特性，致使到达地面的太阳辐射能量被减弱，光谱发生改变（图 2-8）。

大气中含量最多的是氮和氧，它们对太阳辐射的吸收很少，氧只对波长小于 $0.2\mu m$ 的紫外线吸收很强，在可见光区虽也有吸收带，但较弱。

臭氧在大气中含量很少，但对短波辐射的吸收能力很强，在 $0.2\sim0.3\mu m$ 波段有一强的吸收带。由于臭氧的吸收，使能够杀伤地球生物的小于 $0.29\mu m$ 波段的太阳辐射不能到达地面。臭氧在 $0.6\mu m$ 波长处还有吸收，虽不强，但位于可见光区，对太阳辐射能的减弱有

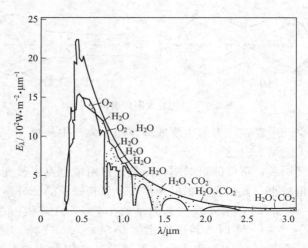

图 2-8　大气对太阳辐射的吸收

影响。

水汽在可见光区和红外线区都有吸收，吸收最强的是位于红外线区的 $0.93\sim2.85\mu m$ 的波段。据估计，太阳辐射因水汽的吸收可以减弱 4%～15%。

二氧化碳对太阳辐射的吸收不强，主要吸收 $4.3\mu m$ 附近的辐射，由于这一区域太阳辐射很微弱，故对太阳辐射减弱作用不大。

悬浮在大气中的水滴、杂质等也能吸收部分太阳辐射，但是甚微。

被大气吸收的这部分太阳辐射转化为热能，不再到达地面。大气成分的吸收较多位于太阳辐射光谱两端能量较小的区域，对可见光部分吸收较少，总体来说对太阳辐射的减弱作用不大。

2.3.2.2　大气对太阳辐射的散射

太阳辐射通过大气时，遇到大气中的各种质点，太阳辐射能的一部分以电磁波的形式从这些质点向四面八方传播开，这种现象称为散射（图 2-9）。散射过程中，能量并不损失，只是改变了一部分辐射的方向，因而使到达地面的太阳辐射能量减弱。空气中的散射可以分为两种：分子散射和粗粒散射。

（1）分子散射　分子散射是太阳辐射遇到直径比其波长小的空气分子发生的散射，辐射的波长愈短，散射得愈强。对于一定的分子来说，散射能力与波长的四次方成反比，这种散射是有选择性的，也叫瑞利散射。如波长为 $0.7\mu m$ 时的散射能力为 1，那么波长为 $0.3\mu m$ 时的散射能力就为 30。因此，当太阳辐射通过大气时，由于空气分子散射的结果，波长较短的光被散射得较多。雨后天晴，天空呈青蓝色，就是因为太阳辐射中青蓝色波长较短，容易被大气散射的缘故。分子散射还有一个特点是质点散射对于其光学特性来说是对称的球形，如图 2-9(a) 所示，在光线射入的方向（$\varphi=0°$）及相反的方向（$\varphi=180°$）上的散射比垂直于射入光线方向（$\varphi=90°$ 及 $\varphi=270°$）的散射量大 1 倍。图 2-9(a) 中由极点到外围曲线的径向长度，是以假定的比例表示此方向上所散射的总能量。

（2）粗粒散射　太阳辐射遇到悬浮在空气中的尘埃、烟尘、水滴等比光的波长尺度大的粗粒时，散射就失去了对称的形式，而于射入光的前方伸长。图 2-9(b) 是粗粒（水滴）散射的一种常见方式。在此种粗粒散射下，在射入光方向上的散射能量，分别超过了在射入光线的相反方向上及其垂直方向上能量的 2.37 倍及 2.5 倍。散射质点愈大，这种偏对称的程度愈强。粗粒散射是没有选择性的，即辐射的各种波长都同样地被散射。这种散射称粗粒散

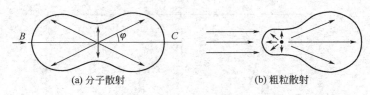

(a) 分子散射　　　　　　　　(b) 粗粒散射

图 2-9　大气对太阳辐射的散射

射，也称漫散射。当空气中存在较多的尘埃或雾粒即当大气中灰尘、水滴等杂质多时，大气散射以漫散射为主，天空呈乳白色。

太阳辐射透过大气层后，不仅能量减弱，而且光谱组成也发生改变。由表 2-2 可以得到结论：随着太阳高度角减小，太阳直接辐射光谱中，波长较长的部分逐渐增加，波长较短的部分逐渐减少。如当 $h=90°$ 时，紫外线占总能量的 4.7%，红外线占总能量的 50%，可见光占总能量的 45.3%。当 $h=20°$ 时，相应的比例变为 2%、55.3%、42.7%。当 h 再降低至 0.5° 时，紫外线和蓝紫光迅速减为零，而红外线和红光则分别增加至 68.8% 和 25.4%。这主要是由于太阳高度角低，空气质点对短波光强烈散射所致。

表 2-2　不同太阳高度时太阳辐射光谱中各部分的相对强度（总辐射＝100%）

辐射波谱/nm	太阳高度/(°)						
	0.5	5	10	20	30	50	90
紫外线（295～400）	0	0.4	1.0	2.0	2.7	3.2	4.7
可见光（400～760）	31.2	38.6	41.0	42.7	43.7	43.9	45.3
紫光（400～440）	0	0.6	0.8	2.6	3.8	4.5	5.4
蓝光（440～495）	0	2.1	4.6	7.1	7.8	8.2	9.0
黄光（565～595）	4.1	8.0	10.0	10.2	9.8	9.7	10.1
红光（595～760）	25.4	25.2	19.7	14.5	13.5	12.2	11.5
红外线（>760）	68.8	61.0	58.0	55.3	53.5	52.9	50.0

散射辐射光谱随太阳高度角、大气透明系数和云量而变化，见表 2-3。干洁空气中，太阳高度角降低，散射辐射中波长较短的部分（$\lambda<400$nm 的紫外辐射）逐渐减少，波长较长部分（$\lambda>600$nm 的红光及红外线）逐渐增多，而波长为 400～600nm 的可见光主要成分则几乎不随太阳高度角变化而变化，这就是目视观测中散射辐射光谱组成随太阳高度角变化不明显的原因。

表 2-3　不同太阳高度角时各散射光谱段的相对比率

h/(°)	λ/nm		
	<400	400～600	>600
3	5.9	53.3	40.8
15	14.6	58.2	27.2
30	20.4	56.1	23.5
45	23.2	54.8	22.0
60	24.6	54.2	21.2
90	25.8	53.5	20.7

当天空中有较多粗粒或全天有云时，散射辐射光谱中的长波部分能量增加，其最大辐射能力波长也向长波方向移动（图2-10）。

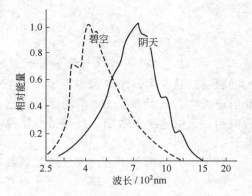

图2-10 碧空和阴天时散射光谱能量分布

2.3.2.3 大气对太阳辐射的反射

太阳辐射进入大气层后，会被云层和颗粒较大的尘埃所反射，其中以云的反射作用最为显著，致使一部分太阳辐射返回宇宙空间，削弱了到达地面的太阳辐射。云的反射随云的种类、云层厚度等而不同，云层越厚，云量越多，反射作用越大。反射对各种波长没有选择性。

大气对太阳辐射的三种减弱方式中，反射和散射的减弱能力大于吸收的减弱能力。就全球平均状况而言，进入大气的太阳辐射约有31%因反射和散射返回宇宙空间（其中云层反射23%，地面反射4%，反向散射4%），约有24%被大气直接吸收（平流层吸收4%，对流层吸收17%，云层吸收3%），最终45%到达地面。

2.3.3 影响太阳辐射在大气中减弱的因素

太阳辐射穿过深厚的大气层时，由于大气的吸收、散射和反射作用而被减弱，因此太阳辐射穿过大气层越厚或大气中能吸收、散射和反射的质点越多，太阳辐射被减弱的也就越多。前者可用大气（质）量（m）表示，后者可用大气透明系数（P）说明。

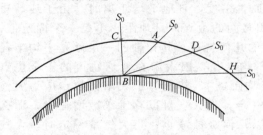

图2-11 不同太阳高度角下光线的路径

2.3.3.1 大气（质）量

大气（质）量（m）通常用太阳辐射通过大气路径的长度（AB）与大气在垂直方向上的厚度（CB）的比值来表示，见图2-11。由图可见，若将大气视为均匀介质，且不考虑地球表面和大气曲率的影响，同时略去光线在大气中传播时的折射现象，太阳辐射穿过大气的路径仅随太阳高度角而变化。

令 $CB=1$，太阳高度角为 h，则大气（质）量 m 为：

$$m = \csc h \tag{2-20}$$

m 为一无量纲量，当 $h>30°$时，m 可根据上式计算，较精确；当 $h<30°$时，计算会有一定误差。表2-4列出不同太阳高度角时的大气（质）量。

表2-4 不同太阳高度角时的大气（质）量

$h/(°)$	90	80	70	60	50	40	30	20	10	5	1	0
m	1.00	1.02	1.06	1.15	1.30	1.55	2.00	2.90	5.60	10.40	26.96	35.40

从表2-4和图2-11中可看出，大气量随太阳高度角的增大而减少。当太阳高度角比较大时，如30°～90°，m 值随太阳高度角增大变化很慢，m 在2.00～1.00之间；但当太阳高度角很小时，只要 h 有微小变化，m 值就有较大的变化。

2.3.3.2 大气透明系数

大气透明系数是指太阳辐射透过一个大气量后的辐射通量密度与透过前的辐射通量密度

之比，即

$$P_m = \frac{S_m}{S_{m-1}} \tag{2-21}$$

式中，P_m 是第 m 个大气量的透明系数；S_m 和 S_{m-1} 分别是透过第 m 个大气量之后和之前的辐射通量密度。大气透明系数 P_m 值通常在 0～1 之间变化，其大小主要决定于大气中能引起吸收、散射和反射成分的多少。当大气中水汽或凝结物、微尘杂质多时，大气透明系数减小。云的透明系数随云状及云的厚度改变，阳光能透过不太厚的高云，不能透过浓密的低云。

对于不同波长的辐射，大气透明系数也不同，短波光的透明系数小，长波光的透明系数大。透明系数还随时间、季节、地区而有变化。在一天中，下午透明系数小；在一年内，夏季透明系数小；高纬度地区的透明系数大于低纬度地区；高空的透明系数大于低空。一般来说，干洁空气的平均透明系数为 0.8～0.9。

2.3.3.3 减弱规律

太阳辐射透过大气层后的减弱与大气透明系数和大气量之间的关系可由布格-朗伯（Bouguer-Lambert）定律说明，其表示式是：

$$S_m = S_0 P^m \tag{2-22}$$

式中，S_m 为透过 m 个大气量后垂直于太阳光线的平面上的太阳辐射通量密度；S_0 为大气上界垂直于太阳光线的平面上的太阳辐射通量密度，日地平均距离时〔由于地球轨道不是一个正圆，而是椭圆形，所以地球与太阳之间的距离即日地距离不是一个固定值，7 月初为远日点，1 月初为近日点。根据椭圆形的几何特点，其长轴的一半就是平均半径（指从一个焦点上计算而非从椭圆中心计算的平均半径，因太阳在地球轨道的一个焦点上），而地球轨道的平均半径也就是日地间的平均距离〕，其值等于太阳常数；P 为大气平均透明系数。该式说明，如果大气透明系数一定，当大气量以算术级数增加时，那么垂直于太阳光线平面上的太阳辐射通量密度则以几何级数减小；当大气量一定时，大气愈浑浊，即 P 值愈小，透过 m 个大气（质）量后垂直于太阳光线的平面上的太阳辐射通量密度也愈小。

2.4 到达地面的太阳辐射

经过大气减弱以后，投射到地面上的太阳辐射称为太阳总辐射。总辐射由两部分组成：一部分是太阳以平行光线的形式直接投射到地面的辐射，称为太阳直接辐射；另一部分是被大气散射后自天空各个方向投射到地面的辐射，称为太阳散射辐射或天空辐射。

2.4.1 太阳直接辐射

2.4.1.1 太阳直接辐射及其变化

通常以到达地平面上太阳直接辐射的通量密度（S'）表示太阳直接辐射的强弱，其大小与太阳高度角（h）、大气透明系数（P）、大气量（m）以及大气上界垂直于太阳光线的平面上的太阳辐射通量密度（S_0）有关。

$$S' = S_0 P^m \sin h \tag{2-23}$$

由上式可看出，地平面上太阳直接辐射随太阳高度角的增大而增加。一方面太阳高度角越大时，照射在地平面单位面积上的太阳辐射能量越多；另一方面，太阳高度角越大时，太阳光穿过的大气量越少，太阳辐射被削弱得越少，因而太阳直接辐射也越大（表 2-5）。

表 2-5 太阳直接辐射与太阳高度角的关系（晴天碧空）

太阳高度角/(°)	5	10	15	20	25	30	35	40
直接辐射/W·m^{-2}	42	137	154	231	322	413	588	770

　　太阳直接辐射随大气透明系数的改变而改变。当大气透明系数越大时，太阳辐射被削弱得越少，因此太阳直接辐射越强。

　　太阳直接辐射随着海拔高度的增加而增大。海拔高度增加，阳光穿越的大气路径缩短，空气中水汽及尘埃杂质含量相对减少，因而太阳直接辐射增大。

　　直接辐射还随纬度而改变。北半球冬半年，由于太阳高度角和太阳可照时间随纬度的增高而减小，所以直接辐射也随纬度增高而减小；夏半年，虽然可照时间随纬度的增高而增加，在极地地区还有永昼现象，但高纬度地区太阳高度角比较小，所以直接辐射仍然不大，加上透明系数的影响，全年直接辐射的最大值出现在北回归线附近。

2.4.1.2　太阳直接辐射光谱

　　太阳直接辐射具有明显的日变化和年变化，其变化也取决于太阳高度角的变化。在晴朗无云的天气条件下，一天中，太阳直接辐射在上午随太阳高度角的增大而增强，正午达最大值，下午随太阳高度角的减小而减弱（图 2-12）。图中曲线的偏对称性（午前略小于午后）是由该地区上午大气较浑浊（常有轻雾）而造成的。太阳直接辐射的年变化和日变化一样，主要取决于太阳高度角的变化。一年中太阳直接辐射夏季最大，冬季最小。许多地区，由于盛夏大气中水汽增加，云量增多，大气透明系数减小，因而太阳直接辐射的月平均最大值不在盛夏而在春末夏初季节（表 2-6）。

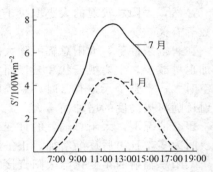

图 2-12　宜昌 7 月和 1 月太阳
直接辐射的日变化

表 2-6　北京太阳直接辐射的月平均值

月份	1	2	3	4	5	6	7	8	9	10	11	12
太阳直接辐射/W·m^{-2}	203	280	315	455	462	420	385	343	350	259	189	268

2.4.2　太阳散射辐射

2.4.2.1　太阳散射辐射及其变化

　　通常以到达地平面上太阳散射辐射的通量密度（D）表示太阳散射辐射的强弱，其变化主要取决于太阳高度角。在干洁空气中，随太阳高度角的增大，太阳散射辐射增大。因为太阳高度增高，太阳直接辐射增大，因而被散射的能量也随之增大。在太阳高度角一定时，大气透明度差，散射质点多，太阳散射辐射增强。

2.4.2.2　太阳散射辐射光谱

　　有云时，能增加太阳散射辐射，因水滴和冰晶是很强的散射质点；但当云很厚时，太阳直接辐射被削弱得多，散射辐射反而比晴天时还低（图 2-13）。

　　太阳散射辐射还随下垫面反射率而变，下垫面反射率越大，散射辐射越强。

　　太阳散射辐射随海拔高度而改变。在碧空情况下，随海拔高度的增加而减小，但在全天有云时，却随海拔高度的增加而增加。

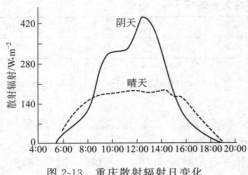

图 2-13　重庆散射辐射日变化

太阳散射辐射的日变化基本上与太阳高度角的日变化一致，中午附近达最大值，但上下午不全对称，这是因为上下午的大气透明系数和云况不同。太阳散射辐射日总量的年变化基本上取决于正午太阳高度角、云量和昼长的年变化，最大值总是出现在夏季。

2.4.3　太阳总辐射

同时到达地平面的太阳直接辐射（S'）和散射辐射（D）之和称为太阳总辐射，如以Q表示总辐射，则：

$$Q = S' + D \tag{2-24}$$

显然，太阳总辐射的大小取决于太阳直接辐射和散射辐射，即与太阳高度角、大气透明系数等有关。

在碧空条件下，太阳总辐射随太阳高度的增加而近于线性地增加；有云时，总辐射既可增加也可减少，主要视云状和云量而定。如果云量不多，而太阳视面无云，总辐射可能会比碧空时大；当整个天空有云时，总辐射完全由散射辐射构成，总辐射明显小于晴天。太阳总辐射还随海拔高度的增加而增大。

碧空情况下，太阳总辐射的日变化与太阳直接辐射的日变化基本一致。一天中，总辐射在夜间为零，日出后逐渐增加，正午达最大值，午后又逐渐减小。

太阳总辐射的年变化与太阳直接辐射基本一致。中高纬度地区，最大值在夏季，最小值在冬季；赤道地区，一年中有两个最大值，分别出现在春分和秋分。

太阳总辐射日总量随纬度的分布一般是纬度越低，总辐射越大。在春分日和秋分日，最大值出现在赤道上，由赤道向两极减小。在夏至日和冬至日，最大值分别出现在北纬和南纬30°附近。总辐射的年总量随纬度的降低而增大，但由于赤道附近云多，太阳辐射被削弱得多，因此，总辐射年总量最大值并不出现在赤道，而是出现在纬度20°附近。

太阳直接辐射与散射辐射在总辐射中所占的比重随太阳高度和云况而有很大的不同：在日出前和日落后，总辐射完全为散射辐射；日出后，随着太阳高度的升高，太阳直接辐射和散射辐射均增大。但前者增加较快，故散射辐射在总辐射中所占比重逐渐减小，直接辐射就成为总辐射的主要部分。

许多研究指出：在碧空或部分有云的天空情况下，$350 \sim 800\text{nm}$ 光谱区的总辐射光谱成分在一天内几乎是不变的，与太阳高度角无关。其原因是随着太阳高度降低，直达辐射的青、蓝、紫光成分虽逐渐减少，但与此同时，含青、蓝、紫光线较多的散射辐射，却在总辐射中相对地增加了，这就补偿了青、蓝、紫光在直达辐射中的减弱。所以总辐射的光谱成分，在太阳高度改变时没有大的改变。

2.4.4　太阳辐射总量

2.4.4.1　太阳辐射总量的理论计算

太阳辐射总量是指在一日、一月、一年或任一时刻内所接受的太阳辐射能之总和，它可以分别指太阳直接辐射总量、散射辐射总量或总辐射总量。

一天里，水平地表面所获得的太阳辐射日总量，随太阳高度、云量、大气透明系数和白昼长短而变化。无云晴天地面获得的太阳直接辐射日总量 Q 为：

$$Q = S_0 \int_{t_1}^{t_2} P^m \sin h \, \mathrm{d}t \tag{2-25}$$

式中，t_1、t_2 为日出、日落时间。把时间换成时角则有

$$d\omega = \frac{2\pi}{T}dt \tag{2-26}$$

$$dt = \frac{T}{2\pi}d\omega \tag{2-27}$$

式中，T 为一日的周期（1440min），于是得

$$Q = S_0 \frac{T}{2\pi} \int_{-\omega_0}^{\omega_0} P^m (\sin\varphi\sin\delta + \cos\varphi\cos\delta\cos\omega)d\omega \tag{2-28}$$

就某一地点来说，φ 为常数，一天内 δ 变动极小，也可视为常数，P^m 随时间变化比较复杂，在计算时可将 P^m 给一定值。无云晴天上、下午的日射变化是对称的，则

$$Q = S_0 \frac{T}{2\pi} \times 2P^m \int_{0}^{\omega_0} (\sin\varphi\sin\delta + \cos\varphi\cos\delta\cos\omega)d\omega \tag{2-29}$$

于是得

$$Q = S_0 P^m \frac{1440}{\pi}(\omega\sin\varphi\sin\delta + \sin\omega_0\cos\delta\cos\varphi) \tag{2-30}$$

此式即为理论上计算晴天时可能到达水平地表面上的太阳直接辐射日总量的公式。

2.4.4.2 太阳辐射总量的变化

日出以前，地面上只有散射辐射；日出之后，随着太阳高度的增加，直接辐射和散射辐射逐渐增加，总辐射增加但直接辐射增加得较快，即散射辐射在总辐射中所占的成分逐渐减少；当太阳高度升到约等于 8°时，直接辐射与散射辐射相等；当太阳高度为 50°时，散射辐射仅相当总辐射的 10%～20%；中午时太阳直接辐射与散射辐射均达到最大值；中午以后二者又按相反的次序变化。大气透明系数大，太阳辐射削弱小，直接辐射大，散射辐射小。因总辐射主要取决于直接辐射，因此大气透明系数大时，总辐射大；反之大气透明度小时，总辐射小。云况对总辐射的影响很大。通常有云天总辐射减小。云量大，云层厚而低，则总辐射小。云的影响还会破坏总辐射的变化规律。例如，中午云量突然增多时，总辐射的最大值可能提前或推后，这是因为直接辐射是组成总辐射的主要部分，有云时直接辐射的减弱比散射辐射的增强要多。总辐射随纬度的分布一般是纬度愈低，总辐射愈大，反之愈小。表2-7 是根据计算得到的北半球年总辐射随纬度分布的情况，其中可能总辐射是考虑了大气减弱之后到达地面的太阳辐射；有效总辐射是考虑了大气和云的减弱之后到达地面的太阳辐射。

表 2-7　北半球年总辐射随纬度分布的情况

纬度/(°)	64	50	40	30	20	0
可能总辐射/W·m⁻²	139.3	169.9	196.4	216.3	228.2	248.1
有效总辐射/W·m⁻²	54.4	71.7	98.2	120.8	132.7	108.8

2.4.5　下垫面对太阳辐射的反射

到达地面的太阳总辐射不能全部为地面吸收，有一部分由于地面的反射作用而返回大气或宇宙空间。地面反射辐射与总辐射之比称为地面反射率。

各种下垫面对太阳辐射的反射率的差异主要与下垫面的性质和状态有关，其中以颜色、湿度、粗糙度等的影响较大。此外，太阳高度角的改变，使太阳光线的入射角和光谱成分发生变化，反射率也随之改变。

2.4.5.1 颜色对反射率的影响

颜色不同的各种下垫面对于太阳辐射可见光部分有选择性反射作用。在可见光谱区，各种颜色表面的最强反射光谱带就是它本身颜色的波长。白色表面具有最强的反射能力，黑色表面的反射能力较小，绿色植物对黄绿光的反射率大。表2-8列出各种下垫面的平均反射率。由表2-8可以看出，颜色不同，反射率可有很大的差异，白沙的反射率可高达40%，而黑钙土的反射率只有5%～12%。

表 2-8 各种下垫面的平均反射率

地面性质	反射率/%	地面性质	反射率/%
黑钙土:新翻、潮湿、黑色	5	新雪	80～95
黑钙土:平坦、干燥、灰黑色	12	陈雪	70
沙土:平坦、干燥、褐色	35	绿草地	26
白沙	34～40	干草地	19
灰沙	18～23	大多数农作物	20～30
浅色灰壤	31	针叶林	10～15

2.4.5.2 湿度对反射率的影响

湿度的增加，可使地面的反射率减小，见表2-9。有试验指出，地面反射率与土壤湿度呈负指数关系（图2-14）。

表 2-9 各种土壤在干湿状态下对太阳辐射的反射率　　　　　　单位:%

土壤种类	干	湿
黑土	12	7
黑钙土	14	9
浅灰土	32	18
白沙	40	18
黄土	27	14

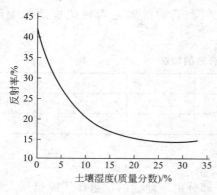

图 2-14　地面反射率与土壤湿度的关系

2.4.5.3 粗糙度对反射率的影响

随着表面粗糙度的增加，反射率很快减小，在起伏不平的粗糙地表面，因对太阳辐射有多次反射，导致反射率变小，新耕地的反射率比未耕地要小。

2.4.5.4 太阳高度角对反射率的影响

当太阳高度比较低时，光线入射角大，无论何种表面，对于光线的反射率也大。一日中太阳高度角有规律的日变化，使地面反射率也有明显日变化，以中午前后较小，早、晚较大。植被反射率的大小与植被种类、生长发育状况、颜色和郁闭程度有关。植物颜色愈深，其反射率愈小，绿色植物在20%左右。农田的反射率，苗期与裸地相差不多；生长盛期反射率与植株高度、密度有关，多保持在20%左右；成熟期，茎叶枯黄，反射率增大。

水面的反射率一般比陆地要小，但在太阳高度角小于10°时，往往大于陆地。波浪和太阳高度对水的反射率有很大影响。表 2-10 为水面的反射率随太阳高度的变化，当太阳高度角大于 60°时，平静水面的反射率约为 2%；太阳高度角为 30°时，反射率增至 6%；太阳高度角为 2°时，反射率可达 80%。

表 2-10　水面的反射率随太阳高度的变化

太阳高度角/(°)	90	70	50	40	30	20	10	5	1
反射率/%	2.0	2.1	2.5	3.4	6.0	13.4	34.8	58.4	89.2

新雪面的反射率可高达 90%，脏湿雪面的反射率只有 20%～30%，冰面的反射率大致为 30%～40%。由此可见，即使总辐射的强度一样，不同性质的地表真正得到的太阳辐射仍会有很大差异，这也是导致地表温度分布不均匀的重要原因之一。

2.5　地面辐射、大气辐射和地面有效辐射

2.5.1　地面辐射

地面吸收太阳辐射，同时按其本身的温度向外放射辐射，称为地面辐射。由于地面是非黑体，运用斯蒂芬-玻尔兹曼（Stefan-Boltzmann）定律，可写成如下形式：

$$E_g = \delta \sigma T^4 \tag{2-31}$$

式中，E_g 为地面的辐射能力；T 为地面的温度；δ 为地面的相对辐射率，又称比辐射率，它是指在同一温度下某物体的辐出度与黑体辐出度之比，在数字上等于吸收率。

地球表面的平均温度约为 300K，其辐射能量绝大部分集中在波长 3～80μm 范围内，其辐射能最大值所对应的波长约在 10μm 处。地面辐射能力随地面温度和地面性质而改变。

地面温度越高，辐射能力则越强。地面辐射日夜不停地进行着，白天地面温度比夜间高，因此地面辐射比夜间强，但是白天因吸收的太阳辐射总量大大超过了地面辐射所损失的能量，因而地面温度还是上升的；当夜间已经没有太阳辐射补偿的时候，由于地面辐射失掉热量，地面温度便降低了。

地面性质不同，其向外辐射的能力亦不同，表 2-11 为不同性质下垫面的相对辐射率。由表看出，绝大部分下垫面的辐射能力为黑体辐射的 84% 以上，新雪的相对辐射率最大，为 99%，对于长波辐射来说可把新雪面视为黑体。一般情况下，地面的相对辐射率取 0.90～0.95。

表 2-11　不同性质下垫面的相对辐射率（δ）

下垫面性质	黑土	黄黏土	浅草	黑麦田	砂土	石灰石	砂砾	(新)雪	海水
相对辐射率	0.87	0.85	0.84	0.93	0.89	0.91	0.91	0.995	0.96

2.5.2　大气辐射和大气逆辐射

大气主要吸收地面辐射，同时按其本身的温度放出辐射，称为大气辐射。对流层大气的平均温度为 250K，其辐射能量大部分集中在波长 4～120μm 范围内，最大辐射能力的波长约在 11.6μm 处，也属于红外长波辐射。

大气对太阳辐射直接吸收很少，而地面长波辐射的波段，恰位于大气的吸收光谱区，所以地面辐射是对流层大气的主要热源。

大气中对长波辐射吸收起重要作用的是大气中的水汽、液态水、二氧化碳、臭氧等。它

们对长波辐射的吸收同样具有选择性。

（1）水汽和液态水　水汽对长波辐射的吸收最为显著，除 $8\sim12\mu m$ 波段的辐射外，其他波段都能吸收。并以 $6\mu m$ 附近和 $24\mu m$ 以上波段的吸收能力最强。按基尔霍夫定律，水汽的长波辐射能力也强，因而干燥地区夜间降温剧烈，而湿润地区由于地面在夜间能接受较多的大气辐射而使降温缓慢。液态水对长波辐射的吸收与水汽相仿，只是作用更强一些，例如 $0.1mm$ 的薄层水可以吸收长波辐射 99%，因此厚度大的云层表面可当作黑体表面，能完全吸收地面辐射，同时又以接近黑体的辐射能力向上和向下辐射长波辐射。

（2）二氧化碳　二氧化碳有两个吸收带，中心分别位于 $4.3\mu m$ 和 $14.7\mu m$。第一个吸收带位于温度为 $200\sim300K$ 绝对黑体的辐射能量曲线的末端，其作用不大；第二个吸收带位于 $12.9\sim17.1\mu m$，对吸收长波辐射有重要意义。

（3）臭氧　臭氧在 $9\sim10\mu m$ 之间有一个狭窄的强吸收带。图 2-15 描绘了整个大气对长波辐射的辐射谱与透射谱。由图看出，大气在整个长波段，除 $8\sim12\mu m$ 一段外，其余的透射率近于零，即吸收率为 1。在 $8\sim12\mu m$ 处的吸收最小，透明度最大，称为"大气窗口"。这个波段的辐射，正好位于地面辐射能力最强处，所以地面辐射有 20% 的能力透过这一窗口射向宇宙空间。

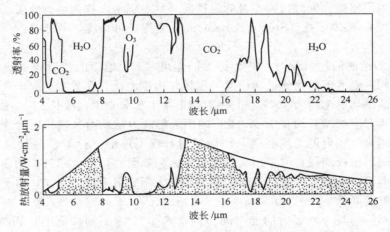

图 2-15　大气对长波辐射的辐射谱与透射谱

同时，大气的辐射也主要是由大气中的水汽和液态水放出的，所以大气的放射能力主要取决于大气温度，另外还与大气的水汽含量和云的状况有关。气温越高、水汽和液态水的含量越多，大气的放射能力就越强。

大气辐射朝向四面八方，其中一部分外逸到宇宙中，另一部分投向地面，投向地面的这部分大气辐射称为大气逆辐射，用 E_a 表示。地面辐射被大气吸收，同时大气逆辐射的一部分被地面吸收，从而使地面因放射长波辐射而损失的能量得到一定的补偿，可见大气对地面起了保温作用。大气对短波辐射的透明和阻拦长波辐射逸出的作用很像温室玻璃的作用，故称为大气的温室效应。据估算，如果没有地球大气，地面的平均温度将是 $-23℃$，实际上地面平均温度为 $15℃$，这说明大气的存在使地面温度提高了 $38℃$。

2.5.3　地面有效辐射

地面放射的辐射（E_g）与地面吸收的大气逆辐射（εE_a）之差称为地面有效辐射（F），可用下式表示：

$$F = E_g - \varepsilon E_a \qquad (2\text{-}32)$$

式中，ε 为地面对大气逆辐射的吸收率，平均取 0.95，因而大气逆辐射的绝大部分都被地面所吸收。

地面有效辐射表明在长波辐射交换过程中地面能量的得失。当 $E_g > \varepsilon E_a$ 时，地面有效辐射 F 为正值，这意味着地面从大气逆辐射所获得的能量并不能完全补偿自身辐射所损失的能量，即通过长波辐射的放射和吸收，地面失去能量；当 $E_g < \varepsilon E_a$ 时，F 为负值，只有当大气温度高于地面温度时，大气逆辐射才有可能大于地面辐射值，这时通过长波辐射交换使地面从大气得到能量。通常情况下，地面温度高于大气温度，相应地 E_g 也大于 E_a，F 为正值，只有当近地面气层有很强的逆温或空气湿度很大的情况下，有效辐射才可能为负值。地面有效辐射的强弱受多种因素的影响。

地面温度、大气温度、空气湿度和云况对地面有效辐射均有重要影响。地面温度高时，地面辐射增强，有效辐射增大；大气温度高时，增强了大气逆辐射，有效辐射变小。大气湿度增大时，有效辐射就减小；反之，大气湿度减小，有效辐射就增大。云量多、云层厚，大气逆辐射增强，有效辐射减小，浓厚的低云甚至可使地面有效辐射为零。

大气中 CO_2 的增多可减少地面有效辐射，提高地面温度。据测算，CO_2 排放量到 2075 年左右将达工业革命前的 2 倍，全球因此将增温 1.5～4.5℃，这可能导致一定的气候灾害。

土壤表面的性质对有效辐射也有很大影响。平滑的土表比粗糙表面的有效辐射小，这是由于粗糙表面的辐射面积较大。潮湿土壤的表面比干燥土表有效辐射大，因为潮湿土表的相对辐射率比干燥土表的大。

夜间有微风时能减弱地面有效辐射。风能把近地面的冷空气带走，代之以温度较高的空气，地面能从较暖的空气中得到较多的大气逆辐射，使有效辐射减小。

随着海拔高度的增加，大气中水汽含量减少，大气逆辐射变小，有效辐射增大。

夜间有效辐射的大小，可决定地温的高低和地温降低的快慢。有效辐射强，地面温度降低得剧烈，容易出现露、霜或形成雾，在早春和晚秋能导致霜冻从而危害作物。

晴天，有效辐射有明显的日变化，其最大值在午后出现，最小值在日出前后。云往往能破坏其变化规律。年变化以夏季最大，冬季最小。

2.6 地面净辐射

2.6.1 地面净辐射的方程

地球表面在任何时刻都有辐射能的收入和辐射能的支出。地面辐射能的总收入和总支出之差值称为地面净辐射（又称地面辐射差额或地面辐射平衡）。地球表面辐射能的收支可用地面辐射平衡方程表示：

$$R = (S' + D)(1 - \alpha) - F \tag{2-33}$$

式中，R 为地面净辐射；$(S' + D)$ 为到达地面的太阳总辐射；α 为地面对总辐射的反射率；F 为地面有效辐射。

地面净辐射可为正值，也可为负值。当 $R > 0$ 时，即地面吸收的太阳总辐射大于地面的有效辐射时，地面将有能量的积累；当 $R < 0$ 时，地面因辐射有能量的亏损。阴天时，直接辐射 S' 为零，地面辐射平衡方程改写成 $R = D(1 - \alpha) - F$。

式（2-33）表明，地面净辐射受总辐射、有效辐射和地面反射率等因素的影响，这些因素又受制于如太阳高度角、昼夜长短、下垫面特性、大气成分以及天空云况等多个因素，致使净辐射值在不同的地理环境、不同的气候条件下有所不同。

2.6.2 地面净辐射的日变化

净辐射有明显的日变化和年变化。在一天内，白天地面吸收的太阳辐射能大于支出的辐射能，即 $(S'+D)(1-\alpha)>F$，所以 R 为正值，白天太阳短波辐射起主导作用，一般正午时 R 达最大值；夜间，地面得不到太阳辐射，所以 $R=-F$，即夜间地面净辐射在数值上等于地面有效辐射。R 由正转变为负或由负转变为正的时间分别出现在日落前及日出后当太阳高度角为 $10°\sim15°$ 时，与日出、日落时间相差约 $1\sim1.5h$。

2.6.3 地面净辐射的年变化

一年中，地面净辐射夏季为正值，冬季为负值，最大值出现在 6 月，最小值出现在 12 月，与正午太阳高度角的年变化一致。正负值转换的月份因纬度而不同，纬度越低，净辐射维持正值的时间越长，高纬度则越短（图 2-16）。

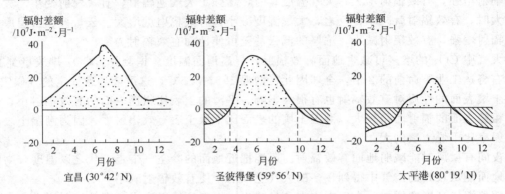

图 2-16 各纬度上地面净辐射的年变化

净辐射随纬度也有变化，北半球大约在 38°N 处，地面辐射能收入与支出达到平衡，年净辐射 $R=0$。由此向南，辐射能收入大于支出，有盈余，$R>0$。由此向北，辐射能收入小于支出，辐射能有亏缺，$R<0$。这种收支上的不平衡，势必引起南北方之间全球规模的水平能量的交换，使能量收支趋于平衡。

地面净辐射在天气、气候以及农田小气候的形成与变化中有重要作用。地面净辐射对土壤温度、空气温度和地面水分的蒸发以及露、雾、霜和霜冻的形成有重要影响。有目的地改变地面净辐射，就可改变和改善气候和小气候条件。例如：采用覆盖的方式，可减少地面有效辐射；用遮阴、设屏障的方法，可改变辐射能的收支；通过土壤染色、松土、铺砂或灌溉等，改变地面的反射率，进而调节土壤温度。

2.7 太阳辐射与农业生产

太阳辐射是绿色植物通过光合作用制造有机物质的唯一能量来源，也是热量的主要来源。太阳辐射以热效应、光合效应、形态效应影响着植物的生长发育及产量、品质。

2.7.1 太阳辐射光谱对植物的影响

2.7.1.1 不同光谱成分对植物的影响

不同波段的辐射对植物生命活动起着不同的作用，它们在为植物提供热量、参与光化学反应及光形态的发生等方面起着重要作用。

（1）紫外线 到达地面的紫外线虽在太阳辐射中所占比例较小，但却具有较强的生理和生化作用。它能提高植株内蛋白质和维生素含量，紫外线中波长较短的部分能抑制植物生长，常受这部分紫外线照射到的植物，株型变矮，根系发达，叶片小而肥大；而紫外线中波长较长部分对植物有刺激作用，如利用这部分紫外线照种可促进种子萌发。在果实成熟期间，较强的紫外线可增加果实的糖分比，且着色好，但紫外线对茶树、纤维植物、生姜、芹菜等的品质有副作用。

（2）可见光　可见光是植物生长不可缺少的条件之一。地面上绿色植物的光合作用是靠叶绿素完成的，而叶绿素的主要吸收光谱在可见光的红橙光区（$0.60\sim0.70\mu m$）和蓝紫光区（$0.40\sim0.50\mu m$）。前者有利碳水化合物的积累，后者对蛋白质和非碳水化合物的积累具有重要作用，并有利于植物器官的形成。应当指出，不同的植物对光谱的要求和反应不同。例如，水稻、麦类、玉米等禾本科植物，在红橙光的照射下，生长发育迅速，而且早熟，但黄瓜在其照射下，却表现出营养体小、产量低。相反，在蓝紫光照射下，则干物质多、产量高。

（3）红外线　来自太阳的红外线能被植物吸收，产生热效应，提高植物体温，但吸收有一定的选择性。波长为 $2.0\sim3.0\mu m$ 的红外线，植物能吸收 $80\%\sim90\%$，该波谱以外的红外线，植物吸收的很少。有资料指出，波长为 $0.70\sim1.0\mu m$ 的近红外线有促进植物的萌发和伸长及光周期效应。

2.7.1.2　光合有效辐射

太阳辐射中对植物光合作用有效的光谱成分称为光合有效辐射（PAR），大致包括 $0.38\sim0.71\mu m$ 波段的太阳辐射（也有用 $0.40\sim0.70\mu m$ 的）。其能量约占太阳总辐射的 50%。

考虑到它在太阳直接辐射和天空散射辐射中各占有一定比例，苏联学者叶菲莫娃给出 $h>20°$ 时的经验公式，利用水平面上的太阳直接辐射（S'）和散射辐射（D）可计算出光合有效辐射（PAR），其公式为：

$$PAR = 0.43S' + 0.57D \qquad\qquad (2-34)$$

由上式可知，天空散射辐射在光合有效辐射中所占比例大于太阳直接辐射。早晨或傍晚，太阳高度角低，散射辐射（包括曙暮光）在总辐射中所占的比例较大，光合有效辐射也如此。加之众多植物的叶向角大，能吸收侧向来的这部分光，因此，在植物的干物质形成中，早晚时刻的光合有效辐射具有积极作用。

根据光合有效辐射的时空分布，可以确定进入农田、植物群落进行光合作用的能量，对制订适宜的群体结构和估算产量等方面有重要意义。

2.7.2　辐射强度与植物生长发育

2.7.2.1　辐射强度与光合作用

光合作用是绿色植物最重要和最基本的生理机能，而光是光合作用的能量来源，在一定的光照度范围内，光合强度随着光照度的增加而增加，但当光照度增加到一定数值时，光合强度便不再增加，这种现象称为光饱和现象，开始达到光饱和现象时的光照度称为光饱和点。光饱和点时的光合强度，表示植物同化 CO_2 的最大能力。各种植物的光饱和点不同。根据植物对光照度的需要，可将其分为喜阳植物和耐阴植物。植物群体的光饱和点比单株的高得多，甚至看不到光饱和点。光饱和点较高的植物，在较强的光照下能形成更多的光合产物。在光饱和点以上的光照度，植物不能利用。因此，提高植物的光饱和点将是发挥光合潜力的一个方面。

当光照度较高时，植物的光合强度往往比呼吸强度高若干倍；当光照度下降时，光合强度与呼吸强度逐渐接近，当光照度降低到光合作用吸收的 CO_2 与呼吸作用放出的 CO_2 相等时，也就是净光合强度等于零，这时的光照度称为光补偿点。在光补偿点时，植物有机物的形成和消耗相等，不能积累干物质，加上夜间消耗，对整株植物来说，消耗大于积累，对植物的正常生长发育十分不利，所以要使植物维持生长，光照度至少要高于光补偿点。

光饱和点和补偿点的高低与温度、土壤水分、二氧化碳浓度以及作物的种类、品种、发育期、种植密度等有关。在农业生产实践中，常根据植物对辐射强度的要求不同，将它们分为喜阳植物和耐阴植物两大类。绝大多数作物、蔬菜和树种属喜阳植物，它们的光饱和点为25000～60000lx或更高，光补偿点为200～1000lx。云杉、蕨类、生姜、人参等属于耐阴植物，它们的光饱和点为5000～10000lx，而光补偿点更低。

光饱和点与补偿点分别代表植物或叶片的光合作用所需光照度的上限和下限，间接反映植物叶片对强光与弱光的利用能力，可作为作物需光特性的参考指标，根据它来衡量植物的需光量。这两种指标在间作、套种时对作物种类的搭配、田间密植程度、间苗、林带树种的配置、果树修剪等均有指导意义。

2.7.2.2 辐射强度与植物发育

强光有利于植物繁殖器官的发育，相对的弱光却有利于营养生长。因此，多云的天气条件对以植株营养部分为收获对象的作物有利；晴朗的天气条件对以果实籽粒为收获对象的作物有利。试验证明，在强光下，小麦可以分化更多的小花和增加结实数；弱光下，小花分化减少，籽粒结实数也减少。强光还有利于黄瓜雌花数增加、雄花数减少。光照度减弱时，由于营养体徒长和光合作用形成的营养物质减少，可以使棉花蕾铃大量脱落。弱光使果树已形成的花芽因养分供应不足而早期退化或死亡；开花期和幼果期如光照不足会使果实停止发育及落果。

光照度对植物产品质量有影响。生长在遮阴地的禾本科作物的蛋白质含量减少，糖用甜菜根中的含糖量减少，马铃薯的块茎中淀粉质也减少。光照条件很好的瓜果因含糖多而香甜可口，如吐鲁番葡萄和哈密瓜。

不同的植物对光照度的要求是不同的。有些喜光，要求在强光照下生长，属于喜阳植物。有些植物比较耐阴，它们在微弱的阳光下就能正常生长发育，属于耐阴植物。因此，人们可根据植物需光特性采取立体用光措施。

光照度对树木的外形也有影响。例如，长在空旷地的孤立木，常常是树干粗矮，树冠庞大；生长在光照度较弱条件下的树木，树干细长，树冠狭窄且集中于上部，节少挺直，生长均匀。

多数栽培作物正常生长发育的适宜照度为8000～12000lx，光照过强或不足都能引起植物生长不良，产量降低，甚至死亡，例如过热、灼伤、黄化、倒伏等。根据作物的要求，正确地调节照度以提高对太阳能的利用，是栽培措施的重要问题之一。

2.7.2.3 光能利用率及其提高途径

（1）光能利用率的概念　植物产量的形成是植物利用光能，通过茎、叶、果实等光合器官进行光合作用，将吸收的 CO_2 和水合成碳水化合物的过程。不断提高植物的光能利用率是农林气象学的重要任务。

光能利用率是植物光合产物中储存的能量占所得到的能量的百分率，一般是用单位土地面积上植物增加的干重换算成热量去除以同一时间内该面积上所得到的太阳辐射能总量来表示，即：

$$E_p = \frac{hM}{\sum(S'+D)} \times 100\%$$ （2-35）

式中，E_p 为光能利用率；M 为单位面积上植物的干重，$g \cdot m^{-2}$；h 为单位干物质燃烧时产生的热量，不同植物的 h 值是不同的，大豆为 26.6kJ·g^{-1}，水稻为 15.7～18.0kJ·g^{-1}，甜菜为 17.2kJ·g^{-1}，玉米为 17.0kJ·g^{-1}，一般计算时采用 17.8kJ·g^{-1}；$\sum(S'+D)$ 为同一时间内太阳直接辐射 S' 和散射辐射 D 日总量之和。也可将 $\sum(S'+D)$ 换算成光合有效辐射总量，这时的光能利用率称为可见光的光能利用率或辐射能的转换效率。

据北京市农林科学院农业气象研究室的资料，北京地区小麦每公顷籽粒产量为 4000kg、6000kg、7500kg 的光能利用率分别为 0.26%、0.41%、0.51%，如包括茎叶和籽粒在内的总干物重，光能利用率也只有 0.90%～1.65%。

北方每公顷产量 15000kg 的地块光能利用率为 4%，长江流域每公顷产量 22500kg 以上的试验田中，全年的光能利用率为 5%。因而，目前光能利用率水平还是非常低的。

（2）影响光能利用率提高的因素

① 光能转化率低　植物光合作用的最大效率为 22.4%。据研究，光合作用中消耗于呼吸作用的物质及其他损失，占光合作用的 20%～30%。另外，实际投射到大田的光合有效辐射值有较大的浪费，即田间漏光、农耗时期光能损失、田间叶片的反射以及衰老的叶片不参与光合作用等损失约占 36%，所以归结到产量的能量系数约为 10%，即 10% 的光能利用率是有希望达到的最高理论数字，即使如此，目前的产量距离 10% 还很远，也就是说，植物增产潜力还很大。

② 光合潜力高值期与作物利用光能关键期不匹配　光合潜力最高月与比较高的 3 个月，如最高月在哈尔滨为 5 月，锦州为 6 月，新疆阿勒泰为 7 月……较高的 3 个月四川西昌为 3～5 月，台湾高雄为 4～6 月等等，然而这些具有最高与较高光合潜力的月份与当地作物的最大叶面积值不相一致。如何使作物光能利用率的关键期与当地光合潜力的最高月和较高月相配合，这是充分利用光能的一项有意义的农业气候分析工作，值得重视。

③ 作物群体内光分布不合理　据计算，群体叶面积每增加一个数量级，群体内透光率一般要降低一个数量级。此外还有植物的光饱和浪费，即植物的光饱和点低，高于光饱和点以上的光很少被利用，如小麦光饱和点仅 30000lx，而自然界中作物生长期的自然光强度晴天多在 100000lx 以上。

④ 温度和水分的影响　有资料表明，不同温度下小麦旗叶光合速率不同，当气温升到 26～28℃ 时，旗叶的光合速率降低，气温升到 34℃ 时，光合作用几乎停止，表明高温使叶片气孔关闭。冬春气温低，使植物体生长矮小，不能形成足够的叶面积，使植物光合产量不高。另外，自然界还有一些高低温灾害，更使植物对光能的利用状况变坏。水分不足，气孔关闭，蒸腾减小，使植物光合作用下降，导致光能利用率很低。

⑤ 农田内 CO_2 不足　据观测，水稻田 CO_2 浓度经常比大气常量（320mg·kg^{-1}）低 10%～20%，光合作用也相应下降 10%～20%。自然条件下，CO_2 浓度经常成为光合作用的限制因素。

⑥ 作物遗传特性的限制　小麦、水稻、大豆等 C_3 作物的光合速率通常比玉米、高粱等 C_4 作物低，尤其在高温、强光和干旱条件下，该特性表现得尤为明显。此外，直立叶型的矮秆品种、抗逆性强的品种光能利用率比散叶型或匍匐型的中高秆品种、抗逆性弱的品种高。

（3）提高光能利用率的途径

① 充分利用生长季节，改革种植制度与方式，推广间作套种　作物在苗期往往较稀，有大量的太阳光漏射到地面上而浪费了，而苗期往往占作物整个生育期的 1/3 左右，为了充分发挥这一阶段的光能潜力，间作套种是解决这个问题的有效措施。它延长了生长季节，较充分地利用了各种小气候条件，从而提高了光能与土地利用率。

② 选育合理的株型、叶型、高产不倒伏品种　从叶型上来说，一般斜立叶较利于群体中光能的合理分布与利用。斜立叶向外反射光较少，向下漏光较多，使下面有更多叶片见光。在太阳高度角大时，斜立叶每片叶受光强度不如平铺叶片，但光合作用一般不需要太强的光照，同样的光能分配到更大的叶面积上，使更多的叶面充分利用光能。

③ 提高单位面积的光合生产率，创造合理的叶面积　合理的水肥措施是创造适宜的叶面积的重要基础，它还影响群体的通风透光条件，特别是对于高产群体，水肥措施对提高光能利用率有明显作用。

④ 趋利避害，充分利用光能资源　我国光能资源很丰富，最高值在青藏高原，居世界的前列，若要解决好热量不足的问题，辐射资源利用大有潜力。海南岛光能丰富，水热条件优越，生产潜力最大。藏南各地及广大东南部沿海地区仅次于海南。赣江流域、鄱阳湖盆地、柴达木盆地等光能条件均较好，如解决红壤改良及水源灌溉等问题，则可充分利用太阳能成为高产区。

2.7.3　光照时间与植物生长发育

2.7.3.1　植物的光周期

一定时间光照与黑暗的交替影响植物生长发育，特别是影响植物开花的现象称为光周期现象或光周期效应。

根据植物开花对光照长度的要求，可将植物分为以下类型：

（1）短日性（照）植物　在一定的生育期中，光照长度短于一定的临界值时才能开花。如果适当地延长黑暗时间，缩短光照时间，可提早开花，如烟草、大豆、水稻、玉米、高粱、棉花、菊花等。

（2）长日性（照）植物　在一定的生育期中，光照长于一定的临界值时才能开花，如果延长光照时间，可提早开花，如大麦、小麦、萝卜、菠菜、大白菜、洋葱、蒜等。

（3）中性植物　在任何光照长度下都能开花的植物，如黄瓜、番茄、茄子、四季豆和一些四季开花的花卉等。

长日照植物和短日照植物的区别不在于它们对光照长度要求的绝对值，而在于它们对光照长度要求有一最低或最高限值。就是说，长日照植物对光照长度有一最低限值，它们不能在比这最低限值更短的日照下开花；短日照植物对光照长度有一最高限值，它们不能在比这最高限值更长的光照下开花。上述最低或最高的极限值，是诱导植物开花所需的极限光照长度，称为临界日（光）长。临界日照长度随植物生长环境的纬度变化而改变。一般以每日时间12～14h为临界日照时间长度，但不是任何植物都如此。如短日照植物苍耳，临界日长达16h，而长日照植物天仙子，临界日长仅12h。

由于光照长度随纬度和季节变化，以及光周期特别是临界日长的作用，使植物的分布具有明显的地理性。一般短日照植物原产于低纬度地区；长日照植物原产于高纬度地区；中纬度地区长日照和短日照植物都有。

光周期也是某些落叶树种和滞育型昆虫适应即将来临的不利环境而进行落叶、休眠的信息。在中高纬度地区，冬季来临时，日照缩短作为一个信息，诱导树体内进行糖分积累等一系列生理变化，为冬季休眠做准备。落叶也是在短日照诱导下完成的。大多数滞育型昆虫适宜在长日照下生长和发育，在短日照下滞育。

2.7.3.2　植物的感光性

植物对日照时间长短的反应特性称植物感光性，感光性强即反应敏感，感光性弱即反应迟钝。具体讲感光性是指因光强的变化刺激植物发生感性生长运动或感性膨压运动。前者有蒲公英等菊科植物头状花序的舌状花冠的启闭运动；后者有以豆科、酢浆草科等叶枕运动器官使叶柄、叶身、小叶的上下运动以及气孔的开闭运动。可是，运动的全过程仅仅受光强变化控制的例子很少，而是与日周期的节奏运动有很大关系（睡眠运动）。含羞草、合欢等的张开着的小叶，可在黑暗下闭合，有光时则再次张开，这种灵敏度在一天中并不相同，而是按周期发生变化。而这些反应是与光敏色素有关。

水稻品种在适宜生长发育的日照长度范围内，短日照可使生育期缩短，长日照可使生育期延长，水稻品种因受日照长短的影响而改变其生育期的特性，称为感光性。一般原产低纬度地区的品种感光性强，而原产高纬度地区的品种对日长的反应钝感或无感。南方稻区的晚稻品种感光性强，而早稻品种的感光性钝感或无感；中稻品种的感光特性介于早、晚稻之间。感光性强的品种，在长日照条件下不能抽穗。

2.7.3.3　光照时间与作物引种

植物在不同纬度、不同季节生长，由于长期适应的结果，对原产地的气候条件，尤其是日照持续时间有一定的要求，所以在跨纬度作物引种过程中，必须高度重视研究植物的光周期特性和引种地区的日照特点，应注意以下几点：①纬度相近地区引种，因日照时间相近，引种成功率大。②短日照作物南种北引时，由于北方生长季内日照时间比南方长，加之温度降低，使作物发育减慢，生育期延长，严重时甚至不能开花结实。如 20 世纪 70 年代初贵阳、遵义等地从海南岛引入原产于印度尼西亚的稻种"包胎矮"，就造成大面积颗粒未收的损失。为确保能及时成熟，南种北引时应引用较早熟的品种或感光性较弱的品种。如两广的早、中熟早稻可引种到长江流域作中、晚熟早稻，成功概率较大。北种南引时，由于南方生长季内日照时间比北方短，加之温度升高，使作物发育加快，生育期缩短，没能长好营养体，出现早穗现象，穗小粒少，故产量降低。如 1956 年两湖盆地从东北引入原产于日本的"青森 5 号"粳稻种植，在秧田含苞待放，"怀胎出嫁"，大面积减产。为使引种成功，北种南引应引入晚熟或感光性弱的品种。③长日照作物北种南引，由于南方日照缩短，发育减慢，但温度升高，发育加快，光、温对发育速度影响有"互相抵偿"作用。而南种北引，由于北方日照增长，发育加快，但温度降低，发育减慢，同样，光、温对发育速度影响有"互相抵偿"作用。长日照植物的跨纬度引种，生育期长短变化应综合分析。

由此可见，长日照作物的跨纬度引种，光、温对发育速度有"互相抵偿"作用。短日照作物的跨纬度引种，光、温对发育速度有"叠加"作用：北种南引，发育加快；南种北引，发育减慢。

思　考　题

1. 何为辐射？辐射应遵循哪些基本定律？
2. 太阳辐射光谱可分为哪三部分？各占太阳辐射总能量的多少？
3. 太阳辐射经过大气时起了什么变化？
4. 为什么大气在比较干洁时，天空呈蔚蓝色，而浑浊时天空呈灰白色？并解释早晚的红日。
5. 到达地面的太阳总辐射由哪两部分组成？试比较二者的不同。
6. 太阳辐射随太阳高度角、大气透明度、纬度、海拔高度是如何变化的？
7. 地面有效辐射的大小与地面和大气的哪些性质有关？
8. 写出地面有效辐射、地面辐射差额、地气系统差额辐射的表达式。
9. 解释名词：太阳常数，地面有效辐射，大气逆辐射，地面辐射差额。

10. 何谓光合有效辐射？简述各辐射波谱段的农业意义。
11. 何谓光饱和点？何谓光补偿点？它们与作物光合效率有何关系？
12. 何谓光能利用率？目前提高光能利用率的主要途径有哪些？
13. 何谓长日照植物、短日照植物、植物光周期现象？作物引种应注意哪些问题？

第3章 温 度

温度表示土壤、水和空气的热力状况，是植物生存的重要环境因素之一，植物的一切生理活动、生化反应都必须在一定的环境温度条件下才能进行。迄今为止，还很难在大面积上人工控制作物的环境温度，即土壤温度和空气温度，其中对气温的调节尤有局限。因此，温度条件常成为某一地区能否栽培某种作物的绝对条件。

3.1 热量交换方式

地球表面接受太阳辐射能，在下垫面本身、下垫面和空气以及空气层之间进行多种形式的热量交换，使土壤温度、大气温度发生变化。热量交换方式主要有下列四种。

3.1.1 辐射热交换

物体之间以辐射方式进行的热量交换称为辐射热交换，它不仅发生在地面和空气之间，同时也是空气层之间进行热量交换的重要方式。地面一方面吸收太阳辐射和大气逆辐射，另一方面也向大气放射长波辐射。白天地面吸收的辐射超过放出的辐射时，地面被加热增温，并通过辐射或其他方式把热量传送到大气和深层土壤，使大气和土壤温度升高；夜间地面放出的长波辐射超过吸收的大气逆辐射，使地面损失热量，导致地面温度下降，此时深层土壤和大气就反过来以各种方式向地面输送热量，结果导致深层土壤和大气层损失热量，温度下降。

3.1.2 分子传导热交换

物体通过分子碰撞产生的热交换称为分子传导热交换，简称传导。分子传导是土壤中热量交换的主要方式。空气与地面之间，空气与空气之间，虽然都可以通过分子传导来交换热量，但由于空气是热的不良导体，所以由分子传导方式传递的热量很少，仅在贴地气层中才较为明显，故一般不予考虑。

3.1.3 流体流动热交换

3.1.3.1 平流

空气的大规模水平运动称为平流。空气经常大规模地在水平方向上流动着，当冷空气流经暖的区域时，可使当地温度下降，称之为冷平流；反之，当暖空气流经冷的区域时，可使该区域的温度升高，称之为暖平流。平流是空气在水平方向传递热量的重要方式，对于大范围水平方向的温度分布和变化，具有十分重要的意义。

3.1.3.2 对流

空气在垂直方向上大规模的、有规则的升降运动称为对流。根据其产生的原因可分为两种：①热力对流。热力对流是低层气温剧烈升高或高层空气冷却时，上下层气温差异加大，空气处于不稳定状态，造成低层暖空气上升，高层冷空气下沉的空气升降运动。②动力对流。如当空气水平运动时遇到山脉等障碍物，或受其他外力作用而引起垂直运动。

大气中的对流有时是由热力原因和动力原因共同引起的。对流的结果是使上下层空气混合，热量也随之得到交换。比较强烈的对流，甚至能使热量传递到对流层顶。对流运动是地面和低层大气的热量向高层传递的重要方式。

3.1.3.3 乱流

当地面受热不均匀或空气沿粗糙不平的下垫面移动时，常出现小规模的、无规则的升降运动或空气的涡旋运动，这种空气的不规则运动称为乱流。乱流可使空气在各个方向得到充分混合，并伴随着热量的交换。虽然与对流相比，乱流的规模较小，但它出现得更经常、普遍，是地面与空气间热量交换的重要方式之一。

3.1.4 潜热交换

当土壤水分蒸发（升华）时，要吸收一部分地面热量，当这部分水汽在空气中凝结（凝华）时，又把潜热释放出来给大气，大气便间接地从地面获得了热量。反之，当空气中的水汽在地面上凝结（凝华）时，地面获得了热量。实际上从地面蒸发出去的水分远多于在地面凝结的水分，所以通过潜热交换，地面通常是失去热量，而大气通常是获得热量。这种潜热交换方式不仅在地面和空气间进行，在空气与空气之间也可以进行。

3.2 土壤温度

土壤温度的变化主要取决于地面热量收支平衡和土壤热特性。

3.2.1 地面热量收支平衡

土壤表面温度变化主要是由其表面热量收支不平衡引起的。例如在白天，地面吸收的热量多于放出的热量时，地面就会增热升温；夜间，当地面放出的热量多于吸收的热量时，地面就会冷却降温。地面热量的收入与支出之差，称为地面热量收支平衡。它是由四个方面的因素所决定的：一是土壤表面的净辐射（R）；二是土壤表面与下层土壤间以分子传导形式进行热交换的土壤热通量（G）；三是土壤表面与近地气层之间以乱流形式进行热交换的感热通量（H）；四是土壤表面与空气层间以潜热形式进行热交换的潜热通量（LE）。

白天，地面吸收的太阳辐射能超过地面有效辐射，地面净辐射（R）为正值，地表面吸收辐射能转化为热能，地面温度高于邻近的空气和下层土壤，于是产生了从温度高的地表面以乱流方式进入空气的感热通量（H）和以分子热传导方式进入下层土壤的热通量（G）及土壤水分的蒸发消耗部分潜热通量（LE）。

夜间，地面净辐射（R）为负值，地面因能量丢失而不断降温，地面温度低于邻近的空气温度和土壤表面温度，于是空气及下层土壤中有感热通量（H）及热通量（G）流向地面。如果与土壤表面接触的空气达到过饱和状态或地面温度低于当时空气的露点温度，空气中的水汽产生凝结也要放出热量给地面层（图3-1）。

地表面热量收支情况，可用下式表示：

$$R = H + G + LE \tag{3-1}$$

上式称为热量平衡方程。上式是把地表面看成一个几何面进行分析，而实际上辐射能的

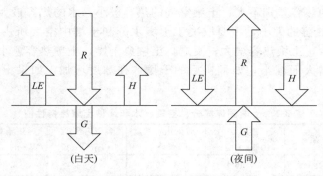

图 3-1　地面热量收支示意图

交换以及土壤和空气、土壤表面和土壤下层之间的能量交换是在一定厚度的土壤薄层内以及薄层与空气、下层土壤间进行的，故可将上式中的 G 项分解为表层土壤的热量收支（Q_s）和下层土壤的热量收支（G'）之和（图 3-2），故式（3-1）可写成：

$$Q_s = R - H - G' - LE \tag{3-2}$$

式中，Q_s 为正值时，表层土壤得热大于失热，地面温度上升；Q_s 为负值时，表层土壤得热小于失热，则地面温度下降。

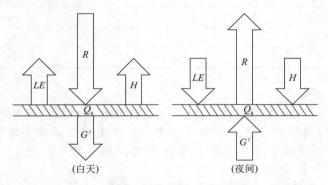

图 3-2　地表面热量收支示意图

3.2.2　土壤热特性

土壤得到热量，温度升高；失去热量，温度降低。但不同的土壤吸收或放出相同的热量时，其温度变化并不相同。这是因为土壤温度的升降程度还取决于土壤本身的热学性质——土壤热特性。

土壤的热特性主要包括热容、热导率和导温率。

3.2.2.1　热容

描述土壤热容的物理量有两种，即质量热容和容积热容。研究土壤温度时，多采用容积热容。其定义为单位体积土壤温度升高（或降低）1℃时所需吸收（或放出）的热量，单位是 $J \cdot m^{-3} \cdot ℃^{-1}$，可用式（3-3）表示：

$$C_V = \frac{\Delta Q}{\Delta T} \text{或} \quad \Delta T = \frac{\Delta Q}{C_V} \tag{3-3}$$

式中，ΔQ 为单位体积的土壤在单位时间内获得或失去的热量；ΔT 为单位时间内土壤温度的变化；C_V 为土壤容积热容。由上式可知，当 ΔQ 一定时，土壤热容（C_V）愈大，温度变化愈小；土壤热容愈小时，则温度变化愈大。

土壤由固体和不定量的水及空气组成。不同的土壤组成成分具有不同的热容，从表 3-1

看出，各固体成分的热容差别不大；土壤空气的热容极小；水的热容最大，约为空气热容的3000倍。所以土壤热容的大小，主要取决于土壤水分和土壤中空气所占的比例。土壤湿度增大时，空气含量少，土壤热容增大；反之，土壤愈干燥，土壤热容愈小。另外，土壤热容还随土壤孔隙度的增大而减小，如翻耕后的土壤，孔隙度增加，如果土壤水分含量没有改变，则热容变小。

表 3-1　土壤固体成分、空气、水和几种土壤热特性值

分类	物　质	密度 ρ /10^3kg·m^{-3}	质量热容 C_m /J·g^{-1}·℃$^{-1}$	容积热容 C_V /J·cm^{-3}·℃$^{-1}$	热导率 λ /W·m^{-1}·℃$^{-1}$	导温率 K /10^{-6}m^2·s^{-1}
土壤组成成分	石英	2.66	0.80	2.13	8.80	4.18
	黏土矿物	2.65	0.90	2.39	2.92	1.22
	有机质	1.30	1.92	3.51	0.25	0.10
	水	1.00	4.18	4.18	0.57	0.14
	空气(20℃)	1.20×10^{-3}	1.01	1.21×10^{-3}	0.025	20.50
沙壤土	40%孔隙度	1.60	0.80	1.28	0.30	0.24
	饱和	2.00	1.48	2.96	2.20	0.74
黏土	40%孔隙度	1.60	0.89	1.42	0.25	0.18
	饱和	2.00	1.55	3.10	1.58	0.51
泥炭土	80%孔隙度	0.30	1.92	0.58	0.06	0.10
	饱和	1.10	3.65	4.05	0.50	0.12

3.2.2.2　热导率

当物体不同部位之间存在温差时，就会产生热量的传递，热流的方向总是从高温部位指向低温部位。物质传递热量的能力用热导率来表示。土壤热导率是指当温度垂直梯度为1℃·m^{-1}时，单位时间内通过单位水平截面积的热量。其单位为 J·m^{-1}·s^{-1}·℃$^{-1}$（焦耳·米$^{-1}$·秒$^{-1}$·摄氏度$^{-1}$）。

单位时间内通过某横截面积的热量，称热通量，单位是 J·m^{-2}·s^{-1}（焦耳·米$^{-2}$·秒$^{-1}$）。它与温度垂直梯度成正比，则有：

$$G = -\lambda \left(\frac{\Delta T}{\Delta Z} \right) \tag{3-4}$$

式中，G 为土壤热通量；$\Delta T / \Delta Z$ 为土壤温度垂直梯度；λ 为热导率；负号表示热传导的方向由高温指向低温。若 G 为正，则热量由地面传至下层土壤；若 G 为负，则热量由土壤下层传至土壤表层。

热导率的大小取决于土壤组成成分及其所占的比例。由表 3-1 可知，土壤中固体成分的热导率最大，空气最小，水的热导率居中，但仍为空气的 20 余倍。通常情况下，土壤的固体成分很少变化，所以，当土壤水分含量增加时，热导率增大；土壤孔隙度增大，空气增多，热导率减小。此外，土壤中有机质含量也影响热导率，一般有机质含量增多，可使热导率变小。

土壤热导率表示土壤内部由温度高的部分向温度低的部分传递热量的能力。当温度垂直梯度相同时，热导率大的土壤热量容易传入深层或从深层得到热量，因而表层温度变化小。如潮湿土壤与干燥土壤相比，其表层昼夜温差小，而深层相反。

3.2.2.3　导温率

导温率是指单位容积的土壤，由于流入（或流出）数量为 λ 的热量后，温度升高（或降

低）的数值，单位为 $m^2 \cdot s^{-1}$（米$^2 \cdot$秒$^{-1}$）。它是表示土壤中消除土层间温度差异快慢和难易的物理量，可用下式表示：

$$K = \frac{\lambda}{C_V} \tag{3-5}$$

式中，K 为导温率；λ 为热导率；C_V 为容积热容。

由式（3-5）可知，导温率与热导率的大小成正比，与热容成反比。因此，凡影响土壤热导率和热容的因素，如土壤矿质成分、土壤孔隙度及土壤水分含量都影响土壤导温率的大小。从表 3-1 可见，空气的热导率虽然很小，但导温率最大。土壤的导温率与土壤水分含量的关系比较复杂，因为土壤水分含量的增加不仅使热导率增加，而且热容也增加，且两者的变化速度是不相同的。据国内外的研究结果，在土壤水分含量较低的情况下，随着土壤水分含量的增加，导温率增加；但当土壤水分含量超过一定数值后，因热容随土壤水分含量增加的速率不变，而热导率的增加速率则变慢，所以导温率随土壤水分含量增大的速率变慢，甚至下降。

导温率影响土壤温度的垂直分布及最高、最低温度出现的时间。在其他条件相同时，导温率越大，土壤表面温度变化越小，而土壤内温度变化则越大。同时，土壤温度变化所及的深度也越深，各深度最高和最低温度出现的时间较地表滞后的就越少。

3.2.3　土壤温度随时间的变化

由于地球的自转和公转，到达地面的太阳辐射有周期性的日变化和年变化，因而土壤温度也相应地有周期性的日变化和年变化。

气象要素的周期性变化的特征，通常是以最高值、最低值、较差和位相等来表示的。对于温度，最高温度、最低温度是指在一定周期变化中所出现的最高值和最低值；较差是指一个周期中最高温度和最低温度的差值，一日中最高温度和最低温度之差为日较差，一年之中最热月月平均温度和最冷月月平均温度之差为年较差；最高温度和最低温度出现的时间为位相。

3.2.3.1　土壤温度的日变化

土壤温度在一昼夜间的连续变化，称为土壤温度的日变化。不同深度地温日变化见图 3-3。

一日中土壤表面的最高温度出现在 13:00 左右，比到达地面的太阳辐射最大的时间稍稍落后，落后原因是，正午以后太阳辐射虽然减弱，但土壤表面吸收的太阳辐射和大气逆辐射仍大于其由长波辐射和分子传导、蒸发等方式所支出的热量，即此时土壤表面的热量差额仍为正值，所以温度仍继续上升，直到 13:00 左右，当土壤表面的热量收支达到平衡时，其温度才达到最高值。此后，土壤表面得热少于失热，温度逐渐下降，至次日日出时，热量收支再次达到平衡，出现一日中温度最低值。

由于土壤表面与下层土壤进行热量交换，因此下层土壤的温度也有日变化。土中温度的日变化和地表温度的日变化比较，地表温度日

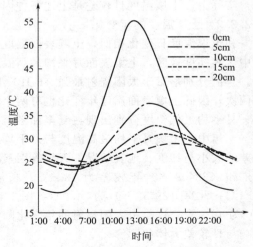

图 3-3　不同深度地温日变化

变化最大，越向深处日较差越小，到一定深度后较差为零，即在该深度以下的土层中，土温日变化消失，这个深度为土壤日恒温层。土壤日恒温层的深度为35～100cm，具体深度随纬度、季节和土壤特性而异。通常是白天吸热多的地区和季节，向下传递的热量多，土壤日恒温层深。所以低纬度和夏季比高纬度和冬季深；热导率较大而热容较小的土壤比热导率较小而热容较大的深。

土壤中最高温度和最低温度出现的时间比地面落后，大约深度每增加10cm，最高温度、最低温度出现的时间落后2.5～3.5h。

土壤日最高温度和日最低温度之差，称为土温日较差。土壤表面温度日较差主要取决于土壤表层的热量收支和土壤的热特性，具体与季节、纬度、地形、地面颜色、天气条件等有关。

影响土壤表面温度日较差的主要因素：

（1）太阳高度　太阳高度是影响土壤表面温度最主要最基本的因素。正午时刻太阳高度大的季节和地区，一日内太阳辐射变化大，因而土壤表面温度日较差也大；反之则小。一般正午太阳高度角随纬度的增高而减小，所以土壤表面温度日较差也随纬度的增高而减小。中纬度地区正午太阳高度随季节的变化较大，故该地区土壤表面温度日较差随季节的变化也较大。

（2）土壤热特性　热导率大的土壤，当表面获得热量时，有较多的热量传向深层；表层冷却时，又有较多的热量自深层传至土表，因而使土壤表面温度日较差小。热导率小的土壤则相反。热容大的土壤温度日较差小，热容小的土壤温度日较差大。

（3）土壤颜色　深色土壤表面比浅色土壤表面日较差大。这是由两种不同土壤对太阳辐射的反射率不同而引起的。

（4）地形　地形主要影响乱流热交换。与平地相比，凸起地由于通风良好，乱流交换旺盛，白天温度不易升高，夜间温度不易降低，因而温度日较差比平地小。凹地则相反，其乱流交换弱，白天热量不易散失，夜间除辐射冷却外，冷空气沿坡下滑汇集到凹地，更加剧了地面的冷却，故凹地土壤表面温度日较差大于平地。

（5）天气　晴天土壤表面温度日较差比阴天大。因为云层在白天能削弱太阳辐射，使地面增温少，夜间又能减少地面有效辐射。所以，阴天土壤表面温度日较差小。

实际上，土壤温度日较差是上述各种因素综合影响的结果。

3.2.3.2　土壤温度的年变化

和土壤温度日变化相似，土壤表面温度的年变化主要与太阳辐射的年变化有关。在北半球中、高纬度地区，土壤表面月平均最高温度出现在7～8月；月平均最低温度出现在1～2月。它们分别落后于太阳辐射最强（6月）和最弱（12月）的月份。赤道附近一年中太阳直射两次，因此土壤表面温度年变化也有两个起伏，月平均最高温度分别出现在春分和秋分以后；月平均最低温度分别出现在夏至和冬至之后。

一年中，土壤月平均最高温度与月平均最低温度之差称为土壤温度年较差。土壤温度年较差的大小与纬度、地表状况、天气等因素相关。土壤温度年较差随纬度的增高而增大。例如广州（23°08′N）年较差为13.5℃；长沙（28°12′N）为29.1℃；郑州（34°43′N）为31.1℃；北京（39°57′N）为34.9℃（图3-4）；沈阳（41°46′N）为40.3℃；哈尔滨（45°41′N）为46.4℃。这是由太阳辐射的年变化随纬度的增高而增大引起的。其他因素对年较差的影响与日较差大体相同。

和地面温度的年较差相比，土壤温度的年较差随深度的增加而减小，直到一定深度时年较差为零，该层温度在一年中没有变化，这个深度以下的层称为年温不变层或年恒温层。它随纬度的不同而不同，在低纬度地区，年恒温层深度为 5～10m，中纬度地区为 15～20m，高纬度地区则可深达 25m。

各层土壤最热月和最冷月出现的时间也随深度的增加而延迟，深度平均每增加 1m，大约延迟 20～30 天。

3.2.3.3 土壤温度变化的规律

根据经验和实际观测，土壤温度的周期性日、年变化规律可用正弦曲线来描述。其方程为：

$$T(Z,t) = \overline{T} + A_{(0)} e^{-\frac{Z}{D}} \sin\omega\left(t - \frac{Z}{D\omega}\right)$$

(3-6)

式中，$T(Z,t)$ 为 Z 深度 t 时刻的

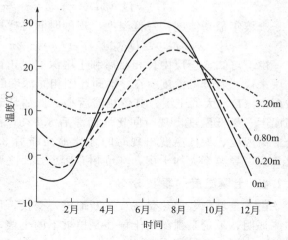

图 3-4 北京地区不同深度地温的年变化

土壤温度；$\overline{T}$ 为地面平均温度；$A_{(0)}$ 为地面温波振幅［即地面最高温度为 $\overline{T} + A_{(0)}$，最低温度为 $\overline{T} - A_{(0)}$］；ω 为土壤温波曲线的正弦角度，$\omega = 2\pi/\tau$，τ 为周期，日变化的周期为 24h，年变化为 365d；Z 为观测深度；t 为观测时间，当 $T = \overline{T}$ 时，$t = 0$，即以土温等于地面平均温度时的观测时间作为起点；D 为土壤衰减深度，表示土壤温波振幅减少为地表面温波振幅的 e^{-1}［即 $A_{(0)}$ 的 0.368］的深度，单位为 m。土壤衰减深度可用式（3-7）表示：

$$D = \sqrt{\frac{2K}{\omega}}$$

(3-7)

式中，K 为导温率；ω 为土壤温波曲线的正弦角度。计算日衰减深度时 τ 为 24h，而计算年衰减深度时 τ 为 365d。根据土壤衰减深度计算公式（3-7）可知，对于同一种土壤而言，$D_年/D_日 = (365/1)^{(1/2)} = 19.1$。

由上述温波方程可得出土壤温度变化的一般规律：

（1）若土壤深度按算术级数增加，则土壤温度的振幅按几何级数减小。由式（3-6）可知，任意深度 Z 的振幅 A_Z 为：

$$A_Z = A_{(0)} e^{-\frac{Z}{D}}$$

(3-8)

当 $Z = D$ 时，$A_Z = A_{(0)} e^{-1} = 0.37 A_{(0)}$，即土壤深度为 D 时，土壤振幅减少到地面振幅的 37%；当 $Z = 2D$ 时，$A_Z = A_{(0)} e^{-2} = 0.14 A_{(0)}$，即土壤深度为 $2D$ 时，土壤振幅减少到地面振幅的 14%；当 $Z = 3D$ 时，$A_Z = A_{(0)} e^{-3} = 0.05 A_{(0)}$，即土壤深度为 $3D$ 时，土壤振幅减少到地面振幅的 5%。

随着土壤深度的增加，土壤温度的振幅减小，当深度增加到某一数值时，其振幅趋近于零，温度的振幅基本上消失。振幅的减小速度与土壤导温率 K 有关，导温率大的土壤振幅减小速度慢，温波能传到更深土层，反之则快。

（2）土壤最高温度和最低温度的出现时间，随深度的增加而滞后，由式（3-6）可知，与地表面相比，任意深度 Z 处的位相（用时间表示）为：

$$\Delta\Phi = \frac{Z}{D\omega}$$

(3-9)

例如，当 $Z = D$ 时，即土层为一个衰减深度时，土壤日最高温度、最低温度出现的时间将比地面滞后：

$$Z/(\omega D)=D/(\omega D)=1/\omega=\tau/2\pi=24/(2\times3.14)=3.82(\mathrm{h})$$

土壤年最高温度、最低温度出现的时间将比地面滞后：

$$Z/(\omega D)=D/(\omega D)=1/\omega=\tau/2\pi=365/(2\times3.14)=58.12(\mathrm{h})$$

由上可知，土层中位相滞后和土壤深度成正比，且和导温率的平方根成反比。对于不同土壤来说，若衰减深度（D）不同，则相同深度的最高温度、最低温度出现时间就不同。衰减深度（D）大的土壤，其位相滞后小，例如日衰减深度 0.12m 的土壤，在 0.12m 深处最高温度、最低温度出现时间比地面滞后 3.82h，而日衰减深度 0.15m 的土壤，在 0.15m 深处最高温度、最低温度出现时间才比地面滞后 3.82h。因衰减深度和导温率的平方根成反比，所以导温率大的土壤，其位相滞后小，反之则大。

3.2.4 土壤温度的垂直分布

由于土壤中各层热量昼夜不断地进行交换，使得土壤温度的垂直分布具有一定的特点。实测证明，不论是裸露的土壤还是植被下的土壤，昼夜（四季）的温度垂直分布，基本上可归纳为以下三种类型。

3.2.4.1 日射型

地面温度最高，土壤温度随深度增加而降低，一般出现在白天或是夏季。如图 3-5 和图 3-6 中 13:00 时和 7 月份土壤温度的垂直分布所示。

3.2.4.2 辐射型

地面温度最低，土壤温度随深度增加而升高，一般出现在夜间和冬季。如图 3-5 和图 3-6 中 1:00 时和 1 月份土壤温度的垂直分布所示。

3.2.4.3 过渡型

日射型和辐射型同时存在。多出现于日出后、日落前或春、秋季节。土壤上、下层温度的垂直分布分别具有日射型和辐射型的特征。如图 3-5 和图 3-6 中 9:00 时、4 月份和 19:00 时、10 月份土壤温度的垂直分布所示。

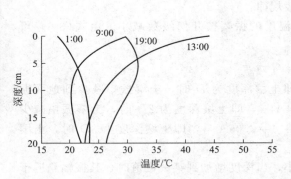

图 3-5 一日中土壤温度的垂直分布

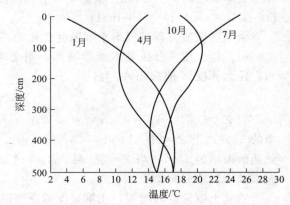

图 3-6 一年中土壤温度的垂直分布

3.2.5 土壤的冻结和解冻

3.2.5.1 土壤冻结

当土壤温度降低到 0℃ 以下时，土壤中的水分结成冰，冻住了土粒，使土壤变得非常坚硬，称为土壤冻结。由于土壤水分中含有不同的盐类，其冰点比纯水低，所以，只有当土壤温度降低到 0℃ 以下时才会冻结。土壤冻结后，土壤微生物停止活动。各种化学反应也变得极其微弱，作物的根系在冻土层中吸收不到水分和养分从而停止活动。

农业气象学

土壤冻结能使土壤物理性质发生变化。土壤冻结时，冰晶体扩大，能使土粒破裂，空隙增大。解冻后，土壤变得比较疏松，有利于土壤中空气的流通，并能提高水分渗透性。另外，在地下水位不深的地区，冻结还能使土壤下层水分不断向上输送，增加耕层水分的储存量，这对春旱地区的农业有很大意义。但在春季土壤尚未解冻时，常使降水不能透入土层，而增加了地表的水分流失。在春季气温较高的情况下，植物地上部分蒸腾加强，耗水量增加，而在冻土中的根部不能从土壤中得到水分，因而造成植物的生理干旱，引起枯萎或死亡。

土壤冻结与天气、地势、土壤结构、土壤积雪、土壤湿度等有关。土壤冻结往往由几次强冷空气自北向南暴发引起剧烈降温而造成。因此，从地理分布上看，其开始日期也由北向南推进。土壤冻结深度自北向南减小。就土壤性质来看，疏松的土壤较紧密的土壤冻结得深而早，潮湿土壤比干燥土壤冻结得浅、晚。积雪愈厚、积雪时间愈长的地方，土壤冻结愈浅。裸露地较有植物覆盖的土壤冻结深，尤其是森林中的土壤冻结浅，因为森林一方面能减轻地面的辐射冷却作用，另一方面又能增加积雪时间。

了解土壤冻结的特点和冻结深度在农业上有较大意义。例如农产品储藏时，应参考当地最大冻土深度资料，把窖设置在最大冻土深度以下，这样才能保护农产品不致遭到 0℃以下低温的冻害。

3.2.5.2　土壤解冻

春季，由于土壤温度回升，土壤表层开始解冻，并逐渐向深层进展。在少雪而寒冷的冬季，土壤冻结较深，春季化冻于积雪层消失之后。土壤冻结时不单是由上而下一个方向进行的，而是由上而下和由下而上两个方向同时进行，因为土壤深层热量上传也会使冻土层底部解冻。在多雪的冬季，土壤冻结不深，解冻时常仅依靠深层土壤向上传递的热量，这时解冻是自下而上单方面进行的。

土壤的解冻随着早春温度的波动而变化，致使土壤时化时冻，冻融交替。这时极易将浅根作物的根拉断，因为当土壤冻结时，土壤连同作物一同隆起，而在土壤解冻时，土粒随着解冻而落下，作物不能跟着下沉。所以，经过几次隆起与下沉就使作物的根系被拉断，分蘖节暴露在土壤外面，作物很快干枯死亡。可以采用一些预防方法防止掀耸，如种植分蘖节较深的品种；将种子深覆土；播种前镇压土壤等。

在土壤刚刚开始解冻时，由于土壤上、下尚未化通，上面化冻后的水分不能下渗造成地面泥泞，称为返浆。

土壤解冻时间视各地春季温度回升情况而异。华北地区 3 月上旬土壤能化通 10～15cm，3 月下旬土层就能全部解冻。

年平均温度 0℃以下的地区，可能成为永久冻结区。在高纬度地区，例如亚洲东北部，有广大的永久冻结区，其南界与−2℃等温线吻合。这些地区，夏季土壤仅解冻到一定深度，而且越往北，夏季融化的土层越浅。

3.3　水体温度

在地球表面上，水的面积约占 71%，所以水的增热和冷却特性对其上的空气温度有很大的影响。水面和土壤一样，其温度的变化也受热量收支和热特性的影响。对于同样的热量收支差额，水面温度的变化与土壤温度的变化有很大不同。

3.3.1　影响水体温度变化的因素

（1）水的容积热容约比土壤大一倍，因此，当二者得失热量相等时，水面升温或降温幅度约比土壤小一半。

（2）水是半透明体。在陆地上，太阳辐射只能被很薄的表土层所吸收，土表增温剧烈。但对于水面来说，太阳辐射可透入相当深的水层，约一半能量为10cm以上的水层所吸收，另一半能量则为10cm以下直到100m深左右的水层所吸收，所以水面温度的升高比陆地小得多。

（3）水面消耗于蒸发的热量大于陆地，因而水面的增热缓和。这种差别在降水稀少的陆地和海洋之间表现得最为突出。

（4）水是流体，水中的热量传递方式与土壤完全不同。这是水面与陆地增热与冷却不同的决定性原因。土壤中，热量传递的基本方式是分子传导；在水中除分子热传导外，主要是乱流、对流和平流产生的热交换，后者比分子传热快得多，能使水面的升温或降温减慢几十倍。

3.3.2　水面温度的日变化和年变化

由于上述原因，水面温度的变化和缓，日较差和年较差都比土壤表面小。在中纬度地区，湖面水温日较差仅2～5℃。海面的温度日较差更小：高纬度地区约为0.1℃；中纬度地区约为0.1～0.2℃；低纬度地区约为0.5℃。一天中，水面的最高温度出现在15：00～16：00，最低温度出现在日出后2～3h。

水面温度的年较差也比土壤表面的年较差小得多。内陆的深水湖面和内海表面温度的年较差约为15.0～20.0℃。海洋温度的年较差非常小：低纬度是2～4℃；中纬度是5～10℃。在一年之中，水面月平均最高温度出现在8月，月平均最低温度出现在2～3月。

在一年中最热月和最冷月随深度而滞后的时间比土温滞后时间短。在土壤中每加深1m，最热月和最冷月出现时间推迟20～30d；在水层中每加深60m，最热月和最冷月出现时间只推迟一个月。

3.4　空气温度

3.4.1　空气温度随时间的变化

低层空气的热量主要来自下垫面，因而空气温度的变化主要取决于下垫面温度的变化。下垫面温度有以日、年为周期的变化，所以空气温度也有周期性变化，这种变化在近地气层表现得最为显著。在1500～2000m高度以上，空气温度的日变化约为1.0～2.0℃或更小些。

3.4.1.1　气温的日变化

空气温度的日变化和土壤一样，一天中有一个最高值和一个最低值。通常最高温度出现在14：00～15：00，比地面最高温度的出现时间落后1～2h；最低温度出现在日出前后（图3-7）。由于日出时间随纬度和季节的不同而不同，所以各地最低气温的出现时间也因纬度和季节而异。

日出以后，地面开始积累热量，同时地面将部分热量输送给空气，空气也积累热量，直至14：00～15：00低层大气热量积累达到最多，因而出现一天中的最高温度；15：00以后，大气得到的热量小于支出的热量，大气所积累的热量开始逐渐减少，直至次日日出前后，出现一天中的最低温度。

一天中，最高气温与最低气温之差称为气温日较差。影响气温日较差的因素有：

（1）纬度　气温日较差主要取决于正午的太阳高度角，而正午太阳高度角是随纬度的增高而减小的，因此，气温日较差随纬度增高而减小。在热带地区一昼夜间太阳高度角的变化很大，所以，气温的日较差也很大，平均约为12℃，温带为8～9℃，高纬度地区平均为

3～4℃。

（2）季节　由于夏季正午太阳高度角大，故一般夏季气温日较差比冬季的大。但在中高纬度地区，气温日较差最大值不在夏季，而在春、秋季。这是因为温度的日较差既取决于温度的最高值，又取决于温度的最低值。夏季白天虽然最高温度很高，但夜间很短，冷却时间短，最低温度不够低。

（3）地形　凸出的地形如高地、山地等气温日较差小，凹下的地形如谷地、盆地等气温日较差较大。凸出地形处，气流的速度较大，乱流混合强度较大，经常受到日较差不大的高层空气的影响，因而日较差不大。凹下的地形处，空气和地表的接触面积大，受热面大，加之通风不良，和高层大气的交换作用弱，因而白天温度高；夜间冷空气下沉，积聚在低凹的地方，所以温度较低，形成了较大的日较差。例如，济南的气温日较差全年平均约为 10.0℃，其邻近的泰山约高出 1400m 处，气温日较差全年平均减至 6.2℃。

（4）下垫面状况　因下垫面的热特性和对太阳辐射吸收能力的不同，气温日较差也不同。海洋上的气温日较差比陆地上的小，一方面是受水温变化和缓的影响，另一方面因水面上的风速较大，空气混合的厚度比陆地大，所以海洋上的气温日较差小，一般为 1.0～2.0℃。陆地上的日较差则大得多，尤其是沙漠地区，气温日较差可达 20℃以上。

沙土、深色土、干松土壤的气温日较差，分别比黏土、浅色土和潮湿紧密土壤大。有植被覆盖的地方气温日较差小于裸地，因为白天植被层能阻挡一部分太阳辐射，夜间又阻挡了地面的长波辐射，削弱了白天增温和夜间降温的强度，使气温日较差减小。

（5）天气状况　晴天气温日较差大于阴天的日较差。因为天气晴朗时，空气透明度大，日间太阳辐射强，地面显著增温。夜间地面辐射冷却强烈，地表降温强烈（图 3-8）。

3.4.1.2　气温的年变化

气温的年变化与土壤温度的年变化十分相似。北半球的中高纬度地区，一年中最热月和最冷月分别出现在 7 月和 1 月，海洋上则分别出现在 8 月和 2 月。沿海地区较内陆地区落后一个月左右，分别出现在 8 月和 2 月；赤道地区，一年中太阳直射两次，所以气温年变化也表现为两个高值和两个低值，最高月平均温度出现在春分、秋分稍后的 4 月和 10 月，最低月平均温度出现在夏至和冬至后的 7 月和 1 月。

一年中最热月平均气温和最冷月平均气温之差，称为气温年较差。影响气温年较差的因素有：

（1）纬度　气温年较差随纬度的增高而增大。因为随纬度增高，太阳辐射的年变化增大，所以，纬度越高气温年较差越大（表 3-2）。如我国华南地区气温年较差为 10～20℃，长江流域为 20～30℃，华北和东北南部为 30～40℃；东北北部在 40℃以上。

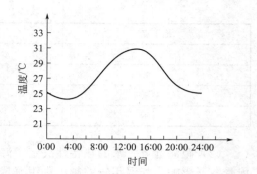

图 3-7　上海 7 月份气温日变化的平均情况

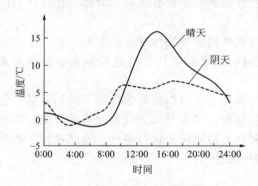

图 3-8　天气状况对气温日较差的影响

表 3-2　纬度与气温年较差

地　点	纬　度	年较差/℃
广　州	23°08′N	15.5
上　海	31°10′N	23.8
北　京	39°56′N	30.7
海拉尔	49°13′N	46.7

（2）距海远近　水的热特性决定了海洋具有升温和降温缓和的特点，故距海越近的地方因受海洋影响，气温年较差越小；距海越远，气温年较差越大（表 3-3）。

表 3-3　距海远近与气温年较差

纬　度	39°N		40°N	
距海远近	远	近	远	近
地　点	保定	大连	大同	秦皇岛
年较差/℃	32.6	29.4	37.5	30.6

海拔高度、地形及天气状况等对气温年较差的影响与对日较差的影响相同。

3.4.1.3　气温的非周期性变化

气温除了由于太阳辐射的变化引起的周期性变化外，还有因大气水平运动引起的非周期性的变化。在冷暖空气经常侵入的地区，气温年变化曲线会出现跳跃式现象。我国春夏之交和秋冬之交，这种非周期性变化非常显著。例如 3 月以后，我国江南正是春暖花开的时节，却常常因为冷空气的南下而出现气温骤降的现象。秋季，正是秋高气爽的时候，往往也会因为暖空气的来临而出现气温突升的现象。

气温的非周期性变化，可以加强或减弱甚至改变气温的周期性变化。实际上，一个地方气温的变化是周期性变化和非周期性变化共同作用的结果。但从总的趋势和大多数情况来看，气温日变化和年变化的周期性还是主要的。

研究气温非周期性变化规律，在农业生产上有重要意义。例如春季气温开始回升后，常因冷空气入侵而下降，但在两次冷空气入侵的间隙期间，经常有几天气温回升的时间。掌握这种气温非周期性变化的特征，抓住冷空气开始回暖的冷尾暖头进行播种，就能使种子在气温稳定回升时段内顺利出苗，避免烂种、烂秧等损失。

3.4.2　气温的垂直分布

3.4.2.1　气温垂直梯度

在对流层中，总的情况是气温随高度的增加而降低，这首先是因为对流层空气的增温主要依靠吸收地面长波辐射，因此离地面愈近，获得地面长波辐射的热能愈多，气温愈高。离地面愈远，气温愈低。其次，愈接近地面，空气密度愈大，水汽和固体杂质愈多，因而吸收地面辐射的效能愈大，气温愈高。愈向上，空气密度愈小，能够吸收地面辐射的物质——水汽、微尘愈少，因此气温愈低。

气温垂直分布的特征用气温垂直梯度来表示。气温垂直梯度是指高度每相差 100m，两端气温的差值，通常用 γ 表示，单位是℃·100m^{-1}，其表达式为：

$$\gamma = -\frac{\Delta T}{\Delta Z} \tag{3-10}$$

式中，ΔZ 表示两高度的差；ΔT 表示两高度相应的气温差；负号表示气温垂直分布的

农业气象学

方向。若气温随高度的增高而降低，则 $\gamma>0$；气温随高度的增高而增高，则 $\gamma<0$；若随高度的增加气温无变化，则 $\gamma=0$。

气温垂直梯度在对流层平均约为 $0.65℃\cdot100m^{-1}$。实际上，各高度的气温垂直梯度是不同的，而且是随时间和空间而变化的。

对流层的中层和上层受地表的影响较小，气温垂直梯度的变化比下层小得多。在中层气温垂直梯度平均为 $0.5\sim0.6℃\cdot100m^{-1}$，下层平均为 $0.3\sim0.4℃\cdot100m^{-1}$。

对流层下层（由地面至2km高），由于气层受地面增热和冷却的影响很大，气温垂直梯度随地面性质、季节、昼夜和天气条件的变化极为明显。夏季，在昼间晴空无云时，地面强烈增热，地面至 $300\sim500m$ 这一层中的气温垂直梯度常大于 $1℃\cdot100m^{-1}$；夜间，由于地面强烈辐射冷却，气温垂直梯度变小，有时还会出现逆温。冬季因地面增热少，不仅夜间逆温常常很强，而且昼间有时也会出现逆温。平均来说，对流层下层的气温垂直梯度为 $0.65\sim0.75℃\cdot100m^{-1}$。

3.4.2.2 对流层中的逆温

在对流层中，总的看来，气温是随高度增加而降低的，但就其中的某一层来说，在一定时间、一定条件下，也可出现气温随高度的增加而升高的现象，称为逆温。出现逆温的气层，称为逆温层。

逆温按其形成的原因，可分为辐射逆温、平流逆温、湍流逆温、下沉逆温等。

（1）辐射逆温 由于地面强烈辐射冷却而形成的逆温，称为辐射逆温。图3-9为辐射逆温的产生、消失过程。图3-9（a）为辐射逆温形成前的气温垂直分布情形。在晴朗无云或少云的夜间，地面很快辐射冷却，贴近地面的气层也随之降温。由于空气愈靠近地面，受地表的影响愈

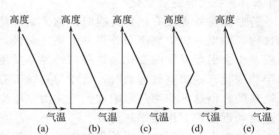

图3-9 辐射逆温的产生、消失过程

大，所以，离地面愈近降温愈多，离地面愈远降温愈少，因而形成了自地面开始的逆温 ［图3-9（b）］；随着地面辐射冷却的加剧，逆温逐渐向上扩展，黎明时达最强 ［图3-9（c）］；日出后，太阳辐射逐渐增强，地面很快增温，逆温便逐渐自下而上地消失 ［图3-9（d）、图3-9（e）］。

辐射逆温厚度从数十米到数百米，在大陆上常年都可出现，中纬度地区，秋冬季节尤为多见。该地区冬季逆温层厚度可达 $200\sim300m$，有时还可达 $400m$ 左右，消失较慢；夏季逆温层浅薄，消失较快。冬季，高纬度大陆由高压控制时，天气晴朗，地面强烈辐射冷却，可以形成更厚的辐射逆温层，有时甚至厚达 $2\sim3km$，昼间也常不消失。

（2）平流逆温 暖空气平流到冷的地面或冷的水面上，会发生接触冷却作用，愈近地表面的空气降温愈多，而上层空气受冷地表面的影响小，降温较少，于是产生逆温现象。这种因空气的平流而产生的逆温，称平流逆温。平流逆温的强弱，主要由暖空气和冷地表面的温差决定。温差越大，逆温越强。冬季海洋上来的气团流到冷的大陆上，或秋季空气由低纬度地区流到高纬度地区时，平流逆温都可以发生。

（3）湍流逆温 由于低层空气的湍流混合而形成的逆温，称为湍流逆温。逆温离地面的高度依赖于湍流混合层的厚度，通常在 $1500m$ 以下，其厚度一般为数十米（图3-10）。图中 AB 为气层原来的气温分布，当气层的气温直减率（气温垂直梯度）小于干绝热直减率时，经湍流混合以后，气层的温度分布逐渐接近于干绝热直减率。这是因为湍流运动中，上升空

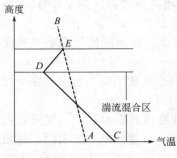

图 3-10　湍流逆温的形成

气的温度是按干绝热直减率变化的，空气升到混合层上部时，它的温度比周围的空气温度低，混合的结果是使上层气温降低。空气下沉时，情况相反，会使下层空气增温。所以，空气经过充分的湍流混合后，气层的温度直减率就逐渐趋近干绝热直减率。图中 CD 是经过湍流混合后的气温分布。这样，在湍流减弱层就出现了逆温层 DE。

（4）下沉逆温　下沉逆温又称为压缩逆温。它是由于稳定气层整层空气下沉压缩增温而形成的逆温。

农业生产上常利用逆温，如在寒冷季节，将晾晒的农产品置于一定高度以上避免受冻；有霜冻的夜间，往往有逆温存在，气层处于最稳定状态，此时燃烧柴草、化学物质等，所形成的烟雾会被逆温层阻挡而弥漫于贴地气层，使大气逆辐射增强，防霜冻效果好；喷洒农药防治植物病虫害时，常选择有逆温的天气进行，因为这时喷洒的农药受到逆温层的阻挡而停留在贴地气层，并向水平方向及向下方扩展，均匀地洒落在植株上，能有效防治病虫害。

3.4.3　空气的绝热变化和大气稳定度

3.4.3.1　空气的绝热变化

若系统与外界没有热量交换时，称该系统是绝热的。在绝热条件下状态变化的过程为绝热过程。如果一块空气不与外界发生热量交换，仅由于外界压力的变化，使该空气块膨胀或压缩，也会引起温度的变化，这种与外界不发生热量交换而引起的空气温度的变化称为空气的绝热变化。一块空气运动时，通常与其周围有热量交换，也可能吸收太阳辐射，并不是真正绝热的。但这种非绝热影响常比气体因气压变化对温度造成的影响小，所以，可把空气的垂直运动近似地看作是绝热过程。

气块在上升过程中，因外界气压减小，气块体积膨胀，对外做功。由于气块与外界没有热量交换，做功所需的能量，只能由其本身内能来负担，因此气块温度下降。这种因气块绝热上升而使温度下降的现象称为绝热冷却。同理，气块在绝热下沉过程中，因外界气压增大，气块体积压缩，外界对气块做功，在绝热条件下，所做的功只能用于增加气块的内能，因而气块温度升高。这种因气块绝热下沉而使温度上升的现象称为绝热增温。

由于空气中的水汽含量不同，气块做垂直运动时，其温度变化是不同的。

（1）干空气的绝热变化　干空气或未饱和的湿空气，在绝热上升或下沉过程中的温度变化，称干绝热变化。其温度随高度的变化称为干绝热直减率，常用 γ_d 表示。据计算其每升（降）100m，温度变化约 $0.98℃$，近似地视为 $1℃$，即 $\gamma_d=1℃·100m^{-1}$。

（2）湿空气的绝热变化　如果湿空气在绝热升（降）中是未饱和的，那么，它的温度直减率和干绝热直减率相近，也是每升（降）100m 温度变化约 $1℃$。但是，如果做绝热上升或下沉运动的是饱和湿空气，即气块升、降都维持饱和状态，因其上升或下降所引起的温度变化，称为湿绝热变化。其温度随高度的变化称为湿绝热直减率，用 γ_m 表示，平均而言 γ_m 约为 $0.5℃·100m^{-1}$。

γ_m 小于 γ_d，因为在湿绝热过程中，气块上升时，引起水汽凝结，放出潜热，对气块的降温有补偿作用，从而缓和了气块上升降温的程度。而干空气或未饱和湿空气块上升时并没有发生凝结放热，因此降温增多。气块下沉增温时，如果气块内有凝结的水分，则由于蒸发耗热，下沉时的增温也比干绝热增温少。由于湿绝热变化过程中，伴随着水相的变化，所以 γ_m 不是一个常数，而是气压和温度的函数。表 3-4 列出了不同温度和气压下的 γ_m 值。由表可见，γ_m 随温度升高和气压减小而减小。这是因为气温高时，空气中的饱和水汽含量大，每降温 1℃ 时水汽的凝结量比气温低时多。例如，温度从 20℃ 降低到 19℃ 时，每立方米的饱和空气中有 1g 的水汽凝结；而温度从 1℃ 降到 0℃ 时，每立方米的饱和空气中只有 0.33g 的水汽凝结。这就是说饱和空气每上升同样的高度，在温度高时比温度低时能释放更多的潜热。所以，在气压一定的条件下，高温时空气湿绝热直减率比低温时小一些。

表 3-4　不同温度和气压下的 γ_m 值　　　　　　单位：℃·100m^{-1}

气压/hPa	气温/℃						
	−30	−20	−10	0	10	20	30
1000	0.93	0.86	0.76	0.63	0.54	0.44	0.38
800	0.92	0.83	0.71	0.58	0.50	0.41	
700	0.91	0.81	0.69	0.56	0.47	0.38	
500	0.89	0.76	0.62	0.48	0.41		
300	0.85	0.66	0.51	0.38			

应该指出，干绝热直减率 γ_d 和湿绝热直减率 γ_m 与前面所介绍的气温垂直梯度 γ 在物理意义上是完全不同的。γ_d 和 γ_m 是指气块在升降过程中本身温度的变化率，γ_d 则表示实际大气中温度随高度的分布。

3.4.3.2　大气稳定度

大气中的对流运动，有时发展得十分强烈，有时则受到抑制或减弱。对流发展的强弱以及持续时间的长短，和大气稳定度有密切关系。

（1）大气稳定度的概念　许多天气现象的发生，都和大气稳定度密切相关。大气稳定度是表征大气层稳定程度的物理量。气块受到垂直方向的扰动后，大气层结（温度和湿度的垂直分布）使它具有返回或远离原来平衡位置的趋势和程度。它表示在大气层中的某个空气块是否稳定在原来所在的位置，是否易于发生对流。

假定空气块受到外力作用，产生了向上或向下的运动，那么就可能出现三种情况：如果空气块受力移动后，逐渐减速，并有返回原来高度的趋势，这时的气层，对于该空气块而言是稳定的；如空气块一离开原来位置，就逐渐加速运动，并有远离起始高度的趋势，这时的气层，对于该空气块而言是不稳定的；如空气块被推到某一高度后，既不加速也不减速，这时的气层，对于该空气块而言是中性气层。

（2）大气稳定度的判断　当气块处于平衡位置时，具有与四周大气相同的气压、温度和密度，即 $P_{i0}=P_0$，$T_{i0}=T_0$，$\rho_{i0}=\rho_0$。当它受到垂直扰动后，就按绝热过程上升 ΔZ，其状态为 P_i、T_i 和 ρ_i，而这时四周大气的状态为 P、T、ρ。除了根据准静力条件有 $P_i=P$ 外，T_i 和 T、ρ_i 与 ρ 不相等。

单位体积气块受到两个力的作用，一个是四周大气对它的浮力 ρg，方向垂直向上；另一个是本身的重力 $\rho_i g$，方向垂直向下。两个力的合力称为层结内力，以 f 表示，加速度 a 即由该力作用而产生的。

$$f=\rho g-\rho_i g \tag{3-11}$$

单位质量气块所受的力就是加速度，所以

$$a=\frac{\rho-\rho_i}{\rho_i}g \tag{3-12}$$

将状态方程 $\rho=\dfrac{P}{RT}$、$\rho_i=\dfrac{P_i}{RT_i}$ 及准静力条件 $P_i=P$ 代入，则

$$\alpha=\frac{T_i-T}{T}g \tag{3-13}$$

式（3-13）就是判断稳定度的基本公式。当空气块受到冲击力作用上升时，如空气块温度比周围空气温度高，即 $T_i>T$，则它将受到一向上的加速度而上升；反之，当 $T_i<T$ 时，将受到向下的加速度；而 $T_i=T$ 时，垂直运动将不会发展。

某一气层是否稳定，实际上就是某一运动的空气块比周围空气是轻还是重的问题。比周围空气重，倾向于下降；比周围空气轻，倾向于上升；和周围空气一样轻重，既不倾向于下降也不倾向于上升。空气的轻重取决于气压和气温，在气压相同的情况下，两团空气的相对轻重的问题，实际上就是气温的问题。而运动的空气块的温度和周围空气的温度取决于 γ、γ_d 和 γ_m。下面以未饱和空气为例来说明。

图 3-11 中Ⅰ、Ⅱ、Ⅲ分别为不同的气温垂直梯度情况，圆圈表示空气块，圆圈内数字表示空气块温度，圆圈外的数字表示环境温度。

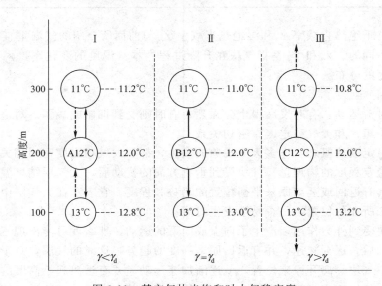

图 3-11　某空气块未饱和时大气稳定度

如果大气层温度垂直梯度为 $\gamma=0.8℃\cdot100m^{-1}$，即 $\gamma<\gamma_d$（图 3-11Ⅰ），在 200m 处空气块 A 与环境温度一致，均为 12℃，该空气受到外力作用上升到 300m，因按干绝热直减率降温，则温度降至 11℃，而环境温度为 11.2℃，气块受到的重力大于浮力，其向上的速度就要减小，并有返回原来高度的趋势；如果空气块 A 由 200m 下降到 100m 处，按干绝热直减率升温，由 12℃升到 13℃，高于环境温度 12.8℃，空气块所受到的重力小于浮力，其向下的速度就要减小，并有返回原来高度的趋势。可见，当 $\gamma<\gamma_d$ 时，对未饱和空气而言，大气处于稳定状态。

如果 $\gamma=\gamma_d=1.0℃\cdot100m^{-1}$（图 3-11Ⅱ），空气块 B 受到外力作用后，不管上升或下降，其本身温度在任一高度上，均与周围气温相等，重力与浮力相等，加速度为零。故当 $\gamma=\gamma_d$ 时，对未饱和空气而言，大气为中性。

如果 $\gamma>\gamma_d$（图 3-11Ⅲ），200m 处的空气块 C 上升到 300m，其本身温度按干绝热直减率降温，降到 11℃，而环境温度只有 10.8℃，所以空气块所受的浮力大于重力，因而空气

块加速上升。如果空气块 C 下降到 100m 处，其本身温度增加到 13.0℃，而环境温度为 13.2℃，空气块所受到的重力大于浮力，故要加速下降。故当 $\gamma > \gamma_d$ 时，对未饱和空气而言，大气处于不稳定状态。

由以上分析可知，γ 越小，大气越稳定。在逆温情况下，$\gamma < 0$，大气极为稳定，阻碍对流和乱流的发展。γ 越大，大气越不稳定。当地面强烈受热时，或高空有平流时，可出现不稳定状态，将有助于对流的加强和云的发展。

同理可知，对于饱和空气而言，若 $\gamma < \gamma_m$ 时，大气是稳定的；$\gamma = \gamma_m$ 时，大气是中性的；$\gamma > \gamma_m$，则大气是不稳定的。

综上所述，可得出以下几点结论：

$\gamma > \gamma_d$ 的气层（必然是 $\gamma > \gamma_d > \gamma_m$），饱和或未饱和空气都是不稳定的。故称 $\gamma > \gamma_d$ 的气层是绝对不稳定的。

$\gamma < \gamma_m$ 时，必然 $\gamma < \gamma_d$，不论空气块是否饱和，大气都是稳定的。故称 $\gamma < \gamma_m$ 时气层是绝对稳定的。

$\gamma = \gamma_d$ 的气层，对于做干绝热升降运动的空气块而言是中性的；而对于做湿绝热升降运动的空气块而言，大气是不稳定的。

$\gamma = \gamma_m$ 的气层，对于做湿绝热升降运动的空气块而言是中性的；而对于做干绝热升降运动的空气而言，大气是稳定的。

$\gamma_m < \gamma < \gamma_d$ 的气层，对于做湿绝热升降运动的空气块而言是不稳定的；但对于做干绝热升降运动的空气块而言，大气是稳定的。因而这种气层称为条件性不稳定气层。

大气稳定度与大气中对流发展的强弱密切相关，在稳定的大气层结下，对流运动受到抑制，常出现雾、层状云、连续性降水等天气现象。而在不稳定的层结时，对流发展旺盛，常出现积状云、阵性降水和冰雹等天气现象。

3.4.4 温度与农业生产

温度是植物生活的主要条件之一。植物的各种生命活动过程都与土壤温度和空气温度密切相关。实际上，植物生命活动中所发生的一切生理、生化作用，都必须在其所处的环境具有一定的温度条件下才能进行。

研究温度与农业生产的关系，一般先确定作物的温度指标，然后根据该温度指标对地区的温度条件进行对比分析，提出农事活动的适宜时间与作物、品种的区域界限，以及改革种植制度可能性的建议。

3.4.4.1 植物生命活动的基本温度

（1）生命温度、生长温度和发育温度 植物生命活动的每一过程都必须在一定的温度条件下才能进行。对任何一种植物来说，都有 3 种基本的温度，即生命温度、生长温度和发育温度。保证植物正常生命、生长和发育活动的温度指标称为生命温度、生长温度和发育温度。其中，维持植物生命的温度范围最大，一般为 -10～50℃；生长温度次之，一般为 5～40℃；发育温度最小，一般为 10～35℃（图 3-12）。只有某些冬季作物，比上述范围稍低些，而夏季作物一般稍高。

（2）三基点温度 对于植物的每一个生命过程来说，都有三个基点温度，即最适温度、最低温度和最高温度。在最适温度范围内，植物生命活动最强，生长、发育最快。在最低温度以下和最高温度以上，植物生长发育停止，但仍维持着生命。如果温度继续降低或升高，就发生不同程度的危害，严重时致死。不同作物、不同生物学过程的三基点温度是不同的，表 3-5 是几种主要作物的三基点温度。

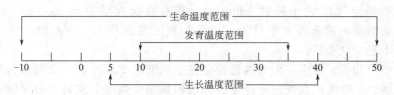

图 3-12　植物生命活动基本温度示意图

表 3-5　主要作物的三基点温度　　　　　　　　　　　　　　单位：℃

作物种类	最低温度	最适温度	最高温度
小麦	3～5	20～22	30～32
玉米	8～10	30～32	40～44
水稻	10～12	30～32	36～38
棉花	13～14	28	35
油菜	4～5	20～25	30～32

作物的不同生理过程，如光合作用和呼吸作用等的三基点温度是不同的。一般作物光合作用的最适温度比呼吸作用的最适温度低。作物光合作用的最低温度为 0～5℃，最适温度为 20～25℃，最高温度为 40～45℃。而呼吸作用的最低温度为 -10℃，最适温度为 36～40℃，最高温度为 50℃。据研究，马铃薯在 20℃时光合作用达最大值，而此温度下呼吸作用只有最大值的 12%；当温度上升到 48℃时，呼吸作用达最大值，而光合作用却下降为 0。由此可见，温度过高，光合作用制造的有机物质减少，而呼吸消耗大于制造，所以，超过光合作用最适温度的环境条件对植物是不利的。

作物生命活动的三基点温度随作物种类、生育期、生理状况等因素的影响而变化，且具有如下特点：作物生长发育的最适温度比较接近最高温度；最高温度多在 30～40℃ 之间，除炎热气候地区外，在自然条件下，长时间维持 30～40℃ 的机会不太多；最低温度与最适温度之间差异较大，但常会遇到。所以在生产实践中，作物的分布和产量受低温的限制比受高温的限制多。

三基点温度是最基本的温度指标，用途很广。在确定作物种植季节、分布区域、计算作物生长发育速度、光合生产潜力等方面都必须考虑三基点温度。

（3）受害温度和致死温度　受害温度是指温度低到或高到植物的一些器官开始受害时的温度指标；致死温度是指温度低或高到植物体死亡且不能恢复时的温度指标。当温度低于低温受害温度或高于高温受害温度时，植物的一些器官开始受害，但不致死亡，其恢复时间取决于温度过低或过高的程度及其所持续的时间。

植物遇低温而导致的受害或致死，称冷害或冻害。在 0℃ 以上的低温危害称为冷害或寒害，在 0℃ 以下的危害则称为冻害。植物因温度过高而造成的危害称为热害。

经过驯化和抗逆锻炼的植物，忍耐极端低温方面的能力加强，其受害温度和致死温度也将发生改变。故抗逆性锻炼是防止高、低温危害的重要方法。据试验，植物进行高温驯化后，其光合作用的最高温度可提高 3～40℃，即更抗热害了。一般情况下，热害较少遇到，而冷害和冻害出现的概率较大。

3.4.4.2　周期性变温对植物的影响

植物适应于温度昼夜变化的现象，称为温周期。气温日变化对植物的生长发育有重要的意义。在植物适宜生长的温度范围内，气温的日变化越大，越有利于有机质的积累，作物的产量高、品质好。气温日变化大，瓜果和肉质根类作物的含糖量增加，小麦千粒重和籽粒蛋白质含量提高。如青海小麦千粒重可达 40～60g，而北京地区只有 35～40g。新疆的哈密瓜和吐鲁番葡萄的香甜，和这些地区温度日较差大有密切关系。据研究，茄科作物的生长受夜温的影响较大，如温室栽培的番茄，若夜间温室加温过高，反而减产。

植物的温周期特性和原产地温度日变化有关。有人认为，在陆地内部日较差大的地区，一般植物在日较差 10～15℃时生长发育最好；在中纬度沿海地区，受海洋调节的地区和海岛上温度日较差较小，原产该地区的植物在日较差 5～10℃时生长发育最好。某些热带植物，如甘蔗等，在日较差很小的情况下，仍能繁茂生长。

气温年较差也影响着植物的生长发育，而且必要的高温对某些喜热作物是不可缺少的，如某些水稻品种，在湖北长得很好，而在积温相近但四季如春的云南，因其缺少夏季必要的高温而不能成熟。

3.4.4.3 农业界限温度

所谓农业界限温度是指具有普遍意义、标志某些重要物候现象或农事活动的开始、终止或转折的温度。农业上常用的界限温度有 0℃、5℃、10℃、15℃ 等，一般均用日平均气温表示。

0℃，土壤冻结与解冻；农事活动开始或终止。日平均气温稳定通过 0℃ 的持续日数称为农耕期。

5℃，早春作物播种；喜凉作物开始或停止生长，对冬小麦有人采用 3℃；春季多数树木开始萌动。5℃ 以上持续日数称生长期或生长季。

10℃，春季喜温作物开始播种与生长；喜凉作物开始迅速生长。常称 10℃ 以上的持续时期为喜温作物的生长期。

15℃，喜温作物积极生长，春季棉花、花生等进入播种期，可开始采摘茶叶。稳定通过 15℃ 的终日为冬小麦适宜播种的日期；水稻此时已停止灌浆；热带作物将停止生长。

20℃，水稻安全抽穗、开花的指标，也是热带植物橡胶正常生长、产胶的界限温度。

界限温度一般可用于如下几个方面：

（1）分析与对比年代间、地区间稳定通过某界限温度日期之早晚差异，以比较其冷暖期到来的迟早及对作物的影响。

（2）分析与对比年代间、地区间稳定通过相邻或选定的两界限温度日期之间的间隔日数，以比较升温与降温之快慢缓急，分析其对作物之利弊等。如春季 0～10℃ 的间隔日数较长，对小麦穗分化有利；而秋季 5～0℃、−5～0℃ 的间隔日数太短，对小麦的越冬锻炼不利。

（3）分析与对比年代间、地区间春季和秋季稳定通过 5℃ 或 10℃ 之间的持续日数，作为鉴定生长季长短的标准之一，可与无霜冻期日数结合使用，相互补充。

3.4.4.4 积温及其在农业生产上的应用

人们在长期的生产实践中发现，在作物所需要的其他因素都得到基本满足时，在一定的温度范围内，温度与作物生长发育速度呈正相关，而且只有当温度累积到一定总和时，才能完成其发育周期，这一温度的总和称为积温。它表明作物在某发育期或全生育期对热能的总要求。积温不足，作物不能正常发育。

（1）积温的种类 积温是某一时段内逐日平均气温的总和，其单位为℃·d（摄氏度·日）或℃。

农业生产中常用的积温有活动积温、有效积温、净效积温、界限有效积温、负积温等。

① 活动积温 高于生物学下限温度（B）的日平均温度为活动温度。如某天的日平均

温度为 15℃，而某作物的下限温度为 10℃，则当天对该作物的活动温度就是 15℃。活动积温则是作物在某时期内活动温度的总和。其计算公式：

$$Y = \sum_{i=1}^{n} t_i \qquad (t_i > B) \tag{3-14}$$

式中，Y 为活动积温；t_i 为日平均温度；B 为生物学下限温度；n 为该生育期中 $t_i > B$ 的天数。

表 3-6 为几种常见作物所需的活动积温值。

表 3-6　几种常见作物所需的活动积温值　　　　　　　　　单位：℃·d

作物种类	早熟型	中熟型	晚熟型
水稻	2400～2500	2800～3200	—
棉花	2600～2900	3400～3600	4000
冬小麦	—	1600～2400	—
玉米	2100～2400	2500～2700	>3000
高粱	2200～2400	2500～2700	>2800
谷子	1700～1800	2200～2400	2400～2600
大豆	—	2500	>2900
马铃薯	1000	1400	1800

② 有效积温　有效温度是指日平均温度与生物学下限温度之差。而有效积温是指作物在某时期内有效温度的总和，即：

$$A = \sum_{i=1}^{n} (t_i - B) \tag{3-15}$$

式中，A 为有效积温；$(t_i - B)$ 为有效温度；n 为生育期中 $t_i > B$ 的天数。

③ 净效积温　生物在某一发育期或整个生育期中，净效温度的总和，称净效积温。净效积温学说认为，实际温度超过该生育期的最适温度时，其超过部分对生物学的发育是无效的，其活动温度应以最适温度代替，此时的净效温度等于最适温度减去生物学的下限温度。净效积温的表达式为：

$$A' = \sum_{i=1}^{n} (t_i - B) + m(T_0 - B) \qquad B < t_i \leqslant T_0 \tag{3-16}$$

式中，A' 为净效积温；T_0 为最适温度；B 为下限温度；n 为 $B < t_i < T_0$ 的天数；m 为生育期内温度超过 T_0 的天数。

④ 界限有效积温　只计算日平均温度在下限温度到最适温度之间的有效积温称界限有效积温。这是因为活动温度超过最适温度时，作物生长发育速度不再增加，反而有下降趋势，故不予考虑。

⑤ 负积温　负积温（y_-）是指小于 0℃ 的日平均温度的总和，即：

$$y_- = \sum_{i=1}^{n} t_i \qquad t_i < 0℃ \tag{3-17}$$

负积温的多少，有时可作为低温灾害的指标之一。因为它可以在一定程度上反映低温的强度与持续时间的综合影响。

（2）积温的应用　积温在农业生产中有以下几个方面的应用。

① 积温可以作为作物或品种特性的重要指标之一，分析引进或推广地区的温度条件能

农业气象学

060

否满足作物生长发育所要求的积温，为作物引种和品种推广提供科学依据，以避免引种和品种推广的盲目性。

② 积温可作为物候期预报、收获期预报、病虫害发生发展时期预报等的重要依据。预报作物发育期的公式为：

$$D = D_1 + \frac{T_t}{t - B} \tag{3-18}$$

式中，D 为所要预报的发育期日期；D_1 为前一发育期出现的日期；T_t 为 D_1 到 D 期间所要求的有效积温指标；t 为 D_1 到 D 期间的平均气温；B 为该发育期所要求的下限温度。

③ 在农业气候专题分析与区划中，积温可作为热量资源的主要指标之一，根据积温多少，确定某作物在某地能否成熟，并预计能否高产、优质。还可根据积温进行分析，为确定各地种植制度（如复种指数、前后茬作物的搭配等）提供依据，并以积温作为指标之一进行区划。

(3) 积温的稳定性　积温作为热量指标，因其计算简便且易取得气温资料，在农业生产上得到广泛应用。但在应用过程中，尚有不完善之处。如某作物的同一品种，完成同一生育阶段所需积温，在不同地区、不同年份，甚至不同播期，其积温值不同，说明积温的稳定性不够理想。造成积温不稳定的主要原因有：

① 影响作物发育的外界环境条件，不仅有气象因素，还有其他因素。气象因素中，除温度外，光照时间、太阳辐射、光照度等对发育也有一定影响，它们与发育速度的关系，有各自遵循的特定规律。

② 积温学说是建立在假定其他因素基本满足的条件下，温度起主导作用的这一理论基础上。但在自然条件下，这一假定是难以满足的，因而影响积温的稳定性。

③ 农业生物发育速度与温度的关系并非简单的线性关系，而是呈曲线关系。在下限温度以上，发育速度随温度的升高而加快；在最适温度时，发育速度达最大值；当温度超过最适点，过高的温度对生长发育有抑制作用。即农业生物发育速度与温度是一种非线性关系。

根据具体情况，在积温应用的实际工作中，有时要进行一些订正，如水稻对光周期敏感，计算水稻积温值时，以光温系数加以订正。

3.4.4.5　土温对植物的影响

(1) 土温影响种子发芽与出苗　土温对种子发芽、出苗的影响比气温更直接，因此描述温度对种子发芽、出苗的影响时，用土温作指标更为确切。不同的作物种子发芽所需的温度不同。小麦、油菜种子发芽所需的最低温度为 1～2℃，玉米、大豆为 8～10℃，水稻则为 10～12℃。土温对出苗时间也有很大影响，例如冬小麦，当温度为 5～20℃时，温度每升高 1℃，达到盛苗期的时间可减少 1.3 天。

土温对发芽生长的影响还和土壤温度的日变化有关。当日平均温度偏低较接近作物生长的最低温度时，夜间温度接近或低于下限温度，作物很少或不能生长。在这种情况下，白天的温度对作物的发芽生长起主导作用，早播的棉花、早春小麦往往存在这种情况。

(2) 土温与根系的生长　土温与作物根系生长关系很密切，一般情况下，根系在 2～4℃时开始微弱生长，10℃以上根系生长比较活跃，土温超过 30～35℃时根系生长受阻。另外，土温的高低还影响根的分布方向，在低温土壤中，大豆根系横向生长，几乎与地平面平行；而在高温土壤中，大豆根系却是纵向生长，能够伸向较深土层，这对吸收土壤水分和养分都是十分有利的。

(3) 土温影响植物根系对水分和养分的吸收　低温减少作物根系对水分和多数矿质营养的吸收。据测定，两个月苗龄的棉花，土温在 10℃时根系的吸水量只为土温 20℃时的

20%。相反，当土温过高时，则导致根系木质化，破坏根系的正常代谢过程。

（4）土温影响植物块茎、块根的形成　土温不仅影响产量，还影响块茎的大小、形状及含糖量等。马铃薯苗期土温高，生长旺盛，但不增产；中期土温高于 28.9℃时，不能形成块茎；15.6～22.9℃时，最适于形成块茎，形成的块茎个数少而薯块大；土温过低（8.9℃），形成的块茎个数多，但小而轻。土温日较差和垂直梯度大，薯块呈圆形；反之呈尖形。马铃薯的退化也与栽培期的土温有关。

（5）土温对昆虫的影响　很多昆虫生命过程的某些阶段是在土壤中度过的，因此，土温对昆虫，特别是对地下害虫的发生发展有很大影响。如沟金针虫，当 10cm 土层处土温达到 6℃左右时，开始上升活动；当 10cm 处土温达到 17℃左右时活动最盛，并危害种子和幼苗；高于 21℃时又向土壤深层活动。

思 考 题

1. 名词解释：热容量　热导率　导温率　气温日较差　气温年较差　三基点温度　农业界限温度　非绝热变化　绝热变化　大气稳定度　活动积温　有效积温

2. 土壤的热特性有哪些？它们是如何影响土壤温度的？

3. 在正常天气情况下，土壤最高温度出现在正午后，而不是在辐射最强的正午，解释其原因。

4. 在热量收支相同的情况下，水层温度与土壤温度的变化不同，解释其原因。

5. 影响土壤温度日较差的因素是什么？它们是如何影响的？

6. 为什么气温年较差随纬度增高而增大，而气温日较差则随纬度的增高而减小？

7. 何谓逆温？辐射逆温和平流逆温是如何形成的？

8. 逆温在农业上有何应用？

9. 何谓气温垂直梯度、干绝热直减率、湿绝热直减率？它们有何区别？

10. 什么是大气稳定度？如何判断大气稳定度？

11. 试述大气稳定度对天气的影响。

12. 试述积温在农业中的应用及其局限性。

第4章 水 分

大气中的水分，源自地球表面海洋、湖泊、河流、潮湿土壤和含有水分地物表面的蒸发和植物的蒸腾。水分是大气各种成分中最富于变化的部分，被大气的乱流和对流过程输送到不同高度，再经过一系列物理过程，水汽发生凝结，形成云、雾等天气现象，并以雨、雪等降水形式重新回到地面。水分就是通过蒸发、凝结和降水等过程在陆地、海洋和大气间循环不停。而这些过程对于地球表面和大气间热量平衡以及天气变化起着重要的作用。

4.1 空气湿度

空气湿度是表示空气中水汽含量多少或空气潮湿程度的物理量。空气湿度变化是云、雾、降水等天气现象形成与消散的重要原因。

4.1.1 空气湿度的表示方法

4.1.1.1 绝对湿度

单位体积空气中所含的水汽质量，称为绝对湿度（a），实际就是水汽密度，单位为 $g \cdot m^{-3}$（克·米$^{-3}$）。它是直接表示空气中水汽绝对含量的物理量。在一定温度下，单位体积空气中所能容纳的最大水汽量，称为饱和水汽密度。由于空气中水汽含量极不稳定，所以绝对湿度不容易直接测量，通常都是通过先测定水汽压、气温再计算出来。

4.1.1.2 水汽压与饱和水汽压

（1）水汽压 大气中水汽所产生的分压强，称为水汽压（e）。它的单位与气压相同，为 hPa（百帕）或 mmHg（毫米汞柱）。

干湿法测试水汽压计算公式如下：

$$e = E_{tw} - AP(t - t_w) \tag{4-1}$$

式中，e 为水汽压，hPa；E_{tw} 为湿球温度下的饱和水汽压，hPa；t 为空气温度，℃；t_w 为与空气湿度有关的湿球温度，℃；P 为本站气压（地面气压），hPa；A 为干湿表系数（表 4-1），℃$^{-1}$。

气体状态方程同样适用于水汽，即

$$e = \rho_w R_w T \tag{4-2}$$

式中，e 为水汽压；ρ_w 为水汽密度，就是绝对湿度（a）；T 为热力学温度表示的气温，K；R_w 为水汽的气体常数，等于 $0.46 J \cdot g^{-1} \cdot K^{-1}$。由上式看出，当温度一定时，大气中水汽含量愈多，水汽压愈大；反之，水汽压愈小。

表 4-1 不同型号温度表在一定风速下的 A 值

干 湿 表 型 号	$A/10^{-3}℃^{-1}$	
	湿球未结冰	湿球结冰
通风干湿表(通风速度 3.5m·s^{-1})	0.667	0.588
通风干湿表(通风速度 2.5m·s^{-1})	0.662	0.584
球状干湿表(自然通风速度 0.4m·s^{-1})	0.857	0.756
柱状干湿表(自然通风速度 0.4m·s^{-1})	0.815	0.719
球状干湿表(自然通风速度 0.8m·s^{-1})	0.7947	0.7947

由式(4-2)可以得出绝对湿度（a）与水汽压（e）之间的关系式，即

$$a = \frac{e}{R_w T} \qquad (4-3)$$

上式中，如果绝对湿度单位取 g·m^{-3}，水汽压单位取 hPa，热力学温标换算成摄氏温标 $T = 273 \times (1 + \alpha t)$，则有

$$a = 0.8 \frac{e}{1 + \alpha t} \qquad (4-4)$$

如果水汽压的单位为 mmHg，因 1mmHg=3/4hPa，则有

$$a = 1.06 \frac{e}{1 + \alpha t} \qquad (4-5)$$

式中，α 为气体膨胀系数，等于 1/273；t 为空气温度，℃。计算表明，就数值而言，以 g·m^{-3} 表示的绝对湿度与以 mmHg 表示的水汽压差别很小，当 $t = 16.4℃$ 时，$a = e$；因一般情况下，近地气层温度的数值与 16.4℃ 相差不大，所以在实际工作中，常用水汽压（以 mmHg 为单位）的数值代替绝对湿度。

（2）饱和水汽压　在一定温度条件下，单位体积空气所能容纳的水汽数量有一定的限度，如果水汽含量达到该限度，空气呈饱和状态，此时空气中的水汽压称为饱和水汽压（E），即空气中水汽达到饱和状态时的水汽压。

饱和水汽压随温度升高而迅速增大，其与温度的关系常用马格努斯（Magnus）半经验公式表示，即

$$E = E_0 \times 10^{\frac{at}{b+t}} \qquad (4-6)$$

式中，E_0 为 0℃时的饱和水汽压，等于 6.11hPa；t 为蒸发面的温度，℃；a、b 为经验系数。用于纯水面上时，$a = 7.63$，$b = 241.9$；用于纯冰面上时，$a = 9.5$，$b = 265.5$。表 4-2 即为按式(4-6)计算的不同温度下的饱和水汽压。

表 4-2 不同温度下的饱和水汽压　　　　单位：hPa

	$t/℃$	0	1	2	3	4	5	6	7	8	9
水面	30	42.43	44.93	47.55	50.31	53.20	56.24	59.42	62.76	66.26	69.93
	20	23.37	24.86	26.43	28.09	29.83	31.67	33.61	35.65	37.80	40.06
	10	12.27	13.12	14.02	14.97	15.98	17.04	18.17	19.37	20.63	21.96
	0	6.11	6.57	7.05	7.58	8.13	8.72	9.35	10.01	10.72	11.47
	-0	6.11	5.68	5.28	4.90	4.55	4.21	3.91	3.62	3.35	3.10
	-10	2.86	2.64	2.44	2.25	2.08	1.91	1.76	1.62	1.49	1.37
	-20	1.25	1.15	1.05	0.96	0.88	0.81	0.74	0.67	0.61	0.56

农业气象学

$t/℃$		0	1	2	3	4	5	6	7	8	9
冰面	-0	6.11	5.62	5.17	4.76	4.37	4.02	3.69	3.38	3.10	2.84
	-10	2.60	2.38	2.17	1.98	1.81	1.66	1.51	1.37	1.25	1.14
	-20	1.03	0.94	0.85	0.77	0.70	0.63	0.57	0.52	0.47	0.42
	-30	0.38	0.342	0.308	0.277	0.249	0.223	0.22	0.179	0.161	0.144

　　饱和水汽压的大小除了与温度有关以外，还与蒸发面的性质和形状有关。自然界中存在很多不同的蒸发面，如水面、冰面、溶液面等不同性质的蒸发面，凸面、平面、凹面等不同形状的蒸发面。在同样的温度下，由于蒸发面的性质或形状的不同，其上方的饱和水汽压值也是不同的。

　　同温度下过冷却水面的饱和水汽压大于冰面的饱和水汽压。通常，当水的温度降到0℃以下就会结冰，但是在实验条件下的纯净水和高层大气中的水分当温度降到0℃以下也不一定结冰，温度在0℃以下不结冰的水就称为过冷却水，简称过冷水。由于冰是固体，其水分子的运动没有液态水中那样自由，水分子从冰面上溢出到大气中要比从水面溢出困难些。因此，冰面上的饱和水汽压比过冷却水面上的要小。

　　从表4-3中可以知道，在-12～-10℃之间，过冷却水面与冰面的饱和水汽压差值最大。

表4-3　不同温度下冰面和过冷却水面饱和水汽压

蒸发面	温度/℃										
	0	-2	-4	-6	-8	-10	-12	-14	-16	-18	-20
过冷却水面	6.11	5.26	4.54	3.91	3.35	2.86	2.44	2.08	1.76	1.49	1.25
冰面	6.11	5.17	4.37	3.68	3.10	2.60	2.17	1.81	1.51	1.25	1.03
差值	0	0.09	0.17	0.23	0.25	0.26	0.27	0.27	0.25	0.24	0.22

　　纯净水面上比水溶液面上饱和水汽压大，而且溶液浓度越大，饱和水汽压就越小。这是因为溶质妨碍水分子运动，使水分子不易逸出水面。

　　饱和水汽压也与蒸发面的形状有关。由图4-1可知，在相同分子引力作用的半径范围内，很明显吸引A分子的水分子最少，因而A分子受到的引力最小，最容易逸出水

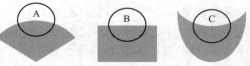

图4-1　不同形状蒸发面上水分子受到的引力状况

面；而吸引C分子的水分子最多，因而C分子受到的引力最大，最不容易逸出水面；B分子的情况处于两者之间。因此可知，在温度相同时，凸面上饱和水汽压最大，平面次之，凹面上饱和水汽压最小。由此也可以得出，凸面曲率越大（即水滴越小），饱和水汽压越大；相反，凹面曲率越大，饱和水汽压越小。

4.1.1.3　相对湿度

　　空气中实际水汽压（e）与当时气温下的饱和水汽压（E）的百分比，称为相对湿度（RH），其公式为

$$RH = \frac{e}{E} \times 100\%$$

　　（4-7）

当 $e<E$ 时，$RH<100\%$，表示空气未饱和；当 $e=E$ 时，$RH=100\%$，表示空气中水汽达到饱和；当 $e>E$ 时，$RH>100\%$，表示空气过饱和。

温度一定时，相对湿度的大小直接反映了空气中水汽含量距离饱和的程度。相对湿度越小，表示空气越干燥；相对湿度越大，表示空气越潮湿。一般情况下，相对湿度随温度升高而下降，随温度的下降而升高。这是由于气温升高时，水汽压的增长率常常小于饱和水汽压的增长率，因此，随着气温的升高相对湿度减小；反之，随着气温的降低，相对湿度会增大。

4.1.1.4　饱和差

某一温度下的饱和水汽压（E）与同温度下实际水汽压（e）之差，称为饱和差（d），单位为 hPa，其公式为

$$d=E-e \tag{4-8}$$

饱和差直接反映了空气中水汽距离饱和的绝对数值。一定温度下，d 值越小，空气越接近饱和，越潮湿；当 $d=0$ 时，空气达到饱和。

在研究蒸发时常用到饱和差，它可指示水的蒸发能力。对于过饱和空气来说，饱和差可说明空气中凝结出水分量的多少。当空气中水汽含量不变时，饱和水汽压随温度的升高而增大，但实际水汽压不变，所以相对湿度减小，饱和差增大；相反，气温下降，相对湿度增大，饱和差减小。当相对湿度相同而温度不同时，其饱和差不同（表 4-4），对蒸发、蒸腾的影响也就不一样。

表 4-4　相对湿度相同（70%）时不同温度下的饱和差

$t/\text{℃}$	10	15	20	25	30
E/hPa	12.3	17.0	23.4	31.7	42.4
d/hPa	3.7	5.1	7.0	9.5	12.8

4.1.1.5　露点温度

在空气中水汽含量和气压不变的条件下，降低空气温度（t）使空气达到饱和状态时的温度称为露点温度（t_d），简称露点。单位与气温相同，为 ℃。

当气压不变时，露点的高低只与空气中的水汽含量有关，即水汽含量愈多，其露点愈高；反之，愈低。当气温高于露点时（$t>t_d$），空气处于未饱和状态，而且两者之差越大，空气越干燥；当气温等于露点时（$t=t_d$），空气处于饱和状态；当气温小于露点时（$t<t_d$），空气处于过饱和状态，将有多余的水汽凝结。实际工作中，用气温与露点的差（$t-t_d$）来表示空气距离饱和状态的远近程度。在天气分析预报中经常用到温度露点差。

4.1.2　空气湿度的变化

由于气温、蒸发和乱流交换等影响湿度变化的诸多因素均有明显的周期性日变化和年变化，因而空气湿度也有相应的日变化和年变化。空气湿度的变化是天气现象形成与消散的主要原因，而且也影响植物的正常生长发育以及病虫害的发生发展。掌握空气湿度的变化规律，能更好地指导人类活动和工农业生产。

4.1.2.1　绝对湿度的日变化

绝对湿度的日变化一般有以下两种类型。

（1）单波形　所谓单波形，就是一天内只出现一个最高值和一个最低值，也称为单峰形。在乱流、对流不强，或水分供应充足的地区，一天中随温度的升高，蒸发、蒸腾加强，近地层空气中水汽含量增多，绝对湿度变大；反之，绝对湿度变小。这种大致与气温日变化

相似的单波形，多发生在海洋、海岸、寒冷季节的大陆和暖季的潮湿地区，最大值出现在午后（14:00～15:00），最小值出现在日出之前，见图4-2。

（2）双波形 所谓双波形，就是一天内出现二高和二低的极值，也称为双峰形。就是在乱流、对流较强的季节或地区，当一天中的温度最高时，乱流和对流运动最强，低层空气中的水汽容易被带至高空，从而使低层水汽含量减少。也就是高温时，绝对湿度反而减小。这样一天中绝对湿度就出现两个最高值，分别出现在温度不断上升、对流尚未充分发展的8:00～9:00和对流与乱流已减弱、地面蒸发的水汽聚集在低层的20:00～21:00。两个最低值则分别出现在气温最低、蒸发最弱的日出之前和气温最高、乱流与对流最强的14:00～15:00，见图4-2。双波形一般出现于暖季的大陆或沙漠等地区。

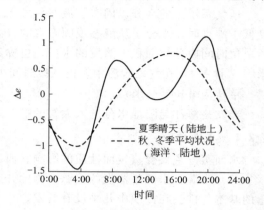

图 4-2 绝对湿度日变化

4.1.2.2 绝对湿度的年变化

绝对湿度的年变化主要取决于蒸发量的多少，而蒸发量与气温的年变化基本一致。在陆地上，最大值一般出现在蒸发最旺盛的7月，最小值出现在1月；海洋上最大值一般出现在8月，最小值出现在2月。绝对湿度的年变化还与降水的季节分布有关。

4.1.2.3 相对湿度的日变化

相对湿度的高低取决于温度和水汽压两个因素，在水汽压一定时，相对湿度的大小主要取决于温度。在内陆地区，温度是主要的，白天温度升高使地表蒸发加强，使空气中的实际水汽压增大，但因饱和水汽压是温度的函数，随温度升高增加得更快，所以温度升高，相对湿度一般是减小的。温度降低则相反，相对湿度增大。因此，内陆地区相对湿度的日变化与温度的日变化相反，一天中最高值出现在清晨，最低值出现在14:00～15:00（图4-3）。但近海或湖畔地带，因受海陆风或湖岸风的影响，有时相对湿度日变化与气温日变化一致。

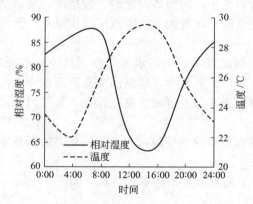

图 4-3 相对湿度的日变化

4.1.2.4 相对湿度的年变化

相对湿度的年变化主要取决于温度的年变化和降水的季节特征。一般来说，相对湿度年变化与气温年变化相反，即温暖季节相对湿度较小，寒冷季节相对湿度较大。但是，由于局部地区气候的影响，这种规律性的变化也会被破坏。如受季风的影响，我国东部大部分地区夏季主要为降水季节，盛行来自海洋的暖湿气流，相对湿度较大；冬季降水稀少，盛行来自内陆的干冷空气，相对湿度反而较小。

4.1.2.5 空气湿度的垂直分布

大气中的水汽来源于下垫面的蒸发和蒸腾，水汽进入大气后，随着空气的垂直运动向上输送，高度愈高，水汽愈少。因此，在对流层中绝对湿度随高度升高而减小。相对湿度随高度的分布比较复杂，这是因为水汽压随高度的增加而减小，气温随高度增加而降低，使饱和水汽压也随高度而减小，但饱和水汽压与水汽压的递减率不同，所以相对湿度可能随高度递增，也可能递减。

4.2 蒸发和蒸腾

地气系统中的水分以固态、液态、气态三种形式存在，且常常相互转化。蒸发是指当温度低于沸点时，水分子从液态或固态水的自由面逸出而变为气态的过程或现象。蒸发速率是指单位时间内单位面积上蒸发的水量，也称蒸发通量密度，单位为 $g \cdot cm^{-2} \cdot s^{-1}$（克·厘米$^{-2}$·秒$^{-1}$）。在气象观测中，以某段时间内自然水面因蒸发而消耗掉的水层厚度表示蒸发量，单位为 mm（毫米）。

蒸发是海洋与陆地水分进入大气的唯一途径，是地球水分循环的主要环节。

4.2.1 水面蒸发

水面蒸发主要受蒸发面性质的影响。而以气象条件影响最为重要。

（1）水源 水源是蒸发的根源，因此开阔水域、雪面、冰面或潮湿土壤、植被是蒸发产生的基本条件。在沙漠中几乎没有蒸发。

（2）热源 蒸发需要耗热，如果没有热量供给，蒸发面会逐渐冷却，使蒸发面的水汽压降低，蒸发就会减缓或逐渐停止。从某种意义上讲，蒸发速率取决于热量的供给。蒸发面温度越高，蒸发速率越大。

（3）饱和差 蒸发速率与饱和差成正比，蒸发面上方饱和差越大，蒸发速率越大。也就是说如果蒸发面上方的空气越干燥，水分蒸发得就越快；反之，则减慢。

（4）风速与湍流扩散 大气中水汽垂直扩散与水平扩散能加大蒸发速率。无风时，蒸发面上的水汽主要靠分子扩散，水汽压减小得慢，饱和差小，因而蒸发缓慢。有风时，湍流加强，蒸发面上的水汽随风和湍流迅速扩散到广大的空间，蒸发面上的水汽压很快减小，饱和差增大，蒸发加快。

（5）蒸发面的性质、形状及水溶液的浓度 相同温度条件下，水面蒸发（过冷却水面）比冰面快些。凸面（水滴）上方水分蒸发比平面（水面）要快些，这是因为蒸发面曲率大的蒸发快。也正是因此，小水滴比大水滴蒸发快。蒸发速率与水溶液浓度成反比，如江河湖水比海水蒸发得快些，因为海水中含有盐分。

（6）气压 蒸发速率与气压成反比，因为蒸发面上方的气压越高，水分汽化时所做的功就越多，蒸发速率越小。

道尔顿（Dalton）研究得出实验静稳空气条件下的水面蒸发速率表达式，即

$$W = k \frac{E - e}{P} \tag{4-9}$$

式中，W 为蒸发速率，$g \cdot cm^{-2} \cdot s^{-1}$；$E$ 为蒸发面温度下的饱和水汽压，hPa；e 为蒸发面上方的水汽压，hPa；P 为气压，hPa；k 为比例系数，对于实验室条件下的静稳空气，可用空气中水汽扩散系数表示，当温度为 0℃时，$k = 0.22cm^{-2} \cdot s^{-1}$。

由式(4-9)可知，静稳条件下水面蒸发速率与蒸发面温度下饱和差和比例系数成正比，与气压成反比。但是在自然条件下，气压的变化不大，对蒸发的影响并不明显，因此式(4-9)可简化为

$$W = k(E - e) \tag{4-10}$$

在影响水面蒸发的各种因素中，水面温度通常是起决定作用的因素。由于水面温度有年、日变化，所以蒸发速率也有年、日变化。

4.2.2　土壤蒸发

土壤蒸发指的是土壤中的水分汽化并向大气扩散的过程。土壤蒸发速率主要受大气蒸发力和土壤供水能力影响。大气蒸发力是蒸发的外界条件，主要是辐射、温度、湿度、风等气象因素。它既决定水分蒸发过程中的能量供给，又影响到蒸发水汽向大气中的扩散过程。土壤供水能力是土壤水分向上输送的条件，主要是土壤含水量、土壤水分分布、土壤性质、土壤结构等土壤内部因素。

土壤中水分变为水汽，逸出土壤表面是通过两种不同的过程来完成的。第一种是蒸发直接在土壤表面发生，即土壤里的水分沿土壤毛细管上升到土壤表面后才蒸发。这种情况主要发生在土壤潮湿、土层中充满水分或者下层土壤通过毛细管向上输送水分的速率等于蒸发速率的时候。这种蒸发几乎和同样条件下的水面蒸发速率相同，主要受气象条件的影响。第二种是水分在土壤内部进行蒸发后，再通过土壤孔隙扩散逸出土壤表面。由于水分在土壤中的扩散能力很小，所以第二种蒸发作用是很小的。这种情况发生在干旱地区或干旱时期，即土壤表层变干，下层土壤水分向上输送不到土壤表面或者毛细管水上升速率小于土壤蒸发速率时，比同样条件下的水面蒸发速率小得多，气象因素对蒸发的影响也开始变小，主要取决于土壤含水量和土壤结构等土壤因素。

土壤蒸发速率除受气象因素、土壤供水能力影响外，还受其他因素的影响。土壤结构紧实时土壤毛细管丰富，如果土壤含水量较高，毛细管水上升的高度高，使较深层的土壤水分也能上升到土表，有利于土壤表面直接蒸发。但是土壤表层变干后，土壤越疏松其孔隙就越大，就越有利于水汽扩散，因此疏松的土壤有利于第二种蒸发过程的发生。所以要防止土壤水分过度蒸发，保持土壤有效水分，在土壤变干之前可以耙松表土，再进行镇压，将疏松表土层压紧。这样既切断了土壤毛细管，又减小了土壤表层的孔隙度，利于减少土壤水蒸发。

此外，所有影响土壤湿度的因素，如地形、方位、颜色、土质、植被覆盖等都影响土壤水分蒸发。通常凸地蒸发速率大于凹地；南坡地蒸发速率大于北坡地；深色土壤蒸发速率大于浅色土壤；有植被覆盖的土壤总水分散失量比裸地多。

4.2.3　植物蒸腾

植物体内的水分通过体表（主要是叶片表面）汽化进入大气的过程，称为植物蒸腾。蒸腾既是物理过程，又是生理过程。植物一生中从土壤吸收大量水分，只有很少部分用于组成植物体本身，绝大部分是通过叶面气孔扩散到大气中去的。植物蒸腾的主要作用是植物吸水动力、输送养分、调节植物体温。

植物蒸腾作用所消耗的水分，常用蒸腾系数 K_T 表示。蒸腾系数是植物形成单位质量干物质所消耗的水量，其表达式为

$$K_T = \frac{T_u}{Y} \tag{4-11}$$

式中，T_u 为单位面积土地上植物蒸腾总量，kg；Y 为单位面积土地上收获的植物干物质质量，kg。蒸腾系数是一个无量纲数，值越大说明植物需水量越多，水分利用率越低；反之，值越小表示植物需水量小，水分利用率高。所以，缺水的地区要选蒸腾系数小的作物栽种，如高粱、玉米（表4-5）等。

表 4-5　几种作物的蒸腾系数

作物	谷子	高粱	玉米	小麦	水稻	大豆	棉花	马铃薯	黄瓜	向日葵	油菜
蒸腾系数	310	322	368	543	710	744	646	636	713	705	743

不同植物的蒸腾系数是不同的，而且同种植物蒸腾系数的值也会随着气象条件、土壤和栽培条件发生很大变化，湿润气候条件下的蒸腾系数通常小于干旱气候下。植物蒸腾主要是通过叶片上的气孔实现的，因此，影响因素除气象条件、土壤水分条件外，植物自身的状况也影响蒸腾作用。植物叶面积越大，植物蒸腾量也越大，但不成正比；根冠比越大，植物蒸腾量也越大，在干旱时更加明显；垂直于阳光的叶片能接受更多的辐射，植物蒸腾量也会相应加大；叶片小，有利于热量交换，叶温接近气温，使植物蒸腾量减少；有的植物表面覆盖着防水的蜡质层或角质层，若除去，植物蒸腾量会加大好几倍；有些植物表面还有白毛，能反射阳光，降低叶温，从而减少植物蒸腾量。此外，因为植物蒸腾水分主要是通过气孔散失的，影响气孔运动的因素，如光、CO_2、空气湿度、温度等，也都影响植物蒸腾。

4.2.4 农田蒸散

4.2.4.1 农田蒸散的概念

蒸散指的是土壤蒸发和植物蒸腾的总和。农田蒸散指的是农田中植物蒸腾与株间土壤蒸发的总和，也称为农田总蒸发量。在数值上，农田蒸散表示了农田总的耗水量。凡是影响植物蒸腾和土壤蒸发的因素都影响农田蒸散。

为了研究农田蒸散量，美国学者桑斯韦特（C. W. Thornthwaite）和英国学者彭曼（H. L. Penman）在 1948 年提出了"可能蒸散"的概念，并用 ET_p 表示。其定义是：在一个平坦开阔地表，其上生长有旺盛且完全覆盖地面的矮小的绿色作物，在无平流热干扰且永远有充分供水条件下的农田蒸散，称为可能蒸散。这时植物对水的输送，没有或仅有微小的阻力。可能蒸散不会超过同样天气条件下的"自由水面蒸发"。

可能蒸散表示一种蒸散能力，它不受土壤水分的制约，只受可利用的能量的限制。在绝大多数情况下，农田实际蒸散 ET_a 与可能蒸散是有区别的，例如有时农田不能获得水分的充分供应等，所以农田实际蒸散一般要小于可能蒸散。

农田蒸散是植物需水量的农业气候指标，是农田需水量的最好度量方法。获得农田蒸散量的方法，一是直接用仪器测量，二是通过大量实验数据找出规律。由于仪器的限制，目前蒸发和蒸散的资料十分缺乏，农田蒸散一般利用气候资料，采用经验、半经验的方法估算。

4.2.4.2 农田蒸散的计算

（1）彭曼法（气象学法） 20 世纪 40 年代末，英国气象学家彭曼在研究前人工作基础上，综合考虑了净辐射、空气温度、水汽压以及风速等影响蒸散的各种因素，运用空气动力学和能量平衡概念，提出了计算自由水面的可能蒸发量的公式，若再乘以系数可得出农田可能蒸散量。

彭曼公式的简式为：

$$E_0 = \frac{\Delta R + \gamma E_a}{\Delta + \gamma} \tag{4-12}$$

$$E_a = 0.35(e_s - e_a)(1 + U_2 \times 10^{-2}) \tag{4-13}$$

式中，E_0 为开阔的自由水面蒸发量，$mm \cdot d^{-1}$；Δ 为温度-饱和水汽压曲线在平均气温 t_a 时的斜率，$mm \cdot ℃^{-1}$；R 为开阔水面上的净辐射量，计算时换算为蒸发当量，$mm \cdot d^{-1}$，可根据其与温度、日照、水汽压等的经验公式算出；E_a 为干燥力，$mm \cdot d^{-1}$；e_s 和 e_a 分别为露点温度和平均气温时的饱和水汽压，mm；γ 为干湿表常数，$mm \cdot ℃^{-1}$，当 e_s 是以 mm 表示、t_a 以 $℃$ 表示时 $\gamma = 0.486 mm \cdot ℃^{-1}$；$U_2$ 为 2m 高度处风速，$m \cdot s^{-1}$，若有 10m 高度处风速 U_{10} 资料，可通过 $U_2 = 0.72 U_{10}$ 换算得出。

为把彭曼公式运用到估算农田可能蒸散 ET_0 上，则有下式：

$$ET_0 = f_1 E_0 \tag{4-14}$$

式中，f_1 为经验系数，一般夏季取值为 0.8，冬季为 0.6。

这些 f_1 数值是在英国做实验得到的，但实验证明，无论任何气候条件下其误差都在 15% 以内。在没有本地 f_1 值时，可参考联合国粮农组织的技术报告。我国东部季风区和青藏气候区可采用 $f_1 = 0.8$，西北干旱气候区可采用 $f_1 = 0.85$。

具体作物的农田实际蒸散，可由农田可能蒸散量乘以作物系数得出。

（2）桑斯韦特法（气候学法） 桑斯韦特应用美国中西部半干旱地区多年田间试验数据，并充分考虑了植物生理、物理机制在蒸散过程中的重要作用，根据月可能蒸散量和月平均温度的相关性，并考虑昼长的影响而建立的计算公式为：

$$E_0 = 1.6 \frac{L}{12} \times \frac{D}{30} \times \left(\frac{10 t_y}{I}\right)^a \tag{4-15}$$

式中，E_0 为月可能蒸散量，mm；D 为该月天数；L 为该月的平均昼长，h；t_y 为月平均温度，℃；I 为年热指数；a 为年热指数的函数。

年热指数 I 可用下式求出，即：

$$I = \sum_{i=1}^{12} i \tag{4-16}$$

式中，i 为每个月的热指数，每个月的热指数与月平均温度 t_y 的关系为

$$i = \left(\frac{t_y}{5}\right)^{1.514} \tag{4-17}$$

式（4-15）中 a 的表达式为：

$$a = 6.75 \times 10^{-7} I^3 - 7.71 \times 10^{-5} I^2 + 1.79 \times 10^{-2} I + 0.49 \tag{4-18}$$

桑斯韦特方法简便易行，所需资料容易取得，它是水利资源气候分析和灌溉量计算的基本方法之一。但与彭曼公式比较，其物理基础和理论依据不够充分。因为决定蒸发（或蒸散）的因素不仅仅是气温和昼长，而是多个因素的综合影响。在计算短期（小于 1 个月）可能蒸散时，该公式不可用，计算长期可能蒸散效果较好。此公式也不适用于月平均温度低于 0℃ 的地区，因为按照公式，月平均温度为 0℃ 时，蒸散停止，这与事实不符。

4.3 水汽凝结

4.3.1 水汽凝结的条件

4.3.1.1 空气中的水汽达到过饱和状态

在大气中，一般情况下，只有当空气中的实际水汽压超过饱和水汽压时，水分才能由气态转为液态或固态，即所谓凝结或凝华。

空气中水汽达到过饱和状态有两条途径：一是增加大气中的水汽含量，使实际水气压（e）超过当时温度下的饱和水汽压（E）；二是降低空气的温度，使饱和水汽压减小到小于当时的实际水汽压。

通过增加空气中的水汽含量达到过饱和，必须具有充分的蒸发源，且蒸发面温度高于气温才有可能出现凝结。例如秋、冬季节清晨，结冰的水面上腾起的雾（蒸发雾）就是这样形成的。但这种情况在自然条件下为数不多，因为在蒸发面温度不高于气温的情况下，当靠近水面的空气接近饱和时，水面蒸发即基本停止。

自然界的大多数凝结现象都是通过降温使空气达到过饱和。大气冷却方式主要有以下

几种：

（1）绝热冷却　前面已提过，是由于空气绝热上升运动过程中气体膨胀对外做功引起的空气本身的降温，使空气本身的饱和水汽压减小。当空气上升到一定高度时，空气就会达到饱和或过饱和，空气中的水汽就会发生凝结。这是自然界中水汽凝结的最重要方式。

（2）辐射冷却　是在晴朗无风的夜晚或清晨，地面或地物表面辐射冷却降温，导致近地气层的空气温度降低到露点温度以下而发生的凝结。

（3）平流冷却　也称接触冷却，是暖湿空气流经冷的下垫面时，由于热量交换，而使暖空气降温到露点以下而发生的凝结。

（4）混合冷却　是温差较大的两块湿空气，经过水平混合，可使平均温度下的饱和水汽压小于实际水汽压，从而发生凝结。

4.3.1.2　空气中要有凝结核或凝华核

试验表明，在没有杂质的纯净空气中，即使水汽过饱和到相对湿度达到 300%～400% 时，也没有凝结产生，直到相对湿度达到 800% 时，才有凝结发生。这说明在纯净的空气中水汽是很难凝结的，也表明自然界中水汽的凝结或凝华得借助大量杂质的存在。这些杂质能促进水汽凝结，在水汽凝结或凝华过程中起核心作用，称为凝结核或凝华核。

凝结核促使水汽凝结的主要原理，一方面，凝结核对水分子的吸引力大于水分子之间的合并力；另一方面，凝结核使胚胎半径增大，曲率就会减小，那么胚胎表面的饱和水汽压就会减小，使水汽分子容易在其表面上凝结。

大气中的凝结核很多，按其性质可分为两类。一类是吸湿性很强且易溶于水的，称可溶性核。如随海水进入空气中的盐粒，工厂排放的二氧化硫、一氧化氮及烟粒等。它们一经吸收水分，便形成浓度很大的胚胎，然后以这些为中心凝结。另一类是不易（或不能）溶于水但能吸收水分，称非可溶性核。如悬浮于空气中的尘埃、岩石微粒、花粉、细菌等。它们能将水汽吸附在其表面而形成小水滴，但其效能较差。

在凝结核数量多的地区，大气中的水汽只需达到饱和就会有凝结现象发生。所以大工业区和城市上空出现雾的机会比一般地区要多。

4.3.2　水汽凝结物

4.3.2.1　地面上的水汽凝结物

近地气层中的水汽、水滴或冰晶，直接在地面或地物上凝结或凝华而成，如露、霜、雾凇和雨凇。

（1）露和霜　夜晚或清晨，地面或地物表面因强烈的辐射冷却，使贴近地面气层的温度下降到露点以下时，在地面或地物表面上就会产生水汽凝结现象。如果此时露点高于 0℃，就会凝结成露［图 4-4(a)］；露点在 0℃ 或以下时，则会凝华成霜［图 4-4(b)］。

形成霜和露的有利天气条件是晴朗微风的夜晚，因为天气晴朗有利于地面（或地物）辐射冷却，微风又能把已经发生凝结的空气带走，使新鲜潮湿的空气不断补充，以致形成较强的露、霜。而阴天大风的夜晚，不利于露、霜的形成，原因是阴天不利于地面（或地物）辐射冷却，大风又加强了上下层冷暖空气的混合，使贴地气层（或地物）的空气不易降至露点以下。

热导率小的疏松土壤表面、辐射能力强的黑色物体表面及辐射面积大的粗糙地面，易形成霜或露；植物的枝叶上，由于湿度较大，易形成较重的霜或露。在水域周围或林地，产生霜或露的频率较小。

露也称地面降水，量值很小，全年只有几十毫米，这在多雨地区，其作用是微不足道

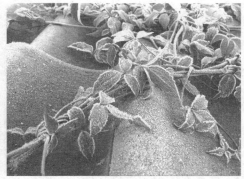

(a)露　　　　　　　　　　(b)霜

图 4-4　露和霜

的。但是对于雨水缺少的干旱地区的农作物生长有一定的实际意义。它有利于作物复苏；抑制植物的蒸腾作用，缓和旱情的发展。

露对农作物的生长也有不利的一面。如果水果表面长时间有露存在，可以使水果表面产生锈斑，影响水果的商业品质；露会助长病菌的繁殖和对农作物的侵害。霜形成时温度已经低于 0℃，植物已受到危害。

（2）雾凇　在寒冷季节有雾有风的天气条件下，风把悬浮在空气中的雾滴吹到冷的物体迎风面上而形成的一种白色疏松的结晶体，称为雾凇［图 4-5(a)］。

根据形成条件和结构，雾凇可分为粒状雾凇和晶状雾凇两种。当气温为 −7～−2℃时，在有雾且风速较大的天气条件下，风将过冷却雾滴吹到冷的地物表面上冻结而形成的为粒状雾凇。气温约为 −15℃，有雾、微风的天气条件下，空气中过饱和冷却水可在物体表面上直接凝华生成雾凇，称为晶状雾凇。其晶体结构松散，稍有振动就会脱落。

雾凇为白色、疏松、易散落的凝结物，在北方地区称为树挂。雾凇多形成在树枝、树干、电线杆、电线等物体上。雾凇虽是美丽的自然奇观，但实际是一种自然灾害。当雾凇量过大时，可以使树枝、电线折断，造成交通、通信和输电的障碍。在形态上雾凇易与霜混淆，实际上二者是有差别的。霜在夜间形成，雾凇在昼夜的任何时间均可形成；霜多形成在地面上，雾凇多形成在迎风面上；霜多在晴朗天气下发生，雾凇多形成在有雾而阴沉的天气里。

（3）雨凇　在寒冷季节里，过冷却雨滴或毛毛雨降落到温度低于 0℃ 的地面或地物表面，直接冻结而形成的外表光滑或略有突起的冰层，称为雨凇［图 4-5(b)］。雨凇也是一种自然灾害，较雾凇更具有危害性。它能压断电线、折损树木，容易造成交通事故、中断通信；影响工农业生产。

4.3.2.2　近地层的水汽凝结物

当近地气层的温度降低到露点以下时，空气中的水汽凝结成小水滴或凝华成小冰晶，悬浮于空气中，呈乳白色幕状，使水平能见度小于 1km 的天气现象，称为雾。

形成雾的基本条件是：近地气层水汽充沛，有使水汽发生凝结的冷却过程和凝结核的存在。在风力微弱、大气层结稳定并有充足的凝结核存在的条件下最易形成。

根据近地气层的降温方式不同，可将雾分为辐射雾、平流雾和平流辐射雾。

（1）辐射雾　由于地面和近地气层空气辐射冷却，湿空气达到过饱和，多余的水汽凝结（或凝华）成小水滴（或小冰晶）飘浮于空气中而形成的雾，称为辐射雾。辐射雾多形成在晴朗、微风、潮湿的夜晚，以温度最低的清晨时浓度最大，又称晨雾。日出后逐渐消散。有

(a) 雾凇　　　　　　　　　　　　　　　　　(b) 雨凇

图 4-5　雾凇和雨凇

利的形成条件是水汽充足、晴朗微风（1～3m·s⁻¹）、大气层结稳定。"雾兆晴天""十雾九晴""久雨见雾晴"，都指的是辐射雾。辐射雾的出现有明显的季节性，多出现于冬半年，尤其是春、秋季的夜晚和日出前。此外，辐射雾的出现也有明显的地方性，低洼的谷地、川地、盆地，辐射雾发生得较频繁。我国的四川盆地是有名的辐射雾区，其中重庆冬季无云的夜晚或早晨，雾日几乎占 80%，有时还可终日不散，甚至连续几天，故有"雾重庆"之称。

（2）平流雾　暖空气流经冷的下垫面时，其下部与冷的下垫面接触而逐渐降温，在空气乱流混合作用下，冷却向上扩散，当近地气层暖湿空气的温度降到露点以下时，水汽凝结成雾，称为平流雾。平流雾的范围广而深厚，浓度大。只要有暖湿空气流来，且与下垫面温度差较大，平流雾在一天中的任意时刻都可形成。平流雾多形成在冬季的陆地上、夏季的海洋上及沿海地区。

形成平流雾的有利条件是下垫面与暖空气的温度差较大、暖空气湿度大、适宜的风向（由暖向冷吹）和风速（2～7m·s⁻¹）、大气层结稳定。

（3）平流辐射雾　平流辐射雾是夜间平流雾因辐射作用而加强后形成的，是平流、辐射因素叠加作用而形成的雾，也称混合雾。平流辐射雾的范围更广，浓度更大。

雾对农作物有一定的影响。它白天削弱太阳辐射、减少日照时数，夜晚削弱地面有效辐射；增大空气湿度，减少农田蒸散，不利于病害防治。但有些植物，如茶叶、麻等，由于削弱了太阳辐射的紫外线，而有利于它们的生长发育和产品质量的提高。"高山云雾出名茶"即说明雾对茶的生长发育及品质有有利的一面。

雾对人类生产生活的影响：降低空气质量，影响人类出行；容易造成交通事故，使高速公路间断放行或被迫关闭；航班延误，无法正常起降；渡轮被迫抛锚、靠岸或造成渡轮相撞。

4.3.2.3　自由大气中的凝结物

自由大气中的水汽凝结、凝华形成的水滴、过冷却水滴、冰晶单独或混合组成而飘浮在大气中的凝结物，称为云。云和雾没有本质的区别，只不过飘浮高度不同而已，即云在高空，雾在近地层。但云的外形演变、延伸范围及高度、生成及消失条件等要比雾复杂得多。

云是地球上水分循环的重要环节，云能行云致雨，云的发生发展伴随着能量的交换。

云的形成和发展必须具备的条件是空气中水汽达到过饱和状态；要有凝结核；有水汽的补充和输送。此外，还要有使空气中水汽发生凝结的冷却过程，即空气的垂直上升运动。

云的形成：空气做上升运动时，气块绝热冷却而降温，当空气温度降低到露点以下时，且有水汽的不断补充，就会产生大量凝结物并聚集而形成云。

根据中国气象局 2007 年 6 月颁布的《地面气象观测规范》，将云分为 3 族、10 属、29 类。具体的族、属分类和特征（表 4-6）如下。

（1）低云族　多由水滴组成，厚而垂直发展旺盛的低云则由水滴和冰晶混合组成，云底高度一般在 2500m 以下，但随季节、天气条件及地理纬度的不同而有所变化。大部分低云可产生降水。分为积云、积雨云、层积云、层云、雨层云 5 属。

（2）中云族　多由水滴与冰晶混合组成。云底高度通常在 2500～5000m 之间。浓厚的中云可产生降水，但薄的无降水产生。分为高层云、高积云 2 属。

（3）高云族　全部由冰晶组成，云底高度常在 5000m 以上。高云一般不产生降水，但冬季北方层云偶有降雪。分为卷云、卷层云、卷积云 3 属。

表 4-6　云的分类及形态特征

云族	云属		形状特征
	名称	简写	
低云族	积云	Cu	垂直向上发展的、顶部呈圆弧形或圆拱形重叠凸起而底部几乎是水平的云块。云体边界分明
	积雨云	Cb	云体浓厚庞大，垂直发展极盛，远看很像耸立的高山。云顶由冰晶组成，有白色毛丝般光泽的丝缕结构,常呈铁砧状或马鬃状。云底阴暗混乱,起伏明显,有时呈悬球状结构
	层积云	Sc	团块、薄片或条形云组成的云群或云层,常成行、成群或波状排列。云块个体都相当大,云层有时满布全天,有时分布稀疏,常呈灰色、灰白色,常有若干部分比较阴暗
	层云	St	低而均匀的云层,像雾,但不接地,呈灰色或灰白色。层云除直接生成外,也可由雾层缓慢抬升或由层积云演变而来。可降毛毛雨或米雪
	雨层云	Ns	厚而均匀的降水云层,完全遮蔽日月,呈暗灰色,布满全天,常有连续性降水。如因降水不及地在云底形成雨(雪)幡时,云底显得混乱,没有明确的界限
中云族	高层云	As	带有条纹或纤缕结构的云幕,有时较均匀,颜色呈灰白或灰色,有时微带蓝色。云层较薄部分,可以看到昏暗不清的日月轮廓,看上去好像隔了一层毛玻璃。厚的云,则底部比较阴暗,看不到日月。由于云层厚度不一,各部分明暗程度也就不同,但是云底没有显著的起伏
	高积云	Ac	高积云的云块较小,轮廓分明,常呈扁圆形、瓦块状、鱼鳞片,或是水波状的密集云条。成群、成行、成波状排列。薄的云块呈白色,厚的云块呈暗灰色。在薄的高积云上,常有环绕日月的虹彩,或颜色为外红内蓝的华环
高云族	卷云	Ci	具有丝缕状结构、柔丝般光泽、分离散乱的云。云体通常白色无暗影,呈丝条状、羽毛状、马尾状、钩状、团簇状、片状、砧状等。日、月轮廓分明,常有晕环
	卷层云	Cs	白色透明的云幕,日月透过云幕时轮廓分明,地物有影,常有晕环。有时云薄得几乎看不出来,只使天空呈乳白色;有时丝缕结构隐约可辨,好像乱丝一般
	卷积云	Cc	似鳞片或球状细小云块组成的云片或云层,常排列成行、成群,很像轻风吹过水面所引起的小波纹。白色无暗影,有柔丝般光泽

4.4　降水

降水是指从云中降落到地面的液态或固态的水汽凝结物，称为大气降水，简称降水，如雨、雪、雹等。

4.4.1 降水的成因

降水来自云中，但有云不一定都能产生降水。因为构成云体的云滴体积很小，质量极小，能被空气的浮力和上升气流托住而悬浮于空气中。云滴非常小，只要云滴增大到其所受到的重力大于浮力，并使其下降的速度大于上升气流的速度，且在下降的过程中不被蒸发掉，降落到地面就会形成降水。

云滴增大的途径有两种，一种是凝结（或凝华）增长过程，另一种是碰并增长过程。

4.4.1.1 凝结增长

在云的发展过程中，如果空气不断地绝热上升冷却，或有水汽源源不断地输入云中，空气处于稳定过饱和状态，水汽就不断地在云滴上凝结或凝华，使云滴继续增长。然而，一旦云滴增长到某一尺度（直径约为 $50 \sim 70 \mu m$）时，这种凝结基本停止，云滴不再增长。这种过程只是在云滴增长初期才显得重要。要使云滴进一步凝结增长，此时云滴内必须有冰晶与过冷却水滴并存或大、小云滴并存，云滴表面之间就具有不同的饱和水汽压，水汽就会从饱和水汽压大的云滴移向饱和水汽压小的云滴，即产生扩散转移过程，使某些云滴增长为雨滴。

4.4.1.2 碰并增长

两个或两个以上的云滴相互碰撞而合并在一起，成为较大的云滴或雨滴，称为碰并增长过程。在气流和重力的作用下，云滴在不停地运动中，互相碰撞的概率很大，增长迅速，这样云滴就容易碰并成较大的雨滴降落下来。

实际上，这两种过程是同时起作用的。一般来说，在云滴增长初期凝结过程是主要的，当云滴增长到一定程度后，则以碰并增长为主。

4.4.2 降水的种类

4.4.2.1 根据降水性质分类

根据降水性质，可把降水分为以下几种。

（1）连续性降水　雨或雪连续不断地下落，而且比较均匀，强度变化不大，一般下的时间长、范围广，降水量往往也比较大。降水多来自雨层云或高层云。

（2）间断性降水　雨或雪时降时停，或强度有明显变化，时大时小，但变化还是比较缓慢的，降水时的时间有时短有时长。降水多来自层积云或高层云。

（3）阵性降水　雨或冰雹常呈阵性下降，有时也可看到阵雪。其特点是骤降骤停，变化很快，云层变化也很快，但往往时间不长，范围也不大。如果在阵雨的同时还伴有闪电和雷鸣，这便是雷阵雨。降水主要来自积雨云。

（4）毛毛状降水　雨滴稠密、细小且十分均匀，下降情况不易分辨，降水量、降水强度都很小，但持续时间可较长。降水多来自层云。

4.4.2.2 根据降水形态分类

通常根据降水的形态，可把降水分为以下几种。

（1）雨　液态降水，从云中降落到地面的水滴。

（2）雪　固态降水，从云中降落到地面的各种类型冰晶的集合物。当云层温度很低时，云中有时冰晶和过冷却水同时存在，水汽从水滴表面向冰晶表面移动，在冰晶的表面凝华，形成各种类型的六角形雪花，在低层气温低于 $0℃$ 时，雪花离开云体后可一直降落到地面。如果云下的气温高于 $0℃$，则可出现雨夹雪或湿雪。

（3）雨夹雪　半融化的雪（湿雪），或雨和雪同时下降。

（4）霰　白色不透明圆锥形或球形的固体颗粒降水，其直径约 $2 \sim 5mm$ 时称为霰，常作为冰雹的核心。它形成在冰晶、雪花、过冷却水并存的云中，是由下降的雪花与云中冰晶、过冷却水碰撞，迅速冻结而形成的。由于雪花中夹着的空气来不及排出，所以看起来呈乳白色，不透明且疏松易碎。

（5）米雪　固态降水，白色不透明的比较扁、长的小颗粒，直径小于 1mm，降落在硬地上不反弹。常降自含有过冷却水滴的云层或雾中。

（6）冰粒　透明的丸状或不规则的固态降水，较硬，着硬地一般反弹。可作为冰雹的核心，也称为小雹或冰丸。直径小于 5mm。有时内部还有未结冰的水，如被碰碎，则仅剩下破碎的冰壳。

（7）冰雹　冰雹是从云中降落的冰球或冰块，其直径约为 5～50mm，个别情况可以更大。一般的雹多为透明与不透明的冰层相间组成，雹心多由霰组成。雹形成在积雨云中，降雹持续时间短，范围狭窄（一般为 10～20km），并伴有大雨狂风，破坏力极强，常给农业生产造成严重损失。

4.4.3　降水的表示方法

4.4.3.1　降水量

从云中降落到地面的液态或固态水，未经蒸发、渗透和流失，在水平面上所积聚的水层深度称为降水量，以 mm 为单位，取一位小数。雪、霰、雹等固态降水量为其融化后的水层厚度。

4.4.3.2　降水强度

单位时间内的降水量称为降水强度。通常取 10min、1h 或 1d 内降水的降水量。按降水强度的大小，雨的降水等级可划分为小雨、中雨、大雨、暴雨、大暴雨和特大暴雨。雪的降水等级可划分为小雪、中雪、大雪和暴雪。具体降水量指标见表 4-7。

表 4-7　降水等级划分

降水等级	24h 降水量/mm	降水等级	24h 降水量/mm
小雨	0.0～10.0	小雪	≤2.4
中雨	10.1～25.0	中雪	2.5～4.9
大雨	25.1～50.0	大雪	5.0～9.9
暴雨	50.1～100.0	暴雪	≥10.0
大暴雨	100.1～200.0		
特大暴雨	＞200.0		

4.4.3.3　降水变率

降水变率就是表示降水量年际间变动程度的统计量，分为绝对变率、相对变率两种。

（1）绝对变率（d）　绝对变率又称距平或离差，是指某地某时期的降水量（x）与同期多年平均降水量（$\bar{x}$）之差，其计算公式为：

$$d = x - \bar{x} \tag{4-19}$$

各年绝对变率绝对值的平均值称为平均绝对变率（$\bar{d}$），其计算公式为

$$\bar{d} = \frac{1}{n}\sum_{i=1}^{n}|d_i| = \frac{1}{n}\sum_{i=1}^{n}|x - \bar{x}| \tag{4-20}$$

（2）相对变率（D）　降水量的绝对变率（d）与多年平均降水量（$\bar{x}$）的百分比，称为相对变率，其计算公式为

$$D = \frac{d}{\overline{x}} \times 100\% \tag{4-21}$$

平均绝对变率（$\overline{d}$）与多年平均降水量（$\overline{x}$）的百分比，称为平均相对变率（$\overline{D}$），其计算公式为

$$\overline{D} = \frac{\overline{d}}{\overline{x}} \times 100\% \tag{4-22}$$

不论是绝对变率还是相对变率，其值为正时表示当年降水比常年同期降水多，为负值时表示比常年少。

在分析降水量的理论平均变动情况时，常采用平均相对变率。某地降水平均相对变率大，说明该地降水量年际间变异大，易于造成旱涝，对农业生产不利。变率小表示该地降水量的变化比较稳定，对农业生产有利，即从变率指标可看出某地降水的可靠程度。

4.4.4　人工降水

人工降水是用人工的方法促使云滴增长，并使其尽可能多地从云中降落下来，所以也叫人工增雨作业。人工降水一般是在干旱季节，选择空中具有浓厚的云层，但没有下雨或下雨较小的情况下进行。这时云中水汽含量是不少的，之所以不能形成较大的降水，主要是因为云层结构比较一致，云中缺乏大、小水滴或冰晶、水滴并存，加之气流起伏不大，因而云滴不易增长成雨滴而产生降水。人工降水主要有冷云人工降水和暖云人工降水两种方法。

4.4.4.1　冷云人工降水

该方法主要用于冷云（云体温度低于 0℃）增雨作业。其做法是用飞机、火箭、炮弹等把人造冰核（碘化银、碘化铅、碘化铜等的细粉末）撒布于云中，使其充当凝结核，促使水汽、云滴在其上凝结（凝华），形成大量雨滴降落。或者在云中投入冷冻剂，如干冰（即固体二氧化碳）。将干冰投入过冷却云中以后，在它周围便形成一个冷云，并在干冰周围形成大量的冰晶胚胎，继续长大成为雨滴而下落。

4.4.4.2　暖云人工降水

该方法主要用于暖云（云体温度在 0℃以上）增雨。暖云往往云滴小而均匀，要形成较大的雨滴，需要时间较长，难有较大降水产生，有时甚至不等到形成降水云就已经消散。促使暖云增雨，可用飞机等把吸湿性物质（食盐、氯化钙、尿素等）撒布于云中，改变凝结核性质、大小及密度，加速云滴的凝结增长，使其形成较大雨滴而降落。

目前我国大部分地区都开展了人工增雨作业，增雨效果明显，在一定程度上缓解了旱情，受到地方政府和广大群众的欢迎。但由于人工降雨尚处于试验阶段，很多问题还需要研究解决。

4.5　水分循环和水分平衡

全球的水分总体积大约为 $1.4 \times 10^{10}\,\text{km}^3$，以气态、液态和固态三种状态共存，大约有 97％集中在海洋里，余下的 3％是淡水，其中大约 75％以固态形式保存在两极冰盖和冰川中，只有余下的不足 1％的水存在于江河、湖泊以及土壤里等陆地表面，供人类用。而随着环境污染的加剧以及全球气候变暖的影响，能够为人类利用的淡水资源越来越少，这应该引起全人类的重视。

在地气系统中，水分蒸发、凝结以及降水等过程紧密地联系在一起。在太阳的作用下，水分从地表蒸发变成水汽，进入大气以后再凝结为云然后增大为雨滴，最后又降落回地表。

这种不断往复的水运动过程称为水分循环，分为外循环和内循环。

4.5.1　外循环

从海洋表面蒸发到大气的水汽，通过空气的上升运动被带到高空，一部分以降水的形式回到海洋；另一部分随着大气环流运动输送到大陆上空，这部分水汽到大陆上空以后再以凝结降水的形式降落到地面。降落到地面的水分，一部分蒸发回到大气中，一部分下渗到地表以下变成地下水，另一部分以地表径流的形式汇入江河最后流回海洋。同时，在陆地上空的水汽也有一部分随大气环流运动被输送到海洋。这就是海陆之间的水分循环，被称为大循环或外循环（图4-6）。

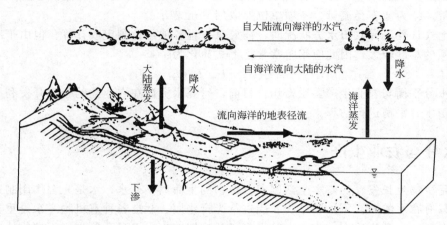

图 4-6　外循环示意图

4.5.2　内循环

在陆地上某一区域内的水分循环就称为内循环（图4-7）。由图4-7可知，水汽自本地以外的上空输送入的水汽量为 A_1，其中一部分形成了降水为 R_1，其余部分以水汽或云的形式流出本地的为 (A_1-R_1)；同时本地的蒸发量为 E_2，其中一部分在本地形成降水为 R_2，另一部分流出本地为 A_2；本地的降水一部分被土壤吸收，另一部分以地表径流的形式流出本地为 C，这样就形成了内循环。

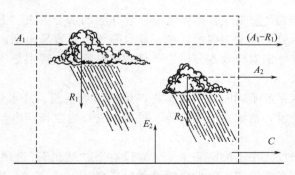

图 4-7　内循环示意图

研究水循环有着重要的实践意义。人类活动可以改变水循环中的某些环节，如大面积植树造林、广泛地修建水库、大面积兴修农田水利设施等等，可以减少地表径流量，增加土壤蓄水量和蒸散量，使大气中的水汽含量增加，有利于降水的形成，增加陆地上的降水量。这对于改善干旱时期或干旱地区的天气和气候条件有很大作用。

4.5.3 农田水分平衡

农田中有多种水分流动过程存在，如植物利用的水分渗漏、土壤水分蒸发、地表径流等。农田水分平衡是指某一时期一定土壤体积内所得到的水分和被农作物用去的及流失的水分之间的平衡关系。一般可用作物根部范围一定深度的土层及地上农作物在某一时期水分的收支差额表示，即：

$$\Delta S = R + I + N - D - T - E - C \tag{4-23}$$

式中，ΔS 为时段开始与终了时土层含水量的差值；R 为降水量；I 为灌溉水量；N 为毛管上升到该土层的水量；D 为渗漏到该土层以下的水量；T 为农作物蒸腾量；E 为土壤水分蒸发量；C 为地表径流量。各项单位一般用 mm 表示。

利用上式计算研究农田水分状况时，需要对方程各项进行测定或计算。但由于准确计算和测定各项的难度较大，因此应用时常常把上式简化为：

$$\Delta S = R + I - T - E \tag{4-24}$$

农田水分平衡与农业生产关系密切。目前，研究水资源在农业上的合理开发利用，常常需要对农田水分平衡进行估算。

4.6 水分与农业生产

水分是植物生长发育的基本生活因素。植物的生命离不开水，水是光合作用制造有机物的原料，只有在水的参与下，农作物才能进行光合作用，制造各种有机物。水是重要的溶剂和生命的介质，各种物质在植物体内输送都必须溶解在水中以后才能进行，植物体内各生物化学反应也都是在水溶液中进行的。水分还可以调节植物体温，高温时植物通过蒸腾作用降温，低温时由于水的热容较大可以使植物的体温不至于下降得过快。植物依靠水维持植物细胞及组织的紧张度，使植物维持在枝叶挺立的状态，便于植物充分接受阳光和交换气体，正常地进行光合作用等生理过程。如果缺水植物就会出现萎蔫，影响植物的正常生理活动和代谢，则可能造成减产、失收甚至引起植物死亡。总之，水分是农业稳产、高产、优质的重要条件之一。

4.6.1 降水量与作物

降水量是决定农作物产量的主要因素之一。农作物的水分供应、土壤和河流的水来源都是降水，它也是农田水分平衡的主要收入项。而且降水资料容易得到，实际生产中有时直接根据降水量的多少，来评定农作物水分供应条件的优良程度。特别是非灌溉农业区，降水量对农作物产量影响最大。

降水量相同而降水强度不同时，对农作物产生的影响不同。降水强度太大易形成湿灾、涝灾；或者形成地表径流，造成水土流失等。一般在农作物生长期内，小雨、中雨的有效性大些。

在干旱时，降水强度太小不能解除干旱，即没有下"透雨"。透雨指的是一次降水过程使土壤增墒后，农作物在一段较长时期内能够维持正常生长，这样一次降水过程称为透雨。具体的透雨指标要根据当地多年资料求出的经验公式计算。

降水时间对农作物生长发育也有很大影响。从整个生长期来看，在农作物吸水能力弱和需水量最大的时期降水效果最好。但是雨日过多时对农业生产也会带来很多不利的影响。由于雨水的覆盖使叶面的气孔关闭，CO_2 交换受到影响，削弱光合作用；谷物灌浆后期会因降水造成掉粒，而且此时期降水强度越大损失越大。除降水本身的直接影响以外，雨日过多还会使阳光不足，引起农作物徒长倒伏、多病，导致光合产物不足而秕粒、减产、品质下降（主要是含糖量下降）；还会引起落粒、落果，农作物穗上发芽或种子、果实发霉腐烂；还影响农田操作、农业运输等。

降水还有一定的滞后效应，就是雨季的降水含蓄在土壤中供旱季作物生长用的现象，称为降水后效应。北方有"麦收隔年墒"的说法，指的就是降水后效应，也就是只要底墒充足，即使春旱，小麦也能从土壤深层吸收水分获得丰产。

4.6.2 空气湿度与作物

空气湿度也是影响植物生长发育的重要因素。相对湿度直接影响农作物的蒸腾速率和吸水率。在土壤水分充足和植物具有一定的保水能力的情况下，空气相对湿度低，叶面蒸腾旺盛，根系吸收水分和养分就会增多，可加速生长，因此干旱地区或干旱年份在有充足灌溉的情况下容易出现高产纪录。但是空气相对湿度太低，可能引起大气干旱现象，会破坏农作物体内的水分平衡，阻碍农作物的正常生长，造成减产。而在空气相对湿度过大时，植物生长也会因蒸腾减弱而减慢，特别是灌浆期间还会延迟成熟、降低产量和品质。

有些植物的开花授粉与空气相对湿度关系密切，相对湿度太低，未成熟的花粉因花药变干而提前散落，导致结实率下降，例如板栗（相对湿度低于22%）。

空气湿度对病虫害影响也很大。多数真菌类病害在相对湿度较高时侵染发病快，而病毒类病害在相对湿度较低时易侵染发病。多数虫害也是在湿度较低时容易发生，例如蝗虫、蚜虫。

4.6.3 土壤湿度与作物

土壤水分是作物根系吸水的主要来源。土壤水分对作物的光合作用、生长发育和产量形成等都有重大影响。多数植物所需的适宜土壤湿度一般为田间持水量的60%～80%。土壤湿度过低时，根系吸水就会变得困难，如果根系吸收的水分补充不了蒸腾耗水时，则会破坏植物体内水分平衡，阻碍植物的正常生长发育，导致农作物和林果的产量、品质下降。土壤湿度过高时，土壤通气不良，土壤中的空气就会减少从而使氧气缺乏，植物根系处于缺氧状态，时间一长，植物将因窒息而死亡。

4.6.4 作物水分临界期和关键期

农作物从种子发芽到开花结实，各生长发育阶段对水分的要求是不同的，对水分的敏感程度也不一样。作物对水分最敏感，由于水分的缺乏或过多对作物产量影响最大的时期称为作物的水分临界期。临界期不一定是植物需求量最多的时期。各种作物的需水临界期不同，但基本都处于营养生长即将进入生殖生长时期。一般作物的水分临界期多与花芽分化旺盛时期相联系（表4-8）。另外，不同作物与品种，其临界期不相同，临界期越短的作物和品种，适应不良水分条件的能力越强，而临界期越长，适应能力越差。

表 4-8　几种作物的水分临界期

作物	临界期	作物	临界期
冬小麦	孕穗到抽穗	大豆、花生	开花
春小麦	孕穗到抽穗	马铃薯	开花到块茎形成
水稻	孕穗到开花（花粉母细胞形成）	油菜	抽薹到花期结束
玉米	大喇叭口期到乳熟期	番茄	结实到果实成熟
高粱	孕穗到灌浆	瓜类	开花到成熟
谷子	孕穗到灌浆	向日葵	花盘形成到开花
棉花	开花到成铃	甜菜	抽薹到开花始期

在作物水分临界期内，如果当地降水条件配合不好，这一时期便是当地水分条件影响产量的关键时期，即作物对水分相当敏感，而当地水分条件经常不适应的时期，称为作物对水分要求的农业气候临界期，简称作物水分关键期。临界期只考虑作物本身对水分的敏感程度，而关键期综合考虑了作物本身的蓄水特性和当地的农业气候条件两方面的因素。水分关键期与临界期可能一致，也可能不一致。

4.6.5 作物需水量

作物需水量指生长在大面积农田上的无病虫害作物群体，当土壤水分和肥力适宜时在给定环境中正常生长发育，并能达到高产潜力值的条件下，植物蒸腾、株间土壤蒸发、植株含水量和消耗于光合作用等生理过程所需水分之和。由于后两项相对很小，可忽略不计。通常以某段时间内或全生育期内消耗的水层厚度（mm）或单位土地面积需水量（$m^3 \cdot hm^{-2}$）为单位。作物需水量受气象因素、土壤因素和植物自身因素等多方面影响。农业气象学上通常采用作物系数法，先计算参考作物的可能蒸散量，再乘以作物系数后得出具体农作物的需水量（表4-9）。

表 4-9　几种作物在主产区的需水量　　　　单位：mm

作物	产区	需水量	作物	产区	需水量
冬小麦	黄淮海	400～525	春小麦	东北	400～550
	江淮陕西	325～400		内蒙古	450～600
	新疆北部	350～650		甘肃	450～600
	新疆南部	500～1000		青海	450～650
玉米	黄淮海	350～400	棉花	新疆南部	500～1000
	东北	400～550		黄淮海	500～600
	内蒙古	400～650			
	甘肃	400～700			

作物在全生育期内的需水量较大，而且随发育期而改变，一般是生长前期需水量少，生长旺期需水量多，生长后期需水量少。以禾本科粮食作物为例，从播种到拔节以营养生长为主，需水量约占全生育期的30%；拔节到抽穗期间营养生长与生殖生长同步进行，需水量较大，约占全生育期的50%～60%；开花以后植株开始老化，需水量减少，约占全生育期的10%～20%。

4.6.6 水分利用率及其提高途径

4.6.6.1 水分利用率

水分利用率指作物蒸腾消耗单位质量的水分所制造的干物质质量，也称蒸腾效率。公式为：

$$WUE = \frac{Y_d}{E_s} \tag{4-25}$$

式中，WUE 为水分利用率；E_s 为单位面积上的植物蒸腾耗水量，$kg \cdot m^{-2}$；Y_d 为单位面积上收获干物质质量，$kg \cdot m^{-2}$。

如果式(4-25)中蒸腾耗水量（E_s）用农田实际蒸散（ET_a）代替，即农田实际蒸散消耗单位质量的水所制造的干物质质量，称为水分有效利用率。其表达式为：

$$WUE_a = \frac{Y_d}{ET_a} \tag{4-26}$$

式中，WUE_a 为水分有效利用率；ET_a 为单位面积上的农田实际蒸散耗水量，kg·m^{-2}。显然，水分有效利用率（WUE_a）越大，表示消耗等量的水分获得的干物质就越多，用水就越经济；反之，则会造成水资源的浪费。

作物的生长在不同时期存在差异，对水分需求也不同，因此水分利用率也会随着作物的生长变化而改变。作物水分利用率随着作物生长发育的快慢而发生变化，其变化曲线呈现出两头低、中间高的变化趋势，与作物的"慢→快→慢"的生长规律基本一致。作物水分利用率还具有明显的日变化规律，其与光合速率、蒸腾速率的变化曲线不完全相同，但大体相似，基本为抛物线形。

4.6.6.2 提高水分利用率的途径

提高水分利用率的农业措施有灌溉、良好的种植方式、风障、覆盖、染色、作物与品种配置等。

（1）灌溉　灌溉的时期与方式对水分有效利用率的影响很大，在水分临界期灌溉比其他时期灌溉收效更高。灌溉次数应根据气候特点与天气类型而定，生长期多雨年份少灌，少雨年份适当增加灌溉次数，这样也可提高水分利用率。灌溉方式对水分的有效利用率影响也很大，如在干热风时进行微量喷灌，对调节空气湿度、减轻其危害有良好效果。

（2）良好的种植方式　在水分充足时，高粱、玉米适当密植与缩小行距对水分利用有利；而土壤缺水时，窄行距利用水分比较经济，宽行距可能因为农田中粗糙度大，有较大的湍流，使宽行用水多于窄行。干旱情况下，密植因农田总蒸发量大，不利于水分利用。

行向对水分利用也有影响。据研究，相同种植密度下，东西行向玉米的水分消耗明显比南北行向多，水分利用率低，但东西行向与南北行向总产量无明显差别。东西行向收入较多的净辐射，导致丧失更多的水分。

（3）风障　在一般情况下，风障不改变作物水分的有效利用率，而在有大风时，风障可以减少湍流交换，从而明显减少风障内水分消耗，可明显提高水分有效利用率。

（4）覆盖　小面积上使用覆盖物可减少蒸发。如地膜覆盖，它不仅提高地温，而且大大减少土壤蒸发，保存土壤水分，使土壤中的有效水分能较长时间供给作物，满足作物对水分的需要，从而大大提高了水分的有效利用率。另外有人用干土面、砾石和干草做覆盖进行比较，以干土面覆盖蒸发效果最显著，尤其是在有风的天气。所以中耕松土将表土层弄成细干土，对保持土壤下层水分有明显作用。

（5）作物种类的配置　不同作物之间的水分利用率存在差异，一般来说，C_4 植物（例如玉米、高粱）的水分利用率比较高，比 C_3 植物（例如大豆）高出 2.5～3 倍。可见，针对不同气候特点选用适宜的作物种类可以提高水分利用率。

思　考　题

1. 水面蒸发、土壤蒸发和农田蒸散的影响因素有哪些？如何影响它们？
2. 水汽凝结条件是什么？各种凝结物是怎样形成的？形成的有利条件是什么？
3. 降水是怎样形成的？
4. 什么是水分利用率？简述如何提高水分利用率。
5. 根据所学的知识分析降水能给农业带来哪些不利影响。

第 5 章　气压与空气运动

地球大气时刻处于运动状态，这种空气的运动是大气最重要的物理过程之一，由于空气的运动使不同地区、不同高度之间的热量、水分、动量得以交换，使不同性质的空气相互交汇，相互作用，从而产生了形形色色的天气现象，带来了复杂多变的天气变化。而大规模的空气运动，通常与一定的气压分布相联系，即气压场决定了空气的运动状况，空气运动又反过来影响气压的分布。所以气压分布和空气运动是相互适应、相互影响的。

5.1　气压

气压是表征大气状态的一个基本气象要素，气压随空间和时间的变化与大气运动及天气变化有密切的关系。气压的分布和变化是天气分析和预报的重要依据。

5.1.1　气压及其单位

大气受到地球引力作用，具有一定质量，因而对地面及处于其中的物体产生压力。大气作用于单位面积上的力称为大气压强，简称气压。一地的气压等于该地单位面积上大气柱的质量。气压的单位是百帕（hPa）和毫米汞柱高（mmHg）。二者的关系为：

$$1hPa = 0.75mmHg$$

此外，将纬度 45°的海平面上，气温为 0℃时所测得的气压称为一个标准大气压。其数值为 760mmHg。取汞柱密度为 $1.3595 \times 10^3 kg \cdot m^{-3}$、标准重力加速度为 $9.80665 m \cdot s^{-2}$，则一个标准大气压等于 1013.25hPa。

5.1.2　气压随高度的变化

由于大气层次的厚度和空气密度都随高度的增加而减小，所以在同一地点、同一时刻，随着高度的增加，气压急剧减小。表 5-1 列出了长期大气探测的结果。由表可见，在海拔高度 5.5km 处的气压约为海平面的一半，而海拔高度 16km 处的气压约为海平面的 1/10。对比表中不同高度气压值的变化可以看出，随高度增加，气压变化的数值底层大于高层。原因是受重力作用，底层空气的温度、密度均大于高层，因此底层大气中单位高度的气压差也大于高层大气。

表 5-1　气压随高度的变化

海拔高度/km	海平面	1.5	3.0	5.5	9.0	16.0
气压/hPa	1000	850	700	500	300	100

在大气中取一小块长方体气块，各边与坐标轴平行，如图 5-1 所示，其中 P 为气压，m 为气块质量，g 为重力加速度。当空气块处于静力平衡时，它在水平方向上各面所受的力相互抵消，垂直方向上所受的向上净压力（上、下压力差）必为重力所平衡，即：

$$F_1 - F_2 - mg = 0 \tag{5-1}$$
$$P\,\mathrm{d}x\,\mathrm{d}y - (P + \mathrm{d}P)\,\mathrm{d}x\,\mathrm{d}y - mg = 0 \tag{5-2}$$

设空气的密度为 ρ，则 $mg = \rho g\,\mathrm{d}x\,\mathrm{d}y\,\mathrm{d}z$，故有：

$$\frac{\mathrm{d}P}{\mathrm{d}z} = -\rho g \tag{5-3}$$

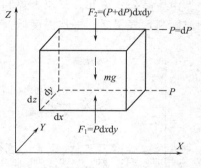

图 5-1 气块在垂直方向受力情况

此式称为大气静力学方程，其中负号表示气压随高度的增加而减小。表明在静止大气中，气压随高度变化的快慢取决于空气密度（ρ）和重力加速度（g）的变化。由于重力加速度（g）在对流层乃至平流层中随高度的变化一般很小，所以气压随高度变化的快慢主要取决于空气密度。实际大气中，除了在山地区域或有强烈对流的地区，垂直运动一般是很小的，可近似当作处于静力平衡状态，静力学方程的误差仅为 1%。

将状态方程 $\rho = P/(R_\mathrm{d}T)$ 代入式(5-3)，整理可得：

$$\frac{\mathrm{d}P}{P} = -\frac{g}{R_\mathrm{d}T}\mathrm{d}z \tag{5-4}$$

设气层下界高度为 z_1，气压为 P_1，气层上界高度为 z_2，气压为 P_2。将式(5-4)从气层下界积分至气层上界：

$$\int_{P_1}^{P_2} \frac{\mathrm{d}P}{P} = -\int_{z_1}^{z_2} \frac{g}{R_\mathrm{d}T}\mathrm{d}z \tag{5-5}$$

即

$$P_2 = P_1 \mathrm{e}^{-\int_{z_1}^{z_2}\frac{g}{R_\mathrm{d}T}\mathrm{d}z} \tag{5-6}$$

此式表明，随着高度的增加，气压按指数律递减。式(5-6)中温度 T 是高度 z 的复杂函数，难以直接积分，若用气层的平均温度 $\overline{T}$ 代替 T，温度就与高度无关，并假设 R_d、g 也不随高度而变化，则式(5-6)变为

$$P_2 = P_1 \mathrm{e}^{-\frac{g}{R_\mathrm{d}\overline{T}}(z_2 - z_1)} \tag{5-7}$$

或

$$z_2 - z_1 = \frac{R_\mathrm{d}\overline{T}}{g}\ln\frac{P_1}{P_2} \tag{5-8}$$

令 $\Delta z = z_2 - z_1$，将 $R_\mathrm{d} = 0.287 \times 10^3 \mathrm{J \cdot g^{-1} \cdot K^{-1}}$，$g = 9.806 \mathrm{m \cdot s^{-2}}$，$\overline{T} = 273(1 + \alpha\bar{t})\mathrm{K}$ 代入，并将自然对数换成常用对数，于是得到：

$$\Delta z = 18400(1 + \alpha\bar{t})\lg\frac{p_1}{p_2} \tag{5-9}$$

式(5-9)是常用的压高公式，式中 $\bar{t}$ 可以用 $1/(t_1 + t_2)$ 近似地代替，t_1 和 t_2 分别为气层下界和上界的温度。如果研究的气层高度范围很大，上、下层温度变化显著，可把整个气层分成若干个层次进行计算。计算结果的精确度仍很高。应用压高公式可解决实际问题，其中最重要的用途是气压测高法，即根据不同高度上两地的气压值和气柱的平均温度，求出这两点的高度差，再由一地的海拔高度求出另一地的海拔高度。

由压高公式可知，气层上界和下界的气压若保持不变，气层的厚度与平均温度有关。平均温度高，气层厚；平均温度低，气层薄。所以在冷空气中气压随高度递减得快，暖空气中气压随高度递减得慢。

气压除随高度变化外，还有明显的日变化。气压日变化的原因比较复杂，一般认为气压的日变化同气温的日变化和大气潮汐密切相关。地面气压的日变化有单峰、双峰和三峰等形式。其中最常见的是双峰形。单峰形的日变化同气温日变化关系密切，其变化规律与气温日变化相反，即高温时段气压低，低温时段气压高。双峰形变化的特点是一天中有一个最高值、一个次高值和一个最低值、一个次低值（图5-2）。一般是清晨气压上升，9:00～10:00出现最高值；以后气

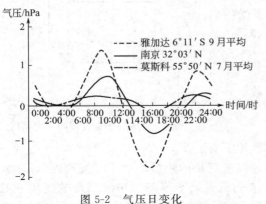

图 5-2　气压日变化

压下降，到 15:00～16:00 出现最低值；此后气压逐渐升高，到 20:00～21:00 出现次高值；以后再下降，到次日 3:00～4:00 出现次低值。最高、最低值出现时间和变化幅度（日较差）随纬度而有差异。一般情况下气压日较差随纬度增加而减小。

5.1.3　气压场的表示方法

随着高度的改变，气压值发生变化，在同一高度的水平面上，各处的气压值也不相同，气压的空间分布称为气压场。气压场呈现出各种不同的气压形势。气压场可以用等压面上的等高线分布图（等压面图）和等高面上的等压线分布图（等高面图）表示。

5.1.3.1　等高面图

海拔高度处处相等的面称为等高面。在某一等高面上，有些地方气压高，有些地方气压低，等高面上气压相等的各点连成的曲线称为等压线，绘制出等高面上的等压线分布图，就可以清楚地表示出等高面上的气压分布状况。目前中国气象局系统绘制的地面天气图，就是海拔高度为 0m 的等高面图。等压线以 1000hPa 为基准线，规定每隔 2.5hPa 画一条等压线。其数值为：…，995.0，997.5，1000.0，1002.5，1005.0…。

5.1.3.2　等压面图

为了认识和掌握气压在空间上的分布与变化规律，除了分析地面天气图外，还要分析高空天气图，高空天气图即是等压面图。等压面是空间气压相等的点所组成的曲面。例如700hPa 等压面就是空间气压值都等于 700hPa 的点组成的曲面。因为气压随高度递减，所以在 700hPa 等压面的上方，各处的气压都小于 700hPa；在它的下方，各处的气压都大于700hPa。空间气压的分布可以用气压值递减的一系列等压面的排列和分布来表示。

在实际大气中，由于下垫面的性质不同以及其他原因，温度在水平方向上的分布通常是不均匀的，这就使得等压面的分布通常不是水平的，而是一个高低不同的起伏的曲面。等压面下凹的部位对应着水平面上的低压区域，等压面越下凹，水平面上的气压就越低；等压面上凸的部位对应着水平面上的高压区域，等压面越上凸，水平面上的气压越高。根据这种关系，可以求出同一时刻等压面上各点的位势高度值，并用类似绘制地形等高线的方法，绘制出等高线图，这种图称为等压面图，显然用等压面图可以表示该等压面的基本形势（图 5-3）。

图中 P 为等压面，H_1、H_2、H_3、H_4、H_5 分别为高度间隔相等的若干等高面，它们

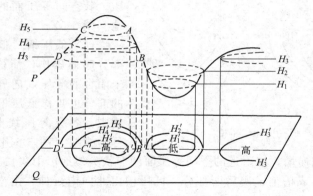

图 5-3　等压面和等高线的关系

分别与等压面 P 相截（截线以虚线表示），每条截线都在等压面 P 上，所以同一条截线上各点的气压值相等。将这些截线投影到水平面上，即成为 P 等压面的等高线分布图。由图可知，与等压面凸起部位对应的是由一组闭合等高线构成的高值区域，高度值由中心向外递减；同理，与等压面下凹部位相对应的是由一组闭合等高线构成的低值区域，高度值由中心向外递增。因此，等压面图中的高、低中心即代表气压的高、低中心，而等高线分布的疏、密与等压面坡面的缓、陡相对应。等压面图上等高线的高度不是以几何米为单位的高度，而是位势高度，既位势米。位势高度与几何高度的换算关系为：

$$H = \frac{g_\psi z}{9.8}$$ (5-10)

式中，H 为位势高度，位势米；z 为几何高度，m；g_ψ 为纬度为 ψ 处的重力加速度，$m \cdot s^{-2}$，当 g_ψ 取 $9.8 m \cdot s^{-2}$ 时，位势高度 H 和几何高度 z 在数值上相等。

气象台日常分析的等压面图有 850hPa、700hPa、500hPa、300hPa 等标准等压面。它们分别代表平均高度为 1500m、3000m、5500m 和 9000m 附近的水平气压场。实际应用中，等压面上一般间隔 4 位势什米（1 位势什米＝10 位势米）绘制一条等高线。如分析 850hPa 高空天气图时，对应的等高线分别为 144、148、152、156 等位势什米线。

5.1.3.3　气压系统

气压系统一般由等高面图上等压线的分布特征来确定。海平面图上等压线的各种组合形式称为气压系统。气压系统主要有以下几种类型：

（1）高气压　由闭合等压线构成，中心气压高、外围气压低的区域，称为高气压，简称高压（图 5-4）。其空间等压面的形状类似上凸的山丘。

（2）高压脊　从高压向外伸出的狭长部分叫高压脊，简称脊（图 5-4）。此外，一组未闭合的等压线向气压较低的一方凸出的部分也叫高压脊。高压脊中各条等压线曲率最大处的连

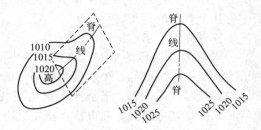

图 5-4　高气压和高压脊

线，叫作脊线（图 5-4 用虚线标出的地方）。其气压值沿脊线向两侧递减，脊附近的空间等压面的形状类似地形中狭长的山脊。根据脊的移动方向，脊线把高压脊分为脊前、脊后两部分。

（3）低气压　由闭合等压线构成的中心气压低、外围气压高的区域称为低气压，简称低

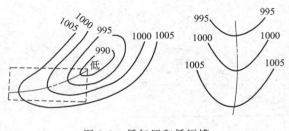

图 5-5　低气压和低压槽

压。其空间等压面的形状类似下凹的盆地（图 5-5）。

（4）低压槽　低压向外伸出的狭长部分叫低压槽，简称为槽。此外，一组未闭合的等压线向气压较高的一方凸出的部分也叫作低压槽（图 5-5）。在低压槽中，各条等压线曲率最大处的连线，称为槽线（图 5-5 用虚线标出的地方）。气压值沿槽线向两侧递增。槽附近的空间等压面的形状类似地形中狭长的山谷。根据槽的移动方向，槽线把槽分成槽前、槽后两部分。低压槽由北向南延伸，由南向北延伸的称为倒槽，呈东西走向的称为横槽。

（5）鞍形场　两个高压和两个低压交错的中间区域称为鞍形场。其附近等压面的形状类似马鞍。在一张范围较大的海平面等压线图上，常可同时出现上述各种不同类型的气压系统（图 5-6）。不同的气压系统中，天气状况是不同的。分析、预报这些气压系统的移动与演变，是预报天气的重要内容。

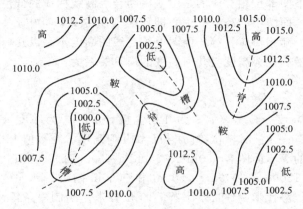

图 5-6　气压场的几种基本类型

5.1.3.4　气压系统随高度变化与温度的关系

由压高公式可知，等压面之间，厚度与两等压面之间的平均温度成正比，因此，对于某一水平气压系统，当它的温度在水平方向分布不均时，可引起气压系统随高度改变。下面我们讨论几个典型的例子。

（1）对称温压场

① 冷高压　高压的中心是冷区，冷中心与高压中心基本重合的气压系统称为冷高压。由于冷高压中心温度低，中心气压随高度的升高而降低的速度较四周快。因此，冷高压随高度增加而减弱（图 5-7）。若温压场结构不变，到一定高度后，冷高压可转化为冷低压。冬半年北方冷空气爆发时，北方冷高压常具有这种结构。

② 暖低压　低压的中心是暖区，暖中心与低压中心基本重合的气压系统称为暖低压。由于暖低压中心温度高，中心气压随高度的升高而降低的速度较四周慢。因此，暖低压随高度增加而减弱（图 5-7）。若温压场结构不变，到一定高度后，暖低压会转化成暖高压。如台风是一种强大的暖低压，但到 300hPa 等压面之上，就转变为高压。

③ 冷低压　低压中心为冷区，等温线与等压线基本平行，冷中心与低压中心基本重合的气压系统称为冷低压。由于冷低压中心的气压随高度升高而降低的速度比四周气压降低得

更快，因而冷低压的强度随高度升高而加强（图 5-8）。在我国活动频繁的东北冷涡是典型的冷低压。

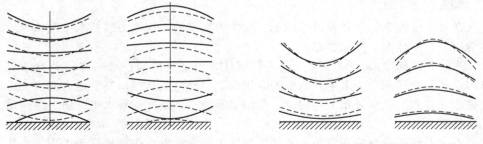

图 5-7　浅薄而对称的气压系统
（实线为等压面，虚线为等温面）

图 5-8　深厚而对称的气压系统
（实线为等压面，虚线为等温面）

④ 暖高压　高压中心为暖区，等温线与等压线基本平行，暖中心与高压中心基本重合的气压系统称为暖高压。由于暖高压中心的气压随高度升高而降低的速度比四周气压降低得慢，因而暖高压的强度随高度升高而加强（图 5-8）。例如对我国天气有重大影响的西太平洋副热带高压是典型的暖高压。

由上述分析可知，暖高压和冷低压系统不仅存在于对流层低层，还可伸展到对流层高层，而且其强度随高度的增加而加强，因此这类系统称为深厚的气压系统。而暖低压和冷高压主要存在于对流层低层，其强度随高度增加而减弱，这类系统称为浅薄的气压系统。

（2）温压场不对称的气压系统　温压场不对称的气压系统是指地面图上，冷、暖中心和高、低气压中心不重合的温压系统。由于温压场的不对称，导致气压系统的垂直结构出现不对称的结构。高压中，由于暖区一侧气压随高度的升高而降低的速度比冷区一侧慢，所以高压中心越到高空越向暖区倾斜，即高压轴线随高度的升高向暖区倾斜。同理，低压轴线随高度的升高向冷区倾斜（图 5-9）。在中纬度地面图上，多数天气系统是温压场不对称的气压系统，其中锋面气旋是一个典型的不对称低压。

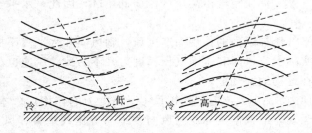

图 5-9　温压场不对称的气压系统（实线为等压线、虚线为等温线）

5.2　风的形成

5.2.1　风的概念

空气的运动可分为水平运动、垂直运动、环流运动、湍流运动等类型。通常把空气相对于地面的水平运动称为风。风是矢量，包括风向和风速。风向是指风的来向，常用 16 个方位表示，如东风是指空气自东向西运动。风速是指单位时间内空气水平移动的距离，通常用米·秒$^{-1}$（m·s^{-1}）表示。

风能引起空气质量的输送，同时也造成热量、动量以及水汽、二氧化碳等的输送和交换，是天气变化和气候形成的重要因素。

5.2.2 作用于空气的力

空气在水平方向上的运动是由作用于空气的力决定的。这些力包括水平气压梯度力、水平地转偏向力、惯性离心力和摩擦力。

（1）水平气压梯度力（G）　空气是一种流体，当空气内部在水平方向上各处的气压不相等时，空气就要受到一个水平方向上的净压力，驱使空气从气压高的地方流向气压低的地方。这种水平方向上气压分布不均匀时，单位质量的空气块所受到水平方向上的净压力称为水平气压梯度力。

水平方向上气压分布特征常用水平气压梯度表示。气象学中把垂直于等压线、从高压指向低压、单位水平距离上气压的改变量称为水平气压梯度，用 $-\dfrac{\Delta P}{\Delta N}$ 表示，其中 ΔN 为垂直于等压线方向上水平距离的改变量，ΔP 为相应的气压改变量，负号表示水平气压梯度的方向从高压指向低压。可以证明，水平气压梯度的物理意义是单位体积空气在气压场中所受到的水平方向上的净压力。

假定一个水平放置的长方体气块，相对两侧面与等压线平行，相距为 ΔN，面积各为 ΔA，一侧气压为 P，另一侧为 $P+\Delta P$。由于两侧气压不等，气块在水平方向上受到的力为 $P\times\Delta A-(P+\Delta P)\times\Delta A=\Delta P\times\Delta A$。长方体气块体积为 $\Delta N\times\Delta A$，因此，单位体积空气受的力为 $-\dfrac{\Delta P}{\Delta N}$，即水平气压梯度。用 ρ 表示空气密度，G 表示单位质量空气在水平方向上所受到的净压力，则：

$$G=-\frac{1}{\rho}\frac{\Delta P}{\Delta N} \tag{5-11}$$

式中，G 为水平气压梯度力，其方向与水平气压梯度一致，大小与水平气压梯度成正比，与空气密度成反比。显然，只要在水平方向上存在气压分布的不均匀现象，就会有水平气压梯度力作用在空气上，促使空气由高压区流向低压区，因此，水平气压梯度力是空气产生水平运动的原动力。

如果空气只受水平气压梯度力的作用而产生风，则风向和水平气压梯度力方向一致，风速也应越来越大。但实际上。风向和水平气压梯度力并不一致，风速也没有无限加大，说明必然还有其他力作用在运动的空气上。

（2）水平地转偏向力（A）　空气块受水平气压梯度力的作用后，本应沿着水平气压梯度力的作用方向加速运动，但根据实际观测风向并不与等压线垂直，风速也不是无限增大。这是因地球自转，使地面上的观察者觉得气块的运动偏离了水平气压梯度力的方向。这种因地球自转使气块运动方向发生偏离的现象，设想它是受力作用的结果，这个假想的力称为水平地转偏向力。

为了说明地球自转产生地转偏向力的原因，我们先来研究一个旋转圆盘上的运动。

设有一个圆盘绕通过中心 O 的垂直轴做逆时针旋转，角速度为 ω（图 5-10）。有一小球从中心 O 沿 OAB 方向做直线运动。对圆盘外的观察者来说，小球是以速度 v 做匀速直线运动。但对站在圆盘上 A 点的观察者来说，经过时间 t 小球到达圆盘边缘时，A 移到了 A_1 处，小球并没有沿直线向观察者运动，而是沿曲线偏到了小球运动方向的右侧。因此，对站在圆盘上 A 点的观察者，假想是小球在运动过程中时刻受到一个垂直于运动方向并且指向右侧的力的作用，它改变了小球运动的方向。这个力就是由于圆盘转动而产生的偏向力。偏

农业气象学

向力不是真实的力，只是为了要在一个非惯性系里以牛顿定律来解释所观测到的现象而引进的一个假想力。

经过时间 t，小球的位移 $OA = vt$，圆盘转过的角度为 ωt，小球向右偏离的距离：

$$s = vt \times \omega t = v\omega t^2 \tag{5-12}$$

设 a 是偏向力产生的加速度，则

$$\frac{1}{2}at^2 = v\omega t^2 \tag{5-13}$$

$$a = 2v\omega \tag{5-14}$$

$2v\omega$ 在数值上等于作用在单位质量物体上的偏向力。

地球绕着地轴以角速度 $\omega (= 7.3 \times 10^{-5}\,\mathrm{rad \cdot s^{-1}})$ 自转。生活在地球上的人和上述圆盘上的人很相似，会很自然地以转动的地表作为判断物体运动的标准，因而有了向物体原来运动方向右方偏转的力的产生。由于受到偏向力的作用，空气的运动也发生水平方向上的向右偏转。我们把由于地球自转而产生的偏向力称为地转偏向力。

在北极，地平面绕其垂直轴（地轴）运动的角速度恰好等于地球的自转角速度 ω。因此在北极，地转偏向力的大小与圆盘类似，为 $2v\omega$。

在赤道上，地平面的法线方向与地轴垂直，地平面不因地球的自转而绕其垂直轴转动，故不存在水平方向上的地转偏向力的作用。

在北半球的其他纬度（用 φ 表示），地平面的法线与地轴夹角小于 $90°$，因此地平面有绕其垂直轴的转动，其旋转角速度用 ω_1 表示（图 5-10），显然我们很容易利用地球的自转角速度 ω 分解出地球任意纬度 φ 处的地表垂直轴的转动角速度 ω_1 的大小：

$$\omega_1 = \omega\sin\varphi \tag{5-15}$$

我们把在纬度 φ 处，单位质量物体由于地平面绕垂直轴旋转而产生的水平方向的偏向力称为水平地转偏向力，记作 A：

$$A = 2v\omega\sin\varphi \tag{5-16}$$

地平面绕水平轴旋转而产生的垂直地面方向的偏向力，因对空气的水平运动没有影响，不再加以讨论。

水平地转偏向力有以下特点：只有在物体相对于地面运动时（$v \neq 0$）才存在水平地

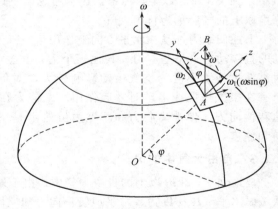

图 5-10　纬度 φ 处地平面绕其垂直轴的转动角速度

转偏向力；当物体处于静止状态时，不受水平地转偏向力的作用；水平地转偏向力随纬度增高而增大，在赤道上（$\varphi = 0$）水平地转偏向力为零；水平地转偏向力与物体运动速度方向垂直，在北半球指向物体运动方向的右侧，在南半球则指向运动方向的左侧；它只改变运动速度的方向，而不改变运动速度的大小。

水平地转偏向力不是一个真实的力，它是在旋转的地球上研究物体运动时提出的一个假想力。

（3）惯性离心力（C）　惯性离心力是在转动系统内的观察者所觉察到的力。例如，当乘坐汽车拐弯时，因为人要保持其惯性方向的运动，于是相对汽车来讲，车中乘客就会向外倾斜，就乘客而言，他觉得受到了一个力的作用。这个力使乘客离开转弯中心向外倾斜，把它叫作惯性离心力。因此，惯性离心力是物体做曲线运动的时候所产生的，是由运动轨迹的曲率中心沿曲率半径向外作用在物体上的力。其方向同物体运动方向垂直，自曲率中心指向外缘。对单位质量的物体而言，惯性离心力 C 为

$$C = \frac{v^2}{r} \tag{5-17}$$

式中，v 为空气运动的线速度；r 为曲率半径。

空气做曲线运动时，都受到惯性离心力的作用。由于空气运动路径的曲率半径一般都很大，从几十千米到几千千米，因而这个力一般是比较小的。但在空气运动速度很大而曲率半径较小时，也可以达到较大的数值。

惯性离心力和地转偏向力一样，都不是一个实际存在的力，它只是在转动系统内观察到的假想力。它只改变运动的方向，不改变运动的速度。

（4）摩擦力（R） 空气运动时还受到摩擦力的作用。两层速度不同的空气之间的摩擦力称为内摩擦力，内摩擦力取决于两气层间风速的矢量差。空气运动时与地面之间的摩擦力称为外摩擦力，外摩擦力的方向与空气运动方向相反，大小与空气运动速度成正比。空气运动时受的摩擦力是内摩擦力与外摩擦力的矢量和，摩擦力的方向大致与空气运动方向相反，大小与空气运动的速度和摩擦系数成正比。表示为：

$$R = -kv \tag{5-18}$$

式中，R 为摩擦力；k 为摩擦系数；v 为风速。

摩擦力的作用在大气各个不同高度上是不同的，以近地面层最为显著，高度愈高，作用愈小，到 $1\sim2km$ 以上，摩擦力影响可忽略不计，所以把此高度以下的气层称为摩擦层，此高度以上的气层称为自由大气。

上述四个力都是在水平方向上作用于空气上的力，其中水平气压梯度力是使空气产生运动的直接动力，是基本力。其他三个力是在空气开始运动后产生或起作用的。地转偏向力对高纬度或大尺度的空气运动影响较大，对低纬度地区空气运动影响甚小。惯性离心力只有在空气做曲线运动时才起作用。摩擦力在摩擦层中起作用，在自由大气中不予考虑。地转偏向力、惯性离心力和摩擦力虽然不是空气运动的动力，但却能影响空气的运动方向和速度。

5.2.3 自由大气中的风

离地面 $1\sim2km$ 以上的自由大气中，由于地面摩擦力对空气运动的影响可忽略不计，只须考虑水平气压梯度力、水平地转偏向力和惯性离心力对空气运动的影响。

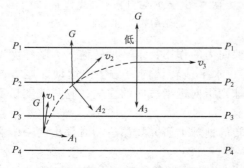

图 5-11 地转风形成示意图

（1）地转风 在自由大气平直等压线的气压场中，水平气压梯度力和水平地转偏向力相平衡时所形成的风称为地转风（图 5-11）。暂时静止的空气质点因受水平气压梯度力（G）作用，自高压流向低压。当它一开始运动时，水平地转偏向力（A）便立即产生，并迫使它向运动方向右方（北半球）偏离；此后，在水平气压梯度力的不断作用下，风速随之不断加大，水平地转偏向力也不断增大，并使风向右偏离的程度也越来越大；最后，当水平地转偏向力增大到与水平气压梯度力大小相等、方向相反的平衡状态，空气就沿与等压线平行的方向做匀速直线运动，这样就形成了地转风。

由图 5-11 还可以得出地转风的风向与气压场的关系：地转风风向与等压线平行，在北半球，背风而立，高压在右，低压在左；南半球则相反。这个关系就是白贝罗风压定律。

（2）梯度风　在自由大气中，当空气做曲线运动时，作用于空气上的力除了水平气压梯度力和水平地转偏向力之外，还有惯性离心力，这三个力达到平衡时形成的风，叫作梯度风。

为简便起见，高、低气压均以一组同心圆表示，如图 5-12 所示。在低气压中，水平气压梯度力（G）的方向指向低压中心，惯性离心力（C）的方向则自低压中心指向外缘。水平地转偏向力（A）指向运动方向的右侧，在低气压中也自中心指向外缘，当三个力达到平衡时，风沿等压线按逆时针方向吹。所以低气压又称气旋。

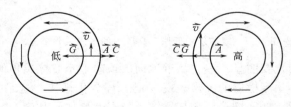

图 5-12　低压、高压中的梯度风

在高气压中，水平气压梯度力（G）的方向自高压中心指向外缘，和惯性离心力（C）的方向相同。地转偏向力（A）自外缘指向高压中心，大小等于其他两个力之和。三个力达到平衡时，风沿等压线按顺时针方向吹。所以高气压又称反气旋。

梯度风同样遵从风压定律，即风沿等压线吹，在北半球，背风而立，高压在右，低压在左。

5.2.4　摩擦层中的风

在高层大气中，不考虑摩擦力的影响，风是沿着等压线吹的。但在摩擦层中，由于摩擦力的作用，使风不再沿等压线方向吹，而是斜穿等压线，从高压指向低压。

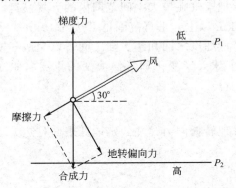

图 5-13　摩擦层中平直等压线气压场中的风

在摩擦层平直等压线的气压场中，空气的运动受到三个力的作用，即水平气压梯度力、水平地转偏向力和摩擦力。由于摩擦力对空气运动的阻碍作用，使风速降低，随之水平地转偏向力也相应减小，但水平气压梯度力并不因此而改变，所以水平气压梯度力大于水平地转偏向力。在水平地转偏向力和摩擦力的合力与水平气压梯度力达到平衡时形成的风，就是摩擦层中的平直等压线气压场中的实际风，如图 5-13 所示。

风斜穿等压线，由高压指向低压，而且摩擦力越大，风速越小，风向与等压线之间的交角越大。风向的偏角是海洋小于陆地，平原小于山地，大气上层小于下层。据长期观测统计，中纬度地区陆上摩擦力大，风速约为该气压场所应有地转风速的 35%～45%，海上则可达 60%～70%。因此，在相同的气压梯度之下，海上风大，陆上风小。风向与等压线之间的交角，陆上约为 35°～45°，海上约为 15°～20°。

对于受到摩擦力影响的地面风而言，风压关系是：风向气压较低的一侧斜穿等压线，在北半球，背风而立，高压在右后方，低压在左前方。

在摩擦层曲线等压线的气压场中，可以得到与上述类似的结论，只是由于增添了惯性离心力而变得比较复杂些。在低压中，风斜穿等压线，沿逆时针方向向中心辐合。在高压中，风斜穿等压线，沿顺时针方向向外辐散（图 5-14）。

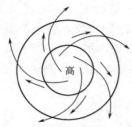

图 5-14　摩擦层中低压和高压中的气流（北半球）

在摩擦层中，一般来说，随着高度增加，摩擦力逐渐减小，所以风速随高度增加而变大。但近地面层中，风速随高度的变化还与气层是否稳定有关，当气层不稳定时有利于上、下层空气的动量交换，容易使上、下层的风速差别变小，则风速随高度的变化不太明显；若气层稳定就不利于上、下层的动量交换，故风速随高度的变化要明显一些。从近地面层顶向上至摩擦层顶的气层，风速随高度增加而明显变大。

摩擦层的风常表现一定的日变化规律，这是它区别于自由大气中风的一个特点。日出后，地面增热，大气层结不稳定性增加，乱流交换随之加强，上、下层空气得以交换混合，导致下层风速增大，上层风速减小，午后最为明显。夜间，大气层结稳定性增加，乱流交换作用减弱，上层风速又逐渐变大，下层风速则逐渐变小。下层与上层之间过渡高度约为50～100m，该高度随季节有明显的变化，夏季可达300m，冬季20m左右。

在气压形势稳定时，风的日变化较为明显。当较强的天气系统过境时，风的日变化将被扰乱和掩盖。一般情况下，风的日变化现象晴天比阴天明显，夏季比冬季明显，陆地上比海洋上明显。

5.3　大气环流

地球大气处于不断运动中，大气运动状况非常复杂，不仅运动形态繁多，而且每一种运动形式的规模、活动和发展演变规律各不相同。通常把空气在较大空间范围内的大规模运动形式称为大气环流。大气环流运动的水平尺度在 10^3 km 以上，垂直范围也可达到 10km。大气环流使热量和水汽在不同的地区之间，特别是高、低纬度之间和海、陆之间得以交换和输送，因此，大气环流是气候形成的基本条件，也是全球天气变化和气候演变的重要背景条件。大气环流运动主要包括三圈环流和季风环流等。

5.3.1　太阳辐射和单圈环流

在不考虑地球自转对空气运动的影响，即不考虑地转偏向力，并假定地球表面是热力均匀的条件下，我们来分析地球大气的运动状况。

大气运动的能量来源是太阳辐射。地球表面获得的太阳辐射能随纬度的增高而减少，使净辐射能也随纬度增高而减少。因此赤道地区温度高，两极地区温度低。赤道附近的空气膨胀上升，极地附近的空气收缩下沉，使赤道高空的气压高于极地同高度的气压，高空的等压面从赤道向极地倾斜，在高空水平气压梯度从赤道指向极地，空气在高空从赤道流向极地，即

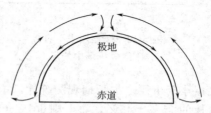

图 5-15　单圈环流示意图

南风。因为赤道高空有空气的流出，极地高空有空气的流入，所以赤道附近地面气压降低，极地附近地面气压升高，低空的等压面从极地向赤道倾斜，在低空水平气压梯度从极地指向赤道，空气在低空从极地流向赤道，为北风。这支气流在赤道附近受热上升，补偿了赤道高空空气的流出。上述过程如图 5-15 所示。这种沿经圈垂直面上的环流圈，一般称为单圈环流，它将低纬净余热量输向高纬，以补偿高纬的热量净支出。由此可见，大气产生大规模经

圈运动的根本原因在于太阳辐射能在地球表面南北分布的不均匀性，引起大气运动的直接动力是低纬和高纬间大气受热的差异。

实际观测表明，赤道附近确实存在地面低压带，并有空气的辐合上升，极地附近确实存在地面高压带，并有空气的下沉辐散，但单圈环流的模式与大气运动的真实情况完全不符。这主要是由于地球不停地自转，只要空气一运动，水平地转偏向力即会随之发生作用，环流就会变得复杂起来。

5.3.2　地球自转和三圈环流

受太阳辐射和地球自转影响所形成的环流，称为三圈环流，三圈环流是大气环流的理想模式（图 5-16）。

5.3.2.1　三圈环流

三圈环流是在假设地球表面是热力均匀的和地球自转的情况下地球表面形成的环流形式，其分析方法与单圈环流类似。地球赤道附近受热上升的空气在高空分别向北和向南流去。在水平地转偏向力的作用下，向北流动的气流向右偏转成为西南风，向南流动的气流向左偏转成为西北风。随着地理纬度的增高以及风速的增大，水平地转偏向力也

图 5-16　北半球的三圈环流

逐渐变大，到纬度 30°附近，这两支高空气流已经偏转成自西向东的纬向气流。这就是说，从赤道高空流出的空气在纬度 30°附近堆积起来，使该纬度附近地面气压升高形成高压带，称为副热带高压带。赤道上空有空气流出，所以赤道地区低空形成赤道低压带。空气在副热带高压带中下沉，低空的空气向两侧气压较低的方向即向赤道和极地分别流去。流向赤道的气流在水平地转偏向力的作用下逐渐偏转，形成北半球热带地区低空的东北风和南半球热带地区低空的东南风，称为东北信风和东南信风。两股信风在赤道附近辐合上升，补偿了赤道高空空气的流出，于是形成了低纬地区的热带环流圈。

前面已经指出，极地空气冷却下沉，在地面形成极地高压带。在极地高压带与副热带高压带之间有一个低压带，在纬度 60°附近，称为副极地低压带。从副热带低空流向极地的气流在逐渐增大的水平地转偏向力的作用下很快偏转为偏西风，北半球为西南风，南半球为西北风，于是在中纬度出现了广阔的西风带。另一方面，从极地高压带流出的低空气流在水平地转偏向力的作用下偏转为偏东风，北半球为东北风，南半球为东南风。从副热带流向高纬的低空偏西暖湿气流与来自极地的低空偏东干冷气流在副极地低压带相遇，形成极锋。暖湿空气沿极锋爬升，向极地方向上滑，一部分流至极地上空冷却下沉，补充了极地低空空气的流出，形成极地环流圈；另一部分在平流层中向副热带返回，在地转偏向力的作用下形成平流层的偏东风，北半球为东北风，南半球为东南风，补偿了副热带低空空气的流出，形成巨大的中纬度环流圈。

5.3.2.2　地球上的风带和气压带

从上面的讨论可以知道，地球表面存在若干个与纬度圈大致平行的风带和气压带，通常称为行星风带和气压带。

从赤道至极地，气压带依次为：赤道低压带（或赤道辐合带）、副热带高压带、副极地低压带和极地高压带。风带的分布为：赤道附近风速极小，为赤道无风带；赤道辐合带与副热带高压带之间为信风带，北半球为东北信风，南半球为东南信风，信风带又称为热带东风

带；在副热带高压带与副极地低压带之间广阔的中纬度地区为西风带，北半球吹西南风，南半球吹西北风。副极地低压带与极地高压带之间为极地东风带，北半球吹东北风，南半球吹东南风。

北半球的东北信风和南半球的东南信风在赤道辐合带辐合上升，因此赤道附近降水极为丰沛。在副热带高压带，空气辐散下沉，绝热增温，云量和降水稀少，所以干燥气候多出现在副热带。副极地低压带是寒冷的极地东风与暖湿的西风气流交绥的地带，锋面活动频繁，所以又称为极锋带，是地球上另一个降水较多的纬度带。大量观测记录表明，地球表面的降水基本上是如此分布的。

上述讨论中有一个假定：赤道是温度最高的地带。实际上，温度最高的纬度即温度赤道是随季节而移动的，所以行星风带和气压带位置也随季节移动。春季和秋季，温度赤道就在地理赤道附近，各风带和气压带的位置与前面讨论的情形符合；北半球夏季温度赤道北移，7 月份移至最北位置，在 20°N 附近，行星风带和气压带相应北移，热带东风可影响到 30°N，副热带高压带北移于 40°N 左右，这时南半球的东北信风越过赤道转向为西南风；北半球冬季温度赤道南移，1 月份至最南位置，在 10°S 附近，行星风带和气压带也相应南移。行星风带和气压带的季节性移动，使一些地区在不同的季节处于不同的带内，天气、气候随之产生明显的变化。

5.3.3　海陆热力差异和大气活动中心

实际上，地球表面的热力性质是不均匀的，首先存在着海洋和大陆。由于海、陆的热力差异，使得实际大气环流比理想模式复杂得多，上述的气压带被分裂。例如，副热带高压带本是一个连续的气压带，但在夏季，陆地强烈增温，使欧亚大陆成为一个巨大的热源，在其上方形成一个庞大的低压，称为印度低压，其中心气压约 1000hPa，同理在北美大陆形成北美低压，中心气压仅 1011hPa，使副热带高压带在陆上中断。而海洋较大陆增热慢，气温较大陆低，有利于高压的加强，因此副热带高压在海洋上加强，形成两个强大的高压中心，即太平洋上的夏威夷高压和大西洋上的亚速尔高压，中心气压都在 1024hPa 以上。而到了冬季，陆地冷却快，在北半球的欧亚大陆形成蒙古高压，中心气压达 1036hPa；北美大陆形成北美高压，中心气压为 1021hPa，使副极地低压带在大陆上中断，仅在海洋上保持两个闭合的低压，低压中心分别在太平洋的阿留申群岛和大西洋的冰岛附近，称为阿留申低压和冰岛低压，中心气压分别为 1000hPa 和 997hPa。这种由于海陆热力差异割断了气压带而形成的高、低气压中心，称为大气活动中心。其中常年存在，只是其强弱和势力范围有变化的，称为半永久性活动中心；而只在一定季节才出现的，称为季节性活动中心。全球大气的活动中心如表 5-2 所示。

表 5-2　全球大气活动中心

气压带		半永久性活动中心	季节性活动中心	
			7 月	1 月
北半球	副极地低压带	冰岛低压 阿留申低压		北美高压 蒙古高压
	副热地高压带	夏威夷高压 亚速尔高压	印度低压 北美低压	
	赤道低压带		平均位置 12°N～15°N	平均位置 5°S
南半球	副热带高压带	南太平洋高压 南印度洋高压 南大西洋高压	澳洲高压 南非高压	澳洲低压 南美低压 南非低压

大气活动中心对各地的天气、气候有重大的影响。例如，东亚地区冬季为蒙古高压控制，盛行寒冷干燥的偏北风，夏季在印度低压东部，又受夏威夷高压西侧影响，盛行暖湿的偏南风，因此东亚地区冬季寒冷干燥，夏季炎热多雨。对我国天气、气候有重要影响的大气活动中心，冬季为大陆上的蒙古高压和海洋上的阿留申低压，夏季为大陆上的印度低压和海洋上的夏威夷高压。夏威夷高压即北太平洋高压，其西侧的高压脊对我国产生直接影响，称为西太平洋副热带高压脊，在我国简称为副高。

5.3.4 季风和地方性风

前面讨论了全球的大气环流，本节将讨论区域性的环流，其中季风是一种大范围的区域性环流，地方性风则是小范围的局地环流。

5.3.4.1 季风

大范围地区的盛行风向随季节转换有显著改变的大气环流称为季风。所谓有显著改变，通常规定 1 月和 7 月盛行风向改变大于 120°，1 月和 7 月盛行风向的频率超过 40%，在 1 月或 7 月中至少有 1 个月盛行风向的平均合成风速超过 $3m \cdot s^{-1}$。季风现象在很多地区存在，如亚洲南部和东部、北美东南部、澳洲北部和东南部、东非的索马里和西非的几内亚等地，其中以南亚季风和东亚季风势力最强，范围最广。

（1）东亚季风　东亚季风的基本特点是：在对流层下部，冬季盛行偏北风，寒冷干燥，降水稀少；夏季盛行偏南风，炎热湿润，降水丰沛。

东亚季风形成的主要原因是海陆热力差异。由于陆地热容小，且不流动，因此陆地冷却和增热都比海洋迅速。冬季，大陆上气温较低，尤其高纬度大陆主要被积雪覆盖，成为干冷空气的发源地。位于亚洲东北部的西伯利亚北部是北半球最强的冷中心，1 月份平均气温比北极还低，因此在亚洲北部形成强大的冷高压，使亚洲大陆和东南部海洋之间产生很大的温度和气压梯度，驱使地面空气由亚洲大陆冷高压吹向海洋，形成干冷的偏北风。而对流层的高层必然出现由海洋吹向陆地的补偿气流，这就形成了冬季风环流。与此相反，夏季亚洲大陆气温比海洋高，成为热低压控制的地区，其南侧为海洋上的高气压，地面空气由海洋吹向大陆，形成湿热的偏南风。对流层高层气流方向相反，由大陆吹向海洋，构成了夏季风环流。

亚洲东部位于世界上最大的海洋（太平洋）和世界上最大的大陆（欧亚大陆）之间，气压梯度和温度差异的季节变化比世界上其他任何地区都显著，所以东亚的季风是海陆热力差异引起的季风中最强的地区。亚洲东部的季风范围主要包括我国东部、朝鲜和日本等地。在冬季风盛行时，这些地区为寒冷、晴朗、干燥的气候特征；在夏季风盛行时，这些地区为高温、湿润、多雨的气候特征。由于这一地区冬季大陆高压的气压梯度强大，而夏季热低压的气压梯度较弱，因而冬季风比夏季风强，这是东亚季风的重要特点。

（2）南亚季风　亚洲南部是全球季风最发达的地区，该地区最大的陆地是印度次大陆，所以南亚季风也叫作印度季风。南亚季风形成的主要原因是行星风带的季节性移动。

冬季，赤道辐合带南移，南亚地区处于北半球东北信风带内，且亚洲大陆冷高压强大而稳定，这时蒙古高压南部的东北气流加强了东北信风成为南亚的冬季风。因为南亚的纬度低，北侧有青藏高原的屏障，厚度为 2000m 左右的冷空气难以到达，因此冬季（11 月～次年 3 月）十分温和，降水稀少，称为干季。

夏季，赤道辐合带明显北移，欧亚大陆上印度低压形成。南半球的东南信风越过赤道转向为西南气流，在 6～10 月西南气流十分强大，原因有两个：此时南半球为冬季，澳洲高压北侧的东南气流加强了东南信风；印度低压南部的西南风加强了过赤道的西南气流。因此南亚地区夏季盛行西南季风，西南季风带来极其充沛的水汽，造成南亚地区 6～10 月大量降水，称为雨季。在雨季来临之前，即 4～5 月，南亚地区降水很少，气温非常高，酷热难挡，称为热季。

南亚季风的一个重要特点是夏季风比冬季风强。冬季，亚洲南部远离高压中心，并有青藏高原阻挡，本身陆地面积又小，海陆之间气压梯度较弱，故冬季风较小；相反，夏季亚洲南部增热强烈，是一个高温低压区，而南印度洋高压与亚洲大低压间气压梯度较大，形成强大的夏季风。

5.3.4.2 地方性风

与地理位置、地形或地表性质有关的局部地区形成的小范围的环流，称地方性环流或地方性风。地方性风强度一般不大，在晴朗天气下表现显著。最常见的是海陆风、山谷风、焚风和峡谷风等。

（1）海陆风　在海岸地区，常常可以观测到风有如下的日变化：白天风从海面吹向陆地，夜间风从陆地吹向海面。我们把在沿海地区形成的昼夜间风向发生反向转变的风称为海陆风。

白天陆地增热快，成为暖区，海面增热慢，成为冷区。使上层等压面从陆地向海面倾斜，下层等压面从海面向陆地倾斜，因此近地层风从海面吹向陆地，上层则相反，形成白天海风。夜间陆地冷却快，成为冷区，海面冷却慢，成为暖区，形成与白天相反的热力环流，在近地层风从陆地吹向海面，成为陆风。海陆风的形成原理如图 5-17 所示。

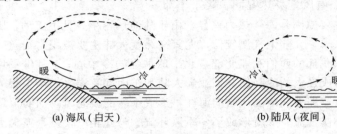

(a) 海风（白天）　　　　　　　　(b) 陆风（夜间）

图 5-17　海陆风的形成

在热带地区，特别是冷洋流经过的海岸地带，海陆风最强，全年都可以出现。温带地区的海陆风较弱，主要出现在夏季。海陆风深入的距离因地而异，通常情况下陆地与海面的温度差异，白天大、夜间小，所以海风通常强于陆风。海风的厚度约 1km，上层反方向的风发展到 2km 高度。海风可以深入海岸线内 50～100km。陆风的厚度约为数百米，上层反方向的风可发展到 1km 高度，水平方向能侵入海面 10～20km。

一般在上午 9～10 时起出现海风，午后 14～15 时海风最强，以后逐渐减弱直至平静无风。大约 22 时起出现陆风，凌晨 2～3 时陆风最强。

海风带来丰富的水汽，使沿海地区云量和降水增多，同时还可以调节沿岸地区的气温，使夏季不至于十分炎热。在陆地较大的湖泊和水库周围、沙漠与草原的交接地带，也可以形成与海陆风类似的热力环流。

（2）山谷风　在山地常常可以观测到，白天风从谷中沿山坡向上吹，夜间风从山上沿山坡向下吹。白天的上山风称为谷风，夜间的下山风称为山风，统称山谷风。山谷风是局地地形起伏形成的小范围热力环流。山谷风的形成如图 5-18 所示。

白天山坡地表增热快，同高度山谷中大气增热慢，山谷的上方等压面下凹，上层空气从山顶向山谷流动，谷底气压随之升高，使地面附近的空气从谷底向山坡上流动，山谷中空气下沉补充，形成白天的热力环流。夜间山坡地表冷却快，山谷中同高度处空气相对较暖，形成与白天相反的热力环流，在山坡近地面，风沿山坡从山顶向谷底吹，成为山风。

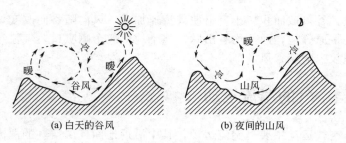

图 5-18　山谷风的形成

  山坡地面与同高度谷中空气的温差通常白天比夜间大，所以白天的谷风一般比夜间的山风强。谷风一般在日出 2～3h 开始出现，午后达到最大，此后随温带的下降逐渐减小，日落前 1～2h 谷风停止。以后山风逐渐加强，至凌晨达到最大。山谷风有明显的季节变化，一般冬季山风比谷风强，夏季谷风比山风强。

  山谷风对山区天气有一定影响，白天的谷风将谷底的水汽带到山顶而形成云雾；夜间的山风则把山坡的冷空气带到谷底，使谷底温度降低。

  山谷风和海陆风都是局部下垫面造成的风的日变化现象，因此山谷风和海陆风现象都是晴天比阴天显著，夏季比冬季显著。

  （3）焚风　气流越过高大山脉后，在山的背风坡所形成的炎热而干燥的风，称为焚风。它是由于迎风坡空气被迫抬升，空气中水汽凝结降落，到山顶空气湿度很小，在背风坡空气绝热下沉增温而造成的。

  假如山的高度为 3000m，在迎风坡山脚处测得气温为 20℃，相对湿度为 73%，则露点温度为 15℃。因空气未饱和，使气流沿迎风坡上升时，先按干绝热降温，到达 500m 处时，温度降至 15℃，相对湿度达 100%，空气饱和，所以 500m 处即为凝结高度。当气流继续上升时，水汽即出现凝结，并放出潜热，在 500m 高度以上按湿绝热降温。当气流到达山顶时，气温降至 2.5℃，空气中的水汽压仅 7.3hPa，相对湿度仍为 100%。若在山前上升过程中水汽凝结降落，则越过山顶的气流在背风坡下沉按干绝热增温，当它到达背风坡同高度的山脚时气温达 32.5℃，相对湿度仅为 15%（图 5-19）。

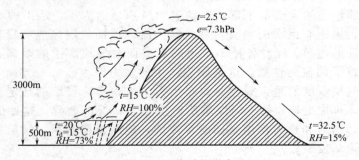

图 5-19　焚风的形成

  我国境内高山较多，地形起伏大，许多地方都有焚风。例如当偏西气流越过太行山时，位于太行山东麓的石家庄就会出现焚风。据统计，出现焚风时，石家庄的日平均温度比无焚风时可提高 10℃左右。

  焚风有利也有弊，初春的焚风能提高温度，促使初春积雪融化，有利于增加河流水量和农田灌溉，提早春耕，有利于作物生长。秋季焚风能使作物早熟，减少低温危害。但强大持久的焚风则可以使作物遭受干害和引起森林火灾。

  （4）峡谷风　气流由开阔地区进入狭窄谷地后形成的强风称为峡谷风。当空气由开阔地区进入狭窄谷地时，谷口截面积减小，迫使其流速加大、风向随谷向改变，形成峡谷风。我国台湾海峡、松辽平原等地，两侧均有山脉。整个地形像个喇叭口，气流经过这些地区时风速增大，经常出现较强的峡谷风。

5.4 近地面层空气的湍流运动

在摩擦层中，空气运动主要是湍流运动，其中沿近地面气层空气的湍流运动最明显，该层中热量、水汽及 CO_2 等的输送，主要是依靠空气的湍流交换来实现的。

5.4.1 湍流的概念及成因

湍流运动是指空气质点做无规则或随机变化的一种运动形态，这种运动服从某种统计规律。一般认为湍流运动是各种尺度的涡旋相互叠加和相互作用的表现，时间尺度在数十分钟以内的大气涡旋，均属于大气湍流运动。大气湍流使空气发生强烈的垂直和水平扩散，是大气中特别是边界层内各种物理量传递的主要途径，它对陆面和洋面的蒸发、气温的日变化、气团的变性等都有重要意义。

雷诺曾用实验来说明层流与湍流的概念。让水从蓄水池流入一根长而直的玻璃管中，在玻璃管的入口处引入少许有色染料。当水流速度很小时，染料在玻璃管中形成一条整齐的与管壁平行的有色流线，这说明管中流体质点的运动是互相平行的规则运动，这就是层流运动。如果流速增大到某一程度，染料在管中运动到不远的地方就开始散开，流体中出现很多带色的涡旋，这些不规则的涡旋使染料和水迅速混合，在水流的下游，水体几乎全部被均匀着色，这就是乱流运动。每一个乱流涡旋都是大量分子的集合，乱流由大量不规则的涡旋组成，这些涡旋的运动尺度比分子运动尺度大得多，因此乱流运动造成流体内各部分互相混杂的作用远远强于分子运动。

湍流是一种随机运动，在日常生活中常常会遇见它们。当从桥上观看水的流动时，可以见到水的总流动是向着某一方向的，但同时个别的流体团会做横向流动，甚至在靠近河岸的地方（流速往往很小）会出现逆流。在近地面层中，空气运动是高度乱流性质的。例如，一束浓烟被风吹散，烟流不断变化，烟体起伏不平。

摩擦层是紧邻地表的大气最下部，在地表面风速显然为零，从不被地面影响的自由大气到地球表面，风速有巨大的铅直切变，其中沿近地面气层风速切变最强，这成了该层大气中湍流运动的能源。同时各种不平坦的下垫面对气流产生的摩擦和阻滞作用，使该层大气运动保持了湍流的性质，这是湍流产生的动力原因。另一方面，地表温度的巨大变化使近地面气层温度的垂直梯度要比自由大气大得多，层结的稳定程度对湍流运动产生巨大的影响。再加上地表的不同性质所产生热力状况的差异。这些因素往往产生热力湍流。实际上，动力和热力作用是同时存在的，地面粗糙起伏、气层不稳定、较大的风速都会使湍流运动发展。

5.4.2 湍流交换过程

气体分子的不规则运动造成气体各部分之间的混合，即气体质量的迁移，这种迁移称为分子扩散，可以导致水汽、热量和动量的输送。在大气中，湍流的混合作用也导致水汽、热量和动量的输送，称为湍流扩散。湍流扩散的强度是分子扩散的数千倍至数百万倍，所以一般情况只考虑湍流扩散作用，只有在紧贴地面的极薄气层中分子扩散作用才显得重要。

虽然空气的湍流运动在水平方向和垂直方向都造成物理量的交换和输送，但是在实际大气中，温度、湿度、风速等气象要素的水平梯度很小，垂直梯度却很大，加之湍流运动的尺度很小，水平方向上的湍流输送与平流输送相比是微不足道的，所以气象学中通常讨论垂直方向的湍流输送作用。

5.4.2.1　湍流扩散方程

湍流运动引起的扩散与分子运动引起的扩散，强弱程度差异很大，但物理过程却非常相似，因此可以模拟分子扩散来导出湍流扩散方程。在此不加推导地给出空气的湍流扩散方程：

$$\tau = -\rho K \frac{\Delta u}{\Delta Z} \tag{5-19}$$

$$P = -\rho C_P K \frac{\Delta T}{\Delta Z} \tag{5-20}$$

$$E = -\rho K \frac{\Delta q}{\Delta Z} \tag{5-21}$$

这就是动量、热量和水汽的湍流扩散过程，其中 K 为湍流交换系数。由此可见，湍流扩散强度主要取决于湍流交换系数和要素垂直梯度的大小。

在近地面气层中，湍流交换系数 K 的数值大致随高度增加变大。例如，在 1m 高处 K 值约为 $5 \sim 5000 \mathrm{cm}^2 \cdot \mathrm{s}^{-1}$，在 50m 高度处 K 值可达 $10^4 \sim 10^5 \mathrm{cm}^2 \cdot \mathrm{s}^{-1}$。在紧贴地面的气层里，因地面的阻碍作用，$K$ 值很小。例如在 1cm 高度上 K 值仅 $10^{-2} \sim 10 \mathrm{cm}^2 \cdot \mathrm{s}^{-1}$。在紧贴地面的 1mm 左右的气层中，湍流交换作用消失，分子扩散起主要作用。分子扩散系数的数值约为 $0.16 \sim 0.24 \mathrm{cm}^2 \cdot \mathrm{s}^{-1}$，所以在大气层中分子扩散是可以忽略不计的。

5.4.2.2　影响湍流交换强度的因素

湍流交换强度取决于湍流交换系数和气象要素的垂直梯度，特别是风速的垂直梯度。上述因素与风速、地面粗糙度以及大气层结稳定度有密切的关系。

（1）风速　风是形成湍流运动的基本动力因素，如果没有空气的水平运动，无论地面如何粗糙，也不可能因动力原因产生湍流。有风速时，地面的摩擦作用造成风速垂直切变，地形障碍造成空气的绕流，于是湍流得以发展。当风速增大时，湍流交换系数和风速梯度通常都增大，湍流交换作用十分剧烈。白昼风速增大时，地面的热量、水汽大量向上输送，地表蒸发加强，使地面和近地层空气温度不易升高；夜间风速较大时，上层较暖的空气与地面附近较冷的空气混合作用增强，缓和了地面及邻近空气的降温。

（2）地面粗糙度　气流流经地面时，因地面摩擦作用而减速，形成风速的垂直梯度，产生湍流运动。地面越粗糙，空气与地面的接触面积越大，地面以上相邻空气层次间产生的风速切变越剧烈，湍流也越强。在陆地上，特别是在山地、丘陵、森林上空，因为地面粗糙，湍流很容易发展加强。在水面上方湍流要弱得多。

（3）大气层结稳定度　在第 2 章中讨论过大气层结稳定度与垂直运动的关系。在不稳定层结中，空气块一旦受到扰动，垂直运动就会发展，风速的切变也随之产生，因此湍流运动得到发展和加强。在稳定层结中，受到扰动的气块有回到原来高度的趋势，空气的垂直运动受到抑制，风速的切变趋于变小，湍流运动不易发展。

一般情况下，白昼地面增温，使近地气层趋于不稳定，加之风速较大，湍流交换作用增强，大致在中午前后最为剧烈。夜间地面冷却，近地气层趋于稳定，风速又较小，湍流交换作用十分微弱。

5.5　风与农业生产

5.5.1　风对农业生产的有利影响

（1）风可以调节农田小气候状况　风能影响农田乱流交换强度，增强地面和空气的热量交换，增加土壤蒸发和植物蒸腾，也增加空气中 CO_2 等成分的乱流交换，使作物群体内部的空气不断更新，对植株周围的温度、湿度、CO_2 等的调节有重要作用，从而影响植物的蒸腾作用和光合作用等生理过程。我国农民将通风与透光并提，是因为通风对提高光能利用率有重要作用。

黄秉维综合国内外田间及风洞试验数据后指出，在稠密的作物群体中，风力在 2 级以下时，会导致 CO_2 浓度减小而不利于作物的光合作用。也有人做过试验，在太阳辐射与气温基本相同的前后两天，玉米干物质的增长量，有风的一天比无风的一天多 40%。

在强光高温下，微风能带走叶面周围湿度大、CO_2 含量少的空气，带来较为干燥的和 CO_2 含量较多的空气，可以起到加速蒸腾、降低叶面温度、防止强光照下叶面温度过高而被灼伤的作用。并且由于加速蒸腾，促进了根系吸收，使根系不断地从土壤中摄取养分，使同化作用始终保持在较高的水平上。因此作物群体结构必须合理，保持一定的通风性，才能获得高产。

（2）风能传播花粉、种子　有些异花授粉的植物，是靠风来传播花粉的。微风能提高受粉、受精率，有利于高产。玉米就是属于异花授粉的作物。很多种树如松树、落叶松、云杉、杨树、柳树等也都是靠风力来传播花粉和种子的。风传播种子的能力，随种子的大小和质量不同而不同。

（3）风对蒸腾作用的影响　适当的风速能使叶片表面的片流层变薄，水分扩散阻抗减小，蒸腾速率相应增大。而人们对强风对蒸腾速率的影响则有不同的看法。一般认为，随风速的增大会使叶片气孔开张程度降低，蒸腾速率相应降低。但也有人认为，风速增大有利于作物蒸腾速率增大，其原因是叶片在大风中弯曲和相互摩擦使得叶片角质层对水分扩散的阻抗变小。

（4）风对光合作用的影响　低风速的条件下，光合作用强度随风速的增大而增加。因为适宜的风速既能改善作物群体 CO_2 的供应状况，又能使得太阳辐射以闪光的形式合理分布到作物群体中，有利于作物群体光合速率的提高。

5.5.2　风对农业生产的不利影响

（1）风害　是指由风引起的对农作物或树木直接与间接的危害。强风对农作物的直接危害是使作物倒伏、折断、遭受机械损伤，造成落花、落果、落铃和落荚。大风可吹走表土，使植株根系暴露。

小麦在灌浆期遇大风，可造成倒伏而减产；水稻抽穗后遭受强风袭击，可导致穗颈折断而成为死穗或白穗。水稻出穗后，风力达到 6 级，就有倒伏的危害，当风速达到 7 级时，持续 2h，总茎秆的 80% 被折断；棉花在开花期如遇 6 级大风，蕾铃会大量脱落；10 级以上的大风，可使橡胶树普遍发生折枝、断干或倒伏；当风速为 $13\sim16m \cdot s^{-1}$ 时，能使森林树冠表面受到 $15\sim20kg \cdot m^{-2}$ 的压力，浅根树种能被连根拔起。

不太强的风，虽不直接损伤作物器官，但经长时间的久吹不息，植株摇摆不定，也会引起生理损伤，降低光合量，致使产品品质低劣。

强风还间接影响植物病虫的侵害。农作物的枝叶因风力过强，摩擦损伤，致使病菌易于从伤口入侵，水稻的白叶枯病就是最常见的一种。

（2）传播病虫害　风与害虫的迁飞关系密切，害虫经常借助气流进行短距离的飞翔。有些害虫则依靠气流进行远距离迁飞。因此，风能帮助某些害虫迁飞，扩大危害范围，直接影响着害虫的地理分布。

风也能传播病原体，造成作物病害的蔓延。如小麦锈病孢子，春季借助风力自南往北传播到高寒地区越夏，秋季再随偏北气流回到南方各麦区造成危害。

农业气象学

（3）加重土壤风蚀和干旱　干旱地区和干旱季节如出现多风天气，不但土壤蒸发加快、土壤水分消耗增加，旱情加重，同时大风还可吹走大量表土，造成地表风蚀和土地沙漠化。

防御风害的办法很多，如营造农田防风林、设置风障、选育优良的抗风品种、运用科学的栽培管理技术等。

思 考 题

1. 对称温压系统和不对称温压系统各有什么结构特点？
2. 简述常见气压系统的基本特征。
3. 空气水平运动受到哪些力的作用？简述它们对空气水平运动速度和方向的影响。
4. 试简述三圈环流及行星风带的形成过程。
5. 海陆风和山谷风是如何形成的？简述其形成过程和影响。
6. 某山体高2500m，在迎风坡山脚处温度为25.0℃，相对湿度为80%，试分析该空气翻山形成焚风的过程。

第5章　气压与空气运动

第6章 天　气

　　天气演变受各种天气系统的影响。在一定范围内，具有类似天气特点的系统，称为天气系统。在相同天气系统控制下的区域，具有相似的天气特点。故天气的变化及其特点，主要取决于天气系统的发生、发展、移动和消亡情况。研究这些天气系统的发生、发展规律及相互配合和分布情况，是做好天气预报的基础。主要天气系统有气团、锋面、气旋、反气旋、槽线和切变线等。

　　天气系统是具有一定的温度、气压或风等气象要素空间结构特征的大气运动系统，如有的以空间气压分布为特征组成高压、低压、高压脊、低压槽等；有的则以风的分布特征来分，如气旋、反气旋、切变线等；有的又以温度分布特征来确定，如锋；还有的则以某些天气特征来分，如雷暴、热带云团等。通常，构成天气系统的气压、风、温度及气象要素之间都有一定的配置关系。大气中各种天气系统的空间范围是不同的，水平尺度可从几千米到1000～2000km。其生命史也不同，从几小时到几天都有。

　　按照气象要素的空间分布而划分的具有典型特征的大气运动系统（通常指气压空间分布所组成的系统），如高（气）压、低（气）压、高压脊、低压槽等，有时指风分布的系统，如气旋环流、反气旋环流、切变线等；有时指温度分布的系统，如高温区、低温区、锋区等；有时指天气现象分布的系统，如雷暴、热带云团等。这一要素系统同另一要素系统之间常常有一定的配置关系。气压系统和风场之间的关系较好：低压和气旋环流相配置，有时称为低压，有时称为气旋；高压和反气旋相配置，有时称为高压，有时称为反气旋。气压系统和温度系统也常呈一定的配置关系，如：低压和低温区相配置，称为冷低压或冷涡；低压和高温区相配置，称为热低压。气压系统还可同天气现象存在一定的配置关系，如雷暴和（小）高压配置，称为雷暴高压。天气系统可以通过各种天气图和卫星云图等分析工具分析出来。

　　各类天气系统，都是在一定的地理环境中形成、发展和演变的，都具有一定的地理环境的特性。比如极地和高纬地区，终年严寒、干燥，这一环境特性成为极地和高纬地区的高空极涡、低槽和低空冷高压系统形成、发展的必要条件。赤道和低纬地区，终年高温、潮湿，大气处于不稳定状态，是对流天气系统形成、发展的重要基础。中纬地区处于冷暖气流交汇地带，不仅冷、暖气团频繁交替，而且锋面、气旋系统得以形成、发展。天气系统的形成、活动，反过来又会给地理环境以影响。认识和掌握天气系统的结构、组成、运动变化规律以及同地理环境间的相互关系，了解气候的形成、变化和预测地理环境的演变都是十分重要的。

从天气系统的尺度上来看，天气系统的空间尺度有大有小，持续时间有长有短，不同尺度的天气系统又有其独特的发生、发展、移动和演变规律，并且不同尺度的天气系统之间又是相互交织、相互联系、相互作用和相互影响的。所谓尺度（scale）是表征一个系统在空间上的大小或在时间上持续的长短。例如，在一般情况下，气旋的半径大约为数百千米到数千千米，其持续时间大约为数天到数周，而积云的水平范围只有数千米到数十千米，其持续时间只有数小时到半天。不同尺度的天气系统具有不同的大气动力学特征，有着不同的发生、发展机制，其影响范围、持续时间和发展的强度都存在着显著差异，并且天气系统的空间尺度越小，时间尺度也越短，而其强度一般来讲也越大。表6-1为几种主要地面天气系统的水平尺度、时间尺度及最大风速。

表 6-1　几种主要地面天气系统的水平尺度、时间尺度及最大风速

天气系统	水平尺度	时间尺度	最大风速
温带气旋	500～2000km	3～15d	55m·s^{-1}
反气旋	500～2000km	3～15d	10m·s^{-1}
冷锋	500～2000km	3～7d	25m·s^{-1}
暖锋	300～1000km	1～3d	15m·s^{-1}
飓风	300～2000km	1～7d	90m·s^{-1}
热带低压	300～1000km	5～10d	17m·s^{-1}
中尺度高压	10～500km	3～12h	25m·s^{-1}
中尺度气旋	10～100km	0.5～6h	60m·s^{-1}
大暴流	2～20km	10～60min	40m·s^{-1}
微暴流	1～4km	2～15min	70m·s^{-1}
龙卷风	30～3000m	0.5～90min	100m·s^{-1}
沙尘暴	1～100m	0.2～15min	40m·s^{-1}

通常根据天气系统水平尺度的大小，将其划分为大尺度天气系统、中尺度天气系统、小尺度天气系统和微尺度天气系统，但是不同学者所提出的天气尺度划分标准略有不同，目前比较普遍采用的天气尺度划分标准有两种，分别是 Orlanski 天气尺度划分标准和 Fujita 天气尺度划分标准。根据 Orlanski 于 1975 年提出的天气尺度划分方案，将水平尺度在2000km 以上的天气系统称为大尺度天气系统，水平尺度为 2～2000km 的天气系统称为中尺度天气系统，水平尺度小于 2km 的天气系统称为小尺度天气系统，并且中尺度天气系统又分为三个等级，水平尺度为 200～2000km 的称为中-α 尺度天气系统，水平尺度为 20～200km 的称为中-β 尺度天气系统，水平尺度为 2～20km 的称为中-γ 尺度天气系统。根据 Fujita 于 1986 年提出的天气尺度划分标准，大致将水平尺度在 400km 以上的天气系统称为大尺度天气系统，水平尺度为 4～400km 的天气系统称为中尺度天气系统，水平尺度为 40m～4km 的天气系统称为小尺度天气系统，水平尺度小于 40m 的天气系统称为微尺度天气系统。在实际的天气分析中，通常将水平尺度在几百千米到几千千米、生命期在一天以上的天气系统称为大尺度天气系统，如气旋、反气旋、锋、高空槽（脊）等；将水平尺度在十几千米到二三百千米、生命期在一小时至十几小时的天气系统称为中尺度天气系统，如雷暴群、飑线等；将水平尺度在几十米到十几千米、生命期在几分钟至一小时的天气系统称为小

尺度天气系统，如雷暴、龙卷风等。

本节主要介绍影响我国天气的几种主要天气系统，包括气团、锋、气旋、反气旋、高空槽（脊）、切变线等，说明各种主要天气系统的基本特征及其发生、发展、移动、演变的基本规律和对我国天气的影响。

6.1 气团和锋

6.1.1 气团

6.1.1.1 气团的概念

气团是指对流层中水平方向上物理属性（主要是指温度、湿度、稳定度）相对比较均匀而空间范围很大的空气块。气团的水平范围可以从几百千米到几千千米，一个气团可以占有整个大陆或其中大部分。垂直范围从几千米到十几千米，甚至伸展到对流层。在同一气团内，有着类似的天气状况，不同气团有着不同的天气特征。

6.1.1.2 气团的形成和变性

气团形成于广大而性质均匀的地理区域，这样的地理区域称为气团的源地，在源地环流条件适宜、空气移动缓慢时，通过辐射、湍流、对流、蒸发和凝结等过程，使空气与下垫面之间发生了充分的热量交换和水分交换，达到各高度上的温度、湿度都比较稳定时，气团就显著地具有源地特性。例如，热带和副热带区域是热带气团的源地；北极和极地大陆区域是极地气团的源地。

当大气环流条件发生变化时，气团就会从其源地移出。气团在运动过程中，在新的下垫面影响下，其原有的特性随时间不断发生变化并具有新的物理性质，这种过程称为气团的变性。显然，气团的形成过程和变化过程是很难截然分开的，特别是在中纬度地区，空气具有较强的运动性，它的温度、湿度很难达到稳定状态。也就是说，在中纬度地区，任何一个气团随时都处在或多或少的变性过程中，所谓气团的形成，不过是气团不断变性过程中的一个相对稳定阶段而已。

6.1.1.3 气团的分类

对于气团的分类，有地理分类法和热力分类法两种。

（1）地理分类法 按气团形成源地的地理位置，可将气团分为冰洋（北极）气团、极地气团、热带气团和赤道气团 4 类。除赤道附近海上和陆上的温度、湿度无甚差别，可不再区分外，每类又可依其形成于海洋或大陆的不同而分为海洋性气团和大陆性气团两种，即总共分为 7 种气团（表 6-2）。

（2）热力分类法 按气团温度与所经下垫面之间温度对比，可将气团分为暖气团和冷气团。冷、暖气团的区分是相对的，运行在一个地区的气团，如果它的温度高于其所经过地面或环境温度，就是暖气团；反之就是冷气团。

此外，根据气团的干湿性质，可分为干气团和湿气团；按气层的垂直稳定度，还可分为稳定气团和不稳定气团。

6.1.1.4 影响我国的主要气团及其天气

我国大部分地区处于中纬度，是冷暖气团交绥的地区，地表性质又复杂，因此多受变性气团的影响。影响我国天气的气团，主要有来自西伯利亚和蒙古国一带干而冷的极地大陆气团和来自太平洋、南海或印度洋上的暖而湿的热带海洋气团，以及主要出现在我国西部青藏高原附近的热带大陆气团。

表 6-2　气团的地理分类

名称	符号	主要分布地区	主要天气特征
冰洋大陆气团	Ac	南极大陆以及 65°N 以北冰雪覆盖的北极地区	气温低,水汽少,气层比较稳定,冬季入侵大陆时会带来暴风雪天气
冰洋海洋气团	Am	北极圈内海洋上、南极大陆周围海洋上	性质与 Ac 相近,夏季从海洋获得热量和水汽
极地大陆气团	Pc	北半球中纬度大陆上的西伯利亚和蒙古国、加拿大及阿拉斯加一带	低温干燥,天气晴朗,气团低层有逆温层,气层稳定,冬季多霜、雾
极地海洋气团	Pm	主要在南半球中纬度海洋上以及北太平洋、北大西洋的中纬度海洋上	夏季与 Pc 相近;冬季比 Pc 气温高,湿度大,可能出现云和降水
热带大陆气团	Tc	北非、西南亚、澳大利亚和南美部分的副热带沙漠地区	高温干燥,晴朗少云,低层不稳定
热带海洋气团	Tm	副热带高压控制的海洋上	低层温暖潮湿且不稳定,中层常有逆温层
赤道气团	E	南北纬 10°之间的赤道地区	湿热不稳定,天气闷热,多雷暴

在冬季,我国各地都可以受到源于西伯利亚和蒙古国等地的变性极地大陆气团的影响(图 6-1)。该气团的变性程度随着南下的移速和所达的纬度而异。在我国东北、新疆北部和内蒙古等地,偶尔可见到具有源地属性、天气为碧空奇寒的极地大陆气团;长江以南地区则为变性深厚的极地大陆气团。变性极地大陆气团在冬半年活动最频繁,是冬季影响我国天气势力最强大、面积最广、持续时间最长的一种冷气团,其控制下的天气一般特征是寒冷、干燥、晴朗,湿度日变化大,早晨有雾、露或霜。由于极地大陆气团在入侵我国的过程中,速

中国地图

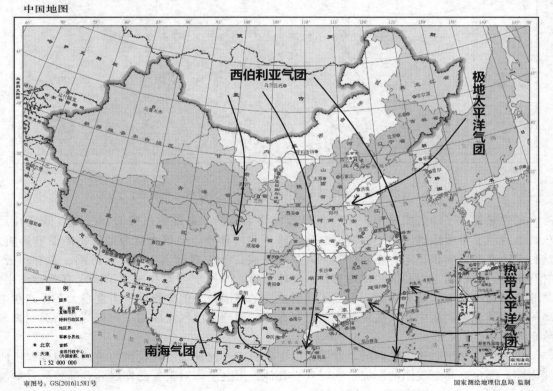

审图号：GS(2016)1581号

国家测绘地理信息局 监制

图 6-1　我国冬季气团活动示意图（王世华　吴姗薇　崔日鲜,2019）

度快慢和停留时间不同，变性程度也不同，因而，伴随其经过时的天气情况，也有相当大的差异。冬季，热带太平洋气团时常侵袭我国南方，当它入侵时，所经之地气温往往显著上升，形成冷季的热潮。因为这种气团水汽含量较多，边缘地区常有降水。江南地区冬季降水多与此有关。我国华南和西南地区常有一种来自南海的暖气团侵袭，它所控制的地区天气晴朗、温暖如春，但边缘一带却是冬雨绵绵。

在夏季，变性极地大陆气团北移，常活动于我国长城以北地区，但仍能间歇南下，对我国天气有很大影响（图6-2）。夏季极地大陆气团变性较冬季强，但与其他气团相比，属性仍属最冷、最干。在它控制下的地区，天气晴朗，有时出现散片积云，气温较低，即使在盛夏也有凉如初秋之感。

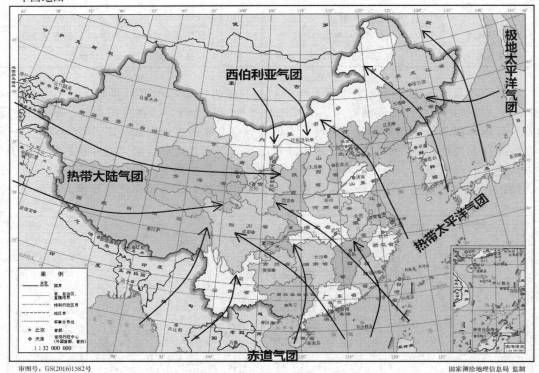

图 6-2　我国夏季气团活动示意图（王世华　吴姗薇　崔日鲜，2019）

变性热带太平洋气团是由太平洋副热带海洋上高温、高湿的热带海洋气团登陆变性而成，是我国夏季湿热气团之一。盛夏时节，除西北内陆外，全国大部分地区都能受它影响。这种气团在源地时很稳定，在它控制下，早晨晴爽；下午烈日当空、对流活跃、常有积云、时有雷雨，尤以浙、闽和南岭山地为甚。变性热带太平洋气团对我国夏季降水有重要作用，其北缘与变性极地大陆交绥时，形成了我国主要的降雨带，但应指出，当夏季太平洋副热带高压脊或其分裂高压中心长久控制我国时，在它的强烈下沉气流作用下，天气久晴无雨，导致干旱发生。

热带大陆气团源于中亚内陆，性质极为干旱稳定。这种气团在我国的活动范围仅限于西北内陆，偶尔以高空气团的形成东移，驾于其他气团之上，对天气的发展起着强烈的"抑制作用"，因此，在它控制的地区晴旱酷热。

赤道气团主要影响我国华南、华东和华中地区，在它控制下，湿热、多雷阵雨。

春、秋两季为过渡季节，影响我国天气的气团也多是变性大陆气团和变性热带太平洋气团。两种气团势力相当，南北互相推移，它们的交绥地带也就是我国春、秋两季主要的雨区。一般说来，随着夏季的到来，变性的极地大陆气团不断北退，变性热带太平洋气团逐步北挺，它们之间的雨带也自南向北推移；入秋以后，变性极地大陆气团自北向南推移，迫使变性热带太平洋气团减弱并向东南方向退缩，雨区也逐渐南移。

6.1.2 锋

6.1.2.1 锋的概念

锋是两个不同性质气团之间狭窄而又倾斜的过渡带。这个过渡带内的天气变化极为剧烈，其厚度与大范围气团尺度相比，可以看成为一个面，称为锋面。锋面与地面的交线，称为锋线，锋是锋面和锋线的统称（图6-3）。

6.1.2.2 锋的特征

锋的宽度在近地面层约为几十千米，在高空可达200～400km，甚至更宽些；锋的长度可延伸数百千米至数千千米；锋的垂直伸展高度与气团相当。由于暖气团温度高、空气密度小，冷气团温度低、空气密度大，因此，冷空气楔入暖空气下面，形成锋面自地面到高空向冷空气一方倾斜的特征。锋面与水平面的倾斜角称为锋面坡度。

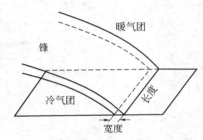

图6-3 锋的空间状态示意图

因为锋面是冷、暖气团的交绥过渡区，所以在锋两侧，温度、湿度、气压、风等气象要素差异很大。同时，由于暖气团沿着锋面做上升运动，常形成云系和降水，锋面过境时能引起天气的急剧变化。

6.1.2.3 锋的分类和锋面天气

根据锋面两侧冷、暖气团的移动方向，可以把锋分为暖锋、冷锋、准静止锋和锢囚锋。它们可以单独出现，也可以相互连接，形成很长的锋面系统。各种锋所表现的天气是不同的。

（1）暖锋　在锋面的移动过程中，暖气团占主导地位，暖气团推动锋面向冷气团一侧移动，这种锋称为暖锋（图6-4）。

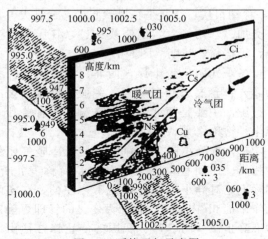

图6-4 暖锋天气示意图

暖空气沿着锋面可以缓慢爬升到很高很远的地方。如果暖空气比较稳定，水汽又较为充足时，锋面上常常有宽广的云系和降水区，宽度可达600～900km，长度可达1600km左右。暖锋前云系排列较有规律，排列次序为卷云（Ci）→卷层云（Cs）→高层云（As）→雨层云（Ns），越近地面，云层越厚；暖锋降水主要发生在暖锋前方冷空气一侧，多为连续性降水，雨带宽约300～400km，有时甚至更宽。春、夏季节，常有暖而湿的气团活跃，暖锋上也可出现暴雨等不稳定天气。典型暖锋在我国出现较少，大多数与冷锋连接伴随着气旋出现。

春、秋季一般出现在江淮流域或东北地区，夏季多出现在黄河流域。

（2）冷锋　在锋面的移动过程中，冷气团占主导地位，冷气团推动锋面向暖气团一侧移动，这种锋称为冷锋。冷锋一年四季都可出现，是我国出现最多、天气变化最剧烈的锋面天气系统。

根据冷锋移动的速度和天气特征，可将冷锋分为两种类型，即第一型冷锋和第二型冷锋。

① 第一型冷锋（缓行冷锋）　移动速度较慢，坡度小（约为1/100），地面锋线在高空槽前（图6-5）。由于冷空气插在暖气团下面前进，使暖空气被迫在冷空气上面平稳滑升，所以，形成的云和降水区的分布与暖锋大致相似，只是排列次序相反，在锋附近为雨层云（Ns），锋线过后是高层云（As）、卷层云（Cs）和卷云（Ci），雨区主要出现在锋线后面，平均宽度在200km左右，多为连续性降水。锋线过境时，风速增强，风向转变；锋线过境后，气压上升，风速减弱，气温下降。

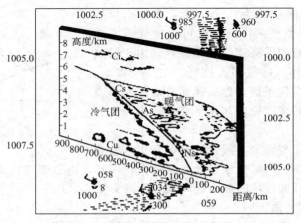

图 6-5　第一型冷锋天气示意图

② 第二型冷锋（急行冷锋）　因为急行冷锋移动速度很快，冷空气前进速度远远大于暖空气后退速度，所以，低层暖空气沿锋面急剧上升，而高层暖空气却又沿锋面不断下滑。因此，急行冷锋主要形成浓积云和积雨云，在积雨云前常有卷积云和高积云。积雨云云区很窄，只有几十千米，降水一般是阵性。春末夏初季节，如对流特别剧烈，急行冷锋上常出现雷暴和冰雹。急行冷锋过境时，由于云系狭窄，移动很快，往往是狂风骤起、乌云满天、雷电交加、暴雨倾盆，但锋线一过，气压很快上升，天空豁然晴朗（图6-6）。

冬季气团比较干燥，西北、华北的冷锋多为卷云、卷层云和高层云，一般无降水。强冷锋过境，主要是西北大风、降温、伴有黄沙和浮尘，常称之为"干冷锋"。

（3）准静止锋　准静止锋是指冷暖气团势力相当、锋面移动不显著的锋，简称静止锋。实际上绝对静止不动的锋是不存在的，在实际工作中把6h内锋面位置无大变化的锋即可确定为准静止锋（图6-7）。我国的静止锋往往由冷锋演变而成。在冷锋南下过程中，势力减弱，

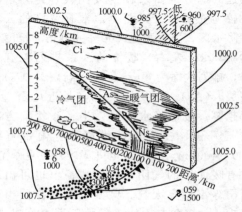

图 6-6　第二型冷锋天气示意图

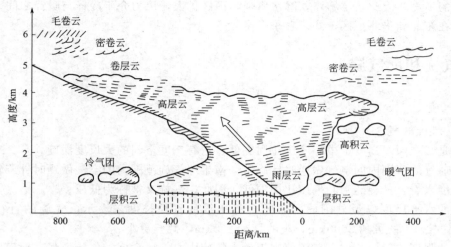

图 6-7　准静止锋天气示意图

与南方的暖空气交缓而且二者势均力敌时，就形成了准静止锋。其天气特征与第一型冷锋相似，区别在于准静止锋的坡度较小，坡度只有第一型冷锋坡度的 1/2200 左右，因此云雨区较宽，但降水强度一般不大，呈连续性降水，降水时间较长，阴雨天往往持续多日。

我国常出现的准静止锋较多，一是华南准静止锋，位于南岭山脉或南海，呈近东西走向，冬、春季节最为常见；二是云贵准静止锋，位于云贵高原，多呈近南北方向，冷空气在东侧，南端常与华南准静止锋相连接，也可单独存在；三是江淮准静止锋，位于长江中下游和淮河流域，呈近东西走向，往往是形成梅雨的重要天气系统；四是天山准静止锋，不太强的冷锋进入准噶尔盆地后，被天山阻挡，使冷锋暂时停滞而形成。

（4）锢囚锋　锢囚锋是指冷锋追上暖锋或两冷锋相遇把暖空气抬离地面而形成的锋（图6-8）。所以它的天气状况必然保留原来冷锋和暖锋的一些特征，但由于锢囚后，暖空气被抬

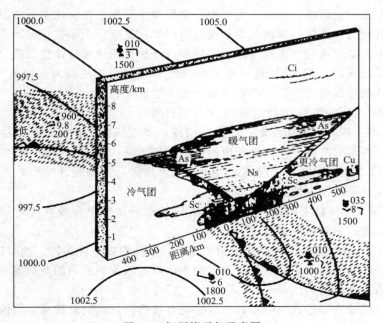

图 6-8　锢囚锋天气示意图

升到很高的高度，因此云层增厚，降水增强，雨区扩大，风力介于冷锋与暖锋之间。锢囚锋主要出现在东北和华北地区，并以春季最多。

6.2 气旋和反气旋

6.2.1 气旋

6.2.1.1 气旋的概念

气旋是指在同一高度上中心气压比周围低、占有三度空间的大尺度涡旋。

北半球气旋范围内的空气做逆时针旋转，南半球气旋范围内的空气做顺时针旋转。从气压场的角度来看，气旋的中心气压比周围低。因此，气旋又被称为低压。

气旋的水平尺度以最外围的一条闭合等压线的直径长度来表示，气旋的直径平均为1000km左右，大的可达3000km，小的只有200km，甚至更小。

气旋的强度一般用其中心气压值来表示，气旋中心气压愈低，气旋愈强。地面气旋的中心气压一般为970～1010hPa；发展十分强大的气旋，其中心气压可低于935hPa。气旋的强度越大，风速越大，较强大的气旋中，地面最大风速可达30m·s^{-1}以上。

在摩擦层，由于摩擦作用，气旋中的气流在逆时针旋转（北半球）的同时向中心辐合，产生上升运动，空气绝热冷却，水汽凝结，成云致雨，多阴雨天气。

6.2.1.2 气旋的分类

根据气旋活动的主要地理区域，分温带气旋和热带气旋两大类；按其形成及热力结构可分为无锋面气旋和锋面气旋两大类。无锋面气旋包括热带气旋、地方性气旋和冷涡等。热带气旋指发生在热带洋面上强烈的气旋性涡旋，当其中心风力达到12级以上者称为台风或飓风；地方性气旋是由于地形作用或下垫面的加热作用而产生的地形低压或热低压，这类低压基本上不移动；冷涡指形成于中、高纬度地区高空的冷性气旋或涡旋。

6.2.1.3 锋面气旋

锋面气旋是温带地区最常见的一类气旋，在我国主要发生在长江中下游及其以北区域。

(1) 锋面气旋的生命史 锋面气旋形成的原因比较复杂。大多数情况下是在准静止锋或缓行冷锋上产生波动形成的，也有些是属于冷锋进入热低压后暖锋锋生而成（如江淮气旋主要是以这种方式形成的）。当在地面锋带上出现第一根闭合等压线时，锋面气旋即告形成。锋面气旋从其开始形成到最后消亡大致可分为四个阶段：

① 初生阶段 从发生波动到绘出第一根闭合等压线止称为初生阶段。此时，原锋面（准静止锋或入侵冷锋）上产生波动，冷空气南侵，暖空气向北扩展，形成冷暖锋结构，一般东部为暖锋，西部为冷锋，并出现相应的锋面天气。

② 发展阶段 冷暖锋进一步发展，气旋进一步加深，南侧暖区变窄，天气表现为云层变厚，雨区扩大，降水强度增加。

③ 锢囚阶段 冷锋赶上暖锋，形成锢囚，暖锋进一步变窄，暖空气被抬升，此时气旋达到全盛阶段，地面为锢囚锋天气。

④ 消亡阶段 暖区消失，暖空气被抬离地面，地面形成冷性涡旋，此时降水区域变宽，降水强度由强转弱并逐渐停止，随着冷空气的入侵以及气旋和地表的摩擦等热量交换，冷涡逐渐填塞、减弱，最后消失。

由于锋面气旋处在盛行西风带内，所以它是有规律地自西向东移动。当锋面气旋的前部（东部）经过时，常出现气压下降、温度升高、天气回暖的情况，有阵雨或暴雨，多刮较大的偏南风；它的后部（西部）经过时，气压上升，温度下降，刮西北风或北风，多云、阴天或下雨、下雪。

以上是一个典型锋面气旋的发展过程，实际上，锋面气旋在发展过程中由于周围大气状态的差异，表现也不尽相同，有的气旋产生后很快消失，而有的锢囚后，在合适的条件下，仍可加强发展，特别是当其东移出海后，有了海洋上暖湿空气的补充而得到加强。

锋面气旋的产生往往并不是单一的，而是在一条锋面上先后产生数个气旋，称为气旋族，这些气旋互相影响，或消亡，或合并，使锋面气旋变得更为复杂。

（2）锋面气旋的天气特点　锋面气旋处在不同的发展阶段，天气表现是有差别的。锋面气旋刚形成时，低压区由于风速较小，上升气流不强，云雨区域也较小。锋面气旋处于发展成熟阶段时，气压强烈下降，气旋加深，气旋中心附近有强烈的上升运动，气旋区内风速普遍增大。此时气旋内部可分为冷区和暖区，东、北、西三面是冷区，南面是暖区（图 6-9）。由于气旋一般自西南向东北移动，故暖区的东部边缘为暖锋，暖区的西部边缘为冷锋。暖锋和冷锋相接的一点，即锋线向高纬度突出的地方为气旋中心，气压最低。因此气旋前部具有暖锋的云系和降水特征，为层状云和连续性降水；气旋的后部具有冷锋的云系和降水特征。如属缓行冷锋，则有层状云和连续性降水；如属急行冷锋，则有积状云和雷阵雨。在气旋南部的暖区，天气特征主要取决于暖气团的性质。若暖区为海洋气团控制，由于空气潮湿，靠近中心的地方有层云、层积云，并下毛毛雨，有时还有雾；若暖区为热带大陆气团控制，因为空气干燥，一般没有降水或有一些薄的云层。在发展强的气旋中，常出现大风天气。气旋锢囚后，中心气压最低，这阶段的天气发展到最盛期，云雨范围增大，强度增强，风力大增。随着气旋进入消亡阶段，云和降水开始减弱，降水区不再连片，而是呈分散零星状态，最后云和降水消失。

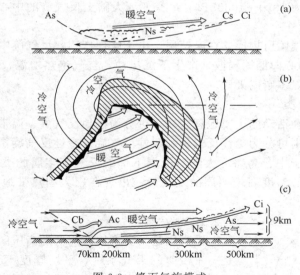

图 6-9　锋面气旋模式

（3）影响我国的锋面气旋　由于锋面气旋形成的具体地点和路径不同，天气特征也不尽相同。下面介绍蒙古气旋、东北低压、江淮气旋和黄河气旋及其天气特征。

① 蒙古气旋和东北低压　蒙古气旋是指在蒙古中部或东部形成的气旋，它对我国内蒙古、东北、华北和渤海的春、秋两季的天气有很大影响。东北低压指活动于我国东北地区的低压，它很少在原地产生，前期多为蒙古气旋或黄河气旋，而后进入东北逐渐加深。4～5

月份是东北低压活动最频繁的时期，平均4～5天就有一次低压活动，因为这类低压出现后，不仅对东北地区影响很大，而且其前期阶段对我国内蒙古、华北等地区的天气都有影响，因此，东北低压是影响我国北方天气的主要天气系统之一。

蒙古气旋和东北低压产生的天气主要是大风和降水。

② 江淮气旋 江淮气旋是指发生在长江中下游、淮河流域及湘赣地区的锋面气旋。它在春、夏两季出现较多，特别在6～7月份活动最为频繁。

江淮气旋一般是在准静止锋上发展起来的锋面气旋，或者是由冷锋南下进入倒槽并有暖锋形成而构成锋面气旋。

江淮气旋一般对长江中下游及淮河流域天气的影响很大，对湘赣以至广东、广西的天气都有影响，主要是造成春、夏季节的降水。

③ 黄河气旋 黄河气旋是指在河套北部、晋陕地区和黄河下游生成的气旋，该气旋在四季均可出现，但以夏季6～7月份最多，主要造成降水和大风天气。它向东或东北方向移动的过程中，对所经过的地区影响很大，对华北和东北南部来讲，是比较重要的天气系统。

6.2.2 反气旋

6.2.2.1 反气旋的概念

反气旋是指在同一高度上中心气压比周围高、占有三度空间的大尺度涡旋。

北半球反气旋范围内的空气做顺时针旋转，南半球反气旋范围内的空气做逆时针旋转。从气压场的角度来看，反气旋的中心气压比周围高。因此，反气旋又被称为高压。

反气旋的水平尺度以最外围的一条闭合的等压线的直径长度来表示，反气旋的水平尺度通常很大，达数千千米，如冬季亚洲大陆上的反气旋，往往占据整个亚洲大陆的3/4。

反气旋的强度一般用其中心气压值来表示，反气旋中心气压愈高，反气旋愈强。地面反气旋的中心气压一般为1020～1030hPa，冬季亚洲大陆上反气旋的中心气压可达到1040hPa甚至更高。

反气旋是由单一气团所构成，在摩擦层，由于摩擦作用，反气旋中的气流在顺时针旋转（北半球）的同时由中心向四周辐散，产生下沉运动，空气绝热增温，致使反气旋范围内的广大区域无云或少云，多晴朗天气。

6.2.2.2 反气旋的分类

根据反气旋形成和活动的主要地理区域，可分为极地反气旋、温带反气旋和副热带反气旋。按其热力结构，则可分为冷性反气旋和暖性反气旋。冷性反气旋指主要为冷空气堆积所形成的反气旋。活动于中、高纬度大陆对流层下部的反气旋多属此类，习惯上多称为冷高压。暖性反气旋指中心温度高于四周的反气旋。出现在广大副热带地区的副热带高压属于此类。

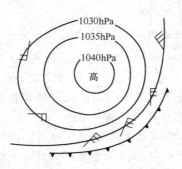

图 6-10 冷高压风向示意图

6.2.2.3 冷高压

冷高压是指温度比四周低的高压区，即冷性反气旋。它是一个浅薄的天气系统，平均厚度不到3km，仅出现在对流层的下部。冷高压在地面天气图上表现最清楚（图6-10）。冷高压的强度随季节变化很大。冬季强度最大，高压中心一般在1050hPa以上，有时达1060～1070hPa。春、秋季为1020～1040hPa。夏季的强度最弱，高压中心小于1020hPa，有时仅1005hPa。

高纬度的欧亚大陆和北冰洋是冷空气的源地。地面上冷空气大量堆积，气压上升，形成冷高压。当高空低压槽移到它的上空时，由于槽后脊前的气流辐合作用，使地面冷高压发展加强。冷高压受高空低压槽后部西北气流的牵引而南下，并逐渐变性而减弱，最后并入副热带高压。

在北半球，冷高压中空气是顺时针方向旋转并向外辐散的。当它向东南方向移动时，前半部吹的是偏北风（图6-10）。冷空气沿偏北气流南下，其前缘为冷锋，使所经地区气温下降，并伴随大风天气。若暖空气潮湿，还伴有雨雪天气。按降温强度的大小，分为冷空气活动或强冷空气活动。当冷空气势力特别强大时，称为寒潮。在高压中心接近时，风力渐减。由于气流下沉，天气晴朗少云，利于夜间辐射冷却。夜间和清晨，会出现辐射逆温等现象。

在我国，四季均有冷高压活动，平均每4天一次。尤其西北、华北等地，一年中除盛夏部分地区受西太平洋副热带高压控制外，其他时间的天气过程都是与伴随着冷高压的冷空气活动相联系的。

6.2.2.4 暖高压

暖高压是指温度比四周高的高压区，即暖性反气旋。它是一个较深厚的天气系统，可以从对流层下层一直伸展到对流层顶或更高的高度，多出现在副热带地区。这类高压具有比较稳定持久的特点，如副热带太平洋高压。

副热带太平洋高压是东亚副热带稳定少变的大型天气系统，简称副高。它对我国天气的影响主要有两方面，一是副高内部下沉气流控制下的晴朗少云、炎热天气（图6-11）；二是太平洋副高脊与它周围的天气系统（如西风槽、台风、气旋、切变线）相互作用所造成的影响。

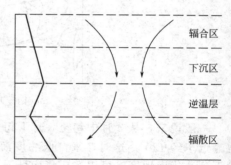

图6-11 下沉逆温示意图

（1）太平洋高压控制下的天气 在太平洋高压脊的不同部位，所产生的天气情况是不同的，副高脊内部有很强的辐散下沉气流，同时，副高脊线附近的气压梯度又很小，所以为晴朗少云、炎热微风的天气，故长期受到副高内部控制的地区，往往造成严重干旱现象。盛夏季节，太平洋高压脊往往一直西伸到我国大陆上，有时，它控制的范围可以扩展到整个长江流域，甚至淮河以南的地区。这是华中、华南在夏季持续晴好天气的一种典型的天气形势，也是对我国华中、华南造成严重干旱的一种天气形势。

太平洋高压的西北侧，盛行西南暖湿气流，同时，它与西风带系统相邻，多冷空气活动。因此，副高的北侧，水汽充沛，上升运动强烈，故多阴雨天气。

太平洋高压的南侧，盛行东风，常有台风、热带低压、东风波等天气活动，造成雷暴、大风、大雨天气。

在华南地区，当太平洋副高脊伸至南海东北部或南海附近时，华南处于副高周围的东南或偏南气流中。这种来自低纬度海洋上的偏南气流，提供了产生降雨的暖湿条件，只要高空有切变线、低槽或低涡东移靠近华南，就会产生大范围雨区。这是广东、广西地区大暴雨天气形势之一。

（2）太平洋高压的活动对我国天气的影响 太平洋高压的活动，主要表现在它的季节变化和短期变化两方面。

① 太平洋高压的季节变化 冬季，副高的强度最弱，位置偏南，对我国影响最小；夏季，副高的强度大大加强，位置最北，影响显著。太平洋副高脊线随着季节的南北移动和脊端的西进东退活动，与我国各地雨量的季节变化有着密切的关系（图6-12）。

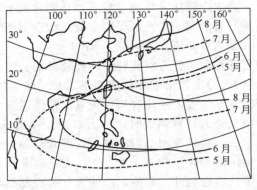

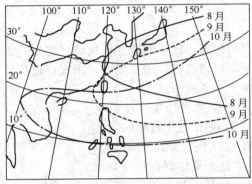

图 6-12　500hPa 西太平洋副热带高压脊月平均位置

一般说来，从 2 月中旬至 3 月下旬，副高脊线由北纬 13°缓慢北移到北纬 15°附近，脊端也靠近东经 120°。这时，来自低纬度海洋上的暖湿气流开始缓慢向北输送，而北方冷空气南下到达华南地区，可以造成华南低温阴雨天气或霜冻天气。

4～6 月，太平洋高压逐渐加强，脊线明显地向北移到北纬 20°以南。这时，大范围雨区常在华南地区，其中 6 月中旬或下旬，副高脊线有一次突然迅速向北的跳跃，并跃过北纬 20°，徘徊在北纬 25°～27°，脊端可达到东经 120°以西。它表明来自低纬度海洋上较强的暖湿空气已进入华南、华中地区，并且非常活跃。同时，太平洋高压西北侧的大范围雨区，随之北移到我国长江中下游一带，这就是该地区的梅雨季节。

到了 7 月上、中旬，副高脊线又一次出现北跳现象，跳过北纬 25°以后，就在北纬 30°附近徘徊，其脊端已到东经 120°以西。大范围雨区由长江流域移到黄淮流域，长江流域梅雨结束，进入盛夏炎热少雨的伏旱期，这时，黄淮流域进入雨季。

7 月底至 8 月初，太平洋副高脊线稳定在北纬 35°，其脊端已伸入到整个华中地区。暖湿空气到达华北，此时是华北、东北雨季时期。

9 月上旬，副高脊线第一次向南跳回到北纬 25°附近，这时大范围雨区又退回到黄淮流域，而长江中下游地区出现秋高气爽的天气。10 月上旬副高脊线又一次回跳到北纬 20°以南，其脊端显著东撤到东经 120°附近，雨区也随之南移。副高南跳、东撤现象，表示暖湿气流大大减弱，热带天气系统也相应减弱。

以上是太平洋副高随季节活动的一般规律，个别年份的活动情况颇有出入。因此，既要掌握它的一般活动规律，还要注意它可能出现的特殊活动情况。

② 太平洋高压的短期变化　副高在随季节南北移动的同时，还有短时期的活动，即在北进中可能有短暂的南退，南退中可能有短暂的北进，而且北进常与西伸相结合，南退常与

东撤相结合。

太平洋副高脊与周围天气系统相互作用，不仅会造成阴雨、雷暴天气，还会产生大风和雾的天气。春末夏初，当太平洋副高脊显著加强时，若我国东部沿海地区有低压或低槽发展，在天气图上构成"东高西低"的形势，则太平洋高压西部常常出现偏南大风，当太平洋副高脊伸向我国大陆时，来自低纬度偏南的暖湿气流向大陆输送过程中，流经较冷的洋面或陆地，能形成大片的平流雾，这种现象常发生在我国东南沿海地区。

6.3 高空槽（脊）、切变线及其天气

6.3.1 高空槽（脊）及其天气

天气图分析表明，在自由大气中，西风带气流在水平方向上主要是呈波状运行的。其波谷和波峰对应低压槽和高压脊，分别称为高空槽和高空脊（图6-13）。高空槽一般开口朝北，槽线大多为东北-西南走向。槽前盛行暖湿的西南气流，有利于地面气旋发展，多阴雨天气；槽后脊前为干冷的西北气流，使地面高气压加强，天气晴好。

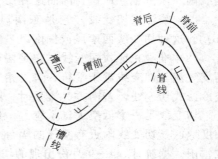

图 6-13　高空槽和高空脊示意图

6.3.1.1 大气长波

西风带的高空槽（脊）通常按波长的长短分为长波和中短波。当波长超过 3000km 时，称为大气长波。例如，北半球北纬 40° 以北的对流层中层西风带冬季平均有 3 个大槽：东亚大槽（东经 140°）、北美大槽（西经 70°～80°）和欧洲浅槽（欧洲东部）。在上述 3 个大槽之间有 3 个脊，它们呈波状环绕地球。这种天气图上的大槽、大脊就是大气长波，长波的垂直范围较大，可伸展到对流层顶或平流层，其移动速度缓慢，维持时间较长，可影响大范围地区的天气，例如寒潮天气。

6.3.1.2 西风短波槽

当波长为 2000～3000km 时，称为西风短波槽，整个西风带可以分为北、中、南 3 支，这 3 支西风气流上存在着大量的短波槽。进入我国的西风短波槽，根据路径的不同，可有下列几种情况：一是叠加在中支西风气流上从西北经过高原北面地区移至我国东部的所谓西北槽，以及从西面经过高原而东移的高原槽；另一是叠加在南支西风气流上从高原南面经过印度、缅甸东移影响我国的所谓印缅槽；此外，还有叠加在北支西风气流上经贝加尔湖一带进入我国东北、华北的所谓北方槽，但影响较小。西风短波槽影响的范围较长波小，但活动频繁，移动快，一年四季都可出现。据不完全统计，经过我国北部的短波槽，在冬季 1～2 月，平均每月 4～6 次，春季每月约 6～9 次；影响我国天气明显的南支波动一般每月有 6～7 个。这些西风短波槽的活动都可带来一次次冷暖空气的交换过程和降水天气。

6.3.2 切变线及其天气

6.3.2.1 切变线的概念

高空切变线通常指 850hPa 或 700hPa 等压面上风向、风速发生气旋性（逆时针方向）变化的不连续线。在气压场上，与切变线相对应的是一条东西向的横槽或两高压之间的鞍形场（图6-14）。从图上可看到，切变线北侧是大陆冷高压脊或扩散南下的冷高压单体，南侧是西太平洋副热带高压西伸的脊，切变线即存在于这两个高压之间。

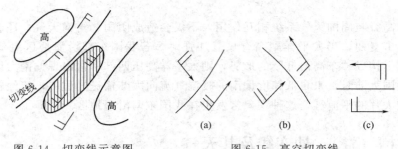

图 6-14　切变线示意图　　　　　图 6-15　高空切变线

6.3.2.2　切变线的分类

根据切变线上风场及其移动方向的不同，可分为以下 3 种类型：

（1）冷锋式切变线　它是偏北风或西北风与西南风之间的切变线〔图 6-15（a）〕。这种切变线偏北风占主导地位，因而这种切变线常常自北向南移动，其性质与冷锋近似。

（2）暖锋式切变线　它是东南风与西南风或偏东风与偏南风之间的切变线〔图 6-15（b）〕。这种切变线西南风或偏南风占主导地位，常自南向北移动，性质与暖锋相似。

（3）准静止锋式切变线　它是偏东风与偏西风之间的切变线〔图 6-15（c）〕。由于南、北两支气流与切变线近于平行，势力相当，因而很少移动，但若北方偏东气流强时，可以演变成冷锋式切变线，若南方气流强时，则可演变为暖锋式切变线。

切变线是一个低空天气系统，一般在 5km 高空就不存在了。并且基本上发生在中、低纬度地区。切变线附近有空气的辐合上升运动，所以常形成阴雨天气，有时还可以产生暴雨或雷雨。据统计，4～9 月份出现的切变线，76% 以上有暴雨，其中 6～7 月份 90% 有暴雨。

在我国，切变线主要产生于江淮流域和华南地区，西藏高原、云贵高原以及华北等地有时也能出现，其中江淮切变线的活动相当频繁。随着西太平洋高压脊的季节变化，切变线也有季节性移动，它的位置春季在华南地区，造成连绵阴雨；春末夏初在长江流域，造成梅雨天气；盛夏可北移到黄河中下游，造成大雨或暴雨，分别称为华南切变线、江淮切变线和华北切变线。

6.4　天气预报简介

天气预报是根据已获得的天气信息，对不同区域未来不同时段的天气进行的科学推断。天气信息包括气象要素、天气现象、天气系统、天气形势、各种物理量、雷达天气回波、卫星云图以及天象、物象的形成、数量、分布和演变。

天气预报分为形势预报（即各种天气系统的生成、消亡、强度的变化、移动）和气象要素（气温、降水和风等）预报。因为天气演变是在一定天气形势下发生和发展的，天气形势是描述大范围环流型与不同类别天气系统分布的概貌，它能显示出一定时间内的天气演变趋势，因此，在当前天气图预报方法中，天气形势预报是天气预报的基础。气象要素预报是指未来一定时间内风、云、温、湿、降水等气象要素的量值及各种天气现象的预报。从预报时效上看，目前一般将天气预报分为超短期预报（几个小时）、短期预报（3d 以内）、中期预报（3～10d 或 15d）、长期预报（10d 或 15d 以上）和超长期预报（1 年以上）。从预报范围来看，分全球、全国、省、市、县或更小范围（如飞机场、码头等）和地带（如航空线）预报等。

按预报技术方法把天气预报分为以下几种：天气图预报法、数值预报法、概率统计预报

农业气象学

法、卫星云图预报法等。

6.4.1 天气图预报法

自从有电报后，各地可将同时观测的气象资料及时集中到国家气象中心，绘制地面天气图和高空天气图。这种预报方法有 100 多年历史。

世界各地的气象台站在统一规定的时间进行地面高空气象观测，然后及时将观测数据集中到各国气象的通信中心，由中心汇总后再向国内外发报或通过电传机传送。各地气象台收到国内外的气象资料后，用统一规定的各种天气现象符号迅速填在一张特制的空白天气图上，再经预报员的分析，就可以从图上清楚地看出整个区域内各种天气系统和天气分布情况。分析同一时刻不同高度的天气图，可以了解天气系统的空间结构，弄清它们发生发展的原因。分析前后不同时刻的天气图，可以掌握各种天气系统的移动方向、速度和强度的演变规律，在此基础上，依据天气理论及实践经验所得到的预报规则来预报各个天气系统未来的移动方向和强度的变化（包括生成和消亡），并进一步推断各地区未来的天气变化，所以这种天气图预报方法属于半经验性的预报方法，是历史较长的传统预报法。

在天气形势预报中，最简单的方法是外推法，即假定未来天气系统的移动和变化与起始时刻的情况相同，这种方法也称作持续性法。其次是预报员在长期天气预报的实践中，总结出有关天气系统移动或强度变化的经验预报规则，这些经验规则在天气形势预报中也有很大作用。此外，从动力气象学的一些理论中，也可以推论出一些有关天气形势预报的规则。根据这些就可以做出未来的天气形势预报。

6.4.2 数值预报法

数值预报法是实现天气预报客观化、定量化和自动化的重要途径之一，也是衡量一个国家气象科学发展水平的重要标志。数值天气预报是在一定的初值和边界条件下，通过数值计算，求解描述天气演变过程的大气动力学方程组，预报未来天气的方法。大气动力学方程组是根据流体力学和热力学原理组成的。

由于数值天气预报所需资料量和求解大气动力学方程组的运算量十分庞大，因此其发展有赖于通信网络和巨型计算机的发展。当前，世界上开展短期数值天气预报业务的有 30 多个国家和地区。我国起步较晚，1965 年春才开始发布逐日 48h 500hPa 形势预报，但在短期数值天气预报的准确率和时效方面，一跃而进入世界先进列。同时，我国也成为世界上开展中期数值天气预报业务的 10 个国家之一。

数值预报业务是由资料收集、译码、客观分析、预报模式计算、统计检验、产品图形输出、资料存档到传真广播等一系列环节所构成的自动化工程系统。

(1) 资料收集和译码　国家气象中心用高速巨型计算机进行实时气象资料的收集和传输，将近百条国际、国内线路收集的全部气象资料经初步加工后存储起来，用于进一步分析。一般从观测时间开始算起，在 60min 内可以收集到国内地面观测资料的 90% 以上，在 240min 内可收集到北半球绝大部分高空资料。此外，对收集到的非常规资料，如卫星遥测的温、湿、压、晴空辐射率等均进行了处理。

(2) 客观分析　客观分析是用数值计算方法，将分布不规则的观测资料分析整理成规则分布的、适用于数值预报模式计算机需要的网络点资料的过程。它和人工分析不同，一旦给定方案，分析结果就不因人而异，故称为客观分析。

(3) 预报模式计算　随着数值预报模式不断更新换代、新型高速巨型计算机的投入使用，国家气象中心的数值预报业务有了高速发展。目前，短期环流形势预报采用先进的模式，使预报时效由 60h 增加到 72h，预报范围由欧亚地区扩展到北半球，并增加了高空物理量预报。中期环流形势预报模式的更新，使预报范围由北半球扩展到全球，预报时效由 5d 提高到 7d，且增加了降水量预报。1992 年更新的有限区降水预报模式可预报中国及临近地区未来 48h 降水量和有关物理量。此外，新建立的暴雨预报模式可预报未来 72h 降水量和有关物理量，台风模式预报 48h 台风路径、海平面气压和 850hPa 的高度场、风场。

（4）产品及其输出　国家气象中心每月有 70 多种数值预报产品用于气象传真广播。其中，40 多种通过一级线路向全国各台站发送，其余的则通过二级线路向我国北方大部分台站传送，这些产品不仅为全国各地方台站提供了实时天气服务，而且也可供天气分析和研究使用。

全国各地方台站使用情况表明，北半球 500hPa 形势预报对中、高纬度天气系统，特别是对长波槽（脊）的移动、发展以及转折性的演变都具有一定的预报能力。对华北、东北及江淮地区的降水预报也有一定的参考价值。

6.4.3　概率统计预报法

天气现象的发生，存在着必然性和随机性。概率统计方法是从天气现象具有随机性的一面出发，通过大量历史资料去探索其内部隐藏着的必然性，从而制作天气预报。换言之，用概率统计方法分析天气演变的统计规律以及预报因素和预报量之间的数量关系，建立数学模式，预报未来天气，这就是概率统计预报。

概率统计预报的数学模式很多，既有适应具有先进计算工具的中央、省气象台使用的统计预报方法，如线性（非线性）多元回归、平衡时间序列、判别分析、马尔柯夫链、正交函数展开等；又有适于缺少先进计算工具的广大台站应用的简易统计预报方法，如列联表、多因素相关和简易回归等。近几十年来，我国广大气象台站采用概率统计预报方法，与数值预报、天气图预报方法相结合，对提高天气预报准确率起到了一定作用。但是，由于作为概率统计预报的基础即大气随机现象的物理机制还不太清楚，加之我国气象资料序列较短，使单纯的概率统计预报多少带有一些盲目性。

目前广大气象台站推广应用的动力统计预报仍属于概率统计预报的范畴，例如模式输出统计预报方法（简称 MOS 方法）即为该法。随着数值天气预报业务的开展和微机的普及使用，人们把较长时间积累的数值预报输出的资料（如形势场和各种物理量场）以及要素资料分别作为预报因素和对象，用统计方法建立其间的数学关系式。制作日常预报时，只需把当时的数值预报产品代入关系式，即可求得未来气象要素的预报值。

6.4.4　卫星云图预报法

6.4.4.1　气象卫星

气象卫星实质上是一个高悬在太空的自动化高级气象站，是空间、遥感、计算机、通信和控制等高技术相结合的产物。其主要观测内容包括：

① 卫星云图的拍摄。

② 云顶温度、云顶状况、云量和云内凝结物相位的观测。

③ 陆地表面状况的观测如冰雪和风沙，以及海洋表面状况的观测如海洋表面温度、海冰和洋流等。

④ 大气中水汽总量、湿度分布、降水区和降水量的分布。

⑤ 大气中臭氧的含量及其分布。

⑥ 太阳的入射辐射、地气体系对太阳辐射的总反射率以及地气体系向太空的红外辐射。

⑦ 空间环境状况的监测，如太阳发射的质子、α 粒子和电子的通量密度。这些观测内容有助于我们监测天气系统的移动和演变；为研究气候变迁提供了大量的基础资料；为空间

飞行提供了大量的环境监测结果。

由于轨道的不同，气象卫星可分为两类：

（1）低轨卫星 也称极轨卫星，取太阳同步轨道。运行高度约 $600\sim1500$km，绕地球一周约 100min，轨道平面与赤道交角约 90°。两颗轨道平面互相垂直的低轨气象卫星每 6h 可以将整个地球巡视一遍。

（2）高轨卫星 又称静止卫星，取地球同步轨道。其轨道平面与地球的赤道平面重合，运行周期与地球自转周期相等，运行高度约 35800km。地球同步卫星上的感应器每半小时可以对地球表面 1/4 的地区观测一遍。

气象卫星上载有红外可见光和微波遥感仪器，可以接收地球或云层反射的太阳光、地球大气发射的红外和微波辐射，将探测的结果用无线电传送到地面接收站，资料经过处理后可得到电视云图和红外云图。

中国 1988 年 9 月 7 日发射了第一颗气象卫星"风云一号"太阳同步轨道气象卫星。后成功发射了四颗极轨气象卫星（"风云号"）和三颗静止气象卫星（"风云二号"），经历了从极轨卫星到静止卫星、从试验卫星到业务卫星的发展过程。同时还建立了以接收风云卫星为主、兼收国外环境卫星的卫星地面接收和应用系统，在气象减灾防灾、国民经济和国防建设中发挥了显著作用。

目前，我国的极轨气象卫星和静止气象卫星已经进入业务化，在轨运行的卫星分别是"风云一号"D 星（2002 年发射）和"风云二号"C 星（2004 年发射）。我国是世界上少数几个同时拥有极轨气象卫星和静止气象卫星的国家之一，是世界气象组织对地观测卫星业务监测网的重要成员。

2008 年 5 月 27 日，我国首颗新一代极轨气象卫星"风云三号"在太原卫星发射中心用我国自行研究的"长征四号丙"运载火箭发射升空。"风云三号"卫星将在数值天气预报、行星尺度天气分析、中小尺度天气预报、台风定位与强度估算、地球生态与环境分析、全球气候变化的分析等应用领域中发挥更大的作用，它使中国气象观测能力得到质的飞跃。

6.4.4.2 气象卫星云图

气象卫星云图是以气象卫星仪器拍摄大气中的云层分布，来寻找天气系统并验证地面天气图绘制的正确性。除此之外，还可以用来观测海冰分布、确定海面温度等与中长期天气预报相关的海洋资料。此技术可为在单一影像上显现各种尺度天气现象、对天气分析与预报提供有用的遥测资料。

气象卫星云图可分为红外线卫星云图、可见光卫星云图以及色调强化卫星云图等。

（1）红外线卫星云图 红外线卫星云图是指利用卫星上红外线仪器测量云层的温度，其实质是地表和云系的温度分布图（图 6-16）。其中，亮白色部分表示该云层温度较低，即是说，此处云层高度较高；反之，暗灰色部分表示该云层温度较高，云层高度较低，简言之，即以云顶的不同温度来判断云层的高度。

（2）可见光卫星云图 可见光卫星云图利用云顶反射太阳光的原理制成，故仅能于白昼进行摄影。可见光卫星云图可显示云层覆盖的面积和厚度，比较厚

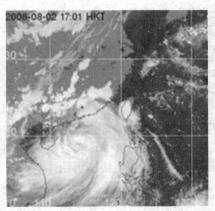

图 6-16 红外线卫星云图

的云层反射能力强，在可见光卫星云图上，会显示出亮白色，云层较薄则显示暗灰色。该云图还可与红外线卫星云图结合起来，做出更准确的分析。

（3）色调强化卫星云图　色调强化卫星云图属于红外线卫星云图的一种，主要针对对流云所设计，其目的为突显对流。对流越强，云顶高度越高，云顶温度越低。

6.4.4.3　气象雷达

气象雷达是专门用于大气探测的雷达，属于主动式微波大气遥感设备。气象雷达使用的无线电波长范围很宽，从 1cm 到 1000cm。它们常被划分成不同的波段，以表示雷达的主要功能。气象雷达常用的 1cm、3cm、5cm、10cm 和 20cm 波长各对应于 K 波段（波长 0.75～2.4cm）、X 波段（波长 2.4～3.75cm）、C 波段（波长 3.75～7.5cm）、S 波段（波长 7.5～15cm）和 L 波段（波长 15～30cm），超高频和甚高频雷达的波长范围分别为 10～100cm 和 100～1000cm。雷达探测大气目标的性能和其工作波长密切有关。把云雨粒子对无线电波的散射和吸收结合起来考虑，各种波段只有一定的适用范围。常用 K 波段雷达探测各种不产生降水的云；用 X、C 和 S 波段雷达探测降水，其中 S 波段最适用于探测暴雨和冰雹；用高灵敏度的超高频和甚高频雷达可以探测对流层-平流层-中层的晴空流场。气象雷达是用于警戒和预报中、小尺度天气系统（如台风和暴雨云系）的主要探测工具之一。常规雷达装置大体上由定向天线、发射机、接收机、天线控制器、显示器和照相装置、电子计算机和图像传输等部分组成。

气象雷达近几十年来呈高速发展的态势，受到世界上大多数国家和包括世界气象组织在内的气象、水文和相关学科的国际气象组织的高度重视。特别是多普勒天气雷达技术的应用，使获取更多的大气运动状态信息成为可能，极大地提高了各国气象和水文部门对极端灾害性天气的监测和预报能力，已成为世界各国构建业务雷达网之首选。

气象雷达可分为测云雷达、测雨雷达和测风雷达等，其主要类型有：

（1）测云雷达　是用来探测未形成降水的云层高度、厚度以及云内物理特性的雷达。其常用的波长为 1.25cm 或 0.86cm。工作原理和测雨雷达相同，主要用来探测云顶、云底的高度。如空中出现多层云时，还能测出各层的高度。由于云粒子比降水粒子小，测云雷达的工作波长较短。测云雷达只能探测云比较少的高层云和中层云。对于含水量较大的低层云，如积雨云等，测云雷达的波束难以穿透，因而只能用测雨雷达探测。

（2）测雨雷达　又称天气雷达，是利用雨滴、云状滴、冰晶、雪花等对电磁波的散射作用来探测大气中的降水或云中大滴的浓度、分布、移动和演变，了解天气系统的结构和特征。测雨雷达能探测台风、局部地区强风暴、冰雹、暴雨和强对流云体等，并能监视天气的变化。

（3）测风雷达　用来探测高空不同大气层的水平风向、风速以及气压、温度、湿度等气象要素。测风雷达的探测方式一般都是利用跟踪挂在气球上的反射靶或应答器，不断对气球进行定位。根据气球单位时间内的位移，就能定出不同大气层水平风向和风速。在气球上同时挂有探空仪，遥测高空的气压、温度和湿度。

（4）圆极化雷达　一般的气象雷达发射的是水平极化波或垂直极化波，而圆极化雷达发射的是圆极化波。雷达发射圆极化波时，球形雨滴的回波将是向相反方向旋转的圆极化波，而非球形大粒子（如冰雹）对圆极化波会引起退极化作用，利用非球形冰雹的退极化性质的回波特征，圆极化雷达可用来识别风暴中有无冰雹存在。

（5）调频连续波雷达　它是一种探测边界层大气的雷达，有极高的距离分辨率和灵敏度，主要用来测定边界层晴空大气的波动、风和湍流。

（6）气象多普勒雷达　多普勒气象雷达在大气遥感探测和研究中得到广泛应用，如探测降水云内和晴空大气中水平风场和垂直风场、降水滴谱和大气湍流等。多普勒气象雷达还为龙卷风的探测和短时预报提供了有效的工具。在完成多部雷达联合组网实时定量探测的基础上，可利用雷达测雨的观测资料结合卫星观测，进行更大范围的降水预报。工作在 30～3000MHz 频段的气象多普勒雷达，一般具有很高的探测灵敏度。因探测高度范围可达 1～100km，所以又称为中层-平流层-对流层雷达（MST radar）。它主要用于探测晴空大气的风、大气湍流和大气稳定度等大气动力学参数的垂直分布。

目前，由 158 部大功率、高灵敏度、全相参多普勒天气雷达组成的我国新一代天气雷达网已经建成，新一代天气雷达从南到北、从东到西分布在全国各地，大大提高了我国对灾害性天气的监测能力。新一代天气雷达为临近天气预报和灾害性天气警报提供了重要的高质量的大气观测资料，它与其他大气观测系统一起能更加完整地给出大气状况的图像。因此充分地利用好新一代天气雷达探测数据，能提高灾害性天气的预报能力、气象服务能力和防灾减灾能力，使它在气象业务中发挥更大的作用。

新一代天气雷达由于它的大功率、高灵敏度和全相参性能，大大提高了雷达定量测量降水的可靠性。同时可探测降水的生消、降水的演变、降水的范围和强弱以及降水分布。定量测量降水是新一代天气雷达的重要任务之一。新一代天气雷达可探测大气中的多种天气系统及其结构。锋面、槽线、台风、辐合带、飑线、中气旋、对流风暴等天气系统，尽管它们尺度不同，有大有小，新一代天气雷达都可以探测它们的生、消、移动、演变及其结构特征。同时新一代天气雷达还可以探测到多种天气现象及其强度、移动和演变过程，如龙卷风、雷暴、冰雹、阵性降水、连续性降水、下击暴流和大风等。

正是由于新一代天气雷达具有以上探测能力，因此在气象领域有多种用途。主要用于：①临近天气预报和灾害性天气警报；②人工防雹作业指挥；③人工增雨作业指挥；④雷电监测及预报；⑤定量测量降水及洪水预报；⑥航空保障；⑦数值预报；⑧气象学和气候学研究。

6.4.4.4　气象火箭

气象火箭是一种携载测量高空气象要素仪器的火箭，一般质量为 10～100kg，探测高度为 30～100km。其用途是用火箭携带气象仪器对中高层大气进行探测，探测项目包括大气的温度、密度、气压、风向和风速等气象要素以及大气成分和太阳紫外辐射等。气象火箭获得的高空大气资料可用于天气预报、气候变化和灾害性天气研究。气象火箭探测高空大气有多种方法。一种是在飞行中用探测仪器直接测量大气参数；另一种是在弹道顶点附近从箭头弹出探测仪器，挂在降落伞上，在下降过程中综合测量大气参数。这两种方法都要通过仪器上的遥测装置向地面接收站传送探测信息。有的气象火箭在弹道顶点高度附近抛出能充气膨胀的球体，用地面雷达跟踪，以测定大气密度、风速和风向。有的火箭在高空弹出金属箔条、化学发光物等示踪物，再由地面雷达跟踪示踪物以测定高空风和紊流。还有的从火箭上弹出榴弹，然后靠接收站接收榴弹在空中爆炸发出的声波来间接测定温度。世界上已有 20 多个国家研制和发射了气象火箭，建立了 80 多个气象火箭发射场，探测网站遍及从赤道到极区、从陆地到海洋的广大地域。中国也研制和发射了用于气象探测的"和平号"探空火箭。发射气象火箭已成为收集全球高空大气资料的经常性工作。

思 考 题

1. 什么是气团？形成气团需要具备哪些条件？

2. 活动在我国的气团主要有哪些？对我国天气有何影响？

3. 什么是锋？试述冷锋、暖锋和静止锋的天气特征。

4. 什么叫气旋和反气旋？天气特征如何？

5. 太平洋副热带高压季节性活动有何规律？对我国天气有何影响？

6. 天气预报所采用的方法有哪些？其主要特点是什么？

第 7 章　灾害性天气与农业气象灾害

灾害性天气指能够对人类生产、生活或生存环境造成破坏和损失的特殊天气。有时在天气现象上并不显得特殊，但气象要素持续处于对农业生产不利的状态，也能导致严重的后果。虽然从短期看不属灾害性天气，但仍然可形成农业气象灾害，如干旱、冷害等。本章主要讨论几种灾害性天气与农业气象灾害的发生规律及减灾技术。

7.1　寒潮

7.1.1　寒潮的概念

当有强冷空气向南侵袭时，常会造成剧烈的降温，并伴有冻害、大风等现象，这类天气过程，我们称作寒潮。中国气象局曾规定：由于冷空气的入侵，使气温在 24h 内下降 10℃或 10℃以上（或 48h 内降温 12℃或以上，任选一种），同时，最低气温在 5℃以下，称为寒潮。近年来，根据工农业生产和国防建设的需要，又进一步规定了寒潮的标准：长江流域及其以北地区，24h 内气温下降 10℃以上，长江中下游地区最低气温达到 4℃或以下，并且陆地上有 3 个大区伴有 5～7 级大风，海上有 3 个海区伴有 6～8 级大风，称为寒潮。目前，中央气象台发布寒潮即按此标准。这个标准只能作为一个很粗略的规定，实际上，各省发布寒潮预报时，往往视季节和地区等不同而做种种补充订正。

7.1.2　寒潮的源地及路径

7.1.2.1　寒潮源地

侵入我国的寒潮，其源地有 3 个：新地岛以西的洋面、新地岛以东的洋面和冰岛以南的洋面。

7.1.2.2　寒潮路径

由于寒潮来自不同源地，故其入侵我国的路径也有所不同，侵入我国的寒潮，基本上可分为 3 条路径。①北路：冷空气来自新地岛以东洋面经泰米尔半岛或雅库茨克附近地区，自北向南进入我国。②西北路：冷空气来自新地岛以西的洋面上，自西北向东南移动，经西伯利亚西部和蒙古进入我国。③西路：冷空气来自欧洲和西伯利亚西部，基本上自西向东入侵我国。进入我国的冷空气，一般都要经过东经 70°～90°、北纬 43°～65°的广大地区，这个地区叫作关键区，冷空气从关键区侵入我国的路径，又可分为东路、中路和西路 3 条。冷空气主力从东经 115°以东南下时，称为东路，主要影响东北、华北地区；从河套地区（东经

105°～115°）南下时，称为中路，这条路径冷空气一般较强，冷空气由蒙古人民共和国西部和我国新疆北部地区入侵，经过河套、西安等地，直到长江流域，能影响我国大部分地区；从河套以西地区南下时，称为西路，西路冷空气较弱，但对西南地区影响较大。

7.1.3　寒潮天气

影响我国的寒潮，往往与大范围的环流形势演变有关。寒潮爆发时，主要有两种天气过程：第一种是西来不稳定小槽不断发展，最后在亚洲东海岸形成一个主槽，随着这一过程的发展，槽后偏北气流引导冷空气南下，造成我国的一次寒潮天气；第二种是在乌拉尔山附近的阻塞高压崩溃时，高空脊前的冷槽向东南移动，致使冷空气南下，造成我国的寒潮天气。

在地面图上，寒潮往往表现为一个范围很大的高压，其强度在各季节是不同的，一般冬季寒潮冷高压的强度较大，中心气压值常在 1040hPa 以上，但当冷高压南下后，强度迅速减弱。

寒潮冷高压的前沿为一冷锋，称之为寒潮冷锋。寒潮冷锋过境时，主要表现为风向突变，锋后往往有偏北大风，温度剧降，气压很快升高，产生寒潮天气。

冷空气活动带来的天气，由于冷空气强弱、路径以及季节不同而有差异。冬半年，最突出的天气表现为大风和剧烈降温所引起的霜冻，有时还会有降雪和沙暴。冷锋过境时，风向剧变，锋后有偏北风，北方为西北风，中部为偏北风，南方为东北风，风速一般在锋后最大，持续时间也长。另外，在海上，一般比陆地上风力大，有时加上地形影响（如台湾海峡），风力更大。

冬季，冷空气南下以后，在西北和内蒙古地区经常有大风现象或伴有风沙与暴风雪，其他地区较为少见；在江南，有时出现浮尘；淮河以北少雨，偶有降雪。冷锋过淮河以后，降水的机会增加，尤其是当冷锋速度减慢或者在长江以南静止时，降水时间较长。

春、秋两季，冷空气带来的天气，除普遍的大风和降温以外，北方常有扬沙、沙暴等现象，尤其以春季最为严重。因为这时内蒙古和华北一带土壤均已解冻，气温升高，相对湿度较小，地表比较干燥，一有大风，尘沙扬起，随风南下。夏、秋降水较多，地表湿润，虽有大风，但风沙现象均不如春季普遍和严重。冷空气南下时，在春、秋季形成降水的机会比冬季多。冷空气到华北、长江流域可有雨雪，降水量不大；多是零星短暂降水。在长江以南至华南地区，却总是在寒潮南侵时产生降水，有时夹有雷电甚至出现冰雹。冷空气到达华南，特别当冷锋转为准静止锋时，常引起大范围的持久性阴雨天气。

因此，了解寒潮天气过程的规律，掌握好寒潮天气的特点，以趋其利而避其害，是有重大意义的。

7.2　霜冻

7.2.1　霜冻的概念

霜冻是植物在接近 0℃ 或 0℃ 以下低温时体内冻结而产生的伤害。其机理是低温造成的植物体内细胞间隙水分结冰，冰晶吸收细胞内原生质中的水分，引起原生质脱水，细胞代谢过程被破坏，同时冰晶膨胀引起细胞内机械损伤，最后导致植物枝叶的死亡。

按通常所说的霜与霜冻是有区别的，不能认为是同一种现象。所谓霜是由于贴地气层中地物表面温度或地面温度下降到 0℃ 以下，空气中的水汽达到饱和而直接在物体表面或地表面上所形成的白色结晶。它的形成不仅与最低温度有关，而且与空气中的水汽含量有关，有霜冻时不一定有霜，而有霜时则一定有霜冻。发生霜冻时，如有霜称白霜，反之称黑霜。

早秋出现霜冻称为早霜冻,在秋季第一次出现的霜冻为初霜冻,晚春发生的最后一次霜冻为晚霜冻。从第一次早霜冻出现到最后一次晚霜冻出现这一期间称为有霜期。相反由最后一次晚霜冻出现到第一次早霜冻出现之间的时期称为无霜期。早霜冻和春季的晚霜冻,对农作物影响更大,往往会造成灾害。

7.2.2 霜冻的分类

霜冻的发生与天气条件关系密切。根据霜冻形成的主要条件,可将霜冻分为平流霜冻、辐射霜冻和平流辐射霜冻3类。

(1)平流霜冻 是指大规模强冷空气流动时,使所经过的地区温度下降、作物遭受冻害。这种霜冻的强弱和范围大小与冷空气的强弱和范围有关。开始时,冷空气较强,随着冷空气变性增温,霜冻强度也逐渐减弱。这种霜冻常发生于初春和晚秋,可持续几昼夜。

(2)辐射霜冻 是在地面冷高压控制下的寒冷、晴朗、无风或微风的夜晚,主要因地面或植物表面辐射冷却,温度降到0℃以下致使作物遭受冻害的现象,常发生在夜间,到日出后终止,这种霜冻可在高压控制下连续几个夜晚出现。它的发生常是局地性的,强度较弱,受地形、地势、土壤性质等条件影响非常明显,常见于洼地和干松的地面。

(3)平流辐射霜冻(混合霜冻) 是在冷空气入侵和夜间强烈辐射两个因素综合作用下产生的霜冻。平流辐射霜冻最为常见,它多发生在较长的温暖天气之后。春季和秋季,由北方而来的冷空气温度一般略高于0℃,这种冷空气并不易形成平流霜冻,但由于晴朗、无风或微风的夜间引起地表和植被表层强烈的辐射冷却,促成地面和植物表面的温度降至0℃以下,形成霜冻。初霜冻和终霜冻多属此类,它对作物的危害较为严重。

7.2.3 霜冻对作物的危害

(1)霜冻对小麦的危害 我国小麦受霜冻危害的地区主要发生在华北平原中南部,淮河以北的苏北、皖北、豫中、豫东、晋南和山东省中西部等广大地区。霜冻危害的年份,小麦生长会受到严重损失,所以研究小麦霜冻危害问题,在生产上具有重要意义。

小麦幼苗受冻后,叶片主要表现为:已定长叶片呈深绿色,数日后叶尖干枯,严重者可达叶片长度的1/2。而未定长叶片呈绿色皱纹状,心叶呈水渍状。

小麦受霜冻危害的程度可以划分为3种情况:凡叶片、叶尖轻微受冻,并能很快恢复,而不影响植株正常发育的称为不受霜冻害;凡叶片、叶尖受冻,植株受害百分率小于5%,对植株正常发育影响不大,不至于明显影响产量的称为轻霜冻害;凡叶片受冻严重,而需长时间才能恢复,影响到植株的正常生长发育,或出现茎秆受害及植株死亡,对产量有明显影响者,称为重霜冻害。根据我国北方麦区晚霜冻害资料可知:小麦在拔节以后20d内,随着拔节日数的增加,植株忍受低温的能力逐渐减弱。在拔节期内,出现低于0℃的气温或出现低于−4℃的叶面温度,小麦就有遭受霜冻危害的可能。但拔节后的日数不同,受害程度和受害部位也不同,一般在拔节后的5d以内,小麦的抗冻能力急剧下降;小麦拔节10~15d(雌、雄蕊分化时期),抗寒能力最弱,称之为小麦的低温敏感期;在拔节15d以后,其抗寒能力减弱变缓;小麦抽穗期的霜冻指标,一般认为在最低气温0℃时幼穗开始受害,−1℃时植株和小穗就发生大量死亡。

霜冻对小麦危害的时间比较短,主要是在植株地上部受害,地下部的分蘖很少受害。所以当小麦地上部被冻死之后,只要条件适宜,分蘖节处仍可再生新蘖并形成产量。

(2)霜冻对棉花的危害 棉花是喜温作物,在生长期内对温度要求较高,且棉花生长期较长,因此棉花生长发育受霜冻影响很大,尤其在北方棉区,战胜早、晚霜冻害是棉花丰产的重要问题。

① 晚霜冻对棉苗的影响　晚霜冻是决定棉花播种期的主要因素之一。近年来，根据提出"霜前播种，霜后出苗"的原则来确定棉花的播种期，使出土的棉苗躲过晚霜冻的危害，达到适期早播的目的。

棉苗受晚霜冻危害的指标和它出土后的时期有密切关系。据研究，棉苗在真叶期较子叶期抗冻能力强，刚出土的棉苗最不抗冻，从开始出苗到普遍出苗需 3～5d 时间，从幼苗到比较抗冻的大苗也需要 3d 左右的时间，在部分棉苗达到 1 片真叶时，尚有少数棉苗出土不久，因此从棉苗开始出土后 7d 左右，可认为是棉花不抗冻时期，而在出苗一周以后则比较抗冻。

② 早霜冻对棉花的影响　早霜冻使棉絮质量变坏，形成"霜后花"或"红花"。比较嫩的棉桃（处暑后开花形成的桃）受霜冻后变成"一包水"，所谓"处暑花，不还家"就是指棉花后期霜冻害。

棉花受早霜冻危害的指标，一般在最低气温 0～1℃ 时部分叶片受害；-1～0℃ 时棉铃受害，并且部分棉株死亡。

在华北棉区预防棉花后期霜冻对棉花增产有重要意义。据资料统计，华北秋季早霜冻最早可出现在 9 月底或 10 月初，其后平均经过 1 周到半个月再来一次霜冻。如以日平均气温10℃ 作为棉花停止生长的标准，在华北棉区，棉花停止生长多在 10 月底或 11 月初，也就是说，如能防 2～3 次早霜冻，就可以延长棉花生育期近一个月，从而获得较多的优质棉花。

(3) 霜冻对水稻的危害　水稻受霜冻危害主要是秧苗期。秧苗受冻后表现为死芽或死苗（统称为烂秧）。死芽现象多发生在水秧田里，时间为 2 叶 1 心的种芽期，受霜冻后根部呈透明状，根芽呈现黄褐色，芽腐烂变软；苗期受冻后，心叶首先呈棕色，其后逐渐卷曲枯萎，根部变为黑褐色，不久则整株枯萎，引起死苗现象。

粳稻的霜冻指标是：在种芽期最低气温降到 0℃ 以下时受害；苗期降到 5℃ 以下受害；移栽期至返青期能耐 7～8℃ 的低温。籼稻的抗寒力差些，种芽期在最低气温 2～5℃ 时受害；苗期 7℃ 左右受害；移栽期至返青期能耐 10℃ 左右的低温。

(4) 霜冻对果树的危害　果树的霜冻害在我国不论是北方还是南方皆有之。北方表现为晚霜冻危害桃、苹果、梨、杏等果树的花期和幼果期，由于这些果树花期一般在 3 月下旬到4 月上、中旬，这时正值北方晚霜冻时期；在南方主要是柑橘类果树遭受冬季霜冻的危害。

(5) 霜冻对蔬菜和其他作物的影响　晚霜冻对蔬菜生长有很大影响，在华北中北部地区每年番茄、黄瓜等在定植以后怕霜冻危害；当春茬菜转入现蕾、开花之后，遇到霜冻也将引起落花、落果。蔬菜定植和现蕾期的霜冻指标，一般认为当最低气温为 -2～0℃ 时就受危害。其他作物（如玉米、高粱、花生等）在有的年份也受霜冻危害，它们在不同生育时期受霜冻害的温度指标不同。

7.2.4　防霜冻措施

7.2.4.1　农业技术措施

根据各地霜冻出现的规律和作物的生长发育特性，合理配置各种作物的比例，并选择好作物的适宜播种期和大田移栽期。例如，南坡和斜坡上部霜冻较轻，可种植抗寒能力较弱的作物或果树，而山间谷地则需选种耐寒品种。玉米、棉花等喜温作物做到霜前播种、霜后出苗，避开晚霜冻的危害。另外，对抗寒力弱的作物增施磷、钾肥，也可增强其抗寒能力。最根本的方法是培育抗寒性能强的作物品种。

7.2.4.2　农业工程措施

(1) 人工防霜　在霜冻发生之前，用熏烟、灌溉、覆盖、加热等方法直接增热或减少辐射冷却，可以避免或减轻霜冻危害。

（2）熏烟法　在霜冻即将出现时点燃发烟物，形成稳定的烟幕。首先，烟幕可减少地面有效辐射，使近地层温度不易降低；其次，烟幕中的吸湿性烟粒能促使水汽凝结，放出潜热，缓和降温；再次，燃烧还能直接放出热量，加热空气。此外，在作物受冻后，烟幕防止了日出后植物体的急剧升温，也可以减轻作物受冻害的程度。据测定，熏烟法一般可提高近地层气温 1～3℃。

（3）灌溉法　在霜冻来临前 1～2d 进行灌溉，如采用喷灌则应在霜冻来临前喷洒细小水滴。首先，灌溉后土壤湿度增加，可增大土壤热容和热导率，使夜间土温下降缓和。其次，灌溉使近地层空气湿度增加，可削弱夜间地面有效辐射，从而减缓降温。再次，空气湿度增加后，当夜间降温时，有利于水汽凝结放热。另外，喷灌时，水温较高直接带入热量减缓降温。所以，灌溉法可起到保温作用。据测定，灌水后可提高温度 2～3℃，热效应可维持2～3d。

（4）覆盖法　在霜冻来临前用塑料薄膜、草、瓦盆、草木灰、土杂肥等覆盖在作物上，可显著减小土壤和植物表面的有效辐射，同时被保护植物与外界隔离，温度降低较少，是很有效的防霜方法。

（5）直接加热法　用加热器直接加热空气，可提高温度。

（6）鼓风法　辐射霜冻发生时近地气层出现较强的逆温层，上层空气温度较高，此时使用电动机驱动螺旋桨或鼓风机，将近地层空气不断上下混合，可提高温度防止霜冻。

7.3　冷害

7.3.1　冷害的概念

在作物生长发育的季节里，当温度下降到低于生物学下限温度时，作物的生理机能受到障碍，影响作物正常生长发育，引起作物生育期延迟，甚至直接危害作物繁殖器官的正常形成，导致减产歉收，这种以低温为主要特征的灾害称为低温冷害，或简称冷害。

冷害是作物在 0℃ 以上低温发生的生理伤害，它与霜冻危害不同，低温冷害发生是缓慢积累的过程，一般不易觉察，受害作物的外形没有异常，只是由于灌浆成熟不良造成减产，农民称之为"哑巴灾"。

7.3.2　冷害的分类

根据低温冷害对作物的危害机制，一般可将其分为以下 3 种类型。

（1）延迟型冷害　作物生育期遇到较长时间的低温，使作物生育期延迟，不能在初霜到来之前正常成熟，而导致产量降低。延迟型冷害如发生在幼穗分化前的营养生长期，低温的危害是延迟抽穗。如发生在籽粒成熟期，低温使净光合生产力降低，不能充分灌浆、成熟，收获时秕粒大量增加而减产。

（2）障碍型冷害　在作物生殖生长期，主要是孕穗期、抽穗开花期，遭受短时间低温，使生殖器官的生理活动遭到破坏，造成颖花不育、结实率降低，收获时空壳增多，导致减产。

（3）混合型冷害　是指上述两种冷害在同一生长季中相继出现或同时发生给作物生长发育和产量形成带来危害。

我国各地出现低温冷害，与冬、夏季风的强弱及其位置、进退时间有密切关系，特别是寒潮冷空气侵袭早、后退迟是直接的天气、气候因素。一般春、秋季低温引起的冷害，主要发生在长江流域及以南地区；夏季低温引起的冷害，主要发生在东北地区。严重冷害年全国粮食减产可达 100 亿千克左右。受冷害最严重的东北地区 1969 年、1972 年、1976 年因低温冷害损失粮食均在 50 亿千克左右。

7.3.3　冷害的防御措施

　　根据各地的气候资源，加强低温冷害的长期预报，合理调整作物布局和品种的搭配，短期预报可为应急防御措施提供可靠依据；根据冷害发生的规律，适时安排作物的播栽期，避过低温的影响；改善和利用小气候生态环境，采用覆盖、喷洒化学保温剂等方法增强植物的抗寒能力；选育耐寒的高产品种，促苗早发；合理施肥，促进早熟；加强农田管理，提高栽培技术。

7.4　冻害

7.4.1　冻害的概念

　　冻害指植物或动物在 0℃ 以下强烈低温作用下受到的伤害，主要发生在越冬期间、深秋和早春。

　　冻害在中、高纬度地区发生较多。北美中西部大平原、东欧、中欧是冬小麦冻害主要发生地区。中国受冻害影响最大的是北方冬小麦区北部，主要有准噶尔盆地南缘的北疆冻害区，甘肃东部、陕西北部和山西中部的黄土高原冻害区，山西北部、燕山山区和辽宁南部一带的冻害区以及北京、天津、河北和山东北部的华北平原冻害区。在长江流域和华南地区，冻害发生的次数虽少，但由于丘陵山地对南下冷空气的阻滞作用，常使冷空气堆积，导致较长时间气温偏低，并伴有降雪、冻雨天气，使麦类、油菜、蚕豆、豌豆和柑橘等遭受严重冻害。

7.4.2　冻害的分类

　　不同作物受冻害的特点不同，如冬小麦主要可分为：①冬季严寒型。强冷空气入侵频繁，降温幅度大，持续时间长，常伴有大风，最低气温有时出现 -30～-20℃。冬小麦虽处在休眠期，因温度过低，有时发生根、全株及分蘖节受冻死亡现象，冻害的范围较小，但遇秋、冬干旱年份，会造成大面积的冻害死苗。②入冬剧烈降温型。麦苗停止生长前后气温骤然大幅度下降，或冬小麦播种后前期气温偏高生长过旺时遇冷空气易受害。③早春融冻型。冬末春初，天气日渐回暖，冻融交替，麦苗提前萌动生长。这时小麦抗冻能力已开始减弱，冷空气降温强度虽减弱，但发生的冻害往往比冬季更为严重。

　　不同作物、品种的冻害指标也各不相同。如小麦多采用植株受冻死亡 50% 以上时分蘖节处的最低温度作为冻害的临界温度，即衡量植株抗寒力的指标。抗寒性较强品种的冻害临界温度是 -19～-17℃，抗寒性弱的品种是 -18～-15℃。成龄果树发生严重冻害的临界温度：柑橘为 -9～-7℃，葡萄为 -20～-16℃。

　　冻害的造成与降温速度、低温的强度和持续时间、低温出现前后和期间的天气状况、气温日较差等及各种气象要素之间的配合有关。在植株组织处于旺盛分裂增殖时期，即使气温短时期下降，也会受害；相反，休眠时期的植物体则抗冻性强。各发育期的抗冻能力一般依下列顺序递减：花蕾着色期→开花期→坐果期。

7.4.3　冻害的防御措施

　　为了防御冻害，宜根据当地温度条件，选用抗寒品种，并确定不同作物的种植北界和海拔上限。防冻的栽培措施包括越冬作物播种适时、播种深度适宜，北界附近实施沟播和适时浇灌冻水，果树夏季适时摘心、秋季控制灌水、冬前修剪等。各种形式的覆盖，如葡萄埋土、果树主干包草、柑橘苗覆盖草帘和风障以及经济作物覆盖塑料薄膜等，也有良好的防冻效果。

7.5 干旱

7.5.1 干旱的概念及指标

7.5.1.1 干旱的概念

干旱是指一个地区长期无雨或缺雨，土壤水分不能满足农作物生长发育的需要，从而导致作物生长受抑、甚至死亡，造成减产或失收的一种农业气象灾害。干旱是气象、地理和人类活动等多种因素综合影响的结果。但就较大范围的干旱来说，大气环流异常和高压长期控制是其形成的天气原因。

大气环流异常主要指太平洋副热带高压的强弱、进退。如夏季，太平洋副热带高压很弱时，长江流域出现洪涝而华北地区出现干旱，即"南涝北旱"；反之，太平洋副热带高压很强时，则为"南旱北涝"。由于高压常占据很大的区域，故干旱往往波及广大地区，即所谓"旱一片"。

7.5.1.2 干旱的指标

在气象上通常将降水量的多少作为干旱的标准，其中，常用的是用降水量距平百分率来表示某地某时段内降水量与常年的偏离程度，并以此衡量干旱是否发生及干旱的程度。降水量距平百分率可用下列公式表示：

$$D = (R - \overline{R})/\overline{R} \times 100\% \tag{7-1}$$

式中，R 为当年该地某一时段的实际降水量；$\overline{R}$ 为同期多年平均降水量。如果 $D > 0$，表示该地区当年某一时段降水量偏多，$D < 0$ 则表示降水量偏少。在气象部门日常业务中，干旱指标如表 7-1 所示。

表 7-1　干旱指标

旱期	干旱指标	
	旱	大旱
连续 3 个月以上	−50%～−25%	−80%～−50%
连续 2 个月	−80%～−50%	−50% 以上
1 个月	−80% 以上	

7.5.2 干旱分布特征

我国的大范围干旱有 50 年和 100 年左右的周期，16 世纪及 17 世纪，20 世纪 20 年代和 40 年代及 60～70 年代干旱比较严重。北纬 35°～40°间干旱发生较多，自此带往北和往南都相应减少。

黄淮海地区约占全国受灾和成灾面积的 1/2，是干旱最频繁和严重的地区；其次是长江流域和西南；西北地区降雨虽稀少，但主要是绿洲灌溉农业，受当年降雨多少影响不大，干旱次数和面积反而较小。

（1）春旱　北方春季升温快，少雨、多风、蒸发量大，华北地区和东北西部的春旱发生概率都在 70% 左右，且经常出现连年春旱；西北地区发生频率为 44%，尤以陕北、宁南、陇中、青海东部更严重；华南和西南春旱频率也较高。

（2）夏旱　北方春旱严重而雨季又晚的年份常出现初夏旱，作物水分供需矛盾最为突出。主要发生在东北西部、甘肃中部、宁夏南部、关中东部、山西南部、河南中北部、河北南部和山东中部，影响小麦灌浆和夏播，还影响春播作物的生长。有的年份长江流域形成"空梅"，使长江流域长期处于副热带高压控制之下，多晴少雨，形成伏旱。

（3）秋旱　副热带高压南撤过快，秋雨偏少，会形成秋旱，以长江中游发生较多，北方也很常见。东南沿海因多台风，秋旱较轻。

（4）冬旱　华南冬季，作物仍旺盛生长，但降水变率很大，广州1月降水变率高达88%，常发生冬旱。北方冬麦区冬季持续少雨，易使冬小麦失水病加重。

7.5.3　旱灾的防御措施

旱灾是世界上发生面积最大、危害最严重的一种农业气象灾害，它的研究与防御一直受到普遍的重视。防御的出发点是避免或减轻灾害引起的损失，因此主要措施有：

（1）搞好农田基本建设，提高土壤肥力，合理耕作保墒，提高作物抗旱能力。

（2）提高节水栽培技术，建立合理的节水农业生态结构。

（3）植树造林，兴修水利，挖掘水源，发展节水灌溉。

7.6　梅雨

7.6.1　梅雨天气特征

每年初夏，中国湖北宜昌以东、北纬28°～34°之间的江淮流域通常出现连阴雨天气，雨量很大，有一段连续的阴雨时期，此时，正值江南梅子黄熟季节，所以称这时的降水为"梅雨"或"黄梅雨"，又由于降水延续时间长、空气湿度大，百物生霉，又称"霉雨"。

梅雨开始，称为"入梅"。梅雨结束，称为"出梅"。各地入梅、出梅和梅雨的持续时间是不一样的。据资料统计，闽北、赣南和浙江的入梅时间一般在5月底到6月初；沿江一带在6月中旬；淮南多在6月底。出梅时间约自6月底到7月中旬，自南往北先后结束。梅雨持续时间，称"梅雨季节"，江南约一个月，淮南约20d。

梅雨天气的主要特征是：雨量特别充沛，空气相对湿度大，多云，日照时间短，地面风力较小，降水多属连续性，也有阵雨和雷暴，并且还间隔有大雨或暴雨。梅雨是大范围的天气现象，是大型降水过程。梅雨前后，无论是天气还是自然季节，都发生比较明显的变化。梅雨前，主要雨区多在华南一带，江南地区受北方冷高压控制，常为晴朗天气，雨水较少，湿度较低，日照充足；梅雨开始后，主要雨区移来，雨量显著增多，日照时数减少，阴沉高湿，气温少变，是梅雨季节；梅雨结束后，雨区移至黄河流域，之后又北推到华北和东北，江淮地区受副热带高压控制，雨量显著减少，气温急剧上升，日照长，天气酷热，进入盛夏时期，所以说，入梅和出梅是江淮地区从初夏到盛夏的显著标志。

7.6.2　梅雨的形成和结束

梅雨是我国江淮流域气候上的一个特色，梅雨前后各阶段的环流形势具有不同类型。

梅雨形成的原因，主要是在亚洲东北部的鄂霍次克海上空形成一个稳定少动的阻塞高压，阻挡我国北部上空的低压槽东移入海，使槽后的干冷气流不断南下输送到江淮流域，提供了持续不断的冷空气条件；同时，随着副高脊线北跳到北纬20°～25°，副高脊后气流把南方的暖湿空气源源北送，这样，冷暖空气在江淮地区交汇，势均力敌，互相对峙，形成准静止锋，在静止锋偏北几个纬度的高空有切变线，与其对应准静止锋的北面和切变线之间地区有大片雨区。

另外，在湘赣一带，由于冷暖空气势力强弱不断变化，或在其高空，有时从四川等西南地区不断有西南冷涡东移，常在江淮地区准静止锋面上发展为一个个气旋波。气旋波内盛行上升气流，加之副高把暖湿空气不断送来，水汽充足。所以，每当气旋波移来时，可以造成一次次大雨或暴雨。雨带范围很大，东西方向呈带状的锋面雨或气旋雨，南北宽度常为200～300km，最宽的可达400km左右。

梅雨的结束，也就是上述条件的破坏。随着我国东北上空低压的加强，将促使鄂霍次克海阻塞高压破坏，即使阻塞高压不破坏，其位置也偏西。同时，南方的副高势力随着盛夏的到来也将进一步加强，副高脊线又一次北跳，到达北纬30°附近，这样，使冷、暖空气交汇的位置北移到黄河流域，华北和东北地区的雨季开始，江淮地区的梅雨结束。

总之，梅雨的形成、结束和副高的活动与副高脊线的位置密切相关。当副高脊线跳到北纬25°附近时，即预报江淮地区梅雨开始；当副高脊线跳到北纬30°附近时，即预报江淮地区梅雨结束。每年梅雨季节前后，我们可以收听气象台的形势广播，从而了解到梅雨的动态。

7.6.3　梅雨天气和农业生产

梅雨季节正是水稻、棉花等作物生长旺盛的时期，也是春播作物及果树需水较多的时期，梅雨能带来较多的雨水，对农业生产是有好处的；但是，梅雨量的多少、入梅和出梅时间的早晚，其年际变化都较大，对农业生产也带来不利的影响。例如，1954 年、1969 年梅雨季节的总降水量较多，约相当于当地常年年总雨量的一半，而且由于雨量过于集中，造成了内涝和水灾；另外，如 1965 年、1971 年，在梅雨季节，降水量很少，即所谓"少梅"或"空梅"，而出现了干旱。入梅太早，影响夏收，容易造成"麦烂场"；入梅过晚，又会影响夏种，影响晚稻及时栽播。最理想的梅雨季节是在夏收基本结束，夏种、夏插刚刚开始时入梅，就沿江地区来说，以 6 月中旬比较理想。出梅过早，伏旱将会提前出现；梅雨期过长，作物长期处于温度低、光照不足的环境下，光合作用很弱，生长发育受到影响，棉花容易形成"高脚苗"和花蕾脱落，双季早稻生育期延迟，影响后季稻及时栽插，果树的果实品质受到影响。所以，对于梅雨季节的雨量多少及梅雨期的长短和入梅、出梅迟早所引起的有利和不利影响，要有足够的分析和了解，以便充分利用有利因素，克服不利的一面。

7.7　干热风

7.7.1　干热风天气特点与形成

干热风天气是高温、低湿并伴随着一定风力的大气干旱现象，是影响小麦、棉花等作物高产、稳产的主要气象灾害之一。在我国北方主要麦区，春末夏初，正当小麦灌浆乳熟阶段，常常遇到连续几天的又干又热的偏南风，这就是通常所说的干热风天气。

我国干热风天气主要发生在冀、鲁、豫、鄂、晋、陕、甘、苏、皖等省，其中以冀、鲁、豫、苏、甘等地区受害较为严重。

干热风天气一般出现在 4～8 月，黄淮平原、关中地区均在 3 月下旬至 6 月上旬；有些年份苏北、淮北等地也可发生于 5 月中旬；银川灌区和河西走廊是在 6 月下旬到 7 月上、中旬出现；华北出现在 5 月下旬至 6 月上旬。

产生干热风天气的原因是：春末夏初，控制我国的极地大陆气团势力减弱，加强的热带海洋气团又影响不到北方，此时北方地区受变性极地大陆气团的控制，日照充足，空气干燥，气温回升很快，5月份的最高气温普遍达到30℃以上，若有一定风力的伴随，很容易出现干热风。另外，西北地区热带大陆暖空气的北上或热低压的影响，也是干热风的成因之一。

7.7.2 干热风天气危害的指标

由于各地具体情况不同，目前对各种干热风天气指标难以统一。关于干热风天气指标的表示方法，应根据本地区干热风类型来确定。一般来说，对高温低湿型干热风，主要考虑温度和湿度因素；对雨后枯熟型干热风，主要考虑降水量和雨后高温；对旱风型干热风，则主要考虑风向、风速和空气湿度。通常采用的简单指标是"三三"制，即日最高气温≥30℃，日最小相对湿度≤30%，风速≥3m·s⁻¹（或3级以上），其等级及指标见表7-2。

表 7-2 我国北方麦区不同区域高温低湿型干热风等级指标

麦类	区域	指标					
		轻			重		
		日最高气温/℃	14:00相对湿度/%	14:00风速/m·s⁻¹	日最高气温/℃	14:00相对湿度/%	14:00风速/m·s⁻¹
冬麦	华北平原及汾、渭谷地	≥32	≤30	≥2	≥35	≤25	≥3
	黄土高原旱塬区	≥30	≤30	≥3	≥33	≤25	≥4
春麦	内蒙古河套、宁夏平原	≥32	≤30	≥3	≥34	≤25	≥3
	甘肃河西走廊	≥32	≤30	不定	≥35	≤25	不定
冬、春麦	新疆重区	≥34	≤30	≥2	≥35	≤25	≥3
	新疆次重区	≥32	≤30	≥3	≥35	≤30	≥4

7.7.3 干热风分类及分布

经各地调查，我国北方麦区干热风按其天气现象的不同，可以划分为3种类型，即高温低湿型、雨后枯熟型和旱风型。

高温低湿型的特点是大气高温、干旱，地面吹偏南风或西南风，风加剧了高温干旱的影响，这种燥热的天气过程使小麦炸芒、枯熟、秕粒，多发生在华北、黄淮地区。

雨后枯熟型的主要特点是雨后高温或雨后猛晴，小麦被"蒸死"，造成青枯或枯熟，多发生在华北和西北等地。

旱风型的特点是空气湿度低，风速大，但气温不一定高于30℃，常发生于苏北、皖北地区。

7.7.4 干热风天气对小麦的危害

干热风对小麦的危害按其受害原因，可分为干害和热害两种。

干害是指在干热风条件下，由于高温低湿的影响，植株蒸腾强度大，田间耗水量增多，当土壤缺水或根系吸水供不应求时，就形成植株体的水分平衡失调现象。试验表明，当气温由30℃左右升到34～36℃时，植株耗水量突然增加60%；但是，根系的吸水能力一般不能适应气象条件如此急剧的变化，而产生植株体内细胞失水、代谢活动受阻、叶片色素遭到破坏、叶片萎蔫以至死亡等一系列水分平衡失调引起的生理反应。

热害是指高温破坏了植株光合作用的正常进行，影响干物质的制造和输送，致使千粒重下降。据观测，小麦在乳熟前期，当气温升到20℃左右时，旗叶的光合作用受到阻碍；气温在33～34℃时，旗叶的光合强度大大降低。

实际上热害和干害经常并行发生，因为在高温条件下，小麦叶片气孔失去关闭能力，形成大量的蒸腾失水。蒸腾量增大的结果将导致植株水分平衡失调，形成干旱。风的作用是增强大气干旱和造成植株的机械损伤。小麦处于乳熟中、后期时，是受干热风危害的关键时期。

7.7.5　小麦干热风防御措施

（1）浇麦黄水　是防御干热风的有效措施，其主要作用是改善小麦生育后期的田间小气候条件，增大小麦的灌浆速度。

（2）选用抗干热风的优良品种　在北方麦区，早熟或中早熟品种一般都能避开干热风危害。

（3）营造防护林带　可减小风速，增加湿度，降低温度，能减轻干热风危害。

（4）喷洒化学药剂　石油助长剂、草木灰、氯化钙、磷酸二氢钾等都有防御干热风的作用。

（5）运用综合农技措施　搞好农工基本建设，合理施肥，调整播种期和播种方式，改革种植制度等。

7.8　冰雹

7.8.1　冰雹的发生及分布

冰雹是从发展强烈的积雨云中降落到地面的小冰球或冰块，直径一般为 5～50mm。我国除广东、湖南、湖北、福建、江西等省冰雹较少外，其余各地每年都会受到不同程度的雹灾。尤其是北方的山区及丘陵地区，地形复杂，天气多变，冰雹多，受害重，对农业危害很大。猛烈的冰雹打毁庄稼，损坏房屋，人被砸伤、牲畜被砸死的情况也常常发生；特大的冰雹甚至能比柚子还大，会致人死亡、毁坏大片农田和树木、摧毁建筑物和车辆等，具有强大的杀伤力。冰雹是一种严重的灾害性天气，因此，做好冰雹预报十分重要。

冰雹多发生在春末夏初季节交替时，这个时期暖空气逐渐活跃，带来大量的水汽，而冷空气活动仍很频繁，这是冰雹形成的有利条件。在一天中，冰雹多出现在 14～17h。冰雹云的范围不大，局地性强，每次冰雹的影响范围一般宽约几十米到数千米，长约数百米到十多千米，降雹历时短，一般为 5～15min，少数在 30min 以上。冰雹的地区分布受地形影响显著，地形越复杂，冰雹越易发生。通常，山地多于平原，中纬度多于高纬度和低纬度，内陆多于沿海。年际变化大，在同一地区，有的年份连续发生多次，有的年份发生次数很少，甚至不发生。发生区域广，从亚热带到温带的广大气候区内均可发生，但以温带地区发生次数居多。我国雹区主要分布在山西、甘肃、陕西、河南、内蒙古、江苏北部和云贵山区等地，长江以南降雹机会较少。

7.8.2　冰雹的形成条件和过程

形成冰雹的积雨云必须具备以下两个条件（图 7-1）。

（1）强烈的、不均匀的上升气流　积雨云中上升气流的速度必须在 20m·s⁻¹ 以上，才能形成冰雹；如果上升气流速度达 50m·s⁻¹ 以上，可以形成直径为 10cm 的大冰雹，所以产生冰雹的积雨云都发展得很高。形成冰雹，不仅要有强大的上升气流，而且上升气流必须时强时弱不均匀，因为只有这样才能使冰雹在云中上下多次反复，延长冰雹的冲并过程，冰雹逐渐增大。

（2）充足的水汽　水汽愈充沛，通过冲并过程冰雹的体积增长愈大。经验指出，水汽含

图 7-1 冰雹形成过程示意图

量必须在 $10\sim20\mathrm{g}\cdot\mathrm{m}^{-3}$ 以上。

形成冰雹除上述两条件外，还要有外界的抬升力，才能发展强烈的对流运动，由于抬升力的不同，冰雹形成有下列几种情况：

（1）热力抬升　夏季午后，陆地表面受日射而增热，近地面层常常出现超绝热（$\gamma > \gamma_d$），对流运动发展剧烈，形成冰雹云。这种情况在我国西北地区常见，群众中流传谚语："早晨凉飕飕，下午冰雹打破头"，可见热力抬升作用形成的冰雹很凶猛，降雹时狂风暴雨、雷电交加，但影响范围一般不大。

（2）锋面抬升　冷空气南下，迫使暖湿空气沿锋面上升，也可以形成冰雹云。由冷锋造成的雹灾最为严重，范围也广。

（3）地形的抬升作用　山地的迎风坡上，气流被迫抬升，也常常形成冰雹云，所以山区冰雹多于平原。

7.8.3 冰雹灾害的防治对策

冰雹灾害性天气主要发生在中、小尺度天气系统中，常在低空暖湿空气与高空干冷空气共同作用导致的大气极不稳定的条件下出现，是小尺度的天气现象，常发生在夏、秋季节，中纬度内陆地区为多。但是由于它的出现常带有突发性、短时性、局地性等特征，一旦发生，猝不及防，这使得对它的预测非常困难。因此，对冰雹灾害的防治，首先必须加强对冰雹活动的监测和预报，尽可能提高预报时效，抢时间，采取紧急措施，以最大限度地减轻灾害损失，特别是避免人员伤亡。

（1）要建立快速反应的冰雹预警系统　对冰雹灾害的防御，首先必须加强对冰雹的监测和预报，尽可能提高预报时效，采取紧急措施，最大限度地减轻灾害的损失。近年来，随着天气雷达、卫星云图接收、计算机和通信传输等先进设备在气象业务中大量使用，大大提高了对冰雹活动的跟踪监测能力。各级气象部门将现代化的气象科学技术与长期积累的预报经验相结合，综合预报冰雹的发生、发展、强度、范围及危害，使预报准确率不断提高，并通过各地电台、电视台和灾害性天气警报系统等媒体发布"警报""紧急警报"，使社会各界和广大人民群众提前采取防御措施，避免和减轻灾害损失。

（2）建立人工防雹系统　在多雹地带的降雹季节，开展人工防雹，以减轻或消除冰雹的危害。目前常用的人工防雹方法有：①用火箭、高炮或飞机直接把碘化银、碘化铅、干冰等催化剂送到云里去；②在地面上把碘化银、碘化铅、干冰等催化剂在积雨云形成以前送到自由大气里，让这些物质在雹云里起雹胚作用，使雹胚增多，冰雹变小；③在地面上向雹云放火箭、打高炮，或在飞机上对雹云放火箭、投炸弹，以破坏对雹云的水分输送；④用火箭、高炮向暖云部分撒凝结核，使云形成降水，以减少云中的水分；在冷云部分撒冰核，以抑制雹胚增长。

（3）加强农业防雹措施　常用方法有：①在多雹地带，种植牧草和树木，增加森林面积，改善地貌环境，破坏雹云形成条件，达到减少雹灾的目的；②增种抗雹和恢复能力强的农作物；③成熟的作物及时抢收。

7.9　台风

台风（西太平洋地区称为台风，大西洋和东太平洋地区称为飓风，印度洋地区称为热带风暴）是指发生在南北纬5°~20°之间，具有暖中心结构的气旋性涡旋。强烈的热带气旋常常带来狂风暴雨和惊涛骇浪，是全球最为严重的灾害性天气。南大西洋和南太平洋东部没有台风，北半球台风主要发生在7~10月份，南半球则主要发生在1~3月份，其他季节明显减少。

7.9.1　台风源地、标准及其命名

在全球，台风源地主要有8个海区，其中北半球有：北太平洋西部、北太平洋东部、北大西洋西部、孟加拉湾和阿拉伯海5个；南半球有：南太平洋西部、南印度洋东部和西部3个。每年全球发生的台风数平均约80个。北太平洋西部的台风源地主要集中在菲律宾至关岛附近的洋面以及我国的西沙岛和南沙群岛附近，是影响我国天气的台风源地。

根据中国气象局关于实施热带气旋等级国家标准（GB/T 19201—2006）的通告，热带气旋按中心附近地面最大风速划分为6个等级（表7-3）。

表7-3　热带气旋的等级标准

名称	底层中心附近的最大平均风速/m·s⁻¹	风力等级
超强台风（Super TY）	≥51.0	16级或以上
强台风（STY）	41.5~50.9	14~15级
台风（TY）	32.7~41.4	12~13级
强热带风暴（STS）	24.3~32.6	10~11级
热带风暴（TS）	17.2~24.2	8~9级
热带低压（TD）	10.8~17.1	6~7级

世界气象组织对发生在不同海域的热带气旋均进行编号。我国气象部门规定，对发生在东经150°以西、赤道以北的西北太平洋和南海海面上，中心附近风力达到8级或8级以上的热带气旋，按照每年发生时间的先后次序进行编号；近海区域出现的热带气旋，中心附近风力达7级时应及时编号。编号用四位数码，如0312号表示2003年第十二号台风。自2000年1月1日开始，西北太平洋地区在对台风编号的同时，还采用了新的命名（由WMO所属亚太地区的14个国家和地区提供），命名时大多使用花草植物及动物等名字（美国采用人的名字），每个国家提供10个共140个名字，如2003年的第十五号台风（0315）命名为"彩云"（中国香港提供），2006年的第八号台风（0608）命名为"桑美"（越南提供）。

7.9.2　台风移动路径

发生在西太平洋地区的台风，其移动路径主要有3条：西移路径、西北路径和转向

路径。

西移路径的台风，由菲律宾以东洋面向西北偏西方向移动，经我国南海，在华南沿海、海南岛一带登陆，对我国华南沿海地区影响最大。

西北路径台风，从菲律宾以东洋面向西北偏西方移动，在我国台湾、福建或浙江沿海一带登陆，或在洋面上向西北方向移动，穿过琉球群岛，在浙江、江苏沿海一带登陆，台风登陆后，一般在我国内陆上消失，这条路径对我国华东地区影响最大。

转向路径的台风，从菲律宾以东向西北方向移动，到达我国东部海面或在我国东部沿海地区登陆，然后向东北方向移去，路径呈抛物线状，对我国东部沿海地区及日本影响最大。

在各个季节，台风的移动路径有一定的趋势。6月以前和9月以后的台风，主要走西移和海上转向路径；7～8月的台风多在我国陆地登陆。在我国陆地上登陆的台风，以温州和汕头之间最多；其次是汕头以南；在温州以北登陆者最少。

7.9.3 台风的结构和天气特征

7.9.3.1 台风的结构

台风是一个强大的暖性低压系统，中心气压常在970hPa左右，其水平范围以最外围近圆形的等压线为准，直径一般为600～1000km，最大的可达2000km，最小的仅100km。台风区内等压线近似同心圆，愈近台风中心，等压线愈密集，水平气压梯度也愈大。1956年8月1日强台风经过浙江省石浦时，1h的气压变化竟达29.5hPa，最低气压为914.5hPa，中心附近风力达75m·s^{-1}。

台风范围内，按其各部位出现的天气现象不同，可以分为3个区域：

（1）外围大风区　由台风的边缘向内一直到最大风速区的外缘是外围大风区。在该区域的边缘多为卷云、卷层云，日、月出现晕环，黄昏时彩霞呈黄橙色或紫铜色；向内出现积聚状的中、低云，且云层逐渐增厚，偶尔也有秋雨云。3h内气压可以降低3hPa以上。

（2）狂风暴雨区　它是围绕台风眼外面最大的风速和最大量的降雨区。在该区域里，有强烈辐合上升的气流，形成旋状对流云的云墙，其平均宽度为10～20km，高达几十千米，云墙下面经常产生狂风暴雨，云墙外缘还有塔状的层云和浓积云以及云体被风吹散的"飞云"，沿海渔民称之为"猪头云"。

（3）台风眼　台风眼是指台风中心，是台风中无风的部分，由于台风眼区有下沉气流，通常是静稳无风的晴朗天气，但它的范围很小，直径不超过10～60km。

7.9.3.2 台风的天气特征

台风带来的主要是暴雨、大风、风暴潮以及天气系统中出现的各种强对流天气，都具有极强的破坏力。一次台风过境，常常可造成几百至上千毫米的降水量，如台湾新寮1967年10月17日受当年18号台风的影响，日降水量达1672mm，三天的总量达2749mm；1975年8月5日受当年第3号台风的影响，河南省出现特大暴雨，日降水量超过1600mm。

台风中心气压低，气压梯度大，因此低层风速很大。在台风眼区风速极小，甚至静风。台风中心附近的风速一般可达25m·s^{-1}以上，海上高达100～120m·s^{-1}。台风中风速基本呈圆形对称分布，但随着向高纬度及近海地区的移动，则逐渐不再对称，靠近副热带高压或大陆高压的一侧，风速偏强。由于台风在北半球是按逆时针方向旋转的，它的右半边风向与移动方向一致，左半边风向与移动方向相反，因此右半边风速得到加强，是危险半圆，左半边则减小，为安全半圆（图7-2）。

台风风暴潮是台风引起的一个重要天气现象，造成海面水位异常涌升，严重时可冲垮海堤，常酿成重大灾害。在台风发展过程中，常会出现强对流的中、小尺度天气系统，如强雷

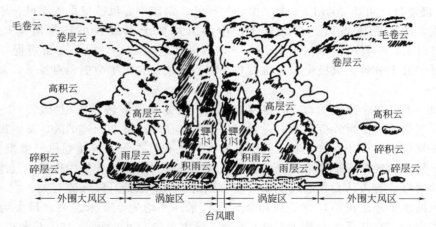

图 7-2　台风结构和天气示意图

暴、龙卷、飑线等。强雷暴通常在台风发展期或减弱期出现多，台风成熟时减少；龙卷也常常伴随着台风出现，根据对在美国登陆的飓风资料统计，约 25% 的台风中出现龙卷，其中每个台风平均出现 10 个，而在 1967 年的一个飓风中出现了 141 个龙卷。

7.9.4　台风的活动规律

据统计分析，在北太平洋西部，一年四季都可能发生台风，平均每年约有 29 个，以 8 月份为最多，2 月份最少；7～10 月是台风盛行季节，占全年台风总数的 69%，这是平均情况，在不同年份，台风出现次数可能相差很大。例如，1967 年共出现 40 个，而 1951 年仅出现 20 个。

在西太平洋和南海所发生的台风并不是都在我国沿海地区登陆，在我国沿海地区登陆的台风，平均每年约 8 个，最多达 11 个，最少只有 3 个，主要集中在 7、8、9 三个月，约占各月登陆台风总次数的 76%。

7.9.5　台风灾害的防御

（1）监测　目前全球广泛应用气象卫星探测台风，许多国家还使用飞机。我国有完整的台站网和密度较大的气象雷达网。我国发射的风云气象卫星可以有效监测台风。

（2）预报　采用天气图、数值预报、数理统计或三者有机结合，特别注意应用气象卫星云图、雷达资料及各种气象资料综合分析。

（3）警报服务　气象部门及时发布台风消息、台风警报和台风紧急警报等，以做好各种防御工作。

7.10　龙卷风和沙尘暴

7.10.1　龙卷风

龙卷风是大气中最强烈的一种涡旋现象，寿命短促，范围很小，但风力极强，破坏性极大。外形为漏斗状云柱，从浓积云或积雨云中垂直伸向地面，由凝结的水滴、地面杂物及从水体卷去的水分组成。不及地的叫漏斗云，及陆的称陆龙卷，及海的称海龙卷。

龙卷风可出现在气团内部和静止锋、台风、低压冷锋和飑线等天气系统中。发生时间与大气对流剧烈时间一致，主要在 6～9 月的中午至傍晚，而下半夜至上午很少出现。龙卷风的中心气压极低，强龙卷风中心附近地面气压仅为 400hPa（普通气旋中心值为 950～

980hPa），极端情况可达 200hPa。由于中心气压低，涡旋中心风速很小或无风，中心附近气压梯度极大，水平和垂直风速都非常大，中心以外数十米极狭小环带风速最大，可达 $100\text{m} \cdot \text{s}^{-1}$ 以上，一般可达 $50 \sim 100\text{m} \cdot \text{s}^{-1}$，甚至高达 $300\text{m} \cdot \text{s}^{-1}$。寿命短促，大多只能维持几分钟到几十分钟，只极个别可维持几小时。着地龙卷风生命史相对较长，漏斗云生命史较短。

龙卷风一般是单个出现的，有时也成双出现。双龙卷风旋转方向相反，一个呈气旋式，另一个呈反气旋式。从世界范围看，龙卷风主要发生在中纬度 20°～50°区，发生最多的国家是美国，平均每年出现 500 次左右，其次是澳大利亚和日本。中国龙卷风一般发生在华南、华东一带，且多出现在春季和夏初。龙卷风在很强的热力不稳定大气中生成，其生成机制仍没有完善的解释。有人认为龙卷风生成可能与积雨云中的强烈升降气流有关。

龙卷风的水平范围很小，直径从几米到几百米，平均为 250 米左右，最大为 1 千米左右。在空中直径可有几千米，最大有 10 千米。极大风速每小时可达 150 千米至 450 千米，龙卷风持续时间，一般仅几分钟，最长不过几十分钟，但造成的灾害很严重，有时甚至把人、牲畜、车辆、房屋等上千上万吨重物都能吸到高空中。2011 年 4 月 27 日，美国南部地区遭到龙卷风袭击。大约 1 万座房屋遭摧毁，数千人受伤，财产损失严重，成为美国自 1925 年以来危害最大的一次龙卷风灾害。

防御措施：①植树造林，保持水土，减少对流，破坏其形成条件；②增加水体面积，缓和垂直对流；③加强监测预报，适时发出警报，向安全方向躲避。

7.10.2 沙尘暴

沙尘暴是指强风扬起地面的沙尘，使空气浑浊，水平能见度小于 1km 的风沙现象又称沙暴或尘暴。在极有利的大尺度环境、高空干冷急流和强垂直风速、风向切变及热力不稳定层结条件下，引起锋区附近中、小尺度系统生成、发展，加剧了锋区前后的气压、温度梯度，形成了锋区前后的巨大压温梯度。在动量下传和梯度偏差风的共同作用下，使近地层风速陡升，掀起地表沙尘，形成沙尘暴或强沙尘暴天气。一般而言，浮尘多由外地而来，扬沙则基本来自本地。我国新疆南部和甘肃河西走廊的强沙尘暴有时可使能见度近于零，白昼如同黑夜，当地人称为"黑风"。严重的沙尘暴可导致沙漠迁移、毁坏良田、掩埋作物、中断交通，对生产和生活影响极大。

7.10.2.1 沙尘暴的形成条件

沙尘暴的形成需具备 3 个条件：一是地面上的沙尘物质，它是形成沙尘暴的物质基础；二是大风，这是沙尘暴形成的动力基础，也是沙尘暴能够长距离输送的动力保证；三是不稳定的空气状态，这是重要的局地热力条件。沙尘暴多发生于午后傍晚说明了局地热力条件的重要性。

7.10.2.2 沙尘暴的天气源地

影响我国的沙尘天气源地，可分为境外和境内两种。2/3 的沙尘天气起源于蒙古国南部地区，在途经我国北方时得到沙尘物质的补充而加强；境内沙源仅为 1/3 左右。发生在中亚（哈萨克斯坦）的沙尘天气，不可能影响我国西北地区东部乃至华北地区。新疆南部的塔克拉玛干沙漠是我国境内的沙尘天气高发区，但一般不会影响到西北地区东部和华北地区。我国的沙尘天气路径可分为西北路径、偏西路径和偏北路径：西北 1 路路径，沙尘天气一般起源于蒙古高原中西部或内蒙古西部的阿拉善高原，主要影响我国西北、华北；西北 2 路路径，沙尘天气起源于蒙古国南部或内蒙古中西部，主要影响西北地区东部、华北北部、东北大部；偏西路径，沙尘天气起源于蒙古国西南部或南部的戈壁地区、内蒙古西部的沙漠地区，主要影响我国西北、华北；偏北路径，沙尘天气一般起源于蒙古国乌兰巴托以南的广大地区，主要影响我国西北地区东部、华北大部和东北南部。

　　沙尘暴一般发生在土地干燥、土质疏松而无植被覆盖的地区，在我国春季出现最多，以西北、内蒙古、华北和东北地区最多。近年来沙尘暴频频袭击我国。2010 年 4 月 26 日，河北保定、石家庄、衡水、邢台、邯郸和张家口地区有 76 个市、县遭遇大风袭击，最高风速达 30m·s^{-1}，风力为 11 级。冀东南 13 个市、县出现沙尘暴，12 个市、县出现雷暴，其中平乡、广宗、威县出现能见度小于 500m 的强沙尘暴。据统计共造成直接经济损失 9.37 亿元。

　　2011 年 4 月 28 日～30 日，我国新疆南部盆地、西北地区东部、内蒙古中西部、华北大部、东北地区西部相继出现沙尘天气。其中，新疆南部盆地、甘肃西部、内蒙古西部的局地发生沙尘暴或强沙尘暴。这是 2011 年我国北方地区强度较大、影响范围较广的一次沙尘暴。

7.10.2.3　沙尘暴的防治措施

　　沙尘暴的治理和预防措施主要包括以下 4 个方面：①加强环境的保护，把环境的保护提到法制的高度来认识。②恢复植被，加强防止风沙尘暴的生物防护体系。实行依法保护和恢复林草植被的制度，防止土地沙化进一步扩大，尽可能减少沙尘源地。③根据不同地区因地制宜制定防灾、抗灾、救灾规划，积极推广各种减灾技术，并建设一批示范工程，以点带面逐步推广，进一步完善区域综合防御体系。④加强沙尘暴的发生、危害与人类活动的关系的科普宣传，增强人们的防沙意识，使人们认识到所生活的环境一旦破坏，就很难恢复，不仅加剧沙尘暴等自然灾害，还会形成恶性循环，所以人们要自觉地保护自己的生存环境。

思 考 题

1. 什么叫寒潮？寒潮天气有何主要特征？
2. 什么叫霜冻？防霜冻措施有哪些？
3. 什么叫干热风？试述干热风的类型标准及防御措施。
4. 发生在西太平洋地区的台风，其移动路径是怎样的？

第8章　气候与农业气候

地球上任何地点都有特定的气候，从而形成了与其相适应的土壤和自然植被，并构成了相应的生态环境。气候影响一地的农业生产和经营，在科技日益发达、人类活动日益增强的今天，了解、认识和把握一地气候的特征和规律，有利于对气候资源更好地、可持续地开发与利用，有利于改善气候条件和克服不利气候的影响。传统的气候定义为某一地区或全球范围内大气的多年统计状态，即某一地方地球大气的温度、气压、湿度、风、降水等气象要素在较长时期内的平均值或统计量以及它们以年为周期的振动。它既包括多年的统计状况，也包括少数年份出现的极端天气事件。大气的统计状态可用气象要素的统计量来描述，例如平均值、极端值、变率、年较差、日较差等。描述各地气候的气象要素主要有辐射、温度、降水、蒸发和风等，各要素既互相独立又相互影响，且具有明显的时空变化规律。气象要素的各种统计量是表征一地气候的基本依据。对于一定地区，一定时段内的气候是相对稳定的。

人类在远古时代就有了气候的概念。我国古代以 5 日为一候，3 候为一气，把一年分为 24 节气和 72 候，各有其气象和物候特征，合称为气候。

一个地区的天气，常常在数小时或数天内发生剧烈变化，而气候的变化则缓慢得多。从时间尺度来讲，短期气候的变化周期在数十年，历史气候的变化周期在数百年至数千年，地质气候的变化周期在数百万年甚至上亿年。在描述现代气候时，通常以 30 年作为基本时间尺度。某地的气象记录档案连续积累了 30 年之后，基本上就可以反映出该地区气候的基本状况和主要特征。因此，WMO（世界气象组织）要求以 1901～1930 年为起始，规定 30 年作为一个基本时段，每 10 年对历史观测资料进行统计整编作为区域气候标准值。受基本观测数据的限制，中国以 1951～1980 年作为标准气候值第一时段，以后每 10 年进行一次统编。

20 世纪 70 年代以前的气候学称为传统气候学，主要任务是研究气候形成要素的多年平均状况及时空分布和成因，主要包括辐射、环流、下垫面性质和人类活动。80 年代以来的气候学研究称为当代气候学，主要任务是预测气候变化，与传统气候学相比，许多概念和内容都发生了深刻变化。20 世纪 70 年代以后，科学家们提出了气候系统的概念，明确指出气候现象不应是单纯的大气现象，而是地球的大气圈、水圈、冰雪圈、岩石圈和生物圈共同作用而形成的自然现象。上述的这些圈构成庞大的气候系统，其中各个部分的物理性质有很大的差异，局地的或全球的气候是它们共同作用的结果。气候系统的概念改变了人们对气候的传统认识。20 世纪 80 年代以后不少科学家认为气候系统中还应当包括天文圈，这样气候就可以理解为"天-地-生"共同作用下，大气在某一较长时间尺度下的统计状态。

8.1 气候形成的因素

气候的形成与变化受多种因素影响和制约，近代气候学将那些能够影响气候而本身不受气候影响的因素称为外部因素（如太阳辐射、地球轨道参数、大陆漂移、火山活动等）；气候系统内各子系统，即大气圈、水圈、冰雪圈、岩石圈和生物圈之间的相互作用为内部因素。外部因素必须通过系统内部的相互作用才能对气候产生影响。因此，一个完整的气候系统应包括与气候形成和变化有直接作用和间接关系的各个环节。

一地气候形成与变化的基本因素，一般认为是太阳辐射、大气环流和下垫面。由于人类活动对下垫面性质和大气成分的影响日益增大，因此，人类活动也成为气候形成与变化的基本因素之一。这四个因素各有不同的作用：太阳辐射是气候系统最主要的外部因素，是地球大气、陆地和海洋增温的能量来源，大气中发生的一切物理现象和物理过程都以太阳辐射能为动力基础，太阳辐射随时间和空间的变化形成了全球气候的纬度地带性和周期性变化特点；大气环流对地球上的热量交换和水分输送起着重要作用，使一地的气候同时受到其他地区的影响；下垫面是能量接收、储藏和转化的主要场所，是大气水分的源地；人类活动则是通过改变下垫面性质和大气成分等加剧了气候的波动与变化。由于这些因素的相互影响与制约，全球不同地区的气候呈现出多种类型。

8.1.1 太阳辐射因素

太阳辐射是地球表层的最主要能源，是大气中一切物理现象和物理过程得以发生的动力基础。各地区的气候差异及季节变化，其根本原因是太阳辐射在地球表面分布不均以及随时间变化的结果。

太阳辐射在大气上界的时空分布是由太阳与地球间的天文位置决定的，所以又称天文辐射。由天文辐射所决定的地球气候称为天文气候，它反映了地球气候的基本轮廓。各地气温的差异，必然会影响气压、风以及其他气候要素的分布，因而产生各地气候上的差异。太阳辐射差异决定了全球气候分布的基本轮廓。

北半球水平面上天文辐射总量及其随纬度的变化（表 8-1）具有以下特点。

表 8-1　北半球水平面上天文辐射夏半年、冬半年和全年总量　　　　单位：$10^7 J \cdot m^{-2}$

纬度	0°	10°	20°	30°	40°	50°	60°	70°	80°	90°
夏半年	658.9	697.3	716.3	715.8	696.3	660.0	611.7	569.1	552.0	546.9
冬半年	658.9	602.4	529.2	442.3	344.8	241.0	138.0	55.2	13.3	0
全年	1317.8	1299.7	1245.5	1158.1	1041.1	901.0	749.7	624.3	565.3	546.9

太阳辐射年总量随纬度增高而逐渐减小。其最大值（$1317.8 \times 10^7 J \cdot m^{-2}$）出现在赤道，极小值（$546.9 \times 10^7 J \cdot m^{-2}$）出现在极地。极地地区的太阳辐射年总量只有赤道的41％。太阳辐射年总量的经向梯度是造成年平均温度由南向北逐渐递减的主要原因。

夏半年，太阳辐射总量最大值出现在 20°～30°N，由此向北或向南逐渐减少。由于夏半年纬度愈高，可照时间愈长，低纬度与高纬度地区间辐射差异减小，极地的太阳辐射总量可达到赤道太阳辐射总量的83％。夏半年太阳辐射的这种分布使得南北间的温度差异变小。

冬半年，赤道上的太阳辐射总量最多，随着纬度增高，太阳辐射总量迅速减少，在极地辐射总量为零。这是因为太阳高度角和可照时间都随纬度增高而减小。太阳辐射总量的这种分布造成北半球在冬半年南北间的温度差异增大。

冬半年与夏半年之间，太阳辐射总量的差异随纬度增高而增大，且纬度愈高，差异愈显著。因此，温度的年较差也随纬度的增高而增大。这一规律的气候表现是：在低纬度地区，由于年均温度高、温度的年变化较小，故无四季之分，属热带气候；在高纬度地区，由于年均温度低、温度的年变化大，冬、夏季节差异显著，过渡季节不明显，属寒带气候；中纬度地区则四季分明，属温带气候。

在同一纬度，不同地区太阳辐射日总量、季总量及年总量分别都相等。太阳辐射总量具有与纬圈相平行并呈带状分布的特点，这是全球气候沿纬圈呈带状分布的主要原因。

以上讨论了天文辐射对地球气候的影响与作用，而地球表面实际的气候状况远较天文气候复杂。一方面，天文辐射因太阳自身活动而产生一定变化，会影响地球气候；另一方面，地表温度不仅受所得太阳辐射能量的制约，在很大程度上还取决于地面净辐射（即辐射差额）。当净辐射为正值时，地表通过辐射热交换获得热量，使温度上升；当净辐射为负值时，地表损失热量，温度下降。

在全球范围内，净辐射等值线一般与纬圈平行，呈带状分布，年净辐射值随纬度增高而减小。在中、低纬度地区年净辐射值为正，有辐射能的盈余；高纬度地区年净辐射值为负，辐射能有亏损。但是并未因此而出现低纬度地区越来越热、高纬度地区越来越冷的情况，这表明在大陆以及海洋中存在着由低纬度向高纬度地区大规模进行的能量输送过程。在海上，由于海面对辐射的反射率小于陆地，因此，海上净辐射值比同纬度的陆上净辐射值大，其最大值出现在北部阿拉伯海附近，可达 $5.9 \times 10^5 \, kJ \cdot m^{-2} \cdot a^{-1}$（a 即年）以上。另外，由于海面的界面性质比较均匀一致，其年净辐射等值线带状分布的特征较陆地更为明显。在大陆上，由于地表特征和各地湿度、云量的不同，年净辐射值的带状分布受到破坏。陆上年净辐射最大值出现在潮湿的热带地区，约为 $3.8 \times 10^5 \sim 4.0 \times 10^5 \, kJ \cdot m^{-2} \cdot a^{-1}$，但比海上净辐射最大值小得多。

净辐射分布的不均匀，造成热量平衡的差异，从而影响到全球温度的分布。就全球而言，一年中最热的地带不在赤道，而在回归线附近，温度由此向南北两极逐渐降低。海陆间温度有明显的差异：冬季，大陆比同纬度海洋冷；夏季，大陆比同纬度海洋热。

8.1.2　大气环流因素

大气环流是影响气候形成和变化的基本因素，是高、低纬度之间和海、陆之间进行热量交换和水分交换的主要方式，并造成各级环流以及各种天气系统所导致的物理量的输送。

将地表与大气看成一个整体，表 8-2 中由各纬度辐射差额算得的温度值和实测温度值的对比表明，由于大气环流输送热量（洋流也起一定作用）的结果，使纬度 0°～30°的地区，温度降低了 2～13℃；纬度 40°～60°的地区，温度升高了 6～19℃；纬度 70°以上的地区，温度升高了 20℃以上。因此，大气环流（以及洋流）在缓和赤道与极地间温差上具有巨大作用。

表 8-2　各纬度辐射差额温度与实测温度的比较

温度（平均值）/℃	纬度									
	0°	10°	20°	30°	40°	50°	60°	70°	80°	90°
辐射差额温度（假定大气不流动）	39	36	32	22	8	−6	−20	−32	−41	−44
实测温度（大气流动）	26	27	25	20	14	6	−1	−9	−18	−22
温度差值	−13	−9	−7	−2	+6	+12	+19	+23	+23	+22

大气环流的另一个重要作用是输送水汽。从水分的全球时空分布情况来看，无论是大气还是陆地和海洋，水分的蒸发量与降水量总处于动态平衡；但就局部地区而言，水分的时空分布很不均匀。在副热带地区，特别是副热带洋面上，有全球最大的蒸发量，且蒸发量大于降水量，大气中水分有盈余；在赤道和中、高纬度地区，则降水量大于蒸发量，大气中水汽有亏损。因此，由热力差异引起的大气环流在实现热量交换和平衡的同时，将水汽从盈余地区输送到亏损地区，实现了全球水分的循环。如副热带地区附近蒸发的大量水汽主要是通过中纬度西风带以及热带盛行的信风，分别向北、向南做径向输送（图8-1）。

季风环流对于海陆之间的水分和热量交换也起着很大的作用。在亚洲的东部和南部、东非的索马里、西非的几内亚附近海岸、澳大利亚的北部和东南部沿海都存在季风环流，形成了季风气候。

此外，气旋和反气旋作为大气环流当中的大型扰动，可以促使不同性质的气团做大规模移动，造成大量的热量和水分交换，使地球上南北之间及海陆之间的温度和水分差异变得缓和，同时也使各地呈现不同的气候特点：通常在气旋活动频繁的地方，气候湿润、多阴雨；反气旋活动多的地方，气候干燥、降水稀少。

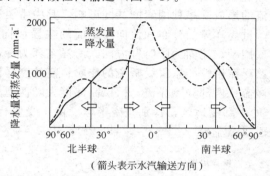

图8-1　单位面积上平均年蒸发量与年降水量

大气环流既有稳定性又有易变性。在稳定的大气环流作用下，气候趋于平均状态，对农业生产较为有利；在大气环流变异的情况下，也会形成气候异常现象（如干旱、洪涝等），并可引起连锁反应，给农业造成诸多方面的不利影响。

8.1.3　下垫面因素

不同性质的下垫面，其对太阳辐射的吸收、储存和交换特点不同，使下垫面间（或地区间）热状况的不平衡性更趋复杂，不但影响热量的分配，还影响大气环流的运行。由下垫面带来的这种对大气的动力和热力作用，造成了该因素对气候形成与变化的重大影响。不同性质的下垫面主要是指海陆分布、洋流、地形地势、土壤、植被以及冰雪覆盖等。这里重点讲述海陆分布、洋流和地形地势对气候的影响。

8.1.3.1　海陆分布对气候的影响

海洋和陆地是地球上物理性质差别显著且面积最大的两种下垫面。对于同纬度的大陆和海洋，冬季大陆明显冷于海洋，夏季又明显暖于海洋。冬季海洋是热源，大陆是冷源；夏季海洋是冷源，大陆则是热源。热源有利于低压系统的形成和加强，冷源则有利于高压系统的形成与加强。冷源和热源的作用显著破坏了气候的纬向带状分布，形成了一些大气活动中心，这些大气活动中心对全球气候的时空分布与变化产生了重大影响。同时在大陆和海洋地区，形成了差异显著的大陆性气候和海洋性气候。由于冷源和热源在大陆与海洋间的季节交替，在海陆交接地区则形成了独具特色的季风气候。

海陆的冷热源作用，反映在海陆表面上方的空气温度存在明显差异。就全球来讲，北半球多陆地（常称陆半球），温度变幅很大，具有严寒的冬季和酷热的夏季，平均气温年较差达14.3℃；南半球多海洋（常称水半球），温度的变幅很小，冬季温和，夏季凉爽，平均气温年较差为7.1℃，是北半球的一半。相应地，北半球的夏季平均气温为22.4℃，高于南半球的17.1℃；北半球的冬季平均气温为8.1℃，低于南半球的9.7℃。

海陆分布对大气的水分状况也产生了重要影响。大气中的水分主要来自江、海、湖、河、湿润的土壤、植被的蒸发和蒸腾，其中海洋蒸发到大气中的水分远比大陆多。因此，水分在大气中循环时，海洋的上空成为水汽的"源"，大陆上空成为水汽的"库"。

8.1.3.2 洋流对气候的影响

海水大规模的水平运动称为洋流。在水平方向上，洋流的宽度可达 1000km 以上，流速可达 $1.0m \cdot s^{-1}$ 以上。洋流有冷洋流和暖洋流之分。从低纬度流向高纬度，洋流温度高于所经过的海域，称为暖洋流；从高纬度流向低纬度，洋流温度低于流经海域，称为冷洋流。洋流的形成受多种因素的共同影响，其中主要是盛行风对海水长期稳定的摩擦与风力作用。

世界洋流的分布和流向与地面的主导风向很相似（图 8-2）。在北半球，低纬度洋流呈反气旋型，流向为顺时针方向，海洋东部为冷洋流，西部为暖洋流，所以低纬度大陆的西岸受寒洋流影响，东岸受暖流的影响；高纬度洋流呈气旋型，流向为逆时针方向，海洋东部为暖洋流，西部为冷洋流，所以高纬度大陆西岸受暖洋流影响，东岸受冷洋流影响。在 $40°\sim50°$ 的中纬度地区，特别是南半球，由于受盛行西风的影响，洋流自西向东流动，形成著名的西风漂流带。

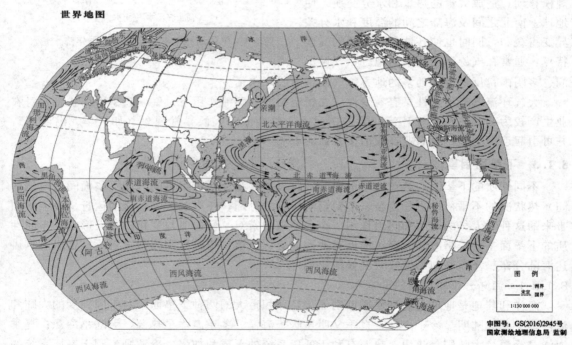

图 8-2　世界洋流示意图（王世华　吴姗薇　崔日鲜，2019）

洋流对气候的影响十分显著，一方面，在高纬度与低纬度间的热量传输上起着重要作用，减少了纬度间的温度差异；另一方面，造成大陆东西两岸气温与降水的差异，破坏了温度的纬度地带性分布：在热带和副热带地区，大陆东岸有暖洋流，大陆西岸有冷洋流，故气温一般是大陆东岸高于西岸。但受季风影响很强的地区，冬季的温度有可能相反，如亚洲大陆东岸的上海（$31°10'N$）与北美大陆西岸的圣迭戈（$32°7'N$）相比，最热月平均气温上海为 27.0℃，圣迭戈为 20.5℃，最冷月平均气温上海仅为 2.8℃，圣迭戈为 12.2℃，主要是上海冬季风较强，受冷空气影响较大所致。在温带和寒带，因为大陆东岸有冷洋流，西岸有暖洋流，所以大陆东岸气温一般低于大陆西岸，如纬度较高的欧洲西北部地区，受北大西洋暖流的影响，冬季仍然相当温和，在北极圈内出现了不冻港和常绿针叶林；而纬度相当的亚洲东北部沿海地区，在寒冷的冬季风和堪察加冷洋流的共同作用下，冬季极为严寒，最冷月的平均气温比欧洲西北部低 20~30℃。

另外，洋流对大陆东西两岸的降水也产生了不同影响。暖洋流上方的空气，因有较多热量和水汽的输入，使其成为暖湿的海洋性气团。这种气团具有不稳定层结，在流经冷的下垫面时容易产生降水，如高纬度大陆西岸的西北欧，受北大西洋暖流与西风环流的作用，终年湿润多雨。而冷洋流上方的空气，因下层温度较低，增加了大气层结的稳定性，空气可冷却到露点温度，但只能凝结成雾而很难致雨，例如南美洲的沿海国家智利，受秘鲁冷洋流的影响，雾日频繁，空气湿润，但降水极缺。

8.1.3.3　地形地势对气候的影响

陆地表面的地形地势崎岖起伏，类型多样，使地-气相互作用的过程更加复杂，对气候的影响巨大而又多种多样。

在较小的区域内，地形对气候的影响有时可以超过纬度和海陆分布的影响，成为支配当地气候状况的主导因素。根据陆地的海拔高度和起伏形势，陆地可分为山地、高原、平原、盆地、丘陵和峡谷等类型，它们对气候的影响一方面表现为地形本身造就了特有的气候，如盆地使气候趋于冬严寒夏酷热，高山使气候趋于和缓等；另一方面表现在地形对邻近地区的影响，如高大的山脉或高原阻滞了冷、暖气流的移动，形成天然屏障，使山脉两侧的温差显著，降水也表现出很大差异，例如东西走向的秦岭山脉是我国亚热带气候和暖温带气候的分界线，它阻挡了北方冷空气的南下，即使冷空气有时能翻越高山，也因下沉而增暖，使得秦岭南北两侧的温差显著。在秦岭以南地区，1 月平均气温在 0℃以上，如汉中为 2.0℃；秦岭以北地区 1 月平均气温在 0℃以下，如西安为 -1.3℃。同时，秦岭也阻挡了北上的暖湿气流，使南侧的迎风坡形成更多的地形雨。因此，南坡降水量大于北坡，汉中的年降水量为889.7mm，西安为 604.2mm。另外，在地形影响下出现的山谷风、峡谷风和焚风等也能对气候产生影响。

被誉为"世界屋脊"和除南北极之外世界"第三极"的我国青藏高原，海拔高、面积大，形成独特的高原气候。同时，青藏高原对邻近地区气候的影响也很显著。如果没有高原的阻挡，来自印度洋上的暖湿空气就会和西伯利亚的干冷空气进行交换，可以使整个东亚冬半年的气候比现在温和得多，我国西北地区就比现在湿润多了。

海拔高度对辐射、温度、湿度、降水和风等气候要素的影响也很明显，如气温随海拔升高而降低。在海拔为 1500~2000m 以下时，降水量一般是随高度增加而增加，在此高度以上反而减少。其他因素如太阳辐射、气温日较差和年较差等也随海拔高度的不同而不同。

8.1.4　人类活动

随着人类改造自然的能力不断增强、人口数量的急剧增加以及大规模工业化生产，人类对气候的影响越来越显著。

8.1.4.1　改变下垫面性质对气候的影响

人类活动可改变下垫面的热特性、反射率、粗糙度和水热平衡等，从而对气候产生影响。这种影响既有好的方面，也有许多不利的方面。

灌溉、植树造林、修建水库等能改善气候条件。灌溉可使土壤湿润，使空气湿度增大，也使土温和近地层气温的日较差减小。在干旱与半干旱气候区进行大规模灌溉，不仅能使灌区地表的小气候发生改变，还能加强灌区的水分内循环，促进降水增多。例如 1930 年以来，美国在俄克拉荷马州、科罗拉多州以及内布拉斯加州的 62000km² 土地上进行灌溉，结果使这些地区初夏的雨量增加约 10%，温度变幅亦相应减小。这种由于灌溉使干旱气候条件得到改善，形成类似沙漠绿洲气候的现象称为"绿洲冷岛效应"。大面积的植树造林对于涵养水源、保持水土、防风防洪等具有良好作用，可显著地调节气候，降低气候的大陆性，起到"绿色海洋"的效应。此外，修建水库可使库区周围的年均温度升高，温度日较差和年较差减小。大型水库对调节气候的作用称之为"湖泊效应"。例如浙江省新安江水库附近的淳安县，在水库建成（1960 年）后，夏季较以前凉爽，冬季比过去温暖，初霜日推迟，终霜日提前，无霜期平均延长了 20d。

砍伐森林、过度放牧、盲目垦荒等人类活动可导致地表植被减少、土地沙化、水土流失加重、温度的日变幅和年变幅增大、降水减少、干旱加剧，气候趋于恶化。现代海洋石油污染可使废油在海中扩展成一层薄薄的油膜，它能抑制海水蒸发，阻碍蒸发的潜热转移，进而引起海水温度和海面气温的升高，加剧温度的日变化和年变化，同时海面上空气变得干燥，使海洋失去对气候的调节作用，海面上的气候形成类似沙漠气候的特征。有人将海面油膜对气候的这种影响称之为"海洋沙漠化"。例如，地中海原是湿润欧洲和干旱非洲之间的缓冲地带，但由于海运繁忙，海洋污染比较严重，这种调节作用遭到削弱和破坏，使欧洲和非洲之间气候发生不连续，造成频繁的锋面活动，引发洪涝灾害，如 1969 年 9～10 月，北非突尼斯发生千年不遇的大洪水，锋面温差达 35℃；1970 年 4～5 月，罗马尼亚由于地中海来的热浪引起雪融洪水，锋面温差达 15℃。

8.1.4.2 改变大气成分对气候的影响

大气中二氧化碳、甲烷、臭氧、氮氧化物和水汽等都是能使地球变暖的气体，从而产生"温室效应"。随着工业的发展和石油能源的大量消耗，人类向大气中排放的污染物急剧增加，其中，氯氟烃（CFCs）完全是由人类合成并排放到大气中的，它能破坏臭氧层，导致温度异常和辐射危害的增加。过去 10 年中，人类排放的各类温室气体造成大气温室效应增加的百分比表明，二氧化碳含量的增加是最重要的，占 55%。如果人类不能有效地控制这些温室气体的排放，温室效应就使全球气候持续变暖，其增暖效应陆地比海洋显著，高纬度比低纬度显著。

人类活动也能导致温度降低。由工业生产、交通运输以及民用炉灶等排放的烟尘和废气不断集聚，使空气变得浑浊，它们对太阳辐射有很强的吸收和反射能力，削弱了到达地面的太阳辐射，使地面降温，如 1990 年海湾战争造成科威特约 500 眼油井燃烧，估计每天烧掉 500～600t 石油，排放出大量的二氧化硫、二氧化碳等，这些烟尘废气使科威特市内气温下降 11℃。另外，在一定条件下，悬浮在大气中的灰尘微粒可作为凝结核，有利于水汽凝结，对地面温度也有一定影响。由植被破坏和土地荒漠化引起的浮尘与沙尘暴天气也使大气透明度降低，并导致近地层温度下降。

8.1.4.3 释放热量对气候的影响

随着人类对能源消耗的持续增加，人类在生产和生活过程中不断向大气释放热量。根据联合国有关组织的统计，自 1970 年以来，人类向大气中释放的人工热平均每年递增 5% 以上，如果这一增长率保持不变，到 2050 年人工热总量将达到地球表面净辐射的 10%，即使最保守的估计，全球的平均温度将比现在升高 4～5℃，这对全球气候产生的负面影响将难以评估。

在局部地区特别是人口稠密、工业集中的城市和大工业区，人工释放热量对当地气候产生显著的增温作用，形成"城市热岛效应"。城市的平均气温一般比郊外高 0.5～1.0℃，冬季温差更大。如上海市 1979 年 12 月 13 日 20:00，市区中心的气温为 8.5℃，近郊为 4.0℃，远郊为 3.0℃，由此看出城市的热岛效应十分明显。

为了保护人类的生活环境，减少人类活动对气候的不利影响，人们已开始注意自然生态系统的平衡。例如，有计划地增加植被覆盖面积，加大城市绿化、建立自然保护区、在农业生产中采取免耕法以及保持水土等。由于人类活动对气候的影响日益加剧，会不断出现一些难以预测的不可逆转的气候变化。因此，必须进一步研究解决人类活动与气候变化的关系问题。

8.2　气候带和气候型

一个地方的气候是各种气候形成因素综合影响的结果。由于纬度的高低、距离海洋的远近、地形地势的不同，世界各地气候多种多样，错综复杂，地球上几乎找不到气候完全相同的两个地方。但是以形成气候的主要因素和气候的基本特点来分析，在某一区域范围内或两个不同的地区，因气候成因相同或相似，使气候具有相似性。根据这种相似性，可把世界气候划分成若干气候带和气候型。这种系统划分的世界气候，有利于研究不同气候的差异及其形成、变化规律，有利于对不同气候资源的认识、开发和利用。

8.2.1　气候带

气候带是根据气候要素或气候因素纬向分布的相似性而划分的与纬圈大致平行的带状气候区。气候带是在多种因素（如太阳辐射、纬度、海陆分布、海拔高度等）的影响下形成的，但最主要的因素是太阳辐射。

古希腊学者最早根据太阳高度和昼夜长短的变化，以南、北回归线和南、北极圈为界，把全球分为 5 个气候带，即：一个热带（南北回归线之间）、两个温带（回归线和极圈之间）和两个寒带（极圈到极点），这就是通常所称的天文气候带。柯本（W. P. Koppen）以气温和降水为基础，并参照各种自然植被的分布，将世界气候划分为热带多雨气候（A）、干燥气候（B）、暖温气候（C）、寒冷气候（D）和极地气候（E）五个基本气候带。其中，A 与 C 之间以最冷月平均气温 18℃等温线为界；C 与 D 之间以最冷月平均气温－3℃等温线为界；D 与 E 之间以最热月平均气温 10℃等温线为界；B 与其他气候带之间以年平均气温和年降水量的关系划界。

由于划分气候带的方法很多，不能一一列举，下面介绍的是现代使用较广泛的划分方法，它将全球气候划分为赤道气候带、热带气候带、副热带气候带、暖温带气候带、冷温带气候带和极地气候带，各气候带的特点如下所述。

8.2.1.1　赤道气候带

赤道气候带位于 10°S～10°N 之间的赤道无风带，包括南美的亚马孙河流域、非洲的刚果河流域与几内亚湾海岸、亚洲的东印度洋群岛以及我国位于 10°N 以南的南海诸岛。

由于全年的太阳高度角较大，所以赤道气候带内的年平均温度很高，且很少变化。年平均气温为 25～30℃，最冷月平均气温在 18℃以上。气温年较差一般在 5℃以下；日较差在 10℃以下，晴朗的夜晚有时可达 14℃，故夜晚有"赤道之冬"的称谓。

赤道气候带是地球上平均降水最多的地带，而且降水分配均匀，无明显的干燥季节。年降水量一般为 1000～200mm，不少年份在 2000mm 以上，有些地区受地形及盛行风的影响，年降水量可高达 10000mm 以上。例如，夏威夷群岛中的考爱岛迎风坡，年降水量为 11980mm；喜马拉雅山脉的南麓也是世界上的多雨地区。赤道气候带内大气潮湿而不稳定，多对流性降水，一天中，降水多发生在午后至子夜。

赤道气候带内植物可以终年繁茂生长，具有多层林相，乔木、灌木、攀缘植物、附生植物、寄生植物都很繁茂。植物的开花、结实、播种、生长与死亡常同时并进，无季节的更替现象，农耕的季节性也不显著。

8.2.1.2　热带气候带

热带气候带位于纬度10°N（S）到北（南）回归线之间，与低纬度的东风带基本一致。包括北非的苏丹、南非津巴布韦的维尔特、南美巴西的康帕斯、委内瑞拉与哥伦比亚的拉诺斯及南亚和东南亚部分地区。我国台湾省台中到汕头、广州、南宁一线以南地区，至赤道气候带北界属热带气候带。

热带气候带因太阳高度角终年较高，温度接近赤道气候，但由于行星风带的季节位移，受副热带高压带和信风带的交替控制，气温年、日较差均大于赤道气候带，最热月平均气温可高达32℃以上，也超过赤道气候带，最冷月20℃左右，冷季里也可见霜。一年有热季、雨季和凉季之分，雨季之前为热季，雨季之后为凉季。由于海陆分布的影响，降水差异较大，年降水量在750～1000mm之间，夏季降水充沛而冬季降水较少，愈近赤道雨季愈长，降水量也愈大。一年也可分为热季、雨季和干季。由于降水年际变化超过赤道气候带，故易出现旱涝灾害。

在赤道雨林的外围，常常发育形成热带疏林草原。主要分布在中美、南美和非洲大陆。本气候带的自然植被为疏林草原，主要由矮生乔木和坚硬高草组成。由于降水具有季节性，植物生长也具有明显的季节规律，如营养生长在雨季，结实收获在干季。这里夏季为雨季，因雨热同季，适宜发展农业，盛产稻、棉等喜温作物。

8.2.1.3　副热带气候带

副热带气候带大致位于北（南）回归线到纬度33°N（S）之间，因受副热带高压带和信风带的控制，下沉作用强烈，气层很稳定，所以，气候干旱而高温，雨量稀少，地面缺乏植被而多沙漠。世界上最大沙漠都在副热带地区，如北非的撒哈拉、西亚的阿拉伯、澳大利亚、南非的卡拉哈里和南美的阿塔卡马沙漠等。

副热带气候带的气温年、日较差均比赤道气候带和热带气候带大，如纬度20°的平均年较差仅6.2℃，而副热带气候带的沙漠和草原可达15℃以上；日较差则更大，夏季日最高温度常在48℃以上，夜间温度则在20℃以下。该气候带中，沙漠地区的年降水量大多小于100mm，在沙漠边缘可达250mm以上。降水的年际变化大，蒸发量远远大于降水量，所以气候干燥炎热。

由于副热带大陆的东、西两岸盛行风向不同，东岸多湿润，西岸多干燥。我国秦岭、淮河以南至热带气候带北界的广大地区处于该气候带的大陆东岸湿润区，受副热带季风气候影响，夏季高温多雨，冬季降水较少，年降水量750～1500mm，降水的年际变化大。在该气候带内，气温年较差和日较差都很大，四季相当分明。

副热带季风区的植被以常绿阔叶林为主，该气候带沙漠和干旱区的植物因受水分条件限制，多有发达的根系，有些植物或具储水组织，或改变形态以减少蒸腾，或缩短生长期，或耐盐碱等，因此多为旱生和盐生植物。一旦出现降雨，即迅速恢复生机，短期即可结实成熟。在沙漠边缘因雨量稍多且有规律，且雨热同季，农业生产条件优越，是发展畜牧业的好场所。这里土壤含碱量很高，发展农业首先需要发展水利和排碱。

8.2.1.4　暖温带气候带

暖温带气候带一般指纬度33°～45°N（S）之间的地带，但是大陆西岸的纬度范围比东岸的要高一些。由于行星风带的季节性移动以及大气活动中心的冬夏转换，夏季，暖温带在副热带高压的控制和影响下，具有副热带气候的特点；冬季，在盛行西风的控制下，气旋过境频繁，具有冷温带的气候特点。这样，使得暖温带大陆西岸的气候呈现夏干冬湿的特点，尤以地中海周围地区表现得最为明显和典型，故通称为"地中海型气候"。北美的加利福尼亚、南美的智利中部、南非的西南角、澳洲的东南海岸和西南海岸，都属于这种气候。在暖温带的大陆东岸一般具有夏季湿热、冬季干冷的季风性气候特点，这种季风气候以欧亚大陆东岸最为显著，如我国东部、朝鲜半岛、日本南部及澳大利亚东部沿海等地区。

暖温带大陆西岸的最热月平均气温为 20～28℃，最冷月为 5～10℃，冬季相当温和。年降水量 350～900mm，而且愈向东部或低纬度，雨量愈少，干季愈长。大陆东岸最热月平均气温为 25～30℃，盛夏最高气温可达 40℃，冬季最冷月平均气温在 0℃ 以下，最低气温可达 -20～-10℃，比同纬度的大陆西岸冷得多。暖温带大陆东岸的降水丰沛，年降水量 600～1500mm，以夏雨为多。

在暖温带气候带，由于大陆西岸与东岸的气候特征不同，自然植被和农业生产状况也不一样。大陆西岸夏季高温与干旱结合，冬季降水多而温度不低，不宜于乔木的生长，灌木多常绿，盛产副热带水果如柑橘、柠檬、橄榄、葡萄等，具有灌溉条件的可种植水稻。大陆东岸夏季雨热同期，自然植被多为落叶阔叶树与针叶树的混交林，是落叶果树生长的良好地区，也是水稻、玉米、小麦、棉花等多种作物生长的地区，但冬季易出现低温危害。

8.2.1.5 冷温带气候带

冷温带气候带大致位于纬度 45°N(S) 至极圈的西风带内。由于该气候带的大陆西岸盛行来自海洋的向岸风，又有暖洋流的加热作用，因此形成典型的海洋性冷温带气候，特点为：夏不热，冬温和，年较差小；由于气旋过境频繁，温度日际变化大；全年湿润，各季降水均匀，日照少。例如西欧、北欧斯堪的纳维亚半岛、加拿大西海岸、智利南部西海岸等，特别是西欧地区，地势低平，盛行西风可深入内陆，海洋性气候表现最为显著，区域也最广。冷温带气候带内自大陆西岸向东，海洋的影响逐渐减弱，大陆性渐趋增强，在大陆中部形成干燥的大陆性气候，特点为：年较差和日较差都大，夏季最热月平均气温可达 25℃，冬季最冷月平均气温可低于 0℃；降水稀少，年降水量在 350～500mm 以下，且多集中在初夏。如中亚、我国内蒙古和新疆地区、北美西部和南美巴塔哥尼亚等。大陆东岸冬季严寒，最冷月平均气温皆在 0℃ 以下，年较差大，夏季降水较多且气温较高，降水在 500～1000mm 之间，具有季风性，属于湿润的大陆性冷温带气候，分布范围较广，伸展的纬度较宽，南北之间温度差异明显。大体分布在亚洲和北美洲北纬 35°～55°之间，欧洲北纬 40°～60°之间，如我国东北地区等。

一般来说，海洋性冷温带气候因云雾多、日照少，农业生产条件不够理想；湿润的大陆性冷温带气候区的南部因夏季雨热同期，有利于农业生产，适宜于玉米和春小麦的种植，北部由于温度低、蒸发量小、土壤冻结时间长，土壤水分能维持森林的生长，部分地区可种春小麦；干燥的大陆性冷温带气候由于降水少，自然景观以草原和沙漠为主，如有灌溉条件，适宜种植玉米、春小麦、燕麦等作物。

8.2.1.6 极地气候带

极地气候带在北半球的大陆上处于极圈以北的范围内，洋面上则可偏南 10 个纬度。在南半球则是在 45°～50°S 以南的地带：这一气候带内最热月平均气温低于 10℃，其中 0～10℃ 之间的可生长苔原植物，称为苔原气候；不足 0℃ 者为冻原气候。

苔原气候主要分布在北半球伸展到加拿大、阿拉斯加、冰岛和欧亚大陆北部的海岸地带。在南极大陆的最北端也有苔原带，这里全年仅有 2～4 个月的平均气温在 0℃ 以上，年降水量 200～300mm，夏季地表冰雪仅有短期融解，但离地 15～20cm 以下的土壤则是终年冻结，所以夏季沼泽甚多，仅能生长苔藓和地衣。在排水好、背风向阳的地区可见矮生的灌木状态的树。冻原气区是全球温度最低的地方，最热月平均气温在 0℃ 以下，冰雪不能融化，降水少，空气干燥，缺乏植被。

极地气候带中，极圈以内每年夏季可以整日有光照，冬季却整日不见光，形成极昼和极夜现象。

气候带的概念还可以应用到山地的自然景观上。在水分供应充足的情况下，由于气温的垂直变化，在热带和赤道地区的山区，从山麓到山顶，可出现热带雨林到终年积雪，类似于从赤道到极地的各种自然景观，这叫作垂直气候带。

8.2.2 气候型

气候型是根据气候特征划分的不同类型。在同一气候型内，气候要素具有基本相同的数值、特点和变化形式。气候型不呈带状分布。同一气候带内，可有不同的气候型；同一气候型亦可出现在不同的气候带内。现将主要的气候型分别介绍如下。

8.2.2.1 海洋气候型和大陆气候型

海洋气候型是指海洋中的岛屿与临近海洋的地区由于受海洋、洋流以及来自海洋的暖湿气团影响所形成的具有一定特色的气候类型。其一般特征是：冬无严寒，夏无酷暑，春温低于秋温，温度变化和缓，气温的年、日较差均小，时间位相落后（最热月和最冷月北半球分别出现在8月和2月，南半球则相反）；降水充沛，季节分配均匀，年际变化小；相对湿度大，云、雾多，日照少。海洋气候型一般出现在临近海洋的地区，以位于温带气候带大陆西岸的欧洲最为典型，但临近海洋的地区并非都具有海洋气候型特征，例如南美大陆西岸的智利北部地区，由于盛行离岸风，几乎不受海洋潮湿气流的影响，成为世界上最干旱地区之一。

大陆气候型一般分布于远离海洋的内陆地区，这些地区常受大陆气团的控制，很少受海洋气团影响，愈向大陆腹地，气候的大陆性特征愈明显。其一般特征是：冬季寒冷，夏季炎热，春温高于秋温，温度变化剧烈，气温的年、日较差均大，时间位相提前（北半球最热和最冷月分别为7月和1月，南半球则相反）；降水稀少，多集中于夏季，降水的年际变化大；气候干燥，湿度低，云、雾少，日照充足，终年多晴朗天气。

在海洋气候型地区，植物生育期长，根系不发达，但营养器官茂盛，谷物淀粉含量高，森林分布纬度低。在大陆气候型地区，植物生育期短，根系发达，但植株矮小，谷物含蛋白质和糖分高，森林分布的纬度高。

8.2.2.2 季风气候型和地中海气候型

季风盛行地区的气候类型就是季风气候型。其主要气候特征是：一年内冬、夏季节的盛行风向、云雨量和天气系统等随季节变化而发生相应的改变。冬季，风从大陆吹向海洋，降水稀少，气候寒冷干燥；夏季，风从海洋吹向大陆，降水充沛，气候炎热潮湿。世界上主要的季风气候区多数出现在大陆东岸，包括亚洲南部和东部、非洲中部和西部以及澳大利亚北部等，其中南亚季风最强盛，影响范围最大。

地中海气候型的基本特征是：夏季，在副热带高压控制下，气流下沉，干旱少雨，夏半年降水只占全年降水的20%～40%；冬季，副热带高压南移（在北半球），西风带气旋活动频繁，降水丰富，气候温和湿润，年降水量350～900mm。以地中海周围地区最为明显和典型，北美的加利福尼亚海岸、南美的智利中部、非洲西南部以及澳大利亚的东南及西南海岸等都属此种气候型。

季风气候区雨热同季，是林木生长的良好地区，也是稻谷、玉米、棉花、茶、麻、竹、油桐等多种作物的适宜生长区，但冬季温度较低，不利于作物越冬。地中海气候夏季干热，多常绿灌木树丛或针叶树与灌木的混交林；由于冬季暖湿，盛产一些副热带水果，如橄榄、葡萄、柠檬、无花果等。

8.2.2.3 草原气候型和沙漠气候型

草原气候和沙漠气候均具有大陆性。草原气候是半干旱的大陆性气候，而沙漠气候则是极端干燥的大陆性气候。二者的共同点是：温度的年变化、日变化大；降水少且集中于夏季，降水变率大，蒸发量远远超过降水量；太阳辐射强，日照充足。

草原气候分为热带草原气候和温带草原气候，即热草原和冷草原。前者夏热多雨，冬暖干燥，年降水量 500～1000mm，干、湿季分明，主要分布在热带沙漠周围；后者冬寒夏暖，年降水量 200～450mm，冬季有积雪覆盖层。热带草原是喜温作物如水稻、棉花、甘蔗、咖啡等的重要产区，温带草原主要有小麦等耐寒作物。

沙漠气候的空气极为干燥，蒸发强烈，降水稀少，年降水量≤100mm；白天太阳总辐射和夜间地面有效辐射都很强，日照充足；气温日较差可达 35～45℃，年较差 18～30℃。沙漠气候可分为热带沙漠气候和温带沙漠气候。前者主要分布在南、北纬20°左右的大陆西侧，夏季炎热、冬季不冷，由于长期处于副热带高压的控制下，西侧沿海又常受冷洋流影响，故降水稀少，水分长期入不敷出，形成干燥的沙漠气候，如非洲撒哈拉沙漠、澳大利亚西部和秘鲁西部等地区。温带沙漠气候主要分布于中纬度大陆的中心腹地，这些地区远离海洋，湿润气流难以到达，形成了极端的大陆性气候，夏季炎热、冬季寒冷，气温年、日较差几乎是全球的极大值；降水极少，甚至终年无雨，如我国塔克拉玛干沙漠、中亚卡拉库姆沙漠都是典型的温带沙漠气候。

沙漠气候自然植被缺乏，多风沙，日照丰富，年日照时数一般在3000h以上，在有灌溉条件的沙漠绿洲才可发展农业，但具有利用太阳能的有利条件。

8.2.2.4 高山气候型和高原气候型

高山和高原的相同之处是海拔高，平均气温都比同纬度的平原低。但就气候特点来看，高山气候具有海洋性，高原气候则具有大陆性。

高山气候是因山地高度和地貌的影响而形成的特殊气候。由于高山的平地面积小，受周围自由大气的影响大，增热与冷却过程比较缓和。气温年较差和日较差均比平地小，且高度愈高，较差愈小，时相愈落后。在一定高度上，山地的云雾和降水比平地多，相对湿度因气温降低而增大，夏季尤其明显。当暖湿气流翻越山体时，在迎风坡形成地形雨，降水增多；背风坡具有焚风效应，空气暖而干燥，降水少。

高大山体素有"一山有四季、十里不同天"之说，气候的水平分布复杂，垂直分带也非常明显，可以形成自山麓到山顶的垂直气候和立体景观，有从低纬到高纬相似的气候和对应的植被分布，例如我国川西高地的东侧，在海拔 200～400m 的江河两岸为副热带雨林，400～1500m 为常绿林，1500～2000m 为半常绿或落叶林，2000～3000m 为阔叶针叶混交林，3800～4000m 为针叶林，4000～4500m 为高山灌木，4500～4800m 为高山草甸，4800～5300m 为地衣冻原，5300m 以上终年积雪不化。

高原气候是因高原地形、地势影响而形成的特殊气候。高原是大范围的高海拔地区，原面比较平缓，但由于面积巨大，受自由大气的影响较小。高原上气层厚度和空气密度较小，空气较干洁，太阳直接辐射和年辐射总量都很大，所以白天和夏季都增温强烈，往往成为巨大的热源；夜间和冬季有效辐射增大，降温强烈，形成冷源，因此，温度的年较差和日较差都很大。但是低纬度的高原，其温度的年较差较小，例如，我国云贵高原上的昆明市，海拔1893m，其 1 月的平均气温为 9.3℃，7 月平均气温为 20.2℃，与同纬度的桂林相比，1 月温度高 0.7℃，7 月温度低 8.2℃，所以昆明又被誉为"春城"。高原对降水也有明显影响，一般在迎着湿润气流的高原边缘有一个多雨带，而高原内部和背湿润气流的一面水汽难以输入，气候干燥少雨，例如"世界屋脊"——青藏高原南麓印度的乞拉朋齐，年平均降水量达11429mm，而高原腹地及其西北部的降水却很少，一般年降水量在100mm以下。青藏高原除上述气候特征外，还具有光照强，风力大，多大风、雷暴和冰雹等气候特点。

高山气候和高原气候的垂直带状分布对农牧业生产造成重要影响，如海拔4000m高度主要进行放牧，间种青稞，1600~3000m种小麦、玉米，1000m以下种水稻。在青藏高原上，热量条件好的地方，小麦可种植到海拔3800m处。随着栽培制度和技术的改进、品种选育工作的成功，作物种植高度将逐渐向海拔更高的地区扩展。

8.3　气候变化

8.3.1　气候变化历程

观测事实表明，地球上的气候一直不停地呈波浪式发展。根据气候记录、史记、地方志、考古以及地质沉积物和古生物资料分析，地球气候史的时间上限，目前可以追溯到（20±2）亿年前。根据时间尺度和研究方法，地球气候变化史可分为三个阶段：地质时期的气候变化、历史时期的气候变化和近代气候变化。这几个时期中，不仅气候变化的时间尺度不同，而且气候形成原因也不同。因此，研究气候变化的资料来源、分析研究方法也都完全不同。

8.3.1.1　地质时期的气候变化

地质时期的气候变化是指万年以上时间尺度的气候变化。地质时期气候变化的幅度很大，不但形成了各种时间尺度的冰期和间冰期的相互交替，同时也相应存在着生态系统、地理环境等自然现象的巨大变迁，不仅是一种单纯的大气现象，而且是整个地理环境的综合反映。

地球古气候史的时间划分采用地质年代表示，在漫长的古气候变化过程中反复经历过几次冷暖干湿气候的交替变化。一般地，寒冷时期比温暖时期短，前者每次不过百万年至几千万年，后者则可延续几亿年。通常把全球的寒冷气候期称为冰期。在这一时期，冰川活动范围扩大，最大可达大陆面积的30%。地球表面平均气温约降低5℃，但还有不少地区是干燥或温暖的。大冰期到来时并非一直保持很低温度，其间也有转暖和变冷的时期。转暖期称为间冰期，变冷期称为亚冰期。

地质时期的气候变化是以大冰期和大间冰期的交替为基本特征的。地质沉积物和古生物化石的时间变化和地理分布证明：在漫长的古气候变化过程中，地球上已经反复经历过几次大冰期气候，其中最近的三次大冰期气候都具有全球性意义，发生时间也较肯定，即约6亿年前的震旦纪大冰期、2亿~3亿年前的石炭纪~二叠纪大冰期和第四纪大冰期。

震旦纪大冰期气候发生在距今约6亿年，具有世界规模。根据古地质研究，这一时期亚洲的中国、印度及前苏联亚洲部分，欧洲的挪威、芬兰、格陵兰东部和法国诺曼底地区，北美大湖区，非洲中南部，澳大利亚中南部等地层中都发现了冰碛层，说明这些地方当时都发生过大冰川气候。根据李四光的研究，中国东部和中部也都分布有震旦纪大冰期的冰碛层；目前黄河以北的华北和东北的震旦纪地层中分布有代表干暖气候的石膏层和龟裂纹现象。

寒武纪~石炭纪大间冰期气候发生在距今3亿~6亿年，包括寒武纪、奥陶纪、志留纪、泥盆纪和石炭纪。基本特征是雪线升高，冰川后退，气候显著变暖。寒武纪时气候趋向温暖且干燥气候带分布明显，经奥陶纪一直延续到志留纪；志留纪气候进一步增暖，到泥盆纪气候温暖而湿润，森林繁茂，最后形成大范围的煤层，故石炭纪在地质史上又称"成煤纪"。石炭纪后期气候变冷。

石炭纪~二叠纪大冰期发生在距今 2 亿~3 亿年。所发现冰川遗迹表明，受到这次冰期气候影响的主要在南半球，北半球除印度外，迄今未找到大规模冰川存在的确切证据。

三叠纪~第三纪大间冰期气候发生在距今约 2 亿年到 200 万年，包括整个中生代的三叠纪、侏罗纪、白垩纪直到新生代的第三纪都是温暖气候。

第四纪大冰期约从 200 万年前开始至今，在地质上资料最为丰富。这个地质时代已基本具备现代地理条件，在地球气候史研究中占有十分重要的地位。第四纪大冰期在北半球有三个主要的大陆冰川中心，即斯堪的那维亚冰川中心，冰流向南伸展到 51°N 左右；北美冰川中心，冰流向南伸展到 38°N；西伯利亚冰川中心，冰层分布于北极圈附近 60°~70°N，有时可伸展到 50°N 的贝加尔湖。第四纪大冰期气候有多次变动，冰川多次进退。在欧洲阿尔卑斯山区确定第四纪大冰期中有五个亚冰期。在中国也发现不少第四纪冰川遗迹，定出 3~4 个亚冰期。亚冰期内气温比现代低 8~12℃。亚冰期之间的亚间冰期气候比现代温暖，北极气温比现代高 10℃以上，低纬度地区比现代高 5.5℃。在间冰期内冰盖退缩到高纬度或极地，甚至消失。

8.3.1.2 历史时期的气候变化

历史时期的气候通常是指第四纪大冰期中，从大理亚冰期的最近一次副冰期结束以来 1 万年左右的所谓冰后期气候。在这 1 万年中，地质、地貌、植被等资料进一步丰富，尤其是后 5000 年开始有了文字记载，大量史料客观反映了气候的变化，给历史时期的气候研究提供了重要的依据。

挪威冰川学家在研究高山冰川的变化时，曾给出冰后期近 1 万年来挪威的雪线升降（图 8-3），与当时气候的冷暖程度有密切关系，气候转暖则雪线上升，气候转寒则雪线下降。O. Leistol（1960）根据 1 万年来挪威雪线高度变化曲线，把冰后期以来的气候划分为四个寒冷期和三个温暖期。四次寒冷期分别发生于距今 9000~8000 年、距今 7000~3500 年、距今 3000~1900 年和公元 1500~1900 年间。两次寒冷期之间为相对温暖期；第一次温暖期主要发生在距今 7000 年前后，第二次主要发生在距今 4000 年前后。两次温暖期之间的第二次寒冷期降温幅度较小，又往往统称为"气候最适时期"。第三次温暖期发生于距今 1100~700 年，通常称为"第二次气候最适期"。

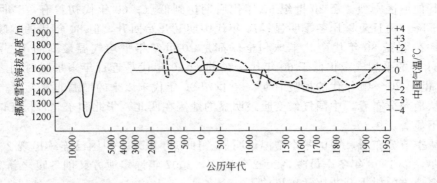

图 8-3　1 万年来挪威雪线高度（实线）和近 5000 年中国气温（虚线）变迁（竺可桢，1973）

竺可桢 1972 年根据中国物候观测资料、考古研究和文献记载，绘出中国近 5000 年的温度变化曲线，表明中国亦有 4 次寒冷时期和 4 次温暖时期，与欧洲总趋势一致。具有如下特点：①近 5000 年的最初 2000 年中，大部分时间的年平均温度比现在高 2℃左右；②公元前 1000 年的周朝初期以后气候有一系列冷暖变动，最低温度出现时期分别在公元前 1000 年、公元 400 年、公元 1200 年和公元 1700 年，温度变幅为 1～2℃；③近 5000 年气候变迁的趋势是温暖期越来越短，温暖程度越来越低；④气候波动是全球性的，虽然世界各地的最冷时期和最暖时期发生在不同年代，但气候的冷暖起伏是先后呼应的。

以上所讨论的气候变化偏重于历史时期的冷暖变化，但降水的变化直接关系到农业生产的丰欠，影响到经济发展与社会稳定，所以自古以来一直受到人们的关注，历史上有关旱涝的记载远多于冷暖的记载。然而旱涝的形成往往受局地因素的影响，较难得出大范围地区的变化规律，给历史时期旱涝的研究带来一定困难。总的来说，历史时期的气候在干湿程度上也有变化，但其变化的空间和时间尺度都较小。

8.3.1.3 近代气候变化

近代气候变化主要是指 19 世纪末以来近百年的全球气候变化。

100 余年来由于有了大量的观测记录，区域和全球气温序列不必再使用替代资料。由于所获观测资料和处理计算方法不尽相同，不同学者的结论也不完全一致。但总的趋势大同小异，从 19 世纪末到 20 世纪 40 年代，世界气温曾明显波动上升。这种增暖在北极最为突出，1919～1928 年间巴伦支海面温度比 1912～1918 年高 8℃，在 20 世纪 30 年代出现过许多从来没有过的喜热性鱼类，1938 年有一艘破冰船深入新西伯利亚岛海域直到 83°05′N，创造了当时世界船舶自由航行的最北纪录。增暖在 20 世纪 40 年代达到顶点，此后世界气候有变冷现象。以北极为中心的 60°N 以北气候越来越冷，进入 20 世纪 60 年代以后，高纬度地区气候变冷的趋势更加显著。例如，1968 年冬，原来隔着大洋的冰岛和格陵兰竟被冰块连接，北极熊可从格陵兰踏冰走到冰岛。进入 20 世纪 70 年代以后，世界气候又趋向变暖，尤其是 1980 年以后变暖趋势更为突出。政府间气候变化专门委员会（IPCC）第三次评估报告中指出，近 100 年来最暖的年份均出现在 1983 年以后。20 世纪北半球温度的增幅，可能是过去 1000 年中最高的。

中国在全球变暖的大背景下，近 100 年气候也发生了明显变化，主要表现在以下几方面：

（1）变化趋势与整个北半球基本相似，即前期增暖，20 世纪 40 年代中期以后变冷，20 世纪 70 年代中期以后回升。不同的只是在增暖过程中，20 世纪 30 年代曾有短期降温，但很快又继续增温，至 20 世纪 40 年代初达到峰点。另外，20 世纪 40 年代中期以后的降温则比北半球其他地区剧烈，至 20 世纪 50 年代后期达到低点；60 年代初曾有短暂回升，但很快又再次下降，而且夏季比冬季明显；70 年代中期又开始回升，但 80 年代的增暖远不如北半球强烈；20 世纪 80 年代南北半球和全球都是 20 世纪年平均气温最高的 10 年，而中国 1980～1984 年的平均气温仍低于 60 年代。20 世纪 90 年代是近百年来最暖时期之一，但尚未超过 20 世纪 20～40 年代的最暖时期。20 世纪 90 年代末以来的增温非常突出。

（2）从地域分布看，中国气候变暖最明显的地区在西北、华北和东北，长江以南地区的变暖趋势不显著。

（3）从季节分布看，中国冬季增温最明显。1985 年以来，中国已连续出现 20 个全国范围内的暖冬，以 1998 年冬季最暖，2002 年次之，2007 年许多地方又创冬暖之新高，2 月上旬华北许多地方的树木开花比常年提前了一个多月。

近 100 年来世界降水在纬向环流强盛时期，高纬度降水增加，低纬度降水减少，中纬度地带大陆西岸降水增多，大陆东岸降水减少；在纬向环流衰弱时期中纬度降水增加，高纬度降水减少，中纬度大陆东岸降水增加，大陆西岸降水减少。例如，20 世纪初期，英国西风频率增加，降水逐渐增多，40 年代前达到高峰，而后递减，1961～1965 年显著减少，这种变化过程与欧洲和澳大利亚西岸基本相似。与此趋势相反的是，美国东部和澳大利亚东部自

19 世纪末降水开始减少，直至 20 世纪 40 年代才开始增多。

影响中国降水的因素较为复杂，各地降水变化不同，地域性差异较显著，但 20 世纪降水总趋势是从 18、19 世纪的较湿润时期转向干燥时期，华北地区气候干暖化趋势尤为明显，近 50 年来平均降水量一直在逐年减少，河北中南部自 1997 年以来已连续 10 年降水偏少。

8.3.2　气候变化的原因

气候变化的原因，概括有三大类：①天文原因，包括太阳辐射的变化、地球轨道参数（即地轴倾斜、轨道偏心率、岁差的改变等）以及潮汐的变动；②地学原因，包括地极移动、海陆变迁、大陆漂移、极冰的消长以及火山活动等；③人类活动原因，指燃烧化石燃料使大气中 CO_2 含量增加以及人为增加气溶胶的影响。这些原因都还缺乏实证，仍属假说阶段。这里主要讨论太阳活动、CO_2、气溶胶及火山活动与气候异常的关系。

8.3.2.1　太阳活动与气候变化

地球上气候变化的根源是太阳活动。太阳活动引起太阳辐射的变化，太阳是一个变光巨星，假如太阳的辐射活动性增强，太阳的直接辐射通量增加，那么地球表面的温度将升高，而且赤道上的温度升高比在两极大，使赤道和两极间的温度梯度增大，这也成为大气环流加强的原因。温度升高及气流加强使蒸发增加，这样又引起云量和降水的增加。云量增加使回到天空中去的太阳辐射也增加。此外，云量增加，使昼夜之间、夏冬之间及海陆之间温度差异减小，因而在太阳辐射增强期间，气候变得具有海洋性。相反，在太阳辐射减弱期间变得更具有大陆性。

太阳活动强弱可以用年平均太阳黑子出现的相对数来表示。竺可桢根据我国史书关于太阳黑子的记载，将我国与欧洲各世纪严冬次数相对照得出，太阳黑子数多的世纪，也是我国和欧洲历史上严冬多的世纪。

根据 1700 年以来的太阳黑子资料分析，黑子变化 11 年左右的周期是十分明显的；同时还发现在 11 年周期中有双波振动现象和两个 11 年周期组成的 22 年周期，以及由 4 个 22 年周期组成一个 80～90 年的世纪周期；此外还有 200 年和 400 年的超长周期。近 500 年中，17、19 世纪是黑子 11 年周期强度弱的世纪，在我国出现冷期，三湖二河结冰次数和热带地区降雪结霜年数明显增多。而 16、18、20 世纪是黑子 11 年周期强度大的世纪，我国的气候为暖期，三湖二河结冰次数和热带地区降雪结霜的年数减少。

8.3.2.2　CO_2 和气溶胶与气候变化

米切尔（Miechell）认为 1880～1940 年增暖有 1/3 是由 CO_2 造成的。1940 年以来转而变冷的原因之一，是伴随世界范围工业化及人类的其他活动，使大气中微尘含量增加，改变了行星反射率，特别是平流层中微尘含量增加，使地气直接得到的太阳辐射量减少，从而地表温度降低。有人计算气溶胶值增加千倍，将使地表温度降低 3.5℃，起了"阳伞效应"。也有人认为低层大气 CO_2 和吸湿性的微尘含量增加反而引起了"温室效应"，众说不一的原因在于研究得不够。

8.3.2.3　火山活动与气候变化

火山爆发后，对气候有着重要影响的是进入到平流层下层的火山灰尘所形成的火山灰尘幕，它能扩散到整个半球。在低纬度喷发能扩散到全球，并在中、高纬度保持最大浓度，最后在极冠落下，其影响最大的为中纬度。平流层下层的气溶胶粒子的寿命一般是 3～7 年，长的能达 15 年，因此火山爆发后会对世界性气候变化产生一定的影响。

据分析，19 世纪以来一些大的火山爆发后，都引起程度不同的世界气候波动，如全球性的气温降低，降水增加，中纬度纬向环流加强，以及引起直接辐射、散射辐射和总辐射都减弱。20世纪前期由于没有大的火山爆发，空气干净，总辐射增加，而引起世界性增暖。研究 400 年来火山资料表明，1550～1900 年，尤其是 1750～1850 年的火山喷发频繁期和欧洲等地的"小冰期"有一定的对应关系。说明火山活动频繁可引起地面降温。

8.3.2.4　厄尔尼诺（El Nino）现象和拉尼娜现象与气候变化

厄尔尼诺现象是指秘鲁外海及赤道太平洋地区海水温度的持续异常偏高的现象，它是海洋与大气相互作用的一个突出表现。

在一般情况下，热带太平洋西部的表层水较暖，而东部的水温很低。这种东西太平洋海面之间的水温梯度变化和东向的信风一起，构成了海洋-大气系统的准平衡状态。大约每隔几年，这种准平衡状态就要被打破一次，西太平洋的暖热气流伴随雷暴东移，使得整个太平洋水域的水温变暖，气候出现异常，其时间可持续一年，有时更长。

厄尔尼诺现象出现年，海洋表面温度正距平通常始于 3～4 月，持续到翌年 3～4 月，为时一年或更长，海温距平最高值在 11～12 月。厄尔尼诺现象在 20 世纪分别出现在 1925 年、1941 年、1957～1958 年、1965 年、1972～1973 年、1976 年、1982～1983 年、1986～1987 年，其中 1982～1983 年最强。

拉尼娜现象为赤道附近东太平洋水温反常下降的一种现象，同时也伴随着全球性气候异常。其特征恰好与厄尔尼诺相反，因而又称反厄尔尼诺现象，并同厄尔尼诺一样成为当前预报全球气候系统异常的最强信号。

厄尔尼诺现象改变了大气动力、热力和水分状况，因而影响大气环流的形势，加剧热带东风急流，从而引起气候异常。据研究，厄尔尼诺年西太平洋（包括中国南海）台风活动偏少，而反厄尔尼诺年台风活动偏多。另外，厄尔尼诺爆发年长江中下游是少雨年，概率为 8/9；而厄尔尼诺爆发年的下一年出现多雨的概率较大。

从 1950 年至今，已经发生 9 次拉尼娜现象。在拉尼娜事件中，赤道中、东太平洋信风比常年偏强，海水温度偏低，云量减少，海平面气压比常年偏高；在赤道西太平洋海域海水温度比常年偏高，对流活动加强，云量增多，降水偏多，海平面气压偏低，位于太平洋西边界的黑潮也比常年增强。拉尼娜发生时，由于大气环流以及副热带高压的变化，影响我国的夏季风明显增强，强劲的夏季风将大量暖湿空气带到内陆，使我国北方地区夏季降水增多。拉尼娜发生期间，由于西太平洋的"赤道暖池"温度偏高，使热带风暴能量充足，因而台风发生的次数比常年要多。在我国沿海登陆的台风也要相应增多，台风的移动路径将向西发展。冬季黄海、渤海的海冰冰情往往有所偏重；拉尼娜造成的自然灾害损失往往要低于厄尔尼诺。

厄尔尼诺现象和拉尼娜现象近年的发生频率加快了，这使得地球出现大旱或大涝的次数也相应地增加。厄尔尼诺现象和拉尼娜发生时间一般间隔 2～7 年，平均间隔约为 3～4 年。而近 20 年来，厄尔尼诺现象和拉尼娜现象的发生频率为每两年一次，每次持续时间 12～18 个月。

8.3.3　气候异常

8.3.3.1　气候异常的表现

气候异常是指某些气候要素出现极端状况，距离气候常年平均情况比较远。如某些地区连降大暴雨，发生洪涝；另一些地区滴雨不下，严重干旱。某些地区酷热高温；另一些地区却遭受暴风雪，并伴随低温冻害。

自 20 世纪 70 年代以来，世界有些地区出现了旱涝不均，具体表现在：

（1）雨量稀少，干旱严重　世界气象组织的年度报告中指出，1972 年是历史上气候最异常的年份之一。如非洲、印度和苏联等地发生了严重干旱的现象。非洲撒哈拉大沙漠以南的广大地区持续少雨，西非的旱情是 1912 年以来最严重的一年。印度马哈拉施特拉邦近 7 个月无雨，也是 18 世纪以来最旱的一年。苏联欧洲地区 1971 年冬出现旱象，1972 年大部分地区又连旱一年。泰国和印度尼西亚在整个雨季中长期缺雨。同年，中国北方和南方部分地区也遇到严重干旱的情况：吉林全省一年未下透雨；辽宁也是全年雨水稀少，干旱面积大，历史上少见，其中朝阳和昭盟两地一年未下透雨；山东部分地区夏季大旱，为几十年少有；天津地区的宝坻三百天无雨，山塘和水库干涸，与 1920 年、1924 年的特大干旱相仿。

1976 年，大范围的干旱发生于欧洲西北部、中南部，亚洲的越南、日本和南美哥伦比亚大西洋沿岸和巴西东北部。1979 年是印度独立以来旱灾最严重的一年，受灾人口占印度总人口 1/3。1982～1983 年，印度、巴基斯坦大部分地区雨季缺雨成灾。1988 年，美国全国性大旱成为全球瞩目的气候事件，全国至少 35 个州发生极端干旱情况。

（2）暴雨频繁，洪涝成灾　1971 年，大范围的洪水在亚、欧两洲发生。南亚次大陆的印度北部季风雨季（6～9 月）间的暴雨洪水造成 1023 人丧生，5500 万人受灾。1978 年，洪水多发生在欧亚地区，1 月份，英国出现 25 年间最严重的一次洪水。1982～1983 年，与厄尔尼诺现象有关的洪水发生于太平洋东岸的南美许多国家和地区。1985 年，印度、孟加拉国、朝鲜、日本相继发生洪水，5 月 25 日孟加拉国受热带气旋影响发生的洪水，造成 4 万人丧生，600 万人受围困。1998 年汛期，中国长江流域发生了自 1954 年以来的又一次全流域性大洪水，松花江、嫩江流域出现超历史纪录的特大洪水。

（3）高温热浪，突破纪录　高温热浪多出现于夏季，并伴有少雨干燥天气。1972 年，罕见的酷暑遍及印度，首都新德里及多耳普尔的最高气温分别达 45℃ 和 49℃。1977 年，高温热浪冲击欧洲东部和南部、苏联和美国东部各州，希腊首都雅典最高气温达 41℃，纽约 7 月 21 日最高气温达到 40℃，出现历史上第二次异常高温。1980 年，美国大热浪成为全球关注的重大气候事件，南部各州直到 9 月下旬仍出现最高气温 40℃。1987、1988 年，欧洲东、南部连续两年夏季受高温热浪冲击。2001 年 5、6 月，中国京、津、冀、鲁及其他地区，出现历史上同期罕见高温天气，其中哈尔滨（46°N 左右）最高气温达 39.2℃，超同期历史最高纪录。

（4）低温冷害，植物受冻　低温冷害包括冬季严寒和夏季低温。近几十年来，冬季低温暴风雪相对频繁地发生于北美、欧洲。1972 年，加拿大安大略省西南 6 月 10～11 日出现严霜，导致烟草受冻，减产 20%。1976～1977 年冬季，中国长江流域最低气温降至 −10℃ 以下，致使柑橘等亚热带植物大面积冻死。1985～1987 年，欧洲大部分地区连续三个冬季出现了历史上少见的严寒，低温暴风雪使各国交通陷于瘫痪，事故频繁发生。

8.3.3.2　气候异常的应变对策

气候变化能够促进或阻碍人类活动、人类的经济和社会的发展。如果顺应气候规律，就能获得最大的经济和社会效益，达到顺天时，量地利，收效益；若违背气候规律，则要受到气候惩罚。下面结合中国实际情况，提出以下对策建议：

（1）合理开发、利用和保护各地区的气候资源　气候资源开发利用要因地制宜，结合其他生态环境来考虑。随着农业现代化的建设，农业专业化、区域化与气候资源开发利用紧密联系。

① 各类农业生产基地应建立在相应的气候资源优势区　中国东部应是农业生产发展战略的重点；在华南宜建立"南菜北运"的冬季蔬菜基地；在海南岛和西双版纳宜大力发展热带作物。

② 趋利避害，提高气候资源利用率　中国由于气候异常造成的重大的气象灾害，使粮

食产量的年际波动很大。因此，要加强农业气象灾害防御，根据趋利避害的要求，提高气候资源利用水平。同时要推广生态农业，提高农业的经济、生态和社会效益。此外，推广地膜覆盖、塑料大棚，以改善农作物的小气候环境。

③ 改革种植制度，提高复种指数　中国长江以南地区，以多熟种植为主。近年全国复种指数有所下降，例如华南在水热可满足三熟的地方，仍有 2/3 冬闲田。因此，应根据旱涝特点和农业资源的多样性，宜发展各种形式的水旱轮作、水旱复种、旱地复种、套种，适当提高农作物复种指数。

④ 合理开发和保护山区气候资源　中国山区面积很大，开发山区经济应与生态环境相协调，合理开发利用山区。例如，建设山地立体农业生态系统，提高资源承载力；充分发挥气候资源优势，重点建设一批用材林和名、优、特产商品生产基地。

⑤ 合理开发利用太阳能、风能和海岸带、滩涂的气候资源　太阳能资源利用包括温室、热水器、太阳灶、太阳能电池和太阳能干燥器等，应积极探索太阳能利用技术，提高效益，积极推广。在牧区、高山和海岛，宜发展小、中型风力发电机和风力提水机等。在海岸带和滩涂地区，宜建立粮、经、果商品生产基地，发展海水和淡水养殖业。并利用沿海的自然风光，发展旅游业等。

（2）认真对待气候问题，积极防御气候灾害　对中国国民经济构成威胁的气候灾害，从性质上可以分为两类，一类是由气候特点决定的，另一类是气候异常造成的。对这两类气候灾害应有不同的防御方法。

气候异常包括严寒、酷热、洪涝、干旱等，其空间变率大，经常有此旱彼涝发生，而且有明显的季节性。对旱、涝、冷、热灾害的防御，一是要有针对性，如要弄清楚本地区不同季节经常发生的气候异常现象；二是要加强灾害预测的研究和发布工作，并合理使用预测结果。

气候干旱、水资源缺乏是中国西北和华北地区工农业生产的主要障碍。因此，对策的基本原则是科学地管理、合理地利用有限的水资源。合理利用土地资源，保护和建设良好的生态环境，防止气候和水资源缺乏状况进一步恶化。

（3）减少人类活动对气候的不利影响　国内外普遍认为，目前人类活动对气候变化的影响已达到气候自然变化的量级。人类活动对气候的影响将越来越显著。为此，必须及早研究并采取措施。

① 加强绿化工作，严禁破坏现有森林与植被　森林是陆地上调节 CO_2、防止气候恶化的最有效的生物体。近期中国森林面积变化不大，但由于滥伐，森林蓄积量大幅度减少，质量下降，资源恶化。因此，在林业方面，应该执行多造林、管好林、少砍林和用好林的方针，防止植被进一步破坏和沙漠化加剧。有些地区的草原应实行休养生息的方针。

② 采取措施，控制 CO_2、沼气等温室气体的排放量　中国是世界上 CO_2 排放大国，应积极采取措施，控制 CO_2 排放量。例如，及早调整能源结构，增大核能和水电比例，减小火电比例，努力提高煤炭、石油利用率。及早制定中国 CO_2 的排放标准，控制沼气排放。中国排入大气的沼气主要产生于有机肥不加封闭的发酵过程。因此，控制沼气排放，主要措施应是有机肥封闭发酵，多提倡沼气池等。

③ 通过法案，限制在沿海低地建屋造厂　为了适应因气候变化而引起海平面上升，有必要制定法律，禁止或限制在沿海岸海拔低于 2～5m 的地区建造房屋和工业设施。

④ 选育优良作物品种和研究最佳种植结构　研究表明，由于 CO_2 造成的气候变化，可能会造成总产量下降，但在某种种植制度下种植某种作物品种，可以减少损失，甚至略有增产。因此，农业部门应及早研究适应气候变化的中国农作物种植制度和新的作物品种。

⑤ 积极研制氟氯烃化合物的代用品　目前，国际上已开始逐步限制氟利昂 11 和氟利昂 12 的生产和使用。因此，研究氟利昂 11 和 12 的代用品的试验，势在必行。

（4）在编制国民经济发展规划时应考虑气候变化因素　未来气候变暖在国际上有过激烈争论，目前逐渐得到公认，其依据是人类活动使大气中温室气体增加。如果气候变暖，在我们编制国民经济计划时，应该注意以下问题。

① 全球气候变暖，会引起海平面上升　如果因人类活动，到 21 世纪中叶气温上升 1.5～4.5℃，海平面上升 0.5～1.0m，这将使大片滩涂被淹没，海岸侵蚀加剧，海堤需加高加固，风暴潮影响增加，内陆排水困难，海水入侵，沿岸建筑受到威胁。因此，国家有关部门应及早制定一定的法律，在开发沿海地区时应注意这一因素。

② 气候变暖，会使气候带北移　全球变暖后，气候带会在一定程度上北移，部分干旱、半干旱地区降水量减少，中国东部的华北和华中降水量就可能减少。由于气温上升，使蒸发量增加，从而使干旱加剧。因此，在编制半干旱、干旱地区国民经济计划时应考虑这个问题。

③ CO_2 含量增加，对作物利弊相间　气候变暖的部分原因是大气中 CO_2 含量增加。一般讲 CO_2 增加有利于植物生长，但 CO_2 增加也会使杂草丛生，病虫害加剧。初步研究表明，气候变暖后，在目前作物品种和种植制度下，中国粮食产量不大可能增加，反而会有所下降。关于这个问题，在编制国民经济计划时也应考虑。

（5）增强气候意识，加强气候基础研究和预测工作　气候变化问题，不仅在世界科技界，而且已经引起世界各国政府的严重关注。旱涝等自然灾害主要由气候不稳定引起。而气候又是一种重要的再生资源，为此，必须增强气候意识，积极做好气候监测工作，搞好气候资料工作，加强气候科学的研究及预测工作。

8.4　中国气候

中国位于亚洲的东部和中部，西临太平洋。陆地面积约为 960 万平方千米，约占亚洲面积的 1/4，世界陆地面积的 1/15，仅次于俄罗斯和加拿大，居第三位。

我国地势西高东低呈三级阶梯：第一阶梯为西南部的青藏高原，平均海拔 4000m 以上，号称"世界屋脊"；第二阶梯在青藏高原边缘以东和以北，从大兴安岭、太行山经巫山与雪峰山一线以西，海拔 1000～2000m 的高原和盆地；第三阶梯是该线以东的丘陵和平原，大部分地区海拔在 500m 以下。第三阶梯继续向海洋延伸形成近海大陆架。以上地势轮廓有利于海洋上的湿润气流深入内地，影响降水的形成和热量条件的改善，江河水系也呈自西向东注入太平洋的形式。

地形复杂多样：山地、高原和丘陵约占全国面积的 69%，盆地占 19%，平原仅占 12%。青藏高原位于西部，高原上耸立着多个著名的高大山系。西北为高山与巨大盆地相间分布的干旱区，既有低于海平面的吐鲁番盆地，又有世界最大沙漠之一的塔克拉玛干沙漠。东部有广阔的冲积平原和许多中山、低山和丘陵。不同水平地带内的山地由于温度、降水等因素的垂直分布差异，造成自然景观和气候条件呈垂直地带性分布。中国东西走向的山脉如天山、阴山、昆仑山、秦岭、南岭等，东北-西南向山脉如大兴安岭、太行山、长白山、武夷山等，对冬季风和夏季风起不同程度的屏障作用，山体的热力和动力作用加强了季风的形成与发展，极大地影响着自然地理环境的水平地带结构，使中国自然地理分类具有世界罕见的独特性。

此外，开垦农田、建造水库、植树造林以及温室气体排放等经济活动改变了自然环境和景观的演变过程。中国东部平原和低山丘陵地区，天然森林植被被已被破坏，仅在山区还保留着小片次生林，广大平原已成为农田。西北荒漠地区通过建造防护林带和引水灌溉，建成了一系列绿洲。青藏高原、内蒙古草原和许多山地利用天然草原发展畜牧业。这些人类活动对自然地理环境也产生了深刻的影响。

以上因素的综合作用，使得中国气候形成的主要因素具有如下特点：第一，中国所跨纬度近50°，年辐射差额尤其是冬季有随纬度升高而减小的趋势，下垫面和近地气层温度自南向北降低，形成多个气候带；第二，中国处在欧亚大陆东部和太平洋西岸，陆地和海洋在不同季节的热力性质不同，引起盛行风向的季节性变化；第三，青藏高原的动力和热力作用加强了季风环流的发展。中国东西走向以及东北至西南走向的山脉对夏季风的运行、锋面活动和气候都有较大影响。综上，中国气候呈现出季风气候显著、大陆性气候强烈和类型多样的特点。

8.4.1 中国气候的基本特征

8.4.1.1 季风气候显著

我国地处欧亚大陆，东临太平洋，南距印度洋不远，受海陆间巨大的冷热源作用以及行星风带季节性转换的影响，使东部及西南广大地区形成了发达的季风气候。这种季风气候主要表现在风的季节性变换、温度与降水的时空分布与变化等方面。

（1）风的季节变换 冬季蒙古高压十分强大，大陆受变性的极地大陆气团控制，对流层低层盛行西北、北和东北季风，冬季风决定了中国冬季天气、气候的特征，降温程度和植物冻害都与冬季风活动密切相关。夏季副热带高压增强并北抬，中国大部分地区受热带、副热带海洋气团和热带大陆气团影响，对流层低层盛行西南、南和东南季风，统称夏季风。从3月初开始，夏季风影响华南地区，4月份扩展到长江中下游地区，5月份影响淮河流域，6月份到达华北、东北，7月份到达极盛期，可影响到55°N附近地区以及大青山和贺兰山以东、以南地区，8月份夏季风减弱南退，9月份冬季风已开始影响西北、华北和东北，10月中旬以后，全国均受冬季风的控制。冬、夏季风在各地持续的时间不同，而且冬季风要强于夏季风。

（2）季风气候在温度方面的表现 冬季，我国大部分地区受变性极地大陆气团影响，盛行由陆地吹向海洋的冬季风，气候普遍寒冷干燥，是世界上同纬度最冷的地区；夏季，受热带海洋气团影响，我国大部分地区盛行由海洋吹向陆地的夏季风，带来大量暖湿空气，使各地气候具有高温、潮湿、多雨的特点，成为世界上同纬度最热的地区之一。从表8-3看出，我国各个地区与世界同纬度的其他地区相比，温度年较差偏大8~30℃，且纬度越高，温度年较差越大，偏大的幅度也越大。

表8-3 同纬度各地温度比较

地点		北京	纽约	里斯本	新奥尔良	汉口	开罗
纬度		40	40	40	30	30	30
月平均温度/℃	1月	−4.7	−0.8	10.8	12.0	2.8	12.4
	7月	26.0	22.6	21.8	26.6	29.0	28.2
年较差		30.7	23.4	11.0	14.6	26.2	15.8

（3）季风气候在降水方面的表现 我国的降水主要依靠季风从太平洋和印度洋输送水汽到陆地上，降水呈现以下显著特点：

① 降水的年际分布由东南沿海向西北内陆逐渐减少（图8-4）。年降水量华南为1500～2000mm以上，华东、华中在1250mm左右，淮河、秦岭一线在750～1000mm，华北500～750mm，东北小兴安岭以西为300～500mm、以东大于500mm，长白山南麓可达1000mm，内蒙古西部及河西走廊一般少于250mm，新疆天山以北为100～300mm，天山以南在100mm以下，四川盆地及云贵高原为1000～1500mm，西藏地区降水差异较大，藏东南为800～1200mm以上，藏西北则不足100mm。

中国地图

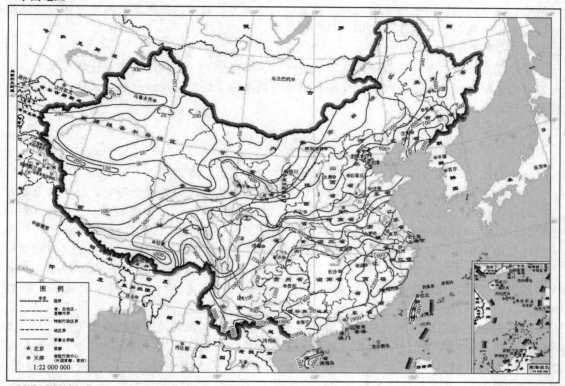

审图号：GS(2016)2883号

国家测绘地理信息局 监制

图8-4 我国年平均降水量分布示意图（mm）（王世华 吴姗薇 崔日鲜，2019）

② 季风气候区内，雨季的起止日期与季风的进退日期基本一致。例如，华南夏季风盛行始于4月下旬，结束于9月下旬，而雨期则是始于4月末，止于9月下旬，雨期和风期都为5个月；华北夏季风始于7月上旬，结束于9月上旬，而雨期则始于7月上旬，止于8月末，雨期和风期都为2个月左右。各地季风进退日期与雨季起止日期所差天数不超过一周。

③ 大部分地区的降水主要集中在夏季风盛行的时期，少数地区降水分配较均匀，四季都有。江南春雨较多、伏旱明显；华北、东北夏雨多，春旱较重；西南夏、秋多雨；新疆伊犁河谷四季降水均匀；台湾东北角冬雨多，夏雨少。

④ 降水年际变化大。季风进退的早晚及在某一地区持续时间的长短都会对降水量的年际分布与变化产生重要影响。一般来讲，降水多的地区降水的年际变化相对较小；降水少的地区降水年际变化大。降水变率最小的在西南地区，个别地区小于10%；长江以南和东北山地在15%以下；东南沿海为15%～20%，变率增大的原因主要是受台风发生频率的影响；华北为20%～30%；西北在30%以上；青藏高原在10%～20%之间。

我国季风气候的优点是雨热同季。降水主要集中在夏半年，热量和水分配合良好，使我国成为世界上农业最发达的国家之一。夏季风把热量和水汽输送到我国几乎最北的地区，水稻、棉花等热带、亚热带作物的种植北界在我国境内大大北移。

我国季风气候的主要缺点是旱涝灾害频繁。如上所述，我国主要雨带的位置取决于夏季风的进退。一般年份里，北方春季温度回升很快，但夏季风前缘尚在江南一带，故北方多春旱；七、八月间夏季风到达最北位置，主要雨带在东北和华北一带，长江流域多伏旱。夏季风的进退与副热带高压强弱有关。副高过强，夏季风位置偏北，雨带位置亦偏北，易出现北涝南旱；副高过弱，雨带位置偏南，又会造成北旱南涝的局面。我国西北内陆地区夏季风难以深入，水汽稀少，形成干旱、半干旱气候。

8.4.1.2 气候大陆性强

(1) 大陆度及其分布 我国内陆地区受海洋影响很弱，一年内温度的变化幅度很大，具有强烈的大陆性气候特点。气候学中通常用焦金斯基的大陆度来反映气候的大陆性或海洋性程度，计算公式为：

$$K = \frac{1.7\Delta A}{\sin\varphi} - 20.4 \tag{8-1}$$

式中，K 为气候大陆度；ΔA 为平均气温年较差；φ 为纬度。

大陆性主要用气温年较差反映，除以纬度的正弦是为了消去纬度的影响，故大陆度是各纬度均可比较的气温年较差。K 值变化于 0 与 100 之间，0 表示海洋性最强，100 表示大陆性最强，50 为海洋性与大陆性的分界。我国大陆度分布概况为：台湾、海南岛小于 40；川滇地区受地形影响，冬暖夏凉，大陆度也在 40 以下；华南地区大陆度在 50 以下；青藏高原上，因地势高，大陆度也在 50 以下，均具有海洋性气候特点。其余各地都在 50 以上，具有大陆性气候特点，尤其是新疆、内蒙古和东北为最大，约为 70～80，属于典型的大陆性气候。

(2) 大陆性在温度上的反映 气温年较差大，是我国气候大陆性强的重要特征之一。我国气温年较差北方大于南方，大部分地区气温年较差大于同纬度的平均值。冬季，全国处于变性极地大陆气团的控制下，东部平原地区的气温主要由太阳辐射决定，1 月份气温最低，等温线（图 8-5）基本与纬圈平行，温度梯度最大，平均每一纬度气温相差 1.5℃左右。从全国范围看，1 月平均气温大兴安岭北部在 -30℃以下，内蒙古、河西走廊、新疆及青藏高原大部分地区为 -22～-10℃，雅鲁藏布江谷地和横断山脉地区为 -10～0℃，华北为 -10～-2℃，秦岭淮河一线以南在 0℃以上，长江流域为 0～8℃，南岭以南则在 10℃以上。夏季，由于太阳高度角大、日照时间较长，所以南北间的温度差异较小，7 月份的等温线（图 8-6）主要呈南北向，全国形成两个高温中心。分别在鄱阳湖附近和新疆吐鲁番盆地，极端高温值主要出现在西北干旱区和东部河谷低地。大兴安岭、小兴安岭、天山及青藏高原大部分地区 7 月平均气温小于 20℃，其中，西藏中西部 7 月平均气温小于 10℃，淮河以南地区 7 月平均气温为 28～30℃，其他地区在 20～28℃之间。

春温高于秋温是我国气候大陆性强的另一重要特征。有资料表明，西北内陆、塞外草原和华北、东北等地都是春温高于秋温。而黄河中下游以南地区，尤其是大连、上海和广州等沿海地区则为秋温高于春温，带有海洋性气候色彩。

(3) 大陆性在降水上的反映 大陆性气候的降水特征有三点：一是雨量集中于夏季；二是多对流性降水；三是降水变率大。从我国各地年降水量的季节分配看，绝大部分地区以夏季降水为多。一般，夏季（6、7、8 月）占全年降水量 40%～50%，内陆地区比例更大；相

中国地图

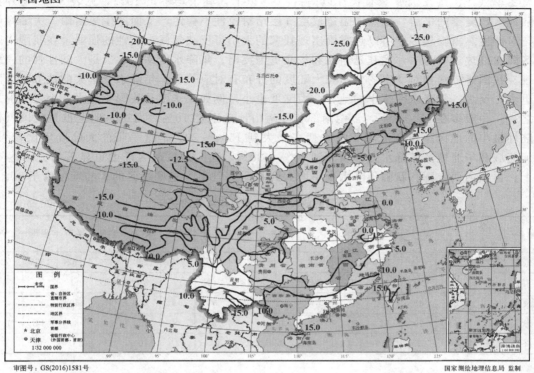

审图号：GS(2016)1581号　　　　　　　　　　　　　　　　　　　　国家测绘地理信息局 监制

图 8-5　我国 1 月平均气温分布示意图（℃）（王世华　吴姗薇　崔日鲜，2019）

中国地图

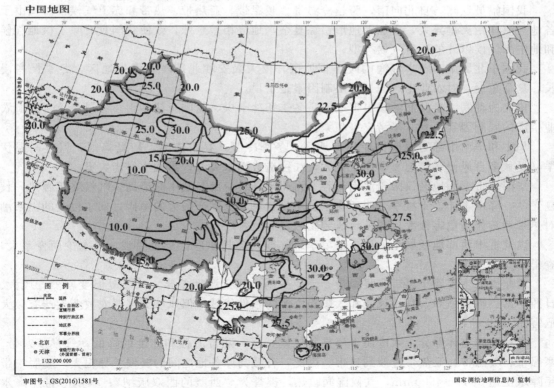

审图号：GS(2016)1581号　　　　　　　　　　　　　　　　　　　　国家测绘地理信息局 监制

图 8-6　我国 7 月平均气温分布示意图（℃）（王世华　吴姗薇　崔日鲜，2019）

反，冬季（12、1、2 月）只有长江以南占 10％以上，其余均不足 10％，见表 8-4。另外在内陆地区，夏季的午后，剧烈增温造成空气层结对流性不稳定，从而产生热雷雨。大陆性越强，对流性热雷雨越多，所以热雷雨出现频率的大小可反映气候大陆性的强弱。在我国内陆地区降水以热雷雨为主，尤其是西北和华北更为突出。年降水变率大，也是大陆性强的一种表现。我国年降水相对变率的分布与大陆度的分布有对应关系。年降水变率大的地方，大陆度也大；反之，年降水变率小的地方，大陆度也小。例如，华南是我国年降水变率最小的地区之一，一般多在 15％以下，云南南部和岭南山地还不足 10％，而这一地区也是我国气候大陆性最小的地区；长江流域年降水变率增大到 15％～20％，这一带的大陆度也比较大；淮河流域和华北地区年降水变率增大到 20％～30％，这一地区的大陆度也显著增大，达 60 以上；再到河西走廊和新疆年降水变率增大到 60％～70％，这些地区的大陆度可增至 80。

表 8-4　中国各地四季降水量占年总量的百分比　　　　　　　单位：mm

地名	乌鲁木齐	呼和浩特	哈尔滨	酒泉	北京	大连	西安	开封	青岛	成都	武汉	上海	昆明	梧州	广州
年总量	573	426	534	82	683	656	604	622	777	936	1260	1129	992	1525	1681
春	29	13	13	15	10	14	23	18	14	17	32	28	11	34	31
夏	51	69	65	54	75	64	45	56	58	63	43	37	59	43	44
秋	16	15	20	22	13	18	32	21	24	18	15	22	26	14	18
冬	4	3	2	8	2	4	5	4	2	10	13	4	8	7

8.4.1.3　气候类型多种多样

我国幅员辽阔，自北向南，跨越冷温带、暖温带、亚热带、热带和赤道气候带。又由于各地与海洋距离差异大，再加上地形错综复杂，地势相差悬殊，致使我国具有除了极地气候和地中海气候以外的所有气候类型。

我国东北属湿润、半湿润的暖温带地区，仅大兴安岭北部属寒温带地区，冬季严寒漫长，夏季短促，对农业生产的最大限制因素是干旱。

华北为湿润、半湿润的暖温带地区，冬季寒冷干燥，夏季炎热多雨。春旱严重，影响农业生产的限制因素是夏季旱涝灾害频繁。

华中和华南中部为湿润的亚热带地区，冬季冷湿，春雨连绵，初夏梅雨，盛夏高温伏旱，夏秋多台风侵袭，但夏季风变化大，往往造成雨水失调，易发生旱涝灾害。

华南热带湿润地区仅限于滇南河谷、雷州半岛、海南岛及南海诸岛，气候终年暖热，长夏无冬，降水丰沛，干湿季分明，春旱夏涝是这里农业生产最大的障碍，偶尔侵袭的强寒潮对热带经济作物危害很大，夏秋台风频繁入侵亦危害严重。

内蒙古中西部地区属半干旱、干旱季风气候，冬长寒冷、夏短温暖，降水少而变率大，春旱尤其严重。

西北地区主要属于温带和暖温带，干旱少雨，昼夜温度差异大，冬夏温变剧烈，风大、日照丰富、辐射强烈，利用风能和太阳能资源的条件优越，但风沙天气对农牧业生产有较大危害。

青藏高原主体部分，寒冷而干旱是其气候特征。随着海拔和纬度的降低，气候从寒带、寒温带、暖温带、亚热带过渡到热带。因此，青藏高原各地之间的气候差异很大。墨脱一带年降水量达 3000～4500mm，气候湿润暖热，被誉为"西藏的西双版纳"；察隅一带年降水量为 1000～2500mm，气候温和，有"西藏的江南"之称。雅鲁藏布江流域和三江流域已是

农业气象学

温带气候，从东部的湿润逐步过渡到西部的干旱。除羌塘高原西北部为寒带外，青藏高原其他地区则是寒温带气候。

气候类型的多样化对国民经济和国防事业的发展意义重大。

8.4.2 气候资源分布

8.4.2.1 光能资源的分布

（1）太阳总辐射 我国太阳辐射资源丰富，全国各地太阳总辐射多为 3300～8300MJ·m^{-2}·$年^{-1}$（图 8-7），平均为 5198.61MJ·m^{-2}·$年^{-1}$。年辐射总量的高值中心出现在西藏高原西南部冈底斯山脉和雅鲁藏布江中上游一带，达 7500～9200MJ·m^{-2}·$年^{-1}$。四川盆地、武陵山区以及云贵高原的东北部是我国辐射资源的低值区，为 3300～4200MJ·m^{-2}·$年^{-1}$。全国太阳辐射年总量分布的基本规律是：西部多于东部；干燥地区多于湿润地区；高原多于平原。太阳辐射总量 5800MJ·m^{-2}·$年^{-1}$ 等值线大约从内蒙古东南向西南延伸至青藏高原东侧，此线东南由于阴雨天多，日照少，年太阳辐射总量小，此线西北地区，晴天多，云量少，年太阳辐射总量大。此外，东北和华南虽然纬度相差 $25°～30°$，但年辐射总量差别不大，为 5024MJ·m^{-2}·$年^{-1}$ 左右。

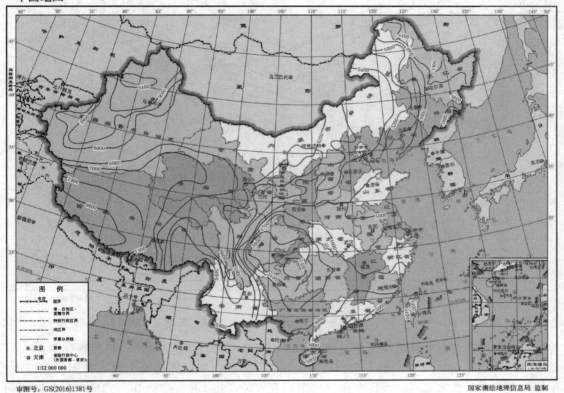

图 8-7 中国平均太阳总辐射分布示意图（MJ·m^{-2}·$年^{-1}$）（王世华 吴姗薇 崔日鲜，2019）

（2）光合有效辐射 中国光合有效辐射的分布与太阳总辐射的分布趋势基本一致，其数值仅占总辐射的 $42\%～43\%$。高值区在西藏高原西南部和雅鲁藏布江中上游一带，大多数地区在 3000MJ·m^{-2}·$年^{-1}$ 以上，秦岭淮河以南、南岭以北的长江流域和浙、闽两省是一个低值区，一般不足 2300MJ·m^{-2}·$年^{-1}$，特别是四川盆地和云贵高原，不足 2000MJ·

$m^{-2}\cdot$年$^{-1}$。嘉陵江和乌江两河流域则更低，不足1880MJ·$m^{-2}\cdot$年$^{-1}$，成为全国的低值中心。

（3）日照时数和日照百分率　日照时数指太阳实际照射的时数，又称光照时数。我国日照分布的基本特点是：纬度越高，日照时数越多，故北方多于南方；气候越干旱的地方，日照时数越多，故西部多于东部。日照时数与可照时数的百分比称为日照百分率，中国年日照百分率分布（图8-8）与日照时数分布基本一致。全国各地全年日照时数在1200～3400h之间。华南地区一般在1800h左右，日照百分率约45％；长江中下游地区为2000～2200h，日照百分率在40％～50％之间；华北地区约2600h，日照百分率在60％～65％之间；东北地区除山区外，一般在2600～2800h，日照百分率65％左右；青藏高原和西北干旱地区是我国日照最丰富地区，一般在3000h以上。

中国地图

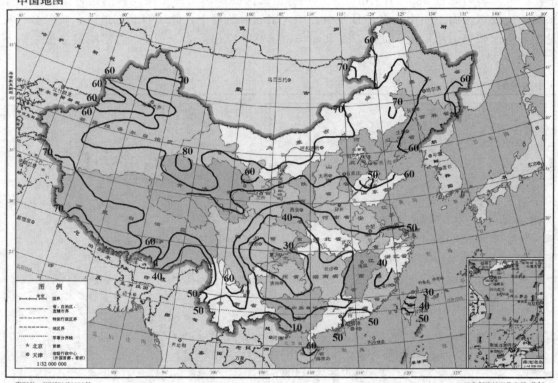

审图号：GS(2016)1581号　　　　　　　　　　　　　　　　　　　　　　　国家测绘地理信息局　监制

图8-8　我国平均年日照百分率分布示意图（％）（王世华　吴姗薇　崔日鲜，2019）

川黔、湘鄂西部和桂北等地为全国低值区，年日照时数不足1400h，日照百分率在40％以下，其中峨眉山站为946.8h，22％；雅安站1005.0h，23％等构成全国年日照时数最少、年日照百分率最低的地区。该区向南、向东略有增加，达2200～2600h，60％左右。向西向北明显增加达3200h之多。南疆东部、内蒙古西部、甘肃西北部和柴达木盆地等地区在3200h以上，局部地区达3300～3500h，其中青海冷湖站年日照时数为3553.9h，日照百分率为80％，是全国年日照时数最多、日照百分率最高的台站。

（4）光能资源的季节变化和年际变化　我国各地年内接受的太阳辐射总量有明显的季节变化，绝大部分地区呈现夏季多、冬季少的特点。在温带地区，如西部、中北部广大地区，太阳辐射总量最大月值出现在雨季开始前的5～6月。而在东南部地区，最大月值出现在伏旱的 7～8 月。云南、海南的个别地区，年内太阳辐射总量月值有 2 个高峰，一个在 4 月份前后、一个在 8 月份前后。大部分地区太阳辐射总量最小月出现在冬季的 12 月，东南沿海个别地区出现在多阴雨的 1～2 月份，如广州、福州、海口的太阳辐射月总量最小值均出现在 2 月份。

全国各地年总辐射的变率在 3.3％～10.1％之间。变率较小的地区是东北、西北、云贵高原和青藏高原，其中哈尔滨为 3.31％，拉萨为 3.96％。东南沿海和长江流域变率较大，海口为 8.5％，武汉达 10.1％。

8.4.2.2 热量资源的分布

无霜期和生长季长短可作为衡量热量资源的时间尺度。无霜期是从春季终霜日期至秋季初霜日期之间的持续日期。在我国各地，终霜期以后大多数喜温作物开始生长，而初霜期开始，大多数喜温作物开始枯黄。所以，无霜期就是作物的生长季，其分布是：在福州、桂林至昆明一线以南，全年皆为生长季；江南大部分地区为 270～300d（2 月下旬至 12 月上旬）；大连、北京至陕北一线以南，杭州、武汉至汉中一线以北及南疆地区 240～270d（3 月下旬至 11 月中旬）；东北南部、华北北部、内蒙古及北疆地区 180～210d（4 月上中旬至 10 月上旬）；东北北部、青藏高原大部分地区不足 150d（5 月中旬至 9 月上旬）（图 8-9）。可见，我国各地终霜期随纬度和海拔升高推迟，初霜期随纬度和海拔升高提早，无霜期随纬度和海拔升高而缩短。

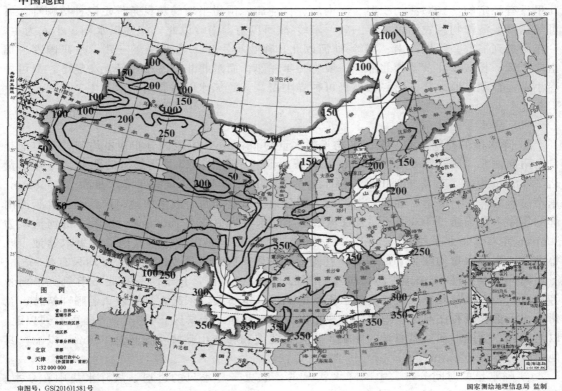

图 8-9　中国无霜期分布示意图（d）（王世华　吴姗薇　崔日鲜，2019）

南岭以南，全年皆为农耕期。长江汉水以南、浙江、闽北、皖南、赣北、湘北和川黔等地的农耕期为 300～330d；华北南部和江淮平原等地 300d 左右；东北南部、华北北部、晋陕高原、南疆及藏南河谷为240~270d；东北北部、内蒙古、新疆北部及青藏高原大部分不足210d。

生长季分布规律与农耕期一致。全国生长活跃期也与生长季分布趋势一致。南岭以南地区，生长活跃期330~360d；南岭、武夷山、滇西地区270~330d；钱塘江、汉中一线以南，南岭以北地区240~270d；钱塘江、汉中一线以北210~240d；东北北部、青藏高原最短，仅110d左右。

我国雷州半岛、海南全省和台湾平原地区，全年日均温均在15℃以上；武夷山、南岭及云贵大部分地区以南在240d以上日均温大于15℃；青藏高原及东北北部最短，只有40~80d日均温大于15℃。

综上所述，我国各界限温度初日随纬度和海拔升高推后，终日随纬度和海拔升高提前，各界限温度持续期随纬度和海拔升高缩短。

8.4.2.3　日均温≥10℃的年活动积温

在各种积温中，日均温≥10℃的年活动积温常用来衡量大多数农作物所需热量状况。积温高低影响农作物种类选择和耕作制度。中国日均温≥10℃的年活动积温分布（图8-10）大致与年均温分布一致，110°E以东随纬度升高减少。我国最南的南沙群岛≥10℃的年活动积温超过10000℃·d，海南岛榆林港为9283℃·d，台湾岛、雷州半岛在8000℃·d以上，长江流域5000℃·d左右，华北平原4000℃·d左右，东北北部2000℃·d以下，黑龙江北部河谷仅1500℃·d。110°E以西随海拔升高而减少，由塔里木盆地4000℃·d以上降至青藏高原北部在500℃·d以下，青藏高原地区有很大面积不到1000℃·d，海拔4500m以上几乎没有稳定的≥10℃活动积温。海南岛、台湾岛、雷州半岛的热量条件足以种植咖啡、可可等热带经济作物，农业可一年三熟，秦岭-淮河以南、南岭以北，作物以水稻、小麦为主，一年两熟到三熟；长城以南、秦岭-淮河以北，作物可一年二熟到两年三熟，是我国麦、棉主要产区；长城以北及新疆北部，一般为一年一熟；而东北北部冬小麦已无法越冬，只可种春小麦；青藏高原大部分河谷低地仍可种春小麦，其西部冰山雪原则草木不生。

8.4.2.4　水分资源的分布

（1）降水量的分布

① 降水量的空间分布　全国平均年降水量约629mm，但地区分布很不均匀，基本上是自东南向西北递减（图8-4）。台湾、海南岛山地、广东中部以及北部湾的西北，年降水量达2000mm以上。台湾中部山区年降水量达4000mm以上，火烧寮年降水量高达6558mm。东南沿海的广东、海南、福建、浙江的大部分地区以及江西、湖南山地、广西南部、云南南部的年降水量均超过1600mm。长江流域的年降水量为1000~1500mm；秦岭、淮河流域为800mm左右。华北平原约500mm，西北内陆少于250mm，柴达木盆地、塔里木盆地、吐鲁番盆地年降水量均在25mm以下，托克逊是中国年降水量最少的地方，平均只有5.9mm。

800mm年雨量线东起青岛，向西经淮北、秦岭、川西，止于西藏高原东南角。400mm等年雨量线大致与夏季风在盛夏季节影响的北界基本一致，东起大兴安岭，经呼和浩特、兰州，止于雅鲁藏布江河谷，把中国分成东南湿润区和西北干旱区。400mm等年雨量线以北、以西地区，受地形和远离海洋的影响，除天山北坡和祁连山年降水量可达600mm以上，其他地区均不足200mm。

② 降水量的时间分布　中国降水状况主要取决于夏季风的进退，故降水集中在夏季。秦岭-淮河以北夏季降水量占全年的60%以上，秦岭-淮河以南约占40%。东北、华北地区夏季降水占全年降水量的68%~73%，为夏雨集中区；长江中下游夏雨占45%，春、秋、冬雨分别占22%、18%和15%，为夏雨相对集中区；江南丘陵春雨稍多于夏雨，冬雨和秋雨各占15%左右，属春、夏雨集中区；南岭以南夏雨占43%，秋雨占39%，春、冬雨分别

中国地图

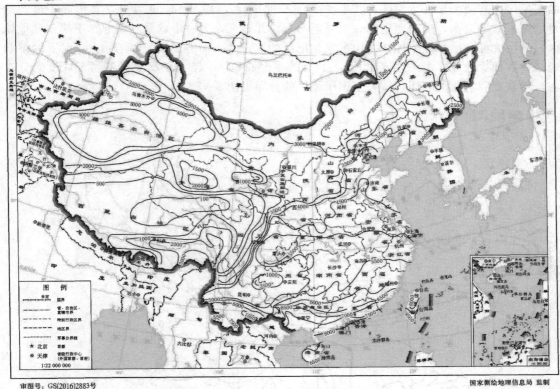

图 8-10　中国日均温≥10℃的年活动积温分布示意图（王世华　吴姗薇　崔日鲜，2019）

占 11% 和 7%，为夏、秋雨集中区，称为华南双雨季型；台湾东北部基隆附近地区，是中国著名的冬雨区，冬雨占 35%，夏、秋雨各占 25%，春雨占 15%，属全年有雨、冬雨相对集中区。广大西北部干旱区多属夏雨型地区。

③ 降水量的年际变化　年际变化的基本规律是：沿海降水变率小，内陆变率大；西南季风区变率小，东南季风区变率大。青藏高原东部和云贵高原年降水变率最小，约 10%～15%；东南沿海、海南岛和台湾变率为 15%～20%；长江中下游和淮河流域达 20%～25%；北方地区年降水变率为 25%～30%；西北干旱区年降水变率为 30%～50%。

（2）干燥度的分布　干燥度又称干燥指数，是根据水分的支出和收入来反映地区的干湿状况的一个量。不同的学者所定义的干燥度不尽相同。此处采用的是指可能蒸发量与同期降水量的比值，即 $K=E_0/r$。其中，K 为干燥度；E_0 为可能蒸发量；r 为同期降水量。E_0 值可以用彭曼方法求得（见第 4 章），也可以用经验公式计算，在我国，常用 $E_0=0.16\sum t$，其中，$\sum t$ 为日均温≥10℃期间的活动积温，所以干燥度公式为：

$$K=\frac{0.16\sum t}{r} \tag{8-2}$$

这样求得的干燥度是指日平均温度稳定通过 10℃时期的干燥度，系数 0.16 是假定秦岭、淮河一线的可能蒸发量与降水量接近平衡（即 $K=1$）并参照自然景观而确定的。

干燥度分布与年降水量分布规律相反，由东南沿海向西北内陆增大。干燥度为 1.00 的等值线自苏北灌河口向西，沿淮河秦岭直达青海黄河源头向藏东南，此线以南 $K<1$，为湿润地区，旱作物一般不需要灌溉，灌溉主要限于水稻，低洼地和雨季还要特别注意排水；此

线以北至干燥度为 2.00 的等值线之间地区，为半湿润地区。在干燥度为 2.00 的等值线西北的干旱区内有两个显著荒漠区，其干燥度在 4.00 以上，甚至 16.00 以上，其中面积最大的是塔里木盆地向东，经河西走廊、宁夏至河套以北地区，另一个就是新疆北部准噶尔盆地地区，其余大部分属半干旱地区。中国东北地区的东部大部分地区为干燥度 1.00 以下的湿润地区，西部少数地区为干燥度 1.00～2.00 的半湿润地区。表 8-5 反映了不同干燥度的分布与自然景观和农业的利用价值。全国干燥度的分布见图 8-11。

中国地图

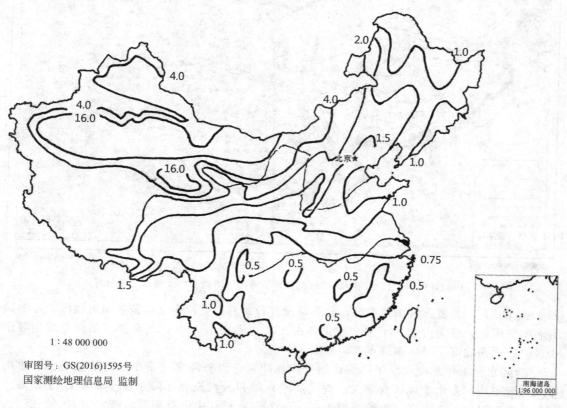

1 : 48 000 000

审图号：GS(2016)1595号
国家测绘地理信息局 监制

图 8-11 中国干燥度分布示意图（王世华 吴姗薇 崔日鲜，2019）

表 8-5 我国不同地区干燥度的分布与自然景观和农业利用评价

干燥度	地区	水分条件	自然景观	农业利用评价
＞4.0	内蒙古河套以西、宁夏银川以西、甘肃乌鞘岭以西、青海柴达木盆地、南疆全部、北疆准噶尔盆地中部	干旱	荒漠	没有农业,农作物及树木均需灌溉
2.00～3.99	内蒙古中部,宁夏中南部,新疆塔城、阿勒泰、伊犁山前地区	干旱	半荒漠	基本没有农业,旱作物极不保收
1.50～1.99	东北西部、内蒙古东南部、黄土高原西北部、新疆伊犁东部山地及天山前山带	半干旱	草原	农业受干旱影响较大,没有灌溉时产量低而不稳
1.00～1.49	淮河以北的黄淮海平原北部、黄土高原东南部、东北中部	半湿润	森林草原	旱作物季节性缺水

干燥度	地区	水分条件	自然景观	农业利用评价
0.50～0.99	秦岭、淮河以南,长白山和大小兴安岭地区	湿润	森林	灌溉主要限于水稻,其他作物一般不需要灌溉
≤0.49	海南岛东部、台湾东部以及浙江、福建等一些丘陵地区	很湿	森林	平地应注意排水

8.4.3 中国的节气和季节

8.4.3.1 中国的二十四节气

二十四节气来源于黄河流域地区,是我国劳动人民自春秋时期开始逐步发展起来的。由于二十四节气反映了农事季节,有利于掌握和指导农事活动,因而逐渐推广到全国各地,并结合各地农业生产,创造了适合各地农事活动的二十四节气谚语。

二十四节气的划分是从地球公转所处的位置推算出来的。地球公转一周需时约365.23d,公转轨道(黄道大圆)是360°,将地球公转一周均分为24份,每一份15°。地球每跨过间隔15°点作为一个节气,地球从交前一个节气到交下一个节气的时间约15d,由于一年的天数不能被24整除,地球运动轨道又不是正圆,地球在近日点和远日点公转速度也不相同,致交节日可相差1～2d,用阳历来推算二十四节气,日期是很有规律的。用歌诀表述如下:"春雨惊春清谷天,夏满芒夏暑相连;秋处露秋寒霜降,冬雪雪冬小大寒;上半年逢六廿一,下半年逢八廿三;每月两节日期定,至多相差一两天。"二十四节气的命名各有明确的含义,它反映了季节交替和天气气候的演变以及物候的更新,具有自然历的特征。

在二十四节气中,立春、立夏、立秋、立冬,这"四立"表示农历四季的开始。春分、夏至、秋分、冬至,这"两分、两至"表示昼夜长短的更换。雨水、谷雨、小雪、大雪,表示降水。小暑、大暑、处暑、小寒、大寒,反映温度。白露、寒露、霜降,既反映降水又反映温度。而惊蛰、清明、小满和芒种,则反映物候。

8.4.3.2 中国的季节

春、夏、秋、冬,通称为四季。季节的划分,有天文季节、气候季节和自然天气季节。

(1)天文季节 根据地球绕太阳公转的位置而划分的季节,称为天文季节。

我国现在采用的四季与欧美各国一致,以"两分两至"为四季之始。从春分到夏至为春季,从夏至到秋分为夏季,从秋分到冬至为秋季,从冬至到春分为冬季。在气候统计中为了方便,按阳历月份以3、4、5月为春季,6、7、8月为夏季,9、10、11月为秋季,12、1、2月为冬季。

(2)气候季节 我国现在常用的气候四季是20世纪30年代张宝坤以候平均温度为指标划分的,故又称温度四季。候平均温度低于10℃为冬季,高于22℃为夏季,介于10～22℃之间为春季或秋季。按此指标划分,福州至柳城一线以南无冬季,哈尔滨以北无夏季,青藏高原因海拔高度关系也无夏季,云南四季如春(秋)。此外其他各地四季都比较明显,尤以中纬地区更为明显。气候四季的划分,照顾了各地区的差异,为农业服务较天文四季更符合实际。

(3)自然天气季节 东亚大气环流随着时段出现明显的改变和调整,并在各时段中具有不同的天气气候特征。根据大气环流、天气过程和气候特征划分的季节,称为自然天气季节。我国是季风特别盛行的地区,季风气候东部比西部明显,华南和东南沿海比华中、华北和东北明显。我国大多数地区冬季多刮西北风,天气晴朗干燥;夏季则多刮东南风,天气多阴雨。其中特别突出的转折点,分别在3月初、4月中、6月中、7月中、9月初、10月中和 12 月初。因此，我国科学家认为把东部季风气候区划分为初春、暮春、初夏、盛夏、秋季、初冬、隆冬等 7 个自然天气季节更为合适。7 个季节分别为：①初春，即 3 月初～4 月中，冬季风第一次明显减弱，夏季风开始在华南出现；②暮春，即 4 月中～6 月中，冬季风再度减弱，华南雨季开始，华中开始受夏季风影响，雨量增多；③初夏，即 6 月中～7 月中，华南夏季风极盛，降水量略减少，东南丘陵地和南岭附近出现干季；④盛夏，即 7 月中～9 月初，华南夏季风减弱，梅雨结束，相对干季开始，而华北、东北夏季风开始盛行，雨季开始；⑤秋季，即 9 月初～10 月中，冬季风迅速南下，我国大陆几乎都受冬季风影响；⑥初冬，即 10 月中～12 月初，夏季风完全退出我国大陆；⑦隆冬，即 12 月初～3 月初，冬季风全盛期。

8.5 农业气候资源

8.5.1 农业气候资源的基本概念和特征

气候是农业生物生存、生长发育和经济性状形成的主要环境条件和物质、能量的主要来源。对农业生产有利的温度、光照、水分、气流和空气成分等条件及其组合是一类可利用的自然资源，称为农业气候资源。

与其他类型的自然资源相比，农业气候资源具有以下主要特征：

(1) 农业气候资源是一种可再生的资源　由于日地位置及其运动特点和地球生态系统的相对稳定性，形成了各种气候的无限循环性，光、热、水、气等农业气候要素不断循环和更新，因而农业气候资源是一种可再生资源。

(2) 具有明显的时空变化规律　农业气候资源在地球表面上呈现出有规律的不均匀分布，光、热、水资源的数量一般由赤道向两极递减，且由于地球表面的不均匀和生态系统的复杂性，形成了地球上多种多样的农业气候资源类型，从而形成了全球范围内农业生产类型的多样性。农业气候资源还随天气、气候不断变化，在明显周期性变化特点之上叠加较大的不稳定性。由于地球的自转和公转，农业气候资源形成了以日和年为周期的循环变化。例如，气温和太阳辐射随昼夜和季节变化，使生物特征有一定的节律。同时，由于气候条件年际间的波动，导致农业气候资源年际间的变化，从而引起作物产量的波动。

(3) 农业气候资源要素的整体性和不可取代性　农业气候资源要素之间相互依存和相互制约以及不可替代性，构成了农业气候资源的整体性。在农业气候资源系统中，其中一个因素的变化，往往会引起其他因素的连锁反应，并综合地影响农作物的生长发育和产量形成，而且，某一因素的过量或不足，均显著影响农业气候资源的有效利用。任一有利的农业气候要素不能因其有利而替代另一不利农业气候条件，如干旱地区，光、热条件充足，水分缺少，但不会因光、热更多就可替代水分对农业生产的不利，即农业生产对农业气候资源要素的要求缺一不可，要素之间是不可取代的。

(4) 农业气候资源的有限性和可改造性　虽然农业气候资源总体上看是一种取之不尽用之不竭的可再生资源，但就一定的时空来说又是有限的，因而各地的农业生产不仅类型不同，还有季节性限制，所以，必须因地制宜，不误农时，才会有较好的收成。

在现有的生产水平下，人类通过如修建水库、植树造林、温室大棚、地膜覆盖和人工增雨等调节和改善局部地区的农业气候资源状况。但是，不合理的活动，例如砍伐森林、破坏自然植被、破坏生态系统平衡等，将使整个自然环境特别是农业气候资源受到破坏。另外，工农业废弃物大量排入大气、土壤和水体，过量使用化肥和农药，引起水体、土壤和大气污染、酸雨、温室效应等，导致农业气候资源利用价值的改变和降低；农业上用水科学性的不足，使受降水资源制约的淡水资源供应不足状况加剧。因而，对农业气候资源既要开发利用，更要科学保护。

8.5.2　农业气候资源分析

所谓农业气候资源分析，就是根据农业生产的具体要求，来分析某地的气候条件，说明其农业气候特征，并提出趋利避害的措施。首先，应分析农业生产对象和过程对光、热、水等气候条件的数量要求，用各种指标定量地表示出来，即农业的气候鉴定；其次，要根据作物及农业生产的要求来鉴定和评价各地气候条件对农作物和农业生产的满足程度，也就是研究农业气候指标的地理分布及其保证率，即气候的农业鉴定。

8.5.2.1　农业的气候鉴定

（1）农业气候指标　农业气候指标是指在当地气候条件和生产水平下，表示农业生产对象、生产过程对气候条件的要求和反应的数量指标。可以利用这个数值衡量地区农业气候条件的利弊程度。不同作物及同一作物不同发育阶段，对农业气候条件的要求有一定的差异。如，北京地区早熟玉米品种全生育期需要大于10℃积温2000～2300℃，而中熟品种则要求2500～2800℃的积温。

（2）农业气候指标的特点

① 地区性　农业气候指标与农业气象指标不同，是在一定的地区气候条件下，反映农业生产和气候之间的数值关系。如新疆的小麦品种本身抗高温的能力要强于内地，故其干热风指标就相应高于华北平原地区。

② 有多年平均特征　它是由多年农业资料与气候资料对比分析和统计后得到的。

③ 与生产力水平有关　农业气候指标是在一定的作物品种及生产水平条件下，反映作物与气候之间的相互关系。不同的生产力水平，农业气候指标不同。如冬小麦在不同肥力水平下，生育期所需积温不同。

（3）农业气候指标的表示方法　可以用日数、日期和反映农业意义的气候要素值等表示农业气候指标。表示"日数"的农业气候指标有：生长期、无霜期、发育期间隔日数、不同界限温度出现日期之间的间隔日数、降水日数、灾害性天气持续日数等。表示"日期"的农业气候指标有：播种期、栽插期、作物的发育期、霜冻等灾害性天气出现或终止日期、雨季到来日期、某界限温度出现日期以及某种农业技术措施适宜进行的日期等。多数农业气候指标是用气候要素值表示的，如平均温度、极端温度、较差值、界限温度及其对应积温等。另外，作物各发育期的三基点温度、对光照长短的要求、作物耗水量等是常需确定的指标。

（4）农业气候指标的确定方法

① 运用人民群众经验的气候分析法：根据劳动人民的经验，如农谚等确定。步骤是，先根据任务进行调查访问；然后将收集来的群众经验进行分析和取舍，保证资料的可靠性；接下来确定农业气候问题的关键时期和关键因素，对比分析气候资料确定指标；最后还要对已求得的指标进行验证。

② 通过田间试验获得作物生长发育状况的资料与气候资料对比分析等方法来确定农业气候指标。

③ 农作物产量与逐年气候条件对比分析法：如利用丰、欠年产量资料与气候资料序列对比分析确定指标。

④ 栽培作物分布区和分布界限的气候分析法：某地有长期栽培历史的作物，体现了作物与外界环境的统一关系，分析现有栽培作物分布区域及分布界限的气候资料，并将产量、

产品品质与当地气候结合起来考虑，便可找出作物生长发育和产量形成的农业气候指标。

8.5.2.2 气候的农业鉴定

（1）热量资源鉴定 分析一个地区热量资源的供应状况。常用的指标有：农业界限温度稳定通过的日期、持续天数，活动积温，最热月平均温度，霜冻特征和无霜期，年极端最低温度等。

（2）水分资源鉴定 鉴定一个地区水分资源供应状况。最确切的指标应为土壤有效水分储存量，它是土壤水分收支的最终结果，但这一指标不易得到，所以对水分资源鉴定常用年降水量（或生长季降水量）、湿润指数或干燥指数（干燥度）以及水分盈亏等指标。

（3）光资源鉴定 常用太阳总辐射（总量）、光合有效辐射、日照时间等指标鉴定一个地区的光能资源供应状况。鉴定时主要对上述各项指标的地理分布、保证率等进行分析，在此基础上也可以分析各地的光合生产潜力、光热生产潜力以及光热水生产潜力（气候生产潜力）。

8.5.3 气候生产潜力分析

农业气候生产潜力是以气候条件来估算的农业生产潜力，即在当地光、热、水等气候资源条件下，假设作物品种、群体结构、土壤肥力和栽培技术都处于最适状态，估算单位面积可能达到的最高产量。

参与物质生产的光、温、水和CO_2是估算农业气候生产潜力的四个基本气候因素。在大田生产中，光、温的时空变化大，且难于大规模改变；水在一定程度上可以调控；一般情况下，CO_2基本上可满足作物要求，在估算生产潜力时通常不考虑。

农业生产潜力的大小依光、温、水组合状况而不同。估算时可分别计算光合生产潜力、光温生产潜力和气候（光、温、水）生产潜力。

8.5.3.1 光合生产潜力

当温度、水分、CO_2、养分、群体结构等得到满足或处于最适状况下时，单位面积单位时间内，由当地太阳辐射所决定的产量上限为光合生产潜力（Y_1）。它是由光合作用中能量转换规律及群体的生态条件所决定的，其计算式：

$$Y_1 = f(Q) = (\sum Q)\varepsilon\alpha(1-\rho)(1-\gamma)\oint(1-\omega)(1-x)^{-1}H^{-1} \tag{8-3}$$

式中，$\sum Q$为投射到单位面积上的年辐射总量，$J \cdot m^{-2} \cdot a^{-1}$；$\varepsilon$为可用于光合作用的光合有效辐射占大田总辐射的比率，一般取0.50；α为作物群体吸收率（在作物整个生育期间，吸收率是叶片面积增长的函数，即$\alpha=0.83L_i/L_0$，其中L_0为最大叶面积指数，L_i为某时段的叶面积指数）；ρ为非光合器官的无效吸收率，取0.1；γ为光饱和限制率，自然条件下，$\gamma=0$；$\oint$为光合作用量子效率，取0.224；ω为呼吸作用的耗损率，取0.3；x为含水率，取0.14；H为形成1g干物质所需要的热量，取$1.8 \times 10^4 J \cdot g^{-1}$。

将各系数代入上式，得到下式：

$$Y_1 = 3.75 \times 10^{-5} \times \frac{L_i}{L_0}\sum Q(\text{kg} \cdot \text{m}^{-2}) = 0.375\frac{L_i}{L_0}\sum Q(\text{kg} \cdot \text{hm}^{-2}) \tag{8-4}$$

当群体为最优结构时，即$L_i/L_0=1$时，有

$$Y_1 = 0.375\sum Q(\text{kg} \cdot \text{hm}^{-2}) \tag{8-5}$$

显然，光合生产潜力表示作物处于最优的生活环境，最适状态下的光合生产量，这是产量的上限，目前自然条件下的大田很难达到。

8.5.3.2　光温生产潜力

光温生产潜力是指在 CO_2、水分、养分、群体结构等得到满足或处于最适状态下时，单位面积单位时间内，由当地太阳辐射和温度所决定的产量上限。实际上，光温潜力就是考虑光、温两个因素与农业生产的关系，即对光合潜力进行温度订正后的值称为光温生产潜力（Y_2）。其计算式为：

$$Y_2 = Y_1 f(t) = 0.375 \frac{L_i}{L_0} (\sum Q) f(t) \quad (\text{kg} \cdot \text{hm}^{-2}) \tag{8-6}$$

式中，$f(t)$ 为温度订正系数。对喜温植物的温度订正系数为：

$$f(t) = \begin{cases} 0.027t - 0.162 & 6℃ \leqslant t < 21℃ \\ 0.086t - 0.42 & 21℃ \leqslant t < 28℃ \\ 1.00 & 28℃ \leqslant t < 32℃ \\ -0.83t + 3.67 & 32℃ \leqslant t < 44℃ \\ 0 & t \leqslant 6℃ \ 或 \ t \geqslant 44℃ \end{cases} \tag{8-7}$$

对喜凉作物的温度订正系数为：

$$f(t) = e^{\alpha \left(\frac{t - t_0}{10} \right)^2} \tag{8-8}$$

式中，t_0 为最适温度，取 20℃；t 为实际温度；α 为参数（当 $t < t_0$ 时，$\alpha < 1$；当 $t > t_0$ 时，$\alpha = -2$）。

8.5.3.3　气候生产潜力

气候生产潜力是指土壤养分、CO_2、群体结构等得到满足或处于最适状态下，单位面积单位时间内，由当地太阳辐射、温度和水分等气候因素所决定的产量上限，即考虑光、温、水三个因素与植物产量的关系。对光温生产潜力进行水分订正后的值，可视为气候生产潜力（Y_3）。其表达式为：

$$Y_3 = Y_2 f(\omega) = Y_1 f(t) f(\omega) \tag{8-9}$$

式中，$f(\omega)$ 为水分订正系数，其大小可用土壤水分系数（即实际蒸散量 ET_α 与可能蒸散量 FT_p 的比值）来表示，其式为：

$$f(\omega) = ET_\alpha / ET_p \tag{8-10}$$

实际蒸散量 ET_α 可视为降水量（R）与流出量（NR）之差，N 为径流与渗漏的总流出系数，所以

$$ET_\alpha = R - NR = (1 - N)R \tag{8-11}$$

将此式代入公式(8-10)，可得到水分订正系数的计算式：

$$f(\omega) = \frac{(1-N)R}{ET_p} \quad 0 < (1-N)R < ET_p \tag{8-12}$$

若 $(1-N)R \geqslant ET_p$，则可令 $f(\omega) = 1$，将式(8-12)代入式(8-9)，便可得到气候生产潜力计算式：

$$Y_3 = 0.375 \frac{(1-N)R}{ET_p} \frac{L_i}{L_0} (\sum Q) f(t) (\text{kg} \cdot \text{hm}^{-2}) \tag{8-13}$$

以上各式计算的植物产量为生物学产量，包括植物地上部分和地下部分。对于农作物来说，人们关心的是经济产量等。植物的经济产量在植物产量中所占的比重称为经济系数，不同种类的植物或同一种类植物栽培条件不同，其经济系数也不同，一般地，粮食作物的经济系数为 0.35，所以由式(8-13)计算的气候生产潜力乘以 0.35 可得到粮食作物的经济产量，即

$$G = 0.35Y_3 \tag{8-14}$$

8.5.4 中国农业气候资源和生产潜力的分布

农业气候资源是为农业生产提供基本物质和能量的气候要素及其组合，是影响农作物生长发育和产量形成最重要的外界因素之一。主要包括太阳辐射资源、热量资源和降水资源。

(1) 雨热同季，光、热、水资源利用潜力大　全国大部分地区太阳辐射强，光照充足，年总辐射量多为 $3760 \sim 6680 \mathrm{MJ} \cdot \mathrm{m}^{-2}$，一般西部多于东部，高原多于平原。绝大多数地区的光能对于作物的生长发育和产量形成是充裕的，但光能利用率不高。单产 $3450 \mathrm{kg} \cdot \mathrm{hm}^{-2}$ 的粮田，光能利用率一般仅 $0.4\% \sim 0.5\%$。一季高产作物（小麦、玉米）单产超过 $7500 \mathrm{kg} \cdot \mathrm{hm}^{-2}$ 的，光能利用率不超过 1%。南方三熟制高产田超过 $11250 \mathrm{kg} \cdot \mathrm{hm}^{-2}$ 的，光能利用率也不超过 2%。而小麦光温生产潜力理论上可达 $9000 \sim 10500 \mathrm{kg} \cdot \mathrm{hm}^{-2}$，玉米大于 $15000 \mathrm{kg} \cdot \mathrm{hm}^{-2}$。可见，提高光能利用率的潜力还很大。

作物生长期间的热量条件，除东北的寒温带和青藏高原外，72%的地区冬冷凉，夏温热，季节变化明显。积温自北向南逐渐增多，种植制度由一年一熟演变为两年三熟、一年两熟甚至三熟。通常 $0℃$ 以上积温大于 $4000℃ \cdot d$ 的地方就有实行复种的可能，大于 $5700℃ \cdot d$ 可种植双季稻或实行三熟制。多数地区冬半年种植喜凉作物，夏半年种植喜温作物。复种面积广是中国农业气候资源的一大优势，使中国成为世界同纬度地区复种指数最高的国家。

中国东部受夏季风影响，雨量充沛，降水量集中在作物活跃生长期的夏季，有利于农、林、牧、渔多种经营的全面发展，是中国农业气候潜力最大的地区。高温、多雨同季出现并与作物生长旺季相吻合，使光、热、水资源能够得到充分利用，使中国喜温作物的种植纬度高于世界其他地区。西北地区年降水量多在 400mm 以下，虽有较丰富的光热资源，但受水分不足的影响，农业生产受到限制，成为中国主要的草原牧区。在河西走廊和新疆的部分地区，因有天山、祁连山、昆仑山及阿尔泰山的冰雪融水补给，形成"绿洲农业"，具有独特的气候优势，成为小麦、棉花、甜菜及瓜果的优质产地。

(2) 地形复杂多样，气候垂直地带性明显　中国地形复杂，地形对光、热、水资源的再分配影响很大。高大山体对冷空气的阻滞作用，沟谷和盆地的冷湖作用，江、湖水体的热效应，以及海拔高度、山脉走向、坡度、坡向不同而引起的垂直气候差异，形成复杂多样的农业气候环境和相应的农业布局及熟制类型。东西走向的山脉如秦岭、南岭等对冷空气南下的屏障作用和气流越山下沉增温作用，常使背风侧具有明显的冬暖气候特征，甚至成为气候的分界线，这在亚热带地区尤为明显。

山区随海拔高度增高存在温度的垂直递减，年平均气温垂直递减率为 $0.4 \sim 0.6℃ \cdot 10^{-2} \mathrm{m}^{-1}$，积温也随之下降。其他因素也有一定的垂直分布规律，从而形成立体气候，在不同海拔高度出现不同的气候带，并有南北坡之别，植物分布也随高度而变化，如云南高原地形的热量呈热带—亚热带—暖温带—温带—寒温带的垂直分布，$10℃$ 以上积温从 $8000℃ \cdot d$ 减少到 $1300℃ \cdot d$，作物种植从三熟制逐渐过渡到一季喜凉作物，形成独特的立体农业气候类型。中国亚热带山地热量分布的一个特点是山腰常有 $200 \sim 400 \mathrm{m}$ 厚的逆温层存在，有利于柑橘等经济林果的安全越冬。

(3) 气候灾害频繁是农业发展的主要障碍因素　中国季风气候的不稳性，表现在降水量的地区和季节分配不均衡和年际变化大，最大与最小降水量可相差 10 多倍；温度的年际变化也很大。旱、涝、风冻等自然灾害相当频繁。1950 年以来，平均每 3 年有一次较大范围的灾害。东北、华北大部和西北以旱灾为主。从干旱的季节分布看，春旱以黄淮流域以北和东北的西辽河流域最为严重，夏旱在长江流域较为常见，秋旱影响华北地区晚秋作物后期生育和秋耕秋种，冬旱主要发生在华南南部和西南地区。旱灾的特点是发生面积大、时间长，不仅危害农作物，而且影响林业和畜牧业。

中国水涝灾害总体而言是东部多，西部少；沿海地区多，内陆地区少；平原地区多，高原地区少。黄淮海平原、长江中下游、东南沿海和东北平原是水涝灾害发生较多的区域，不仅造成严重的经济损失，大雨和暴雨还是水土流失的气象原因。

低温灾害对东北商品粮生产的影响很大，春、秋季出现的短时期低温对南方水稻生产有很大危害，亚热带、热带地区如遇冻害，对柑橘、茶树、橡胶等果林业产生危害。另外，热带气旋、干热风、草原雪灾等都可以造成严重灾害。

（4）农业气候生产潜力分布　同农业气候资源一样，我国农业气候生产潜力也具有明显的地理分布特征。在不同气候类型地区，光能的转化能力及其受温度、降水的影响是不同的。因此，划分我国农业气候生产潜力分布特征，可为国家农业发展规划和实施提供科学依据。根据气候生产潜力的计算式并取经济系数 0.35，计算并分析我国农业气候生产潜力的分布状况，见表 8-6。

表 8-6　中国农业气候生产潜力分布状况

级别	潜力 $/10^4 kg \cdot hm^{-2}$	地区
高值区	>2.6	华南南部、台湾
偏高值区	2.3～2.6	长江下游以南、云贵高原以东、南岭以北、云贵高原南缘
中值区	0.8～2.3	大兴安岭、太行山以东、长江以北、云贵川大部、西藏东部
低值区	<0.8	内蒙古、新疆、青藏高原大部、陕甘宁晋一部分

由表 8-6 可以看出，我国农业气候生产潜力在东部地区呈明显的带状分布，高值区主要分布在热量丰富、年降水量大于 1600mm、光热水配合较好的华南和台湾。偏高值区分布在降水量 1200～1600mm 的长江以南、云贵以东的地区，中值在长江以北到大兴安岭等地，而西北内陆和青藏高原，由于年降水和温度的限制，是全国农业生产潜力的低值区。

8.5.5　农业气候资源的合理利用

8.5.5.1　农业气候资源与农业合理布局

我国平均每人占有耕地 0.1hm² （1.5 亩），远比世界各国平均数 0.37hm² （5.5 亩）低。因此，必须充分利用我国多种农业气候资源特点，因地制宜、适当集中，在不同气候区发展本地最适宜的农业类型，以挖掘单位土地面积的最大生产潜力，获得最大经济效益。如辽宁积温少，生长期不足，不适于种棉花，江西热量条件虽好，但雨水过多，易生病虫害，棉花品质差，也不适宜种棉花。我国棉花主产区以冀、鲁、豫三省为主。粮食作物：在我国长江中下游和珠江流域的平原地区建设了第一商品粮基地；松嫩平原和三江平原建设了第二商品粮基地。原因是，前者气候温暖，大于 0℃积温 5500℃以上，年降水量 1000mm 以上，水资源丰富，地势平坦。后者气候温和，雨量适中，地多人少，土壤肥沃，以生产玉米、大豆为主。此外黄淮平原热量虽不如江南，但比黄河以北地区优越，大于 0℃积温 4800～5000℃，麦收到种麦期间积温 3000～3500℃，年降水量 700～900mm，1/15hm² 耕地占地表水 1755m³，地下水较丰富，光照充足，光、热、水配合协调，即使春旱年份，冬小麦仍可利用部分地下水以减轻干旱。此外，根据我国气候多样的特点，还应从以下几方面考虑，如充分利用亚热带丘陵山区农业气候资源，发展多种经营；高山区，气候垂直变化明显，可发展立体农业，建立各类动植物品种资源库；发挥特殊地区气候资源优势，如海南岛可发展以橡胶为主的热作基地。

8.5.5.2 农业气候资源与种植制度

除社会经济条件影响种植制度外，光、热、水等自然条件是决定一个地区种植制度的重要因素。在农业气候分析的基础上，确定符合当地农业气候特点的作物种植制度，积极、合理地发展多熟种植，可确保全年总经济效益达最高，且持续稳产。

发展多熟种植，要特别强调因地制宜，讲究经济效益，坚持用地和养地相结合，有利于改善农业内部结构，促进农牧结合，综合发展。复种指数、作物品种搭配，要根据当地气候条件而定。热量是确定能否实行复种及复种类型的主要依据。在热量条件满足的条件下，水分不足也不能复种。此外劳力、肥料、农机具等条件对复种也有影响，必须综合考虑多种因素的相互制约。一般情况下，大于10℃的日数少于180d，大于0℃积温少于4000℃，年降水量400~500mm的地区，只能一年一熟；大于10℃日数180~250d，大于0℃积温4000~5700℃，年降水量600mm以上地区可种一年两熟；但年降水量大于800mm地区可种稻、麦两熟；小于800mm地区，有灌溉条件才能种水稻；大于10℃日数250~360d，大于0℃积温5700~6100℃以上，年降水量1000mm以上地区，能种双季稻三熟制。此外，旱涝灾害对多熟种植影响也很大，如江南春旱、伏旱多，秋季阴雨连绵，对晚稻生长不利，则应缩小双季稻面积，扩大冬作物比重。

间作套种是多熟种植的另一种方式，一种作物收获前套种另一种作物，两种作物共生一段时间，使生长、发育时间交错延续，从而充分地利用光、热、水资源。在华北，套种可比平播延长生长期15~30d，相当于多利用光、热、水配合最好时期的积温400~600℃，早熟品种可改中熟，中熟可改晚熟，生育期长（110~120d）的中熟品种比生育期短（90d）的早熟品种光能利用率高。根据北京农业大学试验结果：华北小麦-玉米两熟的生物产量比一熟增加77%，光能利用率提高一倍。小麦-玉米套种比平播的生物产量和经济产量分别增加85%和11%，热量利用率提高96%~98%，水分利用率也有相应的提高。间作套种有利于抗灾。如小麦套玉米，可提早播种，使玉米避过"卡脖旱"。

8.5.5.3 农业气候资源与作物引种

（1）气候相似 德国学者马依尔（Mayr）为了充分利用农业气候资源，实现国家之间和地区之间作物引种的目的而创立了"气候相似"学说。按其理论，将植物从一地区移植到另一地区，需要严格遵守地区之间的气候相似。这个学说在引种理论上是有一定意义的，但存在明显的缺陷。如果用它来解释引种中的某些问题就会遇到困难。例如橡胶原产于南美洲的亚马孙河流域，对热量条件要求严格，具有怕寒恶霜的习性。但是后来逐渐扩种到东南亚，我国台湾、华南也有种植。种植区由赤道气候区移到热带和副热带气候区。这就是说，同一作物可引种到不同的气候带。而在另一方面，安徽的蚌埠、六安、金寨同属副热带湿润气候，但六安、金寨地区宜于种茶，蚌埠因为年极端最低气温≤−15℃出现频率在10%左右，而−15℃为茶树存亡的气候指标，致蚌埠难于种茶，而六安、金寨两地区均在10%以下。这就是说，同一气候区域，也不一定都能种植同一作物。

由此可见，气候相似学说不能确切解决农业生产中的引种、扩种、作物布局等问题。实践证明，要解决这些问题，就必须依据"农业气候相似"的原则。

（2）农业气候相似 农业气候相似是指将农作物从一地区引进到另一地区，必须考虑满足其生育和产量形成的气候条件相似。对农业来说，地区间气候的相似不是一般的气候条件，而是对作物的生育和产量有决定意义的气候条件，即生命活动和产量形成过程中所必需的、不可代替的气候因素。根据农业气候相似原则进行引种、扩种、作物布局等，就可提高气候资源的利用率和农业经济效益。

在农业生产实践中，经常发现在不同的气候区里，具备某种作物生育期间要求的气候条件极为相似。例如：水稻在我国大陆的分布，南从热带季风气候的雷州半岛南部，北到冷温带黑龙江的黑河，南北跨越 4 个不同气候带。南北大于 10℃ 积温分别为 8000℃ 以上和 2000℃ 左右，年降水量为 1500mm 以上和 600mm 以下，尽管热量和降水相差如此悬殊，但在水稻要求热量和水分较多的生长季（6～8 月）里，黑龙江北部这段时间雨量最多，平均温度在 20℃ 以上，能够满足水稻的需要，因而可以种植。这就证明，在作物生长期内，只要具有生育和产量形成所要求的气候条件，即使在不同的两个气候带里，也可种植，即具备了"农业气候相似"。

违背了农业气候相似原则，忽视了作物本身的生物学特性及生态的适应性，在农业生产实践中就会遭到失败。北方品种的冬小麦向南方引种，由于不能满足阶段发育中对低温及长日照的要求，冬小麦表现生育期延长，甚至不能抽穗开花而颗粒无收。

成功地引进高产、优质品种是提高农业经济效益有效的措施，在引种中要根据农业气候相似的原则进行。即不仅要根据气温、降水、辐射、日照时数等气候要素的特征，更重要的是要考虑这些要素值的农业意义。要着重考虑对被引种作物生长发育和产量形成起关键作用的农业气候条件。如亩（即 667m² ）产 500kg 以上的西藏高原肥麦（丹麦一号）原产地北欧丹麦（55°～57°N），海拔 10m 以下，平均气温 8.5℃，从气候上分析，两地相差很远，但从肥麦产量形成期间的农业气候条件看两地很相似，即农业气候相似，所以适宜引种。

思 考 题

1. 分析影响气候形成和变化的主要原因。
2. 简述常见的几种气候类型的主要特点。
3. 中国气候为什么呈现季风气候显著、大陆性强的特征？
4. 简述中国农业气候资源的分布规律。
5. 人类活动对现代气候变化有何影响？
6. 分析气候变化及其对世界和中国农业的可能影响，探究全球气候变化背景下的农业生产适应性对策。

第9章　农业小气候基础

农业小气候是广义农业生产所形成的各种小气候，并与农业生产紧密相关。除农田小气候外，还包括林业（园林）、设施农业、畜牧、水产养殖、地形等各种类型的小气候。小气候作为生物生长环境最重要的非生物环境，它直接影响作物的生长发育和产量品质，也影响病虫害的发生和消长。根据小气候条件因地制宜、合理配置农业，就能充分发挥和合理利用局地的气候资源，增加经济效益和社会效益。

所谓小气候是指由于下垫面状况和性质的不同以及人类的活动产生的近地气层和土壤上层的小范围的气候。它一般表现在主要气象要素无论在水平方向还是在垂直方向都与大气候不同。对于某一类小气候来说，在晴天无风条件下，越靠近下垫面，小气候特点表现得越明显，距下垫面越远，小气候特点则越微弱，直至消失与大气候融为一体。小气候主要特点：一是气象要素具有明显日变化；二是气象要素具有明显的脉动性；三是气象要素垂直梯度远超过水平梯度；四是气象要素垂直梯度也具有明显日变化。

9.1　小气候形成的理论基础

9.1.1　小气候形成因素

小气候形成和变化的因素有两个：一个是辐射因素；另一个是局地平流或湍流因素。而局地平流因素是小气候形成和变化的动力基础。

因小范围下垫面性质和构造不同而产生辐射收支差异形成的小气候，称为"独立小气候"。而由于受性质不同的临近地段来的空气影响形成的小气候，称为"非独立小气候"。当然，这也是相对而言的，因为辐射因素和局地平流因素也不是完全孤立的，而是相互影响的。在晴朗无风的天气条件下，辐射因素占主导地位，这时独立小气候表现得最为突出。此时进行观测，才能获得典型的小气候资料，掌握真正的小气候特征。而在大风、阴雨的天气条件下，辐射因素变成次要的因素，平流因素变成了主导因素，这时的小气候已经成为非独立的了，有时候不但没有"独立小气候"和"非独立小气候"的区别，小气候和大气候现象也界限不清了。

9.1.2　活动面与活动层

由于辐射作用直接吸热或放热，从而影响其上下物质层（包括气层、土层、水层、作物层）热状况的表面，称为活动面。活动面是一个物质面，是不同物质层的交界面，也是能量变化最急剧、水分相变最剧烈的面。如裸地、土面就是活动面；水域、水面也是活动面；而农田一般表现有两个活动面：一个在茎叶最密集的高度（约为 2/3 株高），一个在地面，分别称为外活动面和内活动面。实际上，辐射能的吸收和放射、水分的蒸发和凝结等，不只是发生在一个面上，而往往发生在具有一定厚度的物质层中，这个物质层就称为活动层。砂土的活动层只有零点几毫米；作物的活动层几乎就是整个作物层；而水体的活动层可达几米甚至几千米。

9.2 农田小气候

农田小气候是以农作物为下垫面的小气候，它是农田贴地气层和土壤上层与农作物群体之间生物学和物理学两种过程相互作用的结果。不同作物、同一作物的不同品种、同一品种的不同生育期、不同种植方式以及不同的栽培管理措施的小气候特征均不相同。一般农作物高度在 2m 左右的气层和 0.5m 左右的浅层土壤耕作层中，在整个生长期中受人工影响较大。所以，农田小气候一方面有其固有的自然特征，属于低矮植被气候；另一方面它又是一种人工小气候，时刻受到人工措施的影响，如耕作方式、种植作物种类、灌溉等，都直接、间接地影响农田小气候。正因为如此，了解和研究农田小气候对农业生产具有实际意义。

研究农田小气候的目的，在于利用和改善小气候条件，防御农业气象灾害和农业病虫害，改革耕作制度，提高科学种田的水平，为作物生长发育创造良好的生活环境，为农业生产的高产、优质、高效服务。由于作物种类繁多、品种不同，栽培技术措施也不相同，所以小气候特征不尽相同。下边就农田小气候的一般特征进行讨论，概括性地讲解农田中的辐射、光照、温度、湿度、风和二氧化碳的分布。

9.2.1 农田小气候一般特征

9.2.1.1 农田中的光照分布

农田中因植被的存在，使进入农田的太阳辐射到达植物表面后，一部分辐射被植物茎叶吸收，一部分被反射，还有一部分透过枝叶空隙或透过叶片到达下面各层或到达地面上。作物对太阳辐射的吸收、反射和透射多少，因作物种类、生育期及叶片特征不同而不同。

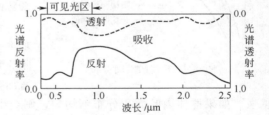

图 9-1　绿叶的光谱反射率、透射率、吸收率变化示意图

另外，植物叶片对太阳辐射光谱的吸收、反射和透射能力也是不同的。从图 9-1 中可以明显地看出，植物叶片对太阳光谱有两个吸收带，一个在光合有效辐射部分，另一个在长波部分。植物通过叶片吸收光合有效辐射进行光合作用积累干物质，而吸收的长波部分将转化为热能。

植物叶片对于太阳辐射的反射能力，取决于叶片本身的特点和太阳光谱成分。在作物生长期内，绿色叶片对太阳光谱反射能力的最高值在近红外区，其次在可见光的黄绿光波段。另外，随着叶片由绿变黄总反射率逐渐增大。

绿色叶片的透射能力与叶片的反射能力相当，最高值也在近红外区，次高值在可见光区的黄绿光波段。透过植物观测的太阳辐射光谱中黄绿光和红外光谱所占比例增大，此种光分别成为绿荫和红外荫，它们有弱光合和弱形成作用。

农田中的光分布主要取决于作物群体结构、种类、发育期、栽培方式等因素，同时还与太阳高度角有关。

太阳辐射在植被中的衰减过程基本遵循比尔-朗伯特定律（The Law of Beer-Lambert），

如果植被茎叶上下分布均匀，且相当稠密，并吸收全部入射辐射，此时太阳辐射在植被中的减弱过程可近似看作一种连续变化，则光能的削减可按作物群体内辐射衰减公式计算，即

$$R_s = R_0 e^{-kF} \tag{9-1}$$

式中，R_0 为到达植被顶部的光照强度或太阳辐射；R_s 为到达植被层某一高度的太阳辐射；k 为植被对太阳辐射的消光系数；F 为从植被顶部向下至某一高度的累计叶面积指数。

k 值是作物群体结构的一个特征量，其大小取决于作物的种类、生育期、群体结构、种植密度、叶片排列状况、叶片倾角和太阳高度角等。根据门司（Monsi）和佐伯（Sanki）的研究，直立叶片群体的 k 值为 0.3～0.5，水平叶片群体的 k 值为 0.7～1.0。根据我国学者研究，水稻、小麦群体的 k 值为 0.5～0.7，棉花群体的 k 值为 0.7～0.9。F 实际上是每单位土地面上的总叶面积，它是距植株顶部高度 z 的函数，即

$$F = \int_0^z f \, \mathrm{d}z \tag{9-2}$$

这个模式是假设植被是均匀的介质，并吸收全部的入射光，而且天空散射辐射是各向同性的。虽然这种理论的假设条件与事实不符，但是由于考虑到植被中积累叶面积指数的铅直变化，无疑比简单的理想模式要好。

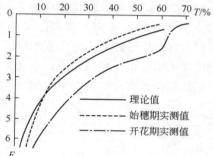

图 9-2　T 值的空间分布

若令 T 为群体透光率，则根据比尔（Beer）定律可知：

$$T = e^{-kF} \tag{9-3}$$

根据式(9-3)可以给出群体透光率 T 随叶面积指数 F 的变化理论曲线（图 9-2）。这说明当 k 值为常数时，T 值随 F 增大，呈负指数关系。

在植物群体生长繁茂时，实际观测值与理论值基本一致（如图 9-2 中理论值和小麦始穗期实测值曲线）。随着叶面积指数的减小，透光率呈指数关系增加，也就是说群体内光照强度越靠近植株顶光照越强。如果群体内叶面积分布不均匀，则会出现较大的误差，如图 9-2 中小麦开花期实测值曲线就是这样形成的，这时候小麦的穗下节和穗下第二节已显著伸长，上部叶层为非均匀介质。

光强在株间随高度的分布与作物的光能利用有密切关系，如植株稀少，密度不足，群体内各层光强较大，漏光严重，虽然单株光合作用较强，但群体光能利用不充分，影响产量。若农田密度过大或群体结构不合理，造成株间各层光强相差较大，产生株顶光过强、中下部光不足现象，导致植株生长不良，易出现倒伏现象，产量大减。总之，在作物栽培中，要采用适当的种植方式，合理密植，并选用株型好的品种，如水稻、玉米选用叶片上冲的紧凑型品种，棉花力求宝塔型，以满足个体和群体对光照的要求，使个体生长健壮、群体发育良好，才能获得高产。

9.2.1.2　农田中的温度分布

农田中的温度状况，主要取决于辐射和乱流交换状况。在作物生长初期，植被密度较小，农田中外活动面尚未形成，热量收支状况与裸地相似，此时温度的垂直分布变化也与裸地相似，即白天为日射型，夜间为辐射型。

在作物生长盛期，即封行后，农田外活动面形成。白天，由于作物茎叶对内活动面的遮蔽作用，使内活动面附近温度较低。而外活动面所得到太阳能量多于内活动面，外活动面热量收支差额为正，其附近温度较高，不断有热量向上、下输送。中午前后，因外活动面附近

叶面积最大，吸收太阳辐射能量最多，同时，枝叶密集使乱流交换弱，损失热量减少，所以在此处出现温度最高值，向上、向下逐渐降温。

夜间，内外活动面附近都因有效辐射起主导作用，热量收支差额为负，温度降低。内活动面由于受到茎叶遮挡而降温慢，而外活动面附近放热面积大，上部分无茎叶遮挡，并且可以向上、向下两方面放热，所以通过有效辐射损失能量最多，加上夜间植被上部冷却，冷空气沿着茎秆下滑到外活动面附近被截留，造成外活动面附近出现温度最低值。

在作物生长后期，部分叶片枯落，外活动面逐渐消失，农田中温度垂直分布又和裸地相似。

在农田中，因植物的存在，湿度较大，从而使白天的温度比裸地低；而夜间的温度又比裸地高。所以，农田中温度变化缓和，温度日较差较小。

图 9-3 和图 9-4 是 R. 盖格尔在大麦田各个生长期中所测得的温度分布状况，符合上述旱田作物群体（以冬大麦为例）的温度分布规律。

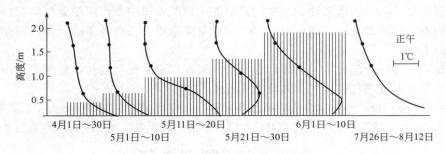

图 9-3　冬大麦地中日射型温度分布

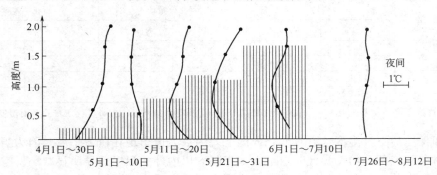

图 9-4　冬大麦地辐射型温度分布

农田和裸露地的气温有很大不同。一般地说，白昼植被内由于太阳辐射被削弱，田间气温要比裸地上方气温低，夜间反而要高。如表 9-1 所示。对于十分密植的农田，可能全天都是裸地气温比农田高，因为在很密的农田中，太阳辐射被削弱很多；对于比较稀疏的农田，也可以观测到农田气温比裸地高的情况，因为在很稀的农田中，太阳辐射被削弱很少。这要具体分析植被对太阳辐射和乱流交换的影响程度。

表 9-1　裸地与农田 20cm 高处气温差　　　　　　　　　　　　单位：℃

时间	0h	4h	8h	12h	16h	20h
裸地-马铃薯地	−1.0	−0.9	1.1	2.0	2.9	2.3
裸地-玉米地	−0.9	−0.5	2.3	2.5	3.8	1.8

对于水田来说，因为水层的存在，使其温度分布与旱田有较大区别。白天水层温度低于

气温，气温分布大致为：越接近水面温度越低，中部在茎叶密集处温度稍高，上部随高度增加温度降低。夜间水层温度高于气温，气温分布大致是：越接近水面温度越高，向上随高度增加温度降低。

农业上常用放水烤田法来提高白天水田温度，促进植物生长，夜间用深水灌溉法防止低温危害。

9.2.1.3 农田中的湿度分布

农田中湿度的分布与变化，除了取决于温度和农田蒸散外，还取决于乱流交换强度。

作物生长初期，植株矮小，土壤表面是农田活动面，也是主要蒸发面。白天农田中的水汽压由地表向上随高度增加而减小，与裸地湿度分布类型相似，属于湿型分布；夜间近地层水汽随温度降低而凝结现象发生，则水汽压的分布随高度的增加而增大，这种湿度分布类型属于干型分布。

作物生长盛期，茎叶密集，地表由植物覆盖，农田活动面已经移到作物枝叶最密集的层次，农田蒸散量加大，外活动面是主要的蒸腾面。此时农田中水汽压的分布是：白天靠近外活动面附近的水汽压最大；夜间外活动面上有大量露生成，水汽压很小，但各高度平均水汽压都比裸地大。

相对湿度分布，受温度和水汽压的影响。一般在作物生长初期与裸地相似，作物封垄后各高度上的相对湿度都比较接近，并且都比裸地大。

农田中的空气湿度大小，主要取决于总蒸发量和温度状况。在农田中，由于总蒸发量增大，而且湍流交换减弱，地面和植物表面蒸发的水汽不易散出，所以空气湿度比裸地大些（表9-2）。

表 9-2　裸地和植被中的空气湿度

离地高度/cm	裸地		紫花苜蓿地		白花草木樨地	
	e/hPa	RH/%	e/hPa	RH/%	e/hPa	RH/%
5	14.5	49	16.9	62	17.5	64
10	13.7	48	15.7	57	17.2	59
15	13.5	47	14.8	52	16.4	58
20	13.2	47	14.7	51	16.6	57

注：紫花苜蓿高35cm，被覆度85%；白花草木樨高180cm，被覆度95%。e是水汽压，RH是相对湿度。

农田和裸地的空气湿度也有日变化，湿度差的最大值出现在白天午后，因为当时农田内外太阳辐射和乱流条件的差异此时也最大。夜间农田内外的湿度差异明显减小。空间湿度在作物株间的垂直分布，由地面向上递减，这在水稻田中最为明显。

9.2.1.4 农田中的风速分布

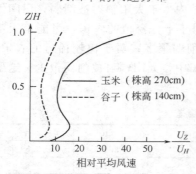

图 9-5　玉米、谷子株间
风速垂直分布

农田株间风速的分布，主要随着作物生长密度和高度而变化，此外还同栽培措施有关。

（1）垂直分布　作物生长初期，植株矮小，土壤表面就是活动面，这时农田风速的垂直分布与裸地相似，越接近地面风速越小，风速趋于零的高度在地表附近，随高度的增加风速增大。

作物生长旺盛时期，农田外活动面已经形成。进入农田中的风受作物的阻挡，一部分被抬升由植株冠层顶部越过，风速随高度增加按指数规律增大；另一部分气流进入作物层中，株间风速与生长初期不同，变化曲线呈S形分布，如图9-5所示，图中 H 是作物冠层高度，

U_H 是作物冠层高度处的风速，U_Z 是作物任一高度 Z 处的风速。

在茎叶密集的部位，摩擦阻力大，风速下降较多，但风速随高度变化平缓。靠近植株基部，相对风速有一个次大值，这是因为农田外气流能通过枝叶较少的基部并深入农田的结果，到地表附近风速又趋于零。

（2）水平分布　农田中风速的水平分布也有差异，总是自边行向里逐渐递减。它的大小与作物种类、播种密度、生长期等有关。一般地说，农田植被内任一高度上风速的水平分布可以用如下经验函数来描述，即

$$U_x = U_0 e^{-ax} \qquad (9\text{-}4)$$

式中，U_x 为离开边行到农田中距离为 x 处的风速；U_0 为边行风速；a 为作物群体对风速的削减系数，可通过经验途径取得；x 为农田中观测点到边行的距离。

在农田近地层中，风速的日变化是中午前后风速最大，夜间风速最小，风速具有明显的阵性，所以在小气候观测时要取一定时间内的平均风速，不能采用惯性小的仪器。

9.2.1.5　农田中的 CO_2 分布

农田中 CO_2 主要通过乱流交换从大气和土壤中得到。输送量的多少取决于乱流交换系数的大小和田间上下两层间的 CO_2 浓度的差值。乱流交换系数越大和 CO_2 浓度的差值越大，则 CO_2 输送量越多。

农田中的 CO_2 浓度有明显的日变化（图 9-6），在作物生长季，白天，作物通过光合作用大量吸收 CO_2，使农田中 CO_2 的浓度降低，因而通过乱流交换农田从大气获得 CO_2 补充，此时大气是 CO_2 的源，农田是 CO_2 的汇。夜间，作物因呼吸释放大量 CO_2，使作物群体内的浓度逐渐增加并向上层的大气输送，此时大气是 CO_2 的汇，农田是 CO_2 的源。在通风良好的农田中，由于水平交换和垂直输送较强，农田中的 CO_2 浓度保持在大气平均浓度的水平上，日变化较小。反之，通风不好（风小或密植时），日变化明显增大。在静稳的晴天可使农田中 CO_2 浓度降至最低，有时可使植物处于饥饿状态。短时间的积云影响，使光合有效辐射迅速减弱，农田中 CO_2 浓度相应增大，阴天、大风天可使作物群体内的 CO_2 浓度全天少变。

由于作物的光合作用和呼吸作用具有周期性日变化，使作物层和大气之间日夜进行 CO_2 源、汇的交替作用，形成了农田中 CO_2 浓度垂直分布的特殊性（图 9-7）。可以看出，夜间（自傍晚至凌晨），由于作物的呼吸作用以及植物地下部分、腐烂的根、土壤及其他有机物质释放 CO_2，垂直分布曲线由地面向上递减。白天（早上、中午），因作物吸收 CO_2，使 CO_2 浓度曲线产生弯曲，CO_2 浓度的最低点出现在作物层的某一高度上，并由此向上、向下浓度明显增大。从图中还可以看到自上午到下午，作物层中汇的高度是逐渐降低的，这可能是由于中午以后上部叶片处供水不足或是气孔关闭，使光合作用减弱的缘故。这种现象在静风时更为突出。静风条件下，当汇的强度大时，植物表面的 CO_2 迅速减少，空气中

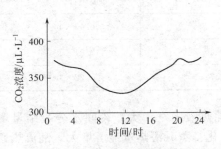

图 9-6　玉米田中 CO_2 浓度日变化

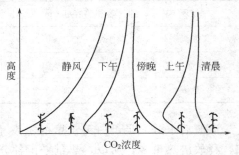

图 9-7　晴天农田上各时刻 CO_2 浓度垂直分布

CO_2 扩散又太慢，不足以维持快速的光合作用，使汇的高度更靠近地表。这时上、下层间的 CO_2 浓度差别也大。

就全天而论，农田中的 CO_2 收支归纳于表 9-3，该表上半部分表示白天收支情况，下半部分表示夜间收支情况。由表可见，在晴天条件下，白天由于光合作用，植物可以从大气中和土壤表面获得 CO_2 通量约为 $30.2g \cdot m^{-2}$，夜间因呼吸作用放出的 CO_2 为 $7.1g \cdot m^{-2}$，于是全天作物可净吸收 CO_2 为 $23.1g \cdot m^{-2}$。

表 9-3　甜菜地上晴天时全天 CO_2 收支情况

时段	项目	$CO_2/g \cdot m^{-2}$
白天(12h)	由大气输入的 CO_2 通量	27.8
	由土壤输入的 CO_2 通量	4.4
	到达作物地上的 CO_2 净通量	32.2
	估算的根系呼吸作用	−2.0
	日间净光合作用量	30.2
夜间(12h)	输向大气的 CO_2 通量	−8.3
	由土壤输入的 CO_2 通量	3.1
	由作物地上部分输出的 CO_2 净通量	−5.1
	估算的根系呼吸作用	−2.0
	夜间净呼吸输出通量	−7.1
全日	净光合作用	23.1

9.2.2　农业技术措施的小气候效应

各种农业技术措施能在一定程度上改善农田小气候条件，为作物生长发育创造良好的生态环境。本节着重讨论在大田中常见的灌溉、耕翻、镇压、栽培方式等措施的小气候效应。

9.2.2.1　灌溉

（1）灌溉对农田热量平衡的影响　灌溉使土壤水分增加，颜色变深，地表反射率降低，使地面吸收的太阳辐射增加，农田净辐射收入加大（表 9-4）。白天，灌溉地的温度较低，空气湿度较大，地面有效辐射比未灌溉地小；夜间，灌溉地上温度较高，地面有效辐射比未灌溉地略高，但从全天来看，灌溉地有效辐射低于未灌溉地，最终使农田净辐射收入增加。在干旱地区，这种效应特别明显，据有关试验资料证明，灌溉可使正午时的净辐射增大40%或更大。

表 9-4　灌溉地与未灌溉地的土壤热特性比较

处理	容积热容/$J \cdot m^{-3} \cdot ℃^{-1}$	热导率/$J \cdot m^{-1} \cdot s^{-1} \cdot ℃^{-1}$	导温率/$m^{-1} \cdot s^{-1}$
灌溉	2.72×10^6	1.17	0.43×10^{-6}
未灌溉	1.97×10^6	0.46	0.21×10^{-6}
差值	0.75×10^6	0.71	0.22×10^{-6}

灌溉后水分充足，白天土壤的蒸发量增加，蒸发耗热随之增大；夜间水分凝结量增加，释放潜热也多，所以，热量平衡各分量发生显著变化：蒸凝潜热量显著增大，乱流热通量和土壤热通量明显减少。

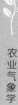

可见，灌溉后地表将其所得的能量绝大部分用于蒸发散热上，使地面和大气之间的热量交换明显减少。据观测，在干旱地区，灌溉地蒸发耗热量比未灌溉地约大一倍以上，当灌溉量很充足时，在中午前后，地表常因蒸发失热过多，使地面温度低于空气温度，近地层出现逆温，使乱流热交换的方向由气层指向地表。

（2）灌溉对农田温度状况的影响　灌溉后农田的净辐射值增大，但灌溉地的土壤容积热容、热导率、导温率都显著增大，并且地面热量平衡状况改变，潜热交换显著增大。所以，白天地面受热时土温和气温不至于升高很多，夜间降温也不多；同时土壤热容和热导率的增大，使土温的升降变得缓慢，上、下层土壤之间的热量传递加快使灌溉地土温日较差随深度的递减速度也比未灌溉地慢。因此，灌溉地的温度效应白天和夜间不同，即白天有降温作用，夜间有升温作用。

在不同的季节里灌溉的效应也不相同，春季灌溉可抗御春旱，预防春季低温；夏季灌溉有降温作用，可防御干热风和伏旱危害；秋灌可防御冷害，抗御秋旱和霜冻；冬季灌溉可以保护秋播作物安全越冬。

9.2.2.2　间作套种

将播期不同、生育期不同和株高不同的多种作物合理地搭配起来，种植在同一块土地上，由原来单一结构的作物群体，变为两种或多种作物构成的多层次辐合群体，能够充分地利用生长季，提高光能和土地利用率。如山东发展麦套棉两熟可有效地利用自然资源，缓解了粮棉争地矛盾。

高低作物合理搭配的间作套种，使平面用光变为立体用光，增加了受光面积，延长了光照时间，使群体内光的垂直分布更加合理。

作物高矮不一致，形成许多通风走廊，空气水平运动阻力减小，并促进空气的对流运动，使田间乱流交换作用加强，改善了田间的 CO_2 供应。通风透光变好，对高秆作物形成边行优势，充分发挥边际效应。

间作套种对农田的温、湿状况也有影响。由于高秆作物的遮阴作用，矮秆作物带行中的地温、气温均较单作地偏低，湿度偏高，而且随带宽缩小，这种影响有加强的趋势。如北方常见的玉米与马铃薯间套作，利用玉米的遮阴作用，使薯块膨大期间的土壤温度不会太高，对马铃薯产量提高、品质改善有很大作用。

实际上，间作套种也有很多问题需要在实践中加以研究并改善。在间作套种农田中，存在高秆作物对矮秆作物遮光遮阴现象。此时高秆作物光照充足，而矮秆作物光照条件较差。处于苗期的矮秆作物若是喜阴作物，则小气候环境对两者都有利；反之，如果矮秆作物是喜光的作物，则小气候环境对其有不利的影响。这种影响随高秆作物的高度越高、带宽与行距越窄以及共生期越长而越加严重。根据中科院测定，在麦棉套种中，麦、棉距离 85cm 时套种棉田（苗期）日照时数相当于平种的 92%；麦、棉距离 40cm 时，为 84%～85%；麦棉距离 30cm 时，降为 70%～79%。在麦套种玉米的农田中，共生期间小麦对玉米的遮光影响也很明显（图 9-8）。因此，在套种中，前期作物应选用株高相对较矮、熟期较早的品种，以减轻对后期作物的遮阴程度，缩短遮阴时间。后期作物应适当增加密度，充分发挥群体增产优势。

另外，间套种时，将那些对土壤中营养元素要求的种类、数量、吸收能力和深度各不相同的作物组合在一

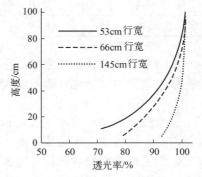

图 9-8　不同玉米行宽的
透光度随高度的变化

起，则可同时或先后利用土壤中各层养分，加速营养循环。由于不同作物根系深浅不一致，则可合理利用土壤中水分。

9.2.2.3 耕翻

耕翻地的土壤表层变得粗糙，土壤反射率降低，增加了土壤表层对于太阳辐射的吸收。但是由于耕翻以后土壤表层的辐射面积增大，使土壤表层放射出去的地面有效辐射也随之而增大，就地面净辐射来说，耕翻地与未耕翻地两者并无显著差异。

但耕翻可使土壤表层疏松，孔隙度增大，从而使土壤耕翻层的土壤热容和土壤热导率减小。热容小的耕翻层，得热后升温和失热后降温的程度加剧；热导率小的土壤耕翻层与其下的土层之间热量传导能力减弱。这样白天热量聚集于耕翻层（即土壤表层），温度比未耕翻地的高，但是耕翻层以下的土层，情况相反，温度比耕翻地的低；夜晚耕翻地的深层向上输送热量比未耕翻地要少，因此耕翻地的表层温度比未耕翻地的温度低，反之，下层则较高（表9-5）。耕翻使土壤表层的温度日较差增大，而深层的温度日较差减小。

表 9-5 耕翻土温效应　　　　　　　　　　　　　　　　单位：℃

处理	5h			15h		
	0cm	5cm	10cm	0cm	5cm	10cm
耕翻地	9.6	12.4	16.4	36.4	29.0	23.8
未耕翻地	11.6	13.8	15.4	31.0	27.6	24.2
差值	−2.0	−1.4	+1.0	+5.4	+1.4	−0.4

另外，耕翻以后土表疏松，增加透水性和透气性，提高了土壤蓄水能力，同时由于耕翻后切断了土壤的毛细管，对下层土壤有保墒效应。

耕翻层的水分效应在不同的时期作用是不同的。例如，干旱的时候，耕翻能切断上、下层土壤间毛细管联系，减弱了上、下层水分交换。下层水分只能沿毛细管作用上升到耕翻底层处，土表形成干土层，蒸发减少。但下层土壤湿度增大，对下层土壤来说有提墒作用（表9-6）。

表 9-6 棉田中耕翻的气象效应

处理	温度/℃		土壤湿度/%		
	0cm	5cm	0～5cm	5～10cm	10～20cm
中耕地	32.8	26.1	12.7	17.8	19.3
未中耕地	29.8	25.6	14.7	18.6	19.0
差值	+3.0	+0.5	−2.0	−0.8	+0.3

在雨季，土壤含水量增加，为了提高地温防止土壤板结，经常通过耕翻来提高地温，疏松土壤，因耕翻后土壤表面积加大，可以促进水分蒸发。

9.2.2.4 镇压

土壤镇压与耕翻作用相反，镇压后土表紧实，增大了地面反射率，减少了辐射能的收入。但是，镇压使土壤孔隙度减小，毛细管作用加强，上层土壤的热容和热导率显著增大。因此，白天地面增温时，镇压地地表向深层传导的热量比未镇压地要多，使下层增温较多，但表层温度比未镇压地低；夜间地面降温时，镇压地从深层向地表输送的热量也多于未镇压地，使镇压地表层温度较高。由此可见，对于表层，镇压地在白天有降温效应，夜间有增温效应，镇压有减小地面温度日较差的作用。不同的土壤在不同的天气条件下，镇压的温度效应也有差别。一般，疏松的土壤适于在回暖天气结束前进行，偏黏的土壤可在寒潮后一两天内进行镇压。

镇压对土壤水分的效应依土表的湿润程度而有不同，在土表湿润的情况下，镇压加强了土壤毛细管作用，表层水分增加，特别是黏重土壤，甚至会引起土壤板结，出现渍害。在地表干燥情况下，镇压减少了表层土壤孔隙，减少水分蒸发，同时使毛细管作用加强，表层水分增加，可以有提墒作用（表9-7）。

表 9-7　镇压对土壤湿度的影响

土壤种类	处理	干土层厚 /cm	各层土壤水分含量/%				
			干土层	干土层~10cm	10~20cm	20~40cm	40~60cm
黄土	镇压	2.0	2.9	14.5	16.4	17.4	17.4
	未镇压	5.0	3.6	14.0	15.4	15.9	15.1
	差值		−0.7	+0.5	+1.0	+1.5	+2.3
黑土	镇压	3.0	7.0	19.7	20.2	23.6	20.4
	未镇压	6.0	5.4	16.4	19.8	20.4	22.3
	差值		+1.6	+3.3	+0.4	+3.2	−1.9

北方春季播种时，为保证种子正常发芽，常采取先"踩格子"后播种的方法，就是要接通地下毛管，使下层水分上升到上层，从而起到提墒作用，增加了耕作层的土壤湿度。

耕翻地后为了防止土壤水分过快散失，常常在整地打垄后，用"石滚子"轻压土表，目的就是减小土壤孔隙度，起到保墒作用。

9.2.2.5　垄作

通过耕翻起垄，实现垄作，可以改变地表几何形状，并使土壤疏松层增厚，通气良好，排水能力强，对提高表层土温、保持下层土壤水分有良好的作用。

垄作的反射率比平作小，这种差别随着垄背上作物的封垄而愈来愈不显著。封垄以后，垄作与平作的反射率实际上已无差别。作物在生长初期，虽然垄作的反射率小于平作，使垄作收入的短波辐射多于平作的地面，但是由于垄作地面的辐射面积的增大，使地面有效辐射要比平作的高。因此垄作和平作净辐射是相差甚微的。可是由于蒸发耗热和土壤热特性的差异，在地表辐射增热和冷却的变化方面，垄作比平作急剧得多。垄作白天吸收的热量较多，地温高于平作，夜间散热也多，地温低于平作，这使垄作地表的昼夜温差比平作增大。

在湿润地区和多雨季节，由于垄作有较大的暴露面，土壤蒸发比较强烈。但是，当垄面因不断蒸发形成疏松的干土层后，土壤蒸发随即减弱，下层土壤水分向表层的输送变缓，此时垄面蒸发就会比平作小得多，于是为垄作的增温，尤其是白天的增温提供了良好的条件。

在暖季，由于昼长夜短，垄作白天多吸收的热量大于夜间多散出的热量，全天的平均土温高于平作。加之垄作的土壤热容比平作的小，导温率比平作的大，致使垄作表层土温的增加比平作更多。垄作和平作，两者表层土温差值的最大值出现在正午附近（图9-9），随着深度的增加，垄作和平作的温度差减小，最大值出现的时间也相应落后，并且差值越来越小。

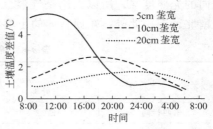

图 9-9　垄作与平作土壤温度差值的变化

冷季，特别是高纬度地区的冷季，由于昼短夜长，且有效辐射增大，导致在辐射差额方面垄作比平作要低，所以垄作的温度效应和暖季相反，土壤表层已经不再是增温而是降温。

由于垄作属于半耕翻的耕作方法，表层土壤疏松、渗透性强、地势隆起、蒸发面积增加，这样在雨季对降低上层土壤湿度有很大作用，有利于排水抗涝。因此，在疏松的表层土壤中，垄作的土壤湿度比平作低，而下层则常相反。由此可见，垄作的气象效应是：在暖季和北方的干旱时期，主要是增温保墒作用；在南方多雨季节以及东北夏雨集中的地区，主要是排水降温效应。

垄向不同，垄面各部分的土温差别也不一样，一般南北垄向的东侧和西侧的温度差别不大，而东西垄向的南侧土温远高于北侧。垄向对日照时间和辐射总量的影响，随纬度和季节的变化而有相应的变化。夏半年，纬度愈高，东西垄比南北垄日照时间愈长，辐射日总量愈多，使全垄日平均温度，东西垄高于南北垄。冬半年，纬度愈高，南北垄比东西垄日照时间愈长，辐射日总量愈多，使全垄日平均温度，南北垄高于东西垄。上述特征与太阳周年运动有关。因此，不同地区和季节，垄向对农作物的有利程度不同。

9.2.2.6　种植行向

作物的种植行向不同，植株间的受光时间和辐射强度都有差异，这是由于太阳方位角和照射时间是随季节和地方而变化的。

夏半年，日出、日落的太阳方位角，随纬度增高而愈加偏北，日照时间愈长，沿东西行向照射时数比沿南北行向的也要显著增多；冬半年的情况恰好相反，日出、日落的太阳方位角，随纬度增高而愈加偏南，日照时间愈短，沿南北行向照射时数比沿东西行向的相对地要长得多。因此，种植行向的太阳辐射的热效应，高纬地区比低纬地区要显著得多。换句话说，高纬地区种植作物时，要考虑种植行向问题。越冬期间，对热量要求比较突出的秋播作物，取南北向种植比东西向有利；而春播作物，特别是对光照要求比较突出的春播作物，取东西向种植比南北向有利。当然，决定作物生育好坏的，不仅是透光条件，通风状况也是其中的重要因素之一。因为通风的好坏，除了对热量状况有影响外，对农田蒸发、株间湿度，对作物的水分保证和 CO_2 的分布也有重要影响。于是，为了给作物创造良好的通风透光条件，在行向选择上，也要注意使行向和作物生育关键时期的盛行风向接近，而制种田行向取与花期盛行风向垂直为好。

根据湖北省江陵县气象局对棉花的研究资料表明：从日出开始，东西行向的株间光照度高于南北行向。但 8:00 以后，随着太阳高度角的增大，东西行向的增光效应减弱；中午12:00 左右，南北行向的光照度反而强于东西行向，两者相差 $2 \times 10^3 \sim 4 \times 10^3 \mathrm{lx}$。午后随着太阳高度角的减小，东西行向的光照度又逐渐强于南北行向。东西行向的光照度大于南北行向的峰值出现在 8:00 和 16:00 左右，最大值可达 $2 \times 10^4 \sim 3 \times 10^4 \mathrm{lx}$。由于东西行向比南北行向的光照度强，所以无论是气温（表9-8）还是土壤温度（表9-9）都表现为东西行向高于南北行向。此外，东西行向的土壤湿度低于南北行向（表9-10）。

表 9-8　棉花各生育期间日平均气温比较　　　　　　　　　单位：℃

行向	生育期			
	三叶期	现蕾期	开花期	吐絮期
东西行向	27.2	25.1	29.1	26.5
南北行向	26.7	24.9	28.7	26.1
差值	0.5	0.2	0.4	0.4

表 9-9　棉花各生育期不同行向地温（日平均值）比较　　　　　单位：℃

深度/cm	生育期											
	播种至三叶期			现蕾期			开花期			吐絮期		
	东西	南北	差值	东西	南北	差值	东西	南北	差值	东西	南北	差值
5	23.2	21.2	2.0	26.6	26.4	0.2	29.6	28.1	1.5	27.4	26.4	1.0
10	21.1	20.1	1.0	25.8	25.5	0.3	28.7	27.7	1.0	26.7	26.1	0.6
15	20.3	19.6	0.7	25.7	25.2	0.5	28.1	27.4	0.7	26.5	26.0	0.5

表 9-10　棉花不同行向各层土壤湿度比较　　　　　单位：%

行向	深度/cm			
	5	10	15	20
东西行向	14.2	18.2	17.7	18.7
南北行向	16.8	19.7	18.6	19.5
差值	−2.6	−1.5	−0.9	−0.8

9.2.2.7　种植密度

种植的密度不同，可形成不同的群体结构，群体内通风、透光、温度、湿度等条件都有明显差异。密度过大，将加强植被对太阳辐射的减弱作用，株间的光照强度及透光率从株顶到株底迅速减小，株间的光照不足将会降低光合作用，单株生长细弱，易倒伏，影响产量。

另外，密度过大还使农田中植被对气流运动的阻力增加，阻碍农田内外的空气交换。密度过大，使农田消耗的水分增多，土壤湿度降低，而空气湿度则因农田总蒸发量增加及乱流减弱使水汽不易扩散而增加。

9.3　森林小气候

森林小气候是指在森林活动层的影响下所形成的局部地区的气候，森林小气候的特征取决于树种组成、结构、郁闭度、林龄等因素，一般表现为林内太阳辐射减少，气温日变化缓和，空气湿度和降水量增大以及风速减小等特点。

9.3.1　辐射

太阳辐射穿过林冠层时，林冠层在吸收辐射的同时，一部分辐射被林冠反射，还有一部分透过林冠到达林内，林冠反射和透射的太阳辐射主要是黄绿光和近红外线，而被林冠吸收的主要是光合有效辐射部分和长波红外线部分。

太阳直接辐射和散射辐射由林冠的枝叶孔隙间射入林内。林地上的直接辐射表现为圆形或片状光斑，其强度比空旷地上的弱，并且以绿光为主。早上及傍晚，太阳高度低，太阳直接辐射弱，林内几乎得不到太阳直接辐射，林地上接受的是散射辐射，其强度为空旷地的 50%～70%，也以绿光

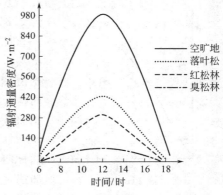

图 9-10　不同树种林内、外辐射日变化

为主。

林内的总辐射显著比林外少（图 9-10）。图中表明 3 个林型内测得的总辐射均小于空旷地。其日变化规律和空旷地相同，即从清晨开始，随着太阳高度角的增大而增加，正午达到最大值，午后又逐渐减少，日落后变为零。此外，林冠郁闭度愈大，透过林冠到达林内的辐射愈少，所以，林内总辐射随郁闭度增加而减少。

表 9-11 是王正飞等在东北带岭（东北小兴安岭），夏至前后的正午附近，不同树种林冠下测得的太阳辐射量。由表可以看出，阔叶林中透过的太阳辐射量比针叶林中的多，各树种林冠下的太阳辐射量与林冠结构有密切关系。

表 9-11　不同树种林冠下太阳辐射相对值

树种	树高/m	冠厚/m	林内的太阳辐射占旷野的百分比	树种	树高/m	冠厚/m	林内的太阳辐射占旷野的百分比
青橘子	7	1.4	35.4%	色木	13	8.5	6.5%
山榆	12	7	19.1%	红松	20	10	6.1%
水曲柳	15	7	18.2%	大青杨	34	16	4.9%
紫椴	15	10	17.5%	鱼鳞松	19.5	6.5	10.3%
丁香	8	6	16.7%	臭松	5.5	2.5	6.5%
糖椴	13	8	12.6%	白桦	—	—	8.3%

林内太阳辐射的垂直变化也是很大的，其分布规律是太阳辐射随着高度的降低而减弱。一般从林冠表面到 2/3 林冠厚度这一层，太阳辐射减弱得最剧烈，约减弱 70%～80%，向下就逐渐趋于缓和，呈明显的指数递减规律。

到达林内太阳辐射的强弱，不仅受太阳高度、纬度、季节、云量、大气透明度、海拔高度及坡向、坡度等因素的影响，这些因素影响到达林冠顶部的太阳辐射强度，而且还受森林本身特性的影响，归纳起来有林冠郁闭度、林分密度、林龄和林木状况等。这些因素对森林内太阳辐射状况的影响不是彼此孤立的，而是相互影响、相互制约并综合起作用的。在森林本身特性中林冠郁闭度是主导因素。

林内太阳辐射随林冠郁闭度的增加而减少，密林中的太阳辐射一般仅为空旷地的 10%以下，而林冠稀疏的疏林地，可以透过太阳辐射的 70%以上。如图 9-10 在郁闭度为 0.5 的落叶松林内，其相对总辐射为 31.9%；在郁闭度 0.71 的红松林内，其相对总辐射为 22.6%；在郁闭度为 0.87 的臭松林内，其相对总辐射为 5.6%。

林内太阳辐射随林分密度的增加而减小。因为林分密度增加，郁闭度增大，林冠下的太阳辐射量减少。图 9-11 是松树林内 90cm 高度处的太阳总辐射与空旷地总辐射的比值同株行距的关系。显然，松树林内总辐射随林木株行距的减小而减少，两者几乎呈线性关系。

林龄对太阳辐射的影响也表现在林冠郁闭度的变化上。幼林期，林冠小，林内得到的辐射较多；林分郁闭后，生长加速，林冠伸展，冠层厚，杆材龄阶段的郁闭度最大，林内的辐射量最少；到老龄阶段，林冠疏开，林内辐射量又增加。例如 15 年生的松林内，其相对总辐射为 36.2%；30 年

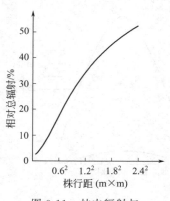

图 9-11　林内辐射与株行距关系

纵轴：相对总辐射/%
横轴：株行距（m×m）

生时为 16.6%；70 年生时为 22.7%。

一年中不同的季节，林木状况发生变化。春季，树木展叶后，林内的太阳辐射逐渐减少，盛夏时最少，秋季落叶后又逐渐增加，冬季最多。这种变化以落叶阔叶林内最为明显。

除此之外，树种组成、森林结构、林型等因素对林内的太阳辐射也能产生一定影响。森林活动层的净辐射与裸地比较也有差异，净辐射可能大于空旷地的，也可能小于空旷地的。这主要取决于森林类型、结构、郁闭度等。据王金叶、张虎等 1997 年研究青海云杉林的辐射平衡，表明青海云杉林林冠辐射平衡各分量在总辐射中所占的比例为：反射辐射占 12.07%，净长波辐射占 29.46%，净全辐射占 58.47%，青海云杉林林内总辐射比林外减少 71.02%。

9.3.2 温度

森林中的温度状况取决于热量收支状况，森林活动层热量收支方程可用下式表示

$$R = P + B + LE_C + I_A + Q_C \tag{9-5}$$

式中，R 为森林活动层的净辐射；P 为乱流热通量；B 为土壤热通量；LE_C 为总蒸发耗热；I_A 为森林净光合作用耗热；Q_C 为森林植物体储热。

由于森林的生物量很大，所以光合作用耗热和植物体储热量的变化在一般情况下是不能忽略的。据测定，一般森林净辐射的 60% 左右用于蒸发、蒸腾；30% 左右用于乱流交换；其余 10% 左右用于光合作用及土壤和植物体储热变化。

受热量收支变化的影响，林冠层对林内气温有以下两种作用。一种作用是林冠吸收和反射太阳辐射，透入林内的太阳辐射少，使白天或暖季时林内净辐射（正值时）也减少，同时蒸发、蒸腾耗热多，用于乱流交换加热空气的能量少，使森林对气温有缓热效应；在夜间或冷季，林冠层向下放射和反射地面发射的长波辐射，被地面吸收，使夜间或冷季时林内净辐射（负值时）增加，同时林内湿度大，水汽易发生凝结，即森林对气温有缓冷效应。可见，这种作用可以缓和林内温度变化，气温日较差和年较差均比林外小。另一种作用是林冠的摩擦作用等，使风速和乱流减弱，林内外及林冠上下之间的热量交换减少。这样，白天或暖季时，林冠有保温效应；夜间或冷季时，林冠有保冷效应。这种作用使得林内温度变化剧烈，日较差和年较差增大。

林冠对温度有两种作用，在同一森林内总是同时存在的。其中必有一种作用占主导地位。观测证明，密林中常常是前一种作用大于后一种作用，所以密林内温度变化缓和，见表 9-12 和表 9-13。表 9-12 说明，夏季红松林内的最高气温比林外低 2.7℃，最低气温比林外高 1.7℃；日平均气温林内比林外只小了 0.4℃；而日较差林内比林外小 4.4℃。表 9-13 说明红松林内气温年较差比林外小 3.5℃。总的来说，密林内具有冬暖夏凉的特征。

表 9-12　夏季小兴安岭红松林内与林外气温的比较　　　　　　单位：℃

气温	林内	林外	差值
日平均	17.0	17.4	−0.4
最高	25.4	28.1	−2.7
最低	10.4	8.7	1.7
日较差	15.0	19.4	−4.4

表 9-13　小兴安岭红松林内与林外气温的比较　　　　　单位：℃

处理	月份												年均	年较差
	1	2	3	4	5	6	7	8	9	10	11	12		
林内	−16.4	−16.8	−10.7	2.4	10.7	14.8	18.4	16.3	8.6	2.5	−6.9	−16.6	0.5	35.2
林外	−19.2	−19.4	−10.7	3.6	11.5	15.5	19.3	17.5	9.7	2.5	−6.1	−17.4	0.6	38.7
差值	2.8	2.6	0.0	−1.2	−0.8	−0.7	−0.9	−1.2	−1.1	0.0	−0.8	0.8	−0.1	−3.5

在一天中，林内外气温差，最大值出现在上午 9:00 和傍晚 17:00 左右。这是因为日出后，林外无遮蔽，地面很快增热，气温也随着迅速增高，而在林内，因为林冠遮挡，阳光透入不多，空气增热很慢，同时，林内外风速和乱流交换作用都很小，林内外温差逐渐增大，至上午 9:00 左右出现了林内外温差的极大值。9:00 以后随太阳高度角逐渐减小，气温逐渐降低，乱流交换也逐渐减弱，林内外气温差渐渐增大，至 17:00 左右，又出现一个极大值，而且因为热量积累的关系，林外气温高于林内气温的差值比上午更大。17:00 以后，由于林外强烈放热冷却，气温逐渐降低，而林内因热量不易散失，气温降低较慢，直至夜间林内气温高于林外。

在疏林中，保暖或保冷作用大于缓热或缓冷作用，即疏林内温度变化大。据中国科学院林业土壤研究所在东北带岭林区观测证明：在落叶松疏林内，气温年较差比皆伐地大 2.7℃，年平均气温低 1.4℃，夏季气温日较差大 2.5℃。

森林内气温的垂直分布与其结构和郁闭度有密切关系。在密林中，白天最高温度出现在林冠表面，由林冠到林地温度逐渐降低，夜间情况正相反。在中等密度的森林中，白天林冠截留了大部分太阳辐射，最高温度仍出现在林冠表面，但在林地表面有一次高值；夜间，林冠表面冷却最强烈，但一部分冷空气下沉，造成林内呈现不明显逆温分布，有时呈等温分布。在疏林中，太阳辐射大部分射入林内，白天最高温度常常出现在林地表面，由地表向上温度逐渐降低，在林冠表面有一个次高值；夜间则因林冠上冷空气下沉并且地面辐射受阻挡较少，最低温度也出现在地面，林冠表面有一个次低值。

在森林中，土壤温度受林冠、林地上的枯枝落叶层和土壤物理性质等多方面的影响。一般来说，由于投射到林内土壤上的太阳辐射减少许多，因此林内土壤温度比空旷地低。王正非等在东北小兴安岭红松林（带岭林区）中的观测资料说明了这一现象（表 9-14）。

表 9-14　红松林中与空旷地的地温比较　　　　　单位：℃

项目	测点	月份												年均
		1	2	3	4	5	6	7	8	9	10	11	12	
地面最高	林内	−4.7	−5.3	4.7	31.8	41.8	36.4	35.1	32.9	23.1	27.5	8.7	−4.5	22.1
	林外	1.6	1.3	13.1	27.1	42.1	46.6	49.5	43.1	33.2	29.7	19.0	1.4	26.4
	差值	−6.3	−6.6	−8.4	4.7	−0.3	−10.2	−14.4	−10.2	−10.1	−2.2	−10.3	−5.9	−4.3
地面最低	林内	−27.4	−27.1	−23.0	−9.3	−3.2	3.7	10.2	6.4	−1.3	−11.5	−19.2	−33.1	−11.4
	林外	−39.3	−41.0	−33.7	−8.8	−5.3	4.6	9.2	7.1	−2.2	−14.1	−29.3	−43.4	−16.5
	差值	11.9	13.9	10.7	−0.5	2.1	−0.9	1.0	−0.7	0.9	2.6	10.1	10.3	5.1
地中50cm	林内	−8.8	−9.0	−7.3	−1.6	1.4	7.1	11.5	12.7	9.6	(5.2)	1.5	(−2.6)	1.6
	林外	−8.2	−7.5	−4.9	(0.0)	6.4	13.7	18.5	18.5	13.6	6.6	0.8	−3.2	4.5
	差值	−0.6	−1.5	−2.4	−1.6	−5.0	−6.6	−7.0	−5.8	−4.0	−1.4	0.7	0.6	−2.9

农业气象学

由表 9-14 可知，全年除 4 月份以外，红松林内地面最高温度都比空旷地要低，观测年份全年平均差值林内比林外低 4.3℃；红松林内地面最低温度多数月份比空旷地高，观测年份全年平均差值林内比林外高 5.1℃；红松林内 50cm 深处的土层温度除 11 月份和 12 月份外，均比空旷地同深度的土层温度低，观测年份全年平均差值林内比林外低 2.9℃。

9.3.3 空气湿度

林内的水汽除来源于水平输送外，森林植物体的蒸腾及林地蒸发也有很大的作用。由于林内水汽来源丰富，气温低，风速又小，乱流交换弱，所以一般来说，林内水汽压和相对湿度全年都略高于林外。由表 9-15 可知，红松林内水汽压最大值出现在夏季，最小值出现在冬季，春、秋季节介于其间，而且林内水汽压全年高于林外空旷地，观测年份年均高出0.2hPa。而红松林内相对湿度的年变化是呈现出双峰形的特点，由于相对湿度的变化随温度的下降而增大，又随空气中水汽含量的增加而增大，使得红松林内夏季、冬季相对湿度都较高，而春季、秋季相对湿度较低，林内相对湿度也是几乎全年高于林外空旷地，观测年份林内年均相对湿度比林外高出 5%。

表 9-15　红松林内外空气湿度比较

| 项目 | 测点 | 月份 | | | | | | | | | | | | 年均 |
		1	2	3	4	5	6	7	8	9	10	11	12	
水汽压/hPa	林内	1.0	1.5	2.1	4.3	7.9	13.3	20.1	16.4	12.0	5.8	2.9	1.8	7.4
	林外	0.8	1.3	2.0	4.2	7.8	13.2	19.8	16.3	11.4	5.2	2.3	1.5	7.2
	差值	0.2	0.2	0.1	0.1	0.1	0.1	0.3	0.1	0.6	0.6	0.6	0.3	0.2
相对湿度/%	林内	81	75	69	65	66	74	88	87	86	81	72	85	77
	林外	76	77	65	59	62	71	81	83	80	73	63	77	72
	差值	5	−2	4	6	4	3	7	4	6	8	9	8	5

9.3.4 降水

森林对降水的影响，主要表现在林冠对降水的截留作用及森林对水平降水（指露、霜、雾凇、雨凇等近地气层水汽凝结物）和大气垂直降水（指从云中降下的雨、雪、冰雹等）的影响等。

大气垂直降水落到森林表面，受到林冠截留，截留降水中的一部分直接从叶片表面蒸发并进入大气，这部分水量称为截留损失。林内的降水量在数量上等于降落到林冠表面的降水量与截留损失之差。

林冠截留损失随树种、树冠特性、降水量和降水强度而异。丽林水量平衡场的观测结果指出：降水截留损失以云杉为最大，红松、落叶松、冷杉依次减少，桦木为最小。一般是林冠郁闭度大，截留损失多。

阵性降水强度大，雨滴大，林冠截留损失小。毛毛雨历时长，截留的降水均匀地湿润枝叶表面，并蒸发到大气中，截留损失比阵性降水多，降水量大，截留损失也大，但二者不是直线关系。

林区和旷野相比，具有近地层空气温度低、湿度大的特点，这些有利于雾、露、霜和雾凇等水汽凝结物生成。林木枝叶的表面积较大，捕获的水量多，这就是一般常说的林内能增加水平降水。

关于森林能否增加大气垂直降水的问题，许多学者都做过探索，概括起来有两种观点：

一种观点认为森林能增加降水量。因为林区相对湿度高于无林地区；森林增大了地面粗糙度，气流经过时被迫抬升，同时林冠上空乱流强，促进水汽向上输送，上空的水汽含量增加，凝结度降低，有利于形成云和降水。另一种观点认为森林不能增加降水量，或增加极少。由于森林多分布于山坡上，所以林区实测降水量增加是地形爬坡造成的。地形影响约为 $40\sim80\,mm\cdot a^{-1}\cdot m^{-1}$。林区风速较低，雨滴几乎垂直下落，雨量器内接收到的降水量比旷野多，大约多了 3%。美国林业学家 L. 李查德估算了全球森林蒸腾的水量为 $6\times10^{12}\,m^3$，全球年降水量按降水体积估算约为 $4.6\times10^{14}\,m^3$，估计增加 1.3%。蒸腾的水汽随气流运动，因此认为蒸腾的水汽在凝结并降落到大体上同一地区是不合理的。

9.3.5 风

当气流由旷野进入森林地区时，由于受林木阻碍，在迎风面距林缘 2～4 倍树高处，风速开始减小，至距林缘 1.5 倍树高处，气流被迫抬升，林冠上空流线密集，风速比同高度旷野地区的大。由于林冠起伏不平，森林上空的乱流强，并可高达几百米高度。

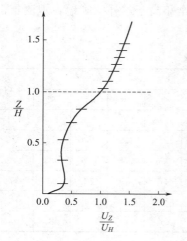

图 9-12　林内和林冠层
风速分布图

进入林内的气流，受树干、枝叶的阻挡、摩擦和摇摆，迫使气流分散，动能被消耗很多，风速迅速减小。林内风速（U_x）与离林缘距离（x）的关系与农田中风速的水平分布相同。

林内风速随高度的分布大致是林冠下风速随高度增加缓慢且风速小，林冠上风速急剧增大。图 9-12 是落叶松林内测得的比较典型的风速分布曲线，图中的两个坐标轴都是相对值，H 是树冠高度，U_H 是树冠高度处的风速，U_Z 是任一高度 Z 处的风速。由图可见，大约在树冠上部 1/4 高度处，风速开始增大，这里风速随高度的变化最大，近地面处风速变化也很大，其余高度上则是风速随高度很少变化；从树冠表面开始，风速随高度大致按对数规律分布。

此外，在天气晴朗、大气比较稳定的情况下，森林与邻近空旷地之间可以形成弱的局地环流。白天，底层空气由森林流向邻近旷野，在林冠上空则有空气从旷野流向森林。夜间，环流方向相反。

9.4　果园小气候

果园小气候与裸露地或大田作物地的小气候有一定的差异，主要表现在：各种果树的树高大多在 2m 以上，它们的外活动面一般比作物要高；果树大多种植在低海拔的缓坡丘陵地，在平地上分布相对较少，因此，地形等环境条件对上述作物小气候有着极其深刻的影响；果树大多都是多年生作物，其生物学寿命很长，因此果园小气候除受季节和年生育期影响外，还深受生物学年龄的影响。

9.4.1 光照

果园中光照的分布，与栽培密度、树龄、栽培方式等有关。据武智等（1954 年）在温州蜜柑园内树间空地上观测，离地表面 30cm 高处的太阳辐射，中午前后几乎与裸露地相同，因这时太阳直接照射，树体遮阴较少。早晨及傍晚，由于斜射光线被树体遮蔽，蜜柑园内的太阳辐射明显少于裸地，栽培密度越大、植株越高大、冠幅越大，这种情况越加明显。

果树冠内的光照强度分布特点与品种特性和修剪方式有关。据观测，温州蜜柑和椪柑树冠内的光照强度分布大致可以分为五层（图 9-13）：假设果树冠外缘的自然光强为 100%，则外缘第一层为 70%～100%，第二层为 50%～70%，这两层光强能满足叶片的光合作用需要，果实主要着生在第一、二层内；第三层光强为 30%～50%，光强不足，果实少，着色差；第四层光强严重不足，只有 15%～30%，叶片少；第五层少于 15%，全部都是散射光，无叶片生长。

据我国学者李正之（1982 年）研究认为果树树冠的消光是不太有规律的，其原因是在任何一层树冠中，作为主要消光介质的枝叶、花蕾、果实的分布是不均匀的，且光照并不来自一个方向。

而且因果树树冠形状的不同，树冠内的光照强度分布也不一样。一般来说，苹果树冠内光强大致可分为四层：第一层的光强占空旷地全光强大于 70%；第二层为 50%～70%；第三层为 30%～50%；第四层小于 30%。苹果树普通圆形树冠与横冠、垂直扁平树冠内光照强度分布完全不同。随着树龄的增加，树冠不同部位的光照强度差异会越来越大，进入到内膛的光照越来越少，由于光照不足，内膛形成了小枝完全光秃的部位。20～30 年生的树木，这种部位占树冠总体积 30%～40%，甚至达到 50% 以上，不同树形的树冠内该部位的比例是不同的。

9.4.2 温度

果园中温度的分布，除取决于果园中的辐射状况外，还取决于水气交换和乱流交换的强弱。在晴朗无风或微风的天气，果园内外空气温度分布差异明显。橘园内外温度差异见图9-14，由于白天树冠表面的最高温高于园外裸地同高度温度，清晨树冠表面的最低温度又低于园外裸地同高度温度，因此，园内的温度日较差大于裸地。

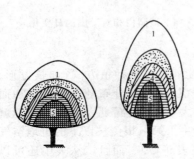

图 9-13 温州蜜柑（左）和椪柑
（右）树冠内光照度（%）分布

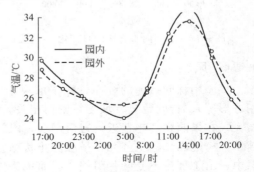

图 9-14 橘园内外 150cm 高处
气温的日变化

在晴朗无风或微风的天气，树冠内外和树冠内不同部位空气温度分布也存在一定差异。据孟秀美等在辽宁省兴城市的果园研究，树冠内外气温有一定差异。在晴天 8：00～16：00，树冠内比树冠外高 1.0℃ 以上；夜间，树冠内比树冠外高 2.0℃，因为夜间树冠内热量不容易散失。单株树冠各个方位的气温也有不同，白天南面高于北面，夜晚各个方位温度差异不大（表 9-16）。

9.4.3 湿度

果园中空气湿度的分布，除了取决于温度和土壤蒸发、植物蒸腾外，主要取决于乱流和水汽交换的强弱。白天，由活动层蒸发出来的水汽，借助于乱流交换作用向空中输送。因为愈接近活动层乱流交换作用愈弱，所以正午前后外活动层（冠层）的水汽压最大；清晨、傍

表 9-16　苹果树树冠各方位气温日变化　　　　　　　单位：℃

方位	时间											
	2:00	4:00	6:00	8:00	10:00	12:00	14:00	16:00	18:00	20:00	22:00	24:00
东面	20.3	19.9	21.8	23.4	25.3	25.7	26.1	24.3	21.8	21.0	20.7	20.4
南面	20.3	19.8	21.3	23.6	25.6	25.7	26.0	24.3	21.8	21.0	20.7	20.4
西面	20.3	19.9	20.5	23.3	25.6	25.7	26.1	24.8	22.0	21.0	20.7	20.4
北面	20.3	19.9	20.9	22.8	25.2	25.2	26.1	24.3	21.8	21.0	20.7	20.4
行间	20.3	19.9	21.2	23.6	25.6	25.7	26.1	24.8	21.8	21.0	20.7	20.4

晚及夜间，由于温度低，蒸发弱，在外活动面有露和霜形成，因此水汽压较小。图 9-15 是橘园内离地面高 20cm 和 200cm（冠层）处水汽压的日变化，可知，树冠层内水汽压日较差大于冠层外。

果园中空气相对湿度的日变化，不但取决于空气中水汽含量的多少和气温的高低，而且还随着种植密度增加而加大。图 9-16 是橘园内离地面高 20cm 和 200cm（冠层）处空气相对湿度的日变化。与一般情况相似，正午前后，橘园内相对湿度最小，树冠层内比离地面20cm 处高约 5%，夜晚及清晨，两者差异较小。

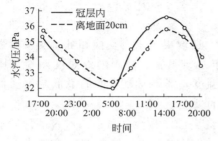

图 9-15　橘园内水汽压的日变化

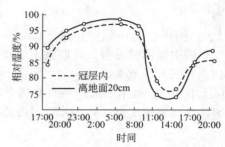

图 9-16　橘园内相对湿度的日变化

9.4.4　风

果园中株间风速的分布，除了取决于果树的密度和高度外，还与种植方式（如长方形、正方形等）、行间距离、坡度等密切相关。在裸地，近地空气层风速的分布随高度的增加而增大。在果园中，越接近树冠活动层，因气流的摩擦阻力增大，因而越靠近活动层的风速就越小，树冠内部的空气几乎呈准静止状态。但在地表以上到主干第一根侧枝以下的近地空气层中，由于气流不受叶片阻挡，因而风速比树冠内部略大（表 9-17）。而且，从表中还可以看出，无论何时观测果园内的风速均小于园外风速。

表 9-17　柑橘园内外不同高度风速　　　　　　　单位：m·s^{-1}

观测高度	5:00		11:00		14:00		23:00	
	园内	裸地	园内	裸地	园内	裸地	园内	裸地
20cm	0.1	0.2	0.1	0.2	0.2	0.2	0.1	0.2
冠层	0.0	0.4	0.1	0.5	0.1	0.5	0.0	0.3
冠层顶上	0.3	0.8	0.4	0.9	0.6	1.2	0.2	0.7

9.5　保护地小气候

主要指农田或园田上，采用了一定的有益于改善小气候条件的简单保护措施。在农业生产中，采用各种人工的保护设施，改变了地面和周围环境的辐射特性、改变了土壤的热学特性或是改变了气体的扩散系数，从而使局部环境的辐射、温度、水汽以及 CO_2 产生显著改变，形成了有利于保护对象的小气候，为农作物、园艺作物和畜牧业创造适宜的环境条件，是克服不利气象条件的一种有效手段。目前生产上应用较多的保护设施有：地膜覆盖小气候、阳畦小气候、凉棚小气候、防风障小气候、防护林小气候等。

9.5.1 地膜覆盖小气候

用很薄的塑料薄膜紧贴地面进行的覆盖栽培。也可采取先盖天、后盖地的方式，即先把膜直接盖在苗上或弓形架上，待天气稍暖和再破膜掏苗，把膜盖在地上。

采用地膜覆盖，改善了田间小气候条件，为作物生长创造了适宜的生态环境，在蔬菜、西瓜、花生、棉花等多种作物上有明显的早熟及增产作用。我国自 20 世纪 70 年代末引进地膜覆盖技术。

9.5.1.1 增温、保温作用

覆盖地膜后改变了农田地面热量收支状况，大幅度减少了乱流热通量和潜热通量，因而白天地面吸收的能量大部分储藏在土壤中，能够明显提高耕作层的温度。降温时，深层土壤储存的热量可以向表层传导，同时水汽大量地在膜内凝结释放潜热，所以夜间的地温也比较高。据观测（表 9-18），晴天白天地表温度可提高 5～8℃；增温值随深度的增加而减小，5～10cm 深土层增加 3℃左右，20cm 深仅增温 1.8℃。

表 9-18 覆盖地膜对不同深度土壤温度的影响　　　　单位：℃

时间	处理	深度/cm					平均增温
		0	5	10	15	20	
8:00	覆盖地膜	33.6	28.5	25.2	24.5	23.6	
	未覆盖	27.8	25.0	22.4	22.0	21.8	
	增温值	5.8	3.5	2.8	2.5	1.8	3.3
14:00	覆盖地膜	41.2	33.2	30.3	25.7	25.8	
	未覆盖	33.0	29.5	27.4	23.5	23.7	
	增温值	8.2	3.7	2.9	2.2	2.1	3.8
20:00	覆盖地膜	26.9	28.0	27.4	26.4	24.6	
	未覆盖	22.3	24.4	24.3	24.1	23.0	
	增温值	4.6	3.6	3.1	2.3	1.6	3.0

9.5.1.2 保水作用

盖膜后切断了土壤水分同大气水分的交换通道，膜下土壤蒸发出来的水汽聚集在地膜与土表之间 2～5mm 厚的"小气室"之内，水汽在薄膜内壁凝结成小水滴并形成一层水膜，增大的水滴又降至地表，这样就构成一个地膜与土表之间不断进行的水分内循环，大幅度减少了膜下土壤水分向大气的扩散。

据山东农业科学院研究所观测，在灌水后第 2 天，未盖膜的土壤各层含水量明显高于覆盖畦，但到灌水后第 5 天，覆盖畦就高于未覆盖畦，第 9 天这种差异就更明显了，见表 9-19。

9.5.1.3 改善了土壤物理性状

盖膜后采用沟畦灌水，向覆盖畦渗透，避免了直接灌水及雨水冲刷造成的板结、土壤孔隙度增加，减少了肥料的淋溶流失。土温的升高还可使土壤微生物活动增强，有机质分解快，为根系活动提供了良好的条件。

表 9-19　　地膜覆盖对土壤含水量变化的影响　　　　　　　　　　单位：％

灌水后时间	处理	深度/cm			平均
		0～10	10～20	20～40	
第2天	地膜覆盖	26.4	26.8	20.8	24.7
	未覆盖	28.6	28.4	23.4	26.8
第5天	地膜覆盖	19.4	19.3	19.2	19.3
	未覆盖	13.6	17.5	17.8	16.3
第9天	地膜覆盖	16.9	13.6	18.8	18.1
	未覆盖	12.4	15.2	11.6	13.0

除此之外，地面覆盖薄膜后，由于薄膜较土壤反射更多的太阳光，使近地层空间的光强也有所增加，有利于提高植株下层叶片的光合效率。

总之，地膜覆盖为作物生长发育创造了多因素的综合效应，所以在生产上它已经成为实现早熟、优质、高产的栽培技术体系，春季菜田盖膜，可提早上市 5～15d，增加产量和产值。除蔬菜外，棉花、花生应用地膜可改善品质，棉花增加霜前花，花生提高保果率、双仁率，甘蔗、西瓜糖分增加。麦棉两熟使用地膜，可实现麦棉双丰收。

9.5.2　防护林小气候

营造防护林带是人工改造小气候的一种有效措施，它使林带间各种气象要素发生一系列有利的变化，形成特殊的防护林带小气候，改善了农田小气候，有效地防御强风、飞沙、吹雪、平流霜冻以及水土流失和干旱等不利天气、气候条件和气象灾害，从而大大提高农田产量。

9.5.2.1　林带的防风效应

林带最显著的小气候效应是使风速和乱流交换减弱。林带的防风效果取决于穿过林带气流的动能消耗程度以及穿过林带气流与翻过林带气流互相混合造成的动能消耗情况。动能的消耗与林带结构、风向与林带所成的交角、林带宽度以及有无林带网等因素有关。

林带的防风效能与林带结构有密切关系。一般根据林带的透风系数或疏透度把林带分为透风结构、紧密结构和疏透结构三种。

透风系数是当风向垂直于林带时，林带背风面林缘在林带高度以下范围内的平均风速与旷野同一高度范围内的平均风速之比。疏透度或称透光度是林带纵断面透光孔隙的面积占林带纵断面面积的百分比。

（1）透风结构的林带　林带上部林冠为紧密或疏透结构，下部树干有相当大的透光孔隙，透风系数在 0.6 以上，疏透度也在 60％以上。这种林带气流容易通过，很少被减弱，仅少量气流从林带上翻越而过，引起的气流混合作用也很微弱，气流中的动能被消耗很少，所以防风效能不强。风速最小区出现在背风面 5～10 倍树高处，有效防风距离为林带高度的15～20 倍（图 9-17）。

（2）紧密结构的林带　透风系数在 0.3 以下，疏透度在 20％以下。林带纵断面枝叶稠密，透光空隙很少，看上去像一道绿色城墙。气流大部分从林带上越过，与其他气流几乎没有混合就很快到达地面，动能消耗很少。因此，在林带背风面，靠近林缘处形成一极显著的平静无风区，距林缘稍远处，风速很快恢复原来的大小。有效防风距离为树高的 10～15 倍（图 9-18）。

（3）疏透结构的林带　疏透结构的林带从上到下，具有均匀的透光空隙，或是上密下

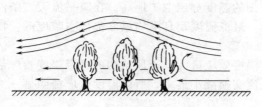

图 9-17　透风结构

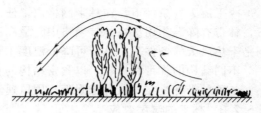

图 9-18　紧密结构

稀；透风系数 0.4～0.5，疏透度 30%～50%，大约有 50% 的气流从林带内部穿过。最小弱风区在背风面 3～5 倍树高处。有效防风距离为树高的 25 倍左右。据研究证明，透风系数 0.5 或疏透度 30% 的林带，防风效能最大（图 9-19）。

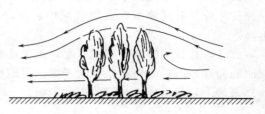

图 9-19　疏透结构

林带迎风面风速的降低，一般很少超过 20%，范围很少超过 5 倍树高。透风结构的林带，气流容易通过林带，迎风面风速几乎不降低。

在不同的大气层结下，林带的防风效应也不一样。因为大气层结稳定时，气流不易上升，气流穿过林带的部分愈多，与树木摩擦消耗的动能愈多，所以防风作用愈大。在大气处于不稳定层结时，林带对风速影响的水平距离急剧减小，但在垂直方向影响的高度较大。在中性平衡时，林带对风速影响的水平距离和高度介于大气稳定和不稳定之间。

林带与风向所成交角对防风效果也有影响。当风向与林带垂直时，林带的防风效果最好，防风距离也最大。当风向不与林带垂直时，林带的防风距离要减小些。一般情况下，林带偏离主风向 45° 以内，林带防风效能减小不多。

林带宽度是组成林带结构的因素之一，但不能决定防风作用的大小。林带的防风效能主要取决于透风系数或疏密度。只要有适当宽度，形成良好的透风系数或疏透度，就具有良好的防风效能。因此，在营造防护林带时，本着少占耕地的原则，林带宽度不要太大，一般有 4～8 行乔木，宽 6～12m 即可。

林带的防风距离与林带高度成正比。因此，林带应尽量选用高大的乔木。

林带防风作用的大小与一个地区林带的多少以及是否形成林网有很大关系。风速随气流通过林带数目的增加而逐渐削弱；并且，形成林网后风向总会与某条林带垂直方向的交角小于 45°。因此，林网的防风效果比单条林带好得多。另外，林带网格的形状与防风效能也有关系。在网格面积相同时，长方形的林网防风效果比正方形林网好。小网格林网防风效能比大网格显著。

9.5.2.2　林带的温度效应

由于林带减小了风速和乱流交换强度，从而改变了林带附近的热量收支状况，加上树木本身的生理作用，最终会引起被保护区内的温度变化。但林带对温度的影响比较复杂，与林带结构、天气类型、风速等因素有关。

大量资料表明，在林带间距很大的情况下，网格内（林带附近除外）温度状况和旷野差异不大。晴朗的白天，林带网格的上下层之间热量交换较弱，气温稍高于旷野。农田上的空气温度从日出开始逐渐升高，最高值出现在 14:00 左右，随后气温逐渐降低，日出前出现最低值。夜间，林带的存在加强了辐射冷却作用，阻碍了上下层空气的交换，林网内气温稍低于空旷地。

冷平流天气条件下，在林带网格内，任何时刻的温度都比空旷地高。在暖平流天气条件下，林带有降温作用。在林带网格中，最高温度、最低温度及日平均温度都比空旷地低。特别是干热风天气条件下，林带可降低温度1.0～2.0℃。

不同结构的林带相比较，以紧密结构的林带温度效应最大，透风结构的林带温度效应最小。各种林带都是在背风林缘附近，因风速和乱流交换减小最多，所以温度效应最明显。

9.5.2.3　林带的湿度效应

由于林带有效地减小了风速和乱流交换，网格内作物蒸腾和土壤蒸发出来的水汽比较容易保持，较长时间停留在近地气层中，所以，近地面气层的绝对湿度和相对湿度都比空旷地高。

此外，林带能够增加积雪厚度，减少地面径流，降低地下水位。营造防护林也有占地和遮阴的问题，但总的情况是利大于弊。占地和遮阴问题可以通过林网、水渠和道路等的综合规划来解决，尽量减少林带的不利影响。

9.6　温室小气候

温室是一种人工控制小气候条件、具有保温和增温功能的农业设施，在保护地栽培中占有重要地位。温室的种类很多，有加温温室和不加温的日光温室，按外形又可分为一面坡日光温室、双屋面温室及全钢架大型连接式自动控制温室等。

温室是现代农业生产保护设施中最为完善的类型，可以进行冬季生产，世界各地都很重视温室的建造与发展。随着计算机技术的高速发展以及人民生活水平的不断提高，我国温室生产的发展极快。尤其是塑料薄膜日光温室（图9-20），因其节能性好、成本低、效益高，在北方寒冷地区冬季可不加温生产喜温蔬菜，得到了大面积发展。

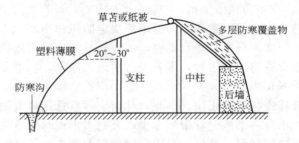

图 9-20　日光温室示意图

9.6.1　温室小气候的形成

温室的辐射收支与热量收支是决定温室小气候的形成和特征的主要影响因素（图9-21）。白天，太阳辐射是主要能源，当它到达温室表面后，部分被反射和吸收，大部分投射进室内到达地面，这部分辐射除少量被反射外，其余均被地面吸收，因此，温室内地面的辐射收支主要取决于太阳辐射、地面反射辐射及温室的透光率。

温室内的地面辐射收支 R_N 表达式为：

$$R_N = \frac{Q\tau_m}{1+\beta_N\beta}(1-\beta) + h_r(T_N - T_w) \tag{9-6}$$

式中，Q 为室外太阳总辐射；β 为地面反射率；β_N 为覆盖物内表面反射率；h_r 为长波辐射传热系数；T_N 为温室内表面温度；T_w 为温室外表面温度；τ_m 为温室透光率，对散射光为 0.5～0.7，对直射光为 0.55～0.8。

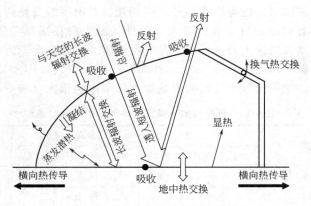

图 9-21　温室辐射收支与热量收支示意图

温室的热量交换可分为两个方面。一是温室内的热交换：室内地面与浅层土壤在昼夜之间进行的热交换 B；由室内不同部位接受的辐射热差异造成的地面与空气的显热交换 P；白天地面蒸散的水汽作为潜热 LE_C 保留在温室内，夜间因降温水汽凝结放出潜热，减慢了夜间的降温速度。二是温室内、外的热交换：温室结构外表面的辐射和分子传导失热 Q_t，这种热传导取决于温室内外温差及覆盖物的热导率、厚度及散热面积；通风窗的开启或通过缝隙可以漏出的一部分热量 Q_u。另外，在浅层土壤中，水平方向上沿着温室四周边界还要向外传导一部分热量 Q_s。因此，温室内地面的热量收支 R 可表示为

$$R = P + B + LE_C + Q_t + Q_u + Q_s \qquad (9-7)$$

白天，由于室内地面净辐射比室外高，室内蓄热，气温、地温均高于室外。夜间，温室散热降温，室内温度的维持主要靠白天地中蓄热并通过地面辐射和乱流交换提供热，室内净辐射比室外低，但由于土壤热交换比室外多，加之各种保温措施，使气温、地温仍比室外高。

温室是一种半封闭的小气候系统，其维护结构阻止了温室内外空气的交换，从而具有"封闭效应"，由于温室向外传递的热量减少，可有保温的作用。但封闭效应也阻止了温室内外的物质交换，温室内易形成高湿和低 CO_2 浓度的特点。

9.6.2　温室内的小气候状况

（1）温室内的光照状况　由于温室结构和覆盖材料等因素的影响，温室内的光照弱度要低于室外。温室建造方位可影响透光率，如在冬、春季，东西延长温室的透光率比南北延长的温室平均提高 10%。另外，温室的屋面倾角对太阳直接辐射的透光率也有明显影响，当太阳入射角为 0°～40°时，反射率大约为 7%～8%；入射角超过 60°时，反射率急剧增大，所以，设计合理的东西延长温室屋面倾角，使其冬至日前后的太阳光入射角小于 45°，就可以将反射率控制在 10% 以下，室内光照不会明显减弱。可用下式计算温室的屋面倾角

$$A = 90° - h_\theta - \alpha \qquad (9-8)$$

式中，A 为屋面倾角；h_θ 为冬至日正午太阳高度角；α 为阳光的入射角。

由于各种因素的影响，使温室内的光照度只有室外的 50%～80%，并且在室内的分布很不均匀。东西延长的温室，其南侧为强光区，北侧为弱光区；在东西方向上，由于两侧山墙的影响，在上、下午分别有一个阴影区；在垂直方向上，温室南侧光照自上向下递减。据测定，当温室顶部光照为外界自然光照度的 80% 时，0.5～1m 高度处减为 60%，距地 20cm 处减为 55%；北侧弱光区光照度则是上、下层弱，中间强。

（2）温室内的温度状况　温室内的温度主要取决于温室的比面积大小、通风换气情况、

潜热消耗和覆盖材料的辐射特性等因素，并随室外光照和温度的变化而变化。

温室内的气温具有明显的日变化。晴天，最低气温出现在揭草苫等覆盖物后的短时间内，之后随太阳辐射增强迅速上升，13:00 达到最高值。夜间最低气温平均比室外高 11.0～18.0℃；白天最高气温平均比室外高 13.0～28.0℃；阴天室内外温差减小，多在 15.0℃左右，且日变化不明显，说明天气条件对温室的增温效果影响很大（表 9-20）。

表 9-20　日光温室不同天气条件下的增温效果　　　　单位：℃

日期（月/日）	天气条件	最低气温			最高气温			平均气温		
		室内	室外	增温	室内	室外	增温	室内	室外	增温
12/25	晴	9.7	−5.8	15.5	29.0	0.9	28.1	16.1	−2.8	18.9
1/15	晴间多云	9.5	−9.0	18.5	25.0	2.9	22.1	14.8	−1.7	16.5
12/27	阴有小雪	7.2	−10.0	17.2	9.2	−2.8	13.0	8.6	−7.3	15.9
12/30	连阴三天	7.4	−4.2	11.6	14.5	−0.8	15.3	9.6	−2.9	12.5

温室内气温的分布很不均匀，室内各部位的温度差最大可达 5～8℃。在水平方向上，白天南侧光照条件好，温度可比北侧高 2～3℃；夜间南侧降温快。由于南部昼夜温差大，光照条件好，有利于作物生长。在垂直方向上，白天气温随高度的增加而升高，垂直梯度较大，高温区位于温室的中上部；夜间各部位温度的垂直梯度均减小。

温室内的土温不仅影响作物根系生长，而且是室内热量的直接来源。温室内各个深度的土壤温度都明显高于外界。白天，土壤在水平方向上向外传导热量，室内中间地段的温度高，向四周逐渐降低，降温梯度在 0.5℃·m^{-1} 左右；夜间由于后墙的保温作用，温度自北向南递减，南墙下温度最低。

（3）温室内的湿度状况　温室内的水汽，取决于室内地表蒸发、植物蒸腾和换气率以及外界空气的湿度状况。室内的蒸散量大约为 2～3mm·d^{-1}。但是，随着植物的生长发育状况和土壤水分状况的改变有很大的变化。植物的蒸散量与光照强度成正比。

在温室中，温度较高，蒸散量较大，四周密闭，室内相对湿度经常在 90% 以上，在夜间或阴天温度低时，相对湿度更大，多处于饱和和近饱和状态。这样的高湿条件可以抑制作物的蒸腾作用，影响其生长，而且会引起一些病害的发生发展。

（4）温室内的 CO_2 状况　温室内 CO_2 主要来源于土壤有机质分解和作物有氧呼吸过程，消耗在作物的光合作用中。温室内 CO_2 浓度具有明显的日变化，整个夜间是 CO_2 的积累过程，清晨，室内 CO_2 浓度达到高峰，约为 500～1000μL·L^{-1}，比裸地高 1～2 倍；日出后，随着作物光合作用的加强，CO_2 浓度迅速下降，但此时温室内的光、温条件对光合作用有利，CO_2 浓度过低，将限制作物对光能的充分利用，为此，须及时通风换气，改善 CO_2 供应，以满足光合作用的需要。

9.6.3　温室小气候的控制和调节

（1）温室内光照的调节　为使温室内有充足的光照，在建造温室时要选择受光多的方位及合理的屋面角，设法减少支柱和框架的遮阴，选用优良的透明覆盖物。当阴天或日照时数少时，可根据需要人工补充光照。使用人工光源时，要注意其光照度和光谱成分对光合效率的影响，"生物效应灯"的光谱接近日光光谱，作物能较多吸收利用，但光谱中红外辐射少，若配以白炽灯等，效果较好。

夏季，为防止高温强光，可在屋顶表面涂白或改用窗纱遮光帘等，据观测，遮光 20%～40%，可使室内温度下降 2～4℃。玻璃屋面流水能遮光 25% 左右，室温降低 3～4℃。

（2）温室内温度、湿度的控制 在寒冷的冬季和夜晚，室内温度比较低，可采用的增温保温措施：在温室四周挖防寒沟；加盖草帘或使用双层薄膜；在寒潮入侵时，可临时人工加温；增施有机肥、地膜覆盖、架设塑料小拱棚等。

在春天、秋初晴天中午前后，若室内温度过高、湿度过大，要及时通风降温除湿，通风方式有自然通风和强制通风。生产上以自然通风为主，以天窗和侧窗的开闭时间和开口大小控制风量。

9.6.4 塑料大棚小气候

塑料大棚在生产中应用非常广泛，全国各地都有很大面积，主要应用有：育苗、早春果树、蔬菜、花卉以及水稻等农作物的育种；蔬菜栽培，蔬菜的春提早、秋延后栽培以及冷凉地区茄子、青椒、番茄等茄果类蔬菜的春到秋长季节栽培；还有就是花卉、瓜果和某些果树的栽培。

9.6.4.1 塑料大棚内的光照状况

（1）影响光照的因素 塑料大棚内的光照除受纬度、季节及天气条件的影响以外，还与大棚的结构、方位、塑料膜的种类及管理方法有关。

塑料大棚结构从形式上分为单栋大棚、双连栋大棚和多连栋大棚。结构不同的大棚，遮阴面积不同，透光率也有差别。据测定，单栋大棚的透光率要比连栋大棚透光率大。塑料大棚的方位主要有南北向和东西向两种，不同方位大棚的透光率存在差异（表9-21）。

表 9-21 不同方位大棚的透光率   单位：%

方位	节气					
	清明	谷雨	立夏	小满	芒种	夏至
东西栋大棚	53.14	49.81	60.17	61.37	60.50	48.86
南北栋大棚	49.94	46.64	52.48	59.34	59.33	43.76
差值	+3.20	+3.17	+7.69	+2.03	+1.17	+5.1

在春、秋季，南北延长的大棚，由于上、下午两侧分别进光，棚内各部位光照分配比较均匀，其透光率比东西延长的高6%～8%。入冬后到次年3月中旬期间东西延长的大棚的透光率则比南北延长的大棚高12%。因此，可根据具体使用时期确定建棚方位。另外，不同的塑料薄膜透光率也有差别。一般塑料薄膜的透光率在80%以上，更有透光率接近玻璃的，达到90%，长期受紫外线或过高、过低温度影响的老化膜透光率约降低23%～30%，薄膜上的尘埃和水滴也能使透光率下降20%～30%。因此，经常清除膜上尘土和水滴或选用加入去雾剂的"无滴膜"可改善棚内的光照条件。

（2）大棚各部位的光照状况 大棚内光照的垂直分布特点是从棚顶向下逐渐减弱，近地面处最弱。并且棚架越高，近地面处的光照越弱，大棚内光照度的水平分布依棚向而异。南北延长的大棚，由于上、下午两侧分别进光，棚内各部位光照分配比较均匀，东、中、西三部位的水平光照相差10%左右。而东西延长的大棚，棚内光照水平分布不均匀，南侧光照强，北侧光照弱，南、北部水平光照度相差25%。

9.6.4.2 塑料大棚内的温度状况

（1）气温 大棚内的气温变化主要取决于天气、季节、棚的大小等因素。棚内晴天增温明显，阴雨天的增温效果不显著。一般情况下棚内平均气温比棚外高2～6℃。棚内温差因季节不同而异。在冬季（12月到次年2月中旬）由于外界气温低，棚内增温慢，昼夜温差在10℃左右；而在春、秋季，棚内增温快，昼夜温差可超过20℃。棚的大小对夜间温度影响较大。一般大型棚的比面积小（棚面/地面）、容积大，白天储存热量较多，夜间散热慢，比中、小型棚的保温效果好。棚内白天气温高，夜晚气温低，日较差比裸地大；平均温度也比裸地高。南北延长的棚，一般白天中部气温偏高，北部偏低；夜晚中部高，两侧低。

通常当棚外气温降至 $-4 \sim -2℃$ 时，棚内就会出现霜冻。因此，在晴朗无风的夜晚，有冷空气入侵降温时，棚外四周覆盖草帘、棚内采用多层覆盖等措施，防止棚内蔬菜遭受冻害。在春季，随着太阳辐射的增强，白天棚内温度常常超过 30℃，易造成高温危害，生产中，应在高温出现前就及时通风降温。

（2）地温　大棚内的土壤温度随季节和棚内气温发生明显变化。在早春和晚秋时节，棚内土温均高于棚外裸地，其中以 4 月中下旬增温效果最大，棚内可比裸地高 $3 \sim 8℃$，最高达 10℃ 以上。而在晚春和早秋期间，棚内土温则比裸地低 $1 \sim 3℃$。利用早春和晚秋棚内土温较高的特点，可以提早定植和延后栽培蔬菜。

（3）湿度状况　由于大棚覆盖材料的影响，透气性差，且不透水，不利于病害的防治。白天，随着棚内温度的升高土壤蒸发和植物蒸腾作用增强，使棚内水汽含量增多，棚内的湿度通常较高，相对湿度经常在 $80\% \sim 90\%$，夜间由于温度降低，相对湿度甚至更高。为防止高湿引起的各种病害发生，要及时通风，降低棚内湿度。此外，在棚内空气湿度大时，土壤的蒸发量减小，使土壤湿度增大，加之膜上凝结的大量水珠落回地面，使地表潮湿泥泞，容易形成板结层，不利于作物根系生长，应及时中耕，疏松土壤。

9.7　农业地形小气候

在起伏不平的山区，由于地形、斜坡方位的影响，使山区各地具有不同的小气候特点：方位的差别形成了坡地小气候；地形高低的差异则形成山顶和谷地小气候。

9.7.1　坡地小气候

由于坡向和坡度的不同使坡地上日照时间和太阳辐射有很大的差异，进一步影响到温、湿状况，这样就会形成具有多种特点的坡地小气候。

9.7.1.1　辐射

南坡和北坡坡度的大小，对坡地上太阳辐射总量的影响最大；而接近东坡或西坡的坡地，其坡度大小对太阳辐射总量的影响最小。在中纬度地区，南坡的坡度每增加 1°，等于水平面的纬度向南移 1°；北坡的坡度每增加 1°，等于水平面的纬度向北移 1°。

夏半年偏南坡地上的太阳辐射总量，在低纬度（如北纬 20° 以南的海南岛）地区，都比水平面少，随坡度增大迅速减少；在较高纬度（如北纬 40° 的北京以北）地区，偏南坡地上太阳辐射总量比水平面多，当南坡增大而未超过一定限度时，坡地太阳辐射总量还随坡度增加而少有增多。至于这时偏北坡地上的情形，则恰好与南坡地相反。

冬半年偏南坡地上太阳辐射总量都比水平面的多，而在一定坡度以下，纬度越高，坡度越大，相差越多。而偏北坡地上的太阳辐射总量都比水平面少，并随坡度和纬度的增加而迅速减少。

北纬 30°～50° 的温带地区，各种坡度的偏南坡地，可能获得的太阳辐射总量都比水平面多，而偏北坡地都比水平面少。夏半年，南北坡地的差别比较小，冬半年的差别则非常明显。东坡和西坡介于南坡和北坡之间，差别不大。冬半年，纬度越高、坡度越大的南坡，太阳辐射增加得越多。因此在我国华北、东北和西北地区，种植作物和果树时，为了创造良好的越冬条件，要注意对偏南坡地的利用。

9.7.1.2 日照

在地形起伏地区，由于地形相互遮蔽，日照时间一般都比平地少，当周围无其他遮蔽时，就北半球独立小山丘而言，其南坡每天可照时间计算公式为：

$$\omega = \arccos[-\tan(\varphi - \alpha)\tan\delta] \tag{9-9}$$

式中，ω 为时角；φ 为纬度；α 为坡度；δ 为赤纬。可见，南坡的坡面上可照时间与向南 α 个纬度的水平面上的可照时间相等。在夏半年，中纬度地区，日出、日落时太阳方位偏北，南坡受自身山坡的阻挡而无日照，随着太阳高度角逐渐增大，太阳方位角逐渐南移，至某一时刻南坡才开始受到光照。所以，夏半年南坡上的可照时间是随坡度增大而减少，坡度愈大被遮蔽的时间愈长，可照时间愈短。当坡度大于纬度时（$\alpha > \varphi$），随着赤纬的增加，因早晚的太阳方位愈偏北，南坡本身遮蔽阳光的时间愈长，可照时间也愈短。当坡度等于纬度时（$\alpha = \varphi$），南坡上每天可照时间为 12h，且不随太阳赤纬而改变。当坡度小于纬度（$\alpha < \varphi$），太阳赤纬等于零（$\delta = 0°$）时，可照时间为 12h；太阳赤纬大于零（$\delta > 0°$）时的可照时间大于太阳赤纬小于零（$\delta < 0°$）时的可照时间，即相同坡度的南坡上，夏半年可照时数大于冬半年。北坡每天的可照时间计算公式为：

$$\omega = \arccos[-\tan(\varphi + \alpha)\tan\delta] \tag{9-10}$$

从式(9-10)可以看出，北坡的坡面上可照时间与向北 α 个纬度的水平面上的可照时间相等，但最长不超过当地水平面上的可照时间。在夏半年，当坡度小于或等于正午太阳高度角时，坡地对阳光无阻挡，全天有光照；当坡度大于正午太阳高度角时，随着坡度的增大可照时间急剧减少。在冬半年，北坡的日照时间随着坡度的增大而迅速减少，坡度每增加 1° 相当于纬度升高 1° 水平面上的可照时间；当坡度大于正午太阳高度角时，全天无光照。如北京地区冬至正午太阳高度角为 26°33′，所以坡度大于 26°33′ 的北坡冬至日就无光照。

东西坡地上，每天可照时间全年均随坡度增大而减少。故与水平面相比，由于坡向和坡度的影响，总是使日照减少。

9.7.1.3 温度

由于不同坡度和坡向，太阳辐射能量不同，所以坡地温度状况也有差异。就土壤温度而言，土壤最低温度几乎终年都出现于北坡；而土壤最高温度出现的方位，一年之中各有不同。冬季，土壤温度最高的是西南坡，此后即向东南坡移动；到夏季，则位于东南坡；夏秋之间，又逐渐移向西南坡。因此，一般来说，除夏季外，土壤温度以西南坡最高。产生这种现象的原因，主要与太阳辐射总量在坡地上的变化有关，而且受天气条件和土壤湿度的影响。日出前地面经常有露、霜和冻土，因此，午前大部分的太阳辐射热量就要用于露、霜或冻土的蒸发或融解上；下午土面已经相当干燥，这时所得的太阳辐射，主要用于土壤的增温上。加之，冬季晨间多云雾，下午多晴朗，因此，向东坡地，上午所得太阳辐射热量较少，用于土壤增温不多，下午太阳向西偏移，东坡所得太阳热量减少，土壤增温受到限制。然而西南坡的情况则大不相同，上午虽然不能获得较多的太阳直接辐射，而散射辐射可使露、霜蒸发或冻土融解，土壤变干，下午当太阳直射时，坡地获得太阳的热量，可大量提高土壤温度。因此，冬季土壤温度最高的坡向，不是出现在东南坡和南坡，而是出现在西南坡（这时日出到日落的统一方位是从东南、南至西南）。夏季土壤最高温度之所以位于东南坡，是因为夏季下午云量增多，常可出现雷雨，因而下午偏西坡地得到辐射量减少，相比之下，最高温度就出现于东南坡。由此可见，天气条件和土壤湿度不同，土壤最高温度出现的坡位是有差异的。

各坡地上的气温分布趋势与地温一致，但各坡地的气温差异比地温小，随着离坡地高度的增加，由于乱流混合作用加强，坡地对气温的影响逐渐减小。在阴天条件下，这种影响就不存在了。

9.7.1.4　土壤湿度

一般来说，由于南向坡地的土温和气温高于北向坡地，所以南向坡地蒸发快，土壤干燥；北向坡地蒸发慢，土壤比较潮湿（表9-22）。坡地方位对空气湿度的影响也很显著，其分布规律与土壤湿度分布趋势基本一致。在比较湿润的气候条件下以及雨后的晴天，蒸发主要取决于温度，所以南向坡空气湿度比北向坡大；在比较干燥的气候条件下以及久晴的日子，南向坡土壤干燥，所以空气湿度比其他坡向低。在阴雨天、大风天这种差异减小。

表 9-22　不同地形 0～50cm 土层水分含量　　　　　单位：mm

测定日期	顶部	北坡中部	南坡中部	谷底
5月5日	82.5	117.3	97.0	250.3
6月8日	34.6	74.2	51.0	177.5
7月7日	38.6	69.4	59.0	160.4

上面所述的是孤立小山的各个坡位对太阳辐射、温度和湿度的影响。另外，孤立小山对局地风速和降水都有影响，由于气流的变形，小山的迎风坡和气流两侧的风速最大，背风坡的风速最小。这时如有降水，它的分布规律和风速恰好相反。风大的地方，降水量少；风小的地方，降水量多。

综上所述，我们可以看到，阳坡（南向坡）所得的太阳辐射的光和热比较多，温度比较高，土壤水分蒸发比较多，土壤比较干燥，湿度比较低；而阴坡（北向坡）的情况恰好相反。在寒冷地区，冬季阴坡经常积雪时间比较长，回暖和积雪的融化比较慢，增温少，蒸发弱，土壤温度比较低。因此，早春时期阳坡和阴坡的小气候就有差别了，阳坡干暖，阴坡湿冷。坡地上部的土壤和空气，一般比下部要干燥，而阴坡的下部经常是潮湿寒冷，阳坡的下部则是湿而暖。如果就暖季整个坡地进行比较，阳坡上部干而暖，下部湿而热；阴坡上部潮而凉，下部最湿又最凉。

而在低纬地区，阳坡和阴坡的太阳辐射热流入量差别不大，因而温度方面的小气候差别不大，远不如高纬度地区显著，这时湿度特征就是作物生长的首要条件了。

9.7.2　谷底小气候

在山地中，除不同坡向的小气候有差异外，低洼的谷底和山顶的小气候也有明显不同。周围山地对谷底的遮蔽作用，是谷地小气候形成的地理因素，它使谷底的日照时间比空旷平地的短，得到的太阳辐射总量少。同时，由于谷底受谷坡的包围，和邻近空旷地段的空气交换受到很大限制，热量和水汽的交换与坡顶有很大不同。

白昼，由于谷底和谷坡接受太阳辐射热量的面积大，使单位体积空气吸收较多热量而强烈增温。加之受热空气和周围空旷地段的交换较慢，而坡顶空气与周围自由大气的交换比较畅通。因此，白昼谷底的气温比坡顶高；夜间，谷地空气接触谷坡和谷底冷却的面积比较大，单位体积空气受到冷却的影响比较显著，特别是从坡顶和谷底径流来的冷空气沉积在谷底，造成谷底气温比坡顶低得多（表9-23）。同时，这里出现的逆温现象，比空旷地更为明显。

农业气象学

表9-23　坡顶和谷底在不同辐射冷却的夜间1.5m高处气温比较

单位：℃（广西龙州）

地段	强烈辐射冷却							
	1:00	2:00	3:00	4:00	5:00	6:00	7:00	8:00
坡顶	4.3	3.9	3.8	2.5	2.2	1.1	0.9	0.8
谷底	−1.5	−1.8	−3.0	−4.1	−4.5	−5.0	−5.5	−3.7
差值	5.8	5.7	6.8	6.6	6.7	6.1	6.4	4.5
地段	一般辐射冷却							
	1:00	2:00	3:00	4:00	5:00	6:00	7:00	8:00
坡顶	12.0	11.3	10.9	9.8	9.6	9.7	8.5	8.5
谷底	6.7	6.3	5.5	5.3	4.9	4.5	4.2	4.9
差值	5.3	5.0	5.4	4.5	4.7	5.2	4.3	3.6

山谷风呈周期性昼夜交替，白天为谷风，夜间为山风。夏季，它的昼夜交替表现得最明显，冬季则比较微弱。在晴朗白昼，谷风把谷底的水汽带至坡顶，在正午前后的几小时内，这种作用最为强烈，因此，这时坡顶的空气湿度增加，谷底的空气湿度减小；夜间，山风把水汽带入谷中，使谷底的湿度增大，坡顶的湿度降低。然而在阴

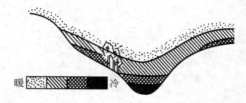

图9-22　山谷中夜间冷空气沉积示意图

天大风条件下，坡顶与谷底的温度和湿度的差别减小，有时甚至坡顶的温度和湿度同上述相反。

从农业生产的观点来看，地形起伏对作物冻害的影响很大。冬季辐射型天气下，由于冷空气向低洼地段汇集，谷底的温度很低，常引起作物冻害（图9-22）。但在冷平流的天气下，坡顶迎风面的温度最低，谷底的温度最高，受冻害的地方不是谷底，而是坡顶。所谓"风打山梁霜打洼"，就是上述两种情况的总结。当然，温度分布除了和本身地形有关外，夜间辐射冷却，谷底最低温度和谷底汇集面积大小有密切关系。在夜间，汇集面积不同的谷底，其最低气温差异相当大（表9-24）。

表9-24　不同汇集面积谷底的夜间最低气温比较　　　　单位：℃

谷底汇集面积/km²	高度/cm				
	2	20	150	250	400
0.5（大）	−5.4	−4.9	−3.8	−4.0	−3.6
0.01（小）	−3.7	−3.2	−2.5	−2.5	−2.1
差值	−1.7	−1.7	−1.3	−1.5	−1.5

汇集面积大的谷底，从地面以上2cm到4cm高处的最低气温，比汇集面积小的谷底要低1.3～1.7℃。同时也可以看出，汇集面积大的谷底，逆温现象更为明显。即使在谷底，由于冷空气汇集面积的大小不同，低温强度也各异。甚至缓坡浅谷和陡坡深谷，低温强度后者比前者更为极端。如果发生冻害，则后者比前者严重。在山坡的中上部地带，霜冻出现机会较少而且轻，形成山地的"暖带"，它是山区无霜冻害或轻霜冻害的地带。在华中和华南地区，常利用山地暖带栽培那些要求热量较多的亚热带和热带作物。

由于动力因素的影响，谷地在四周障碍物遮挡下，一般风速总是趋于降低，湍流交换趋

211

第9章　农业小气候基础

于减弱，减少的程度与谷地的深度、宽度、四周坡面的坡度、窄向走向与风向的交角、封闭或有缺口、缺口与风向的交角等地形形态有关。

思 考 题

1. 什么是小气候？有哪些特点？
2. 简述农田内的光照、温度、湿度、风、CO_2 的主要特征。
3. 农业活动对农田小气候有影响的措施有哪些？都产生哪些影响？
4. 简述森林小气候的特点。
5. 结合实际，简述在温室管理中辐射、温度、湿度的调控方法及其效果。

第10章　气象与农业气象观测方法

10.1　观测场地

10.1.1　地面气象观测站

10.1.1.1　观测站的种类

地面气象观测站按承担的观测任务和作用分为国家基准气候站、国家基本气象站、国家一般气象站3类，可根据需要设置无人值守气象站。承担气象辐射观测任务的站，按观测项目的多少分为一级站、二级站和三级站。

（1）国家基准气候站　简称基准站，是根据国家气候区划和全球气候观测系统的要求，为获取具有充分代表性的长期、连续气候资料而设置的气候观测站，是国家气候站网的骨干，必要时可承担观测业务和测验任务。

（2）国家基本气象站　简称基本站，是根据全国气候分析和天气预报的需要所设置的地面气象观测站，大多承担区域或国家气象信息交换任务，是国家天气气候站网主体。

（3）国家一般气象站　简称一般，主要是按省（自治区、直辖市）行政区划设置的地面气象观测站，获取的观测资料主要用于本省（自治区、直辖市）和当地的气象服务，也是国家天气气候站网的补充。

（4）无人值守气象站　简称无人站，是在不便建立人工地面气象观测站的地方，利用自动气象站建立的无人地面气象观测站，用于天气气候站网的空间加密，观测项目和发报时次可根据需要而设定。

另外还可布设机动地面气象观测站，按气象业务和服务的临时需要组织所需的地面气象观测。承担气象辐射观测任务的台站分为：①气象辐射观测一级站，进行总辐射、散射辐射、太阳直接辐射、反射辐射和净全辐射观测的辐射观测站。②气象辐射观测二级站，进行总辐射、净全辐射观测的辐射观测站。③气象辐射观测三级站，进行总辐射观测的辐射观测站。

10.1.1.2　观测场地选择

（1）环境条件要求　地面气象观测场必须符合观测技术上的要求：①地面气象观测场是取得地面气象资料的主要场所，地点应设在能较好地反映本地较大范围内气象要素特点的地方，避免局部地形的影响。观测场四周必须空旷平坦，避免建在陡坡、洼地或邻近有铁路、公路、工矿、烟囱、高大建筑物的地方。避开地方性雾、烟等大气污染严重的地方。地面气象观测场四周障碍物的影子应不会投射到日照和辐射观测仪器的受光面上，附近没有反射阳光强的物体。②在城市或工矿区，观测场应选择在城市或工矿区频率最大风向的上风向。③地面气象观测场周围观测环境发生变化后要进行详细记录。新建、迁移观测场或观测场四周的障碍物发生明显变化时，应测定四周各障碍物的方位角和高度角，绘制地平圈障碍物遮蔽图。④无人值守气象站和机动气象观测站的环境条件可根据设站的目的自行掌握。

（2）观测场的规格和要求

① 观测场一般为 25m×25m 的平整场地；如受条件限制，也可取 16m（东西向）×20m（南北向）；高山站、海岛站、无人站不受此限；需要安装辐射仪器的台站，可将观测场南边缘向南扩展 10m。

② 要测定观测场的经纬度（精确到 0.1′）和海拔高度（精确到 0.1m），其数据刻在观测场内固定标志上。

③ 观测场四周一般应设置约 1.2m 高的稀疏围栏，围栏不宜采用反光太强的材料。观测场围栏的门一般开在北面。场地应平整，保持有均匀草层（不长草的地区例外），草高不能超过 20cm。对草层的养护，不能对观测记录造成影响。场内不准种植作物。

④ 为保持观测场地自然状态，场内应铺设 0.3～0.5m 宽的小路（不得用沥青铺面），人员只准在小路上行走。有积雪时，除小路上的积雪可以清除外，应保护场地积雪的自然状态。

⑤ 根据场内仪器布设位置和线缆铺设需要，在小路下修建电缆沟（管）。电缆沟（管）应做到防水、防鼠，便于维护。

⑥ 观测场的防雷设施必须符合气象行业规定的防雷技术标准的要求。

（3）观测场内仪器设施的布置　观测场内仪器设施的布置要注意互不影响，便于观测操作。具体要求如下：①高的仪器设施安置在北面，低的仪器设施安置在南面。②各仪器设施东西排列成行，南北布设成列，相互间东西间隔不小于 4m，南北间隔不小于 3m，仪器距观测场边缘护栏不小于 3m。③仪器安置在紧靠东西向小路南面，观测员应从北面接近仪器。④辐射观测仪器一般安装在观测场南面，观测仪器感应面不能受任何障碍物影响。⑤因条件限制不能安装在观测场内的观测仪器，总辐射、直接辐射、散射辐射、日照以及风观测仪器可安装在符合要求的屋顶平台上，反射辐射和净全辐射观测仪器安装在符合条件的有代表性的下垫面的地方。⑥北回归线以南的地面气象观测站观测场内仪器设施的布置可根据太阳位置的变化进行灵活掌握，使观测员的观测活动尽量减少对观测记录代表性和准确性的影响。

观测仪器必须是具有相关主管部门颁发的使用许可证或审批同意用于观测业务的气象仪器。观测场内仪器的布置可参考图 10-1。

（4）观测场地、设备的维护　保护观测场地和周围环境，使之符合观测规范要求，是取得科学观测数据的重要保证。为此，观测仪器要符合规范技术标准，检定合格，性能良好，安装准确。在使用中要定期进行检查、清洁和维护，发生故障要及时排除或更换。实际工作中具体应做好以下几点：①经常检查百叶箱、风向杆、围栏是否牢固并保持洁白，一般 1～3 年油漆 1 次。②要保持场内整洁，及时清理观测场内的树叶、纸屑等杂物，并将清理出来的杂物及时运出观测场；有积雪时，除小路上的积雪可清除外，其他地方应保持场地积雪的自然状态。③严格执行仪器的操作规程，保证仪器正常运转，现用仪器发生故障应及时排除，保证仪器保持规定的准确度，超过检定周期或检定不合格的仪器应及时撤换。④现用仪器设备每天小清洁 1 次；每月按规定检查、清洁、维护 1 次；大风、沙尘暴、降雨（雪）以及其他有关天气之后要及时检查并清洁仪器。

农业气象学

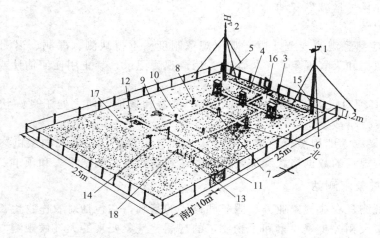

图 10-1　观测场内仪器布置参考图

1—风向风速传感器；2—风向风速计感应器；3—温、湿度传感器；4—干湿球温度表，最低、最高温度表；5—温度计、湿度计；6—虹吸式雨量计；7—翻斗式雨量传感器；8—雨量筒；9—E-601B 蒸发桶、蒸发传感器；10—小型蒸发器；11—日照计；12—地面温度表、浅层地温表及传感器；13—深层地温表及传感器；14—辐射表；15—自动站采集器及气压传感器；16—积冰架；17—草温传感器；18—冻土器

10.1.1.3　地面气象观测项目和程序

（1）观测方式和观测项目　地面气象观测分为人工观测和自动观测两种方式。为积累气候资料按规定的时次进行的观测称为定时气象观测。通常自动观测项目每天进行 24 次定时观测；昼夜守班气象站人工观测项目每天进行 2:00、8:00、14:00、20:00 4 次定时观测；白天守班气象站每天进行 8:00、14:00、20:00 3 次定时观测。中国地面气象要素的观测以北京时间 20:00 为日界，日照以日落为日界。

地面气象观测的基本项目包括云、能见度、天气现象、气压、空气的温度和湿度、风向和风速、降水、日照、蒸发、地面温度（含草温）、雪深、浅层和深层地温、辐射等。为农业生产服务的气象观测站，可只在 8:00、14:00、20:00 3 次定时观测与农业生产有关的气象要素。

（2）观测程序　自动观测方式观测程序：①每日日出后和日落前巡视观测场和仪器设备，具体时间由各站自定，但站内必须统一。②正点前约 10min 查看显示的自动观测实时数据是否正常。③00 分，进行正点数据采样。④00～01 分，完成自动观测项目的观测；并显示正点定时观测数据，发现有缺测或异常时及时按规定处理。⑤01～03 分，向微机内录入人工观测数据。⑥按照各类气象报告的时效要求完成各种定时天气报告和观测数据文件的发送。

人工观测方式观测程序：①一般应在正点前 30min 左右巡视观测场和仪器设备，尤其要注意湿球温度表球部的湿润状况，做好湿球溶冰等准备工作。②在 45～60min 观测云、能见度、空气温度和湿度、降水、风向和风速、气压、地温、雪深等发报项目，连续观测天气现象。③雪压、冻土、蒸发、地面状态等项目的观测可在 40min 至正点后 10min 内进行。④日照计在日落后换纸，其他自记仪器的换纸时间由省级气象主管机构自定。⑤电线积冰观测时间不固定，以能测得 1 次过程的最大值为原则。⑥观测程序的具体安排，台站可根据观测项目的多少和观测仪器的布设状况确定，但气压观测时间应尽量接近正点，全站的观测程序必须统一，并且尽量减少变动。

（3）观测记录

① 观测员应熟悉观测规范，遵守观测规章制度。不得缺测、漏测、迟测。只能记载自己亲眼看到的数据和天气现象，不得涂改、伪造观测记录，禁止用任何估计或揣测的办法来代替实际观测。

② 观测前必须对仪器设备进行巡视，维护仪器和场地，使之处于良好状态，避免影响记录准确性的突发事故发生。

③ 观测结果应立即用黑色铅笔工整记入地面气象观测记录簿和向微机终端输入人工观测记录，并应按规定的数据格式和编码按时发送观测数据，编制报表和预审。

10.1.2　农业气象观测站

农业气象观测是农业气象业务、服务和科研的基础，它包括对农作物生长环境中的物理要素、气象要素及相关土壤要素和生物要素的观测。气象要素的大气候观测方法与地面气象观测方法相同。本节侧重介绍地面气象要素、农业小气候和生物要素的观测记录和数据的整理分析。

10.1.2.1　农业气象观测的基本要求

农业气象观测的基本要求有：

① 平行观测原则　农业气象观测必须遵守平行观测的基本原则，即在进行生物生长、发育状况观测的同时，还要对其生长和生存的环境进行同步观测，使资料具有可比性。

② 点面结合的方法　所选农业气象观测点要能够代表同一种农业气象类型，即根据所选择的测点资料，可以推出同一农业类型的大致情况。因此，除了在固定的观测地段进行系统观测外，还应在生物生长、发育的关键时期和气象灾害、病虫害发生时进行较大范围的农业气象调查，以增强观测资料的代表性。

③ 观测工作的科学性、连续性、长期性和可行性　观测地段和观测项目要相对稳定，观测项目、观测标准和使用仪器、观测方法等应科学合理，确保观测资料的科学性、代表性、可行性、可比性、连续性和统一性。

10.1.2.2　农业气象观测项目的选择

农业气象观测项目包括农业生物要素和大气环境要素两部分。根据科研和业务服务内容不同，所选择的农业气象观测项目也有所不同。表10-1列出了农田生态系统的农业生物要素、农业气象灾害和大气物理要素等选择观测内容。

10.1.2.3　农田小气候观测位置和时间的设置

农田小气候观测的目的，主要是揭示农田小气候特征，了解不同作物、不同栽培条件和不同农业技术措施所产生的不同小气候效应对作物生长发育的影响，以便进一步改善农田小气候环境，提高农业技术措施的实效。农田小气候观测不同于大气候观测，它没有长期固定的观测场地，也没有统一的观测规范，其观测内容常根据研究对象、任务来确定。

（1）农田小气候观测的一般原则　农田小气候特征不仅表现在时间的变化上，而且也反映在空间分布的特点上。因此，在进行农田小气候观测时，必须正确选择观测地段，确定观测项目、观测高度和观测时间。

农田中光照、温度、湿度、风等气象要素值是通过各种气象仪器的测量取得的，这些要素值的准确性与测点选择的关系很大。因为农田小气候特征除了受下垫面性质影响外，还与植株高度、密度、品种、农业技术措施等有关。因此，测点的选择必须具有代表性和比较性。

表 10-1 农业气象观测项目

类别	观测项目	观测要素
大气物理要素	常规气象	温度、气压、湿度（水汽压）、风向、风速、地温、蒸发量、日照时间、降水、冻土深度、总辐射、直接辐射、散射辐射、反射辐射、净辐射、紫外辐射、云、能见度、天气现象等
	大气边界层	温度、相对湿度、风向、风速
	小气候	总辐射、直接辐射、散射辐射、反射辐射、净辐射、光合有效辐射、气温、相对湿度、风速、土壤温度等
	下垫面-大气间通量	农田、森林、草地、荒漠、湿地生态系统：地-气间感热、潜热、动量、CO_2 通量；湖泊生态系统：水-气间感热、潜热、动量、CO_2 通量
农业生物要素（农田生态系统）	作物物候	稻类、麦类、玉米、棉花、大豆、高粱、甘薯、马铃薯、油菜、花生、芝麻、向日葵、甜菜、甘蔗、烟草、苎麻、红麻、亚麻、谷子等作物的发育期
	作物生长状况与产量	高度、密度、生长量、最大根深、根宽、根长密度和根重、作物生长状况评定、产量因素、产量结构、产量
	作物生理参数	叶片光合速率、蒸腾速率、气孔导度、叶片叶绿素含量
	冠层光谱特性	350~2500nm 分光光谱特征曲线
	农事活动	整地、播种、移栽、田间管理、收获方式
	农田环境状况	地理位置、土壤类型、土壤质地、灌溉方式、作物布局
农业气象灾害	农业气象灾害	干旱、洪涝、渍害、雹灾、连阴雨、低温冷害、霜冻、冻害、雪灾、高温热害、风灾和干热风等
	牧草气象灾害	霜冻、干旱、冰雹、暴雨、大风等
	家畜气象灾害	白灾、黑灾、暴风雪、大风、风沙等
	森林气象灾害	冻害、霜冻、低温冷害、高温、干旱、洪涝、冰雹、暴雨、雪压、雨凇、大风等

（2）观测地段和测点的选择 农田小气候观测地段面积取决于观测目的和内容，一般在 15m×15m 以上，该地段要求能反映所要了解的小气候特征，且方便观测。

地段内测点分为基本观测点和辅助观测点。基本观测点设置在最有代表性的观测地段上。基本观测点的观测项目要求比较齐全，观测时间、次数比较固定，同时要观测作物的生长发育状况。为补充基本观测点资料，完善基本观测点的小气候特征，需要设置辅助观测点。辅助观测点可以不固定，观测项目和次数也可以与基本观测点不同，一般观测次数相对较少，但观测时间应基本一致。

（3）观测高度和深度的设置 由于空气温度、湿度和风等气象要素在垂直方向的分布规律随高度呈对数比例变化，所以选择观测高度不能等距离分布，一般近地面的地方观测高度密一些，远离地面的地方稀一些。测点高度一般需包括 20cm、150cm 和 2/3 株高三个高度。20cm 高度基本能代表贴地气层的情况，同时 20cm 高度又是气象要素垂直变化的转折点；150cm 高度能够代表大气候的一般情况，观测资料可和附近气象站的观测资料进行比较；2/3 株高是植株茎叶茂密的地方，代表农田植被活动层情况。

农田中风速的观测高度一般是 1/3 株高、2/3 株高和外活动面以上 1m 高。辐射观测一般选择植株基部、2/3 株高和作物层顶。作物层顶的光照强度表示自然光强，2/3 株高的光照强度可以反映植株的主要受光情况，基部的光照强度反映作物下部的受光情况。

土壤温度的观测深度，一般在地表层布点密，深层布点稀，常用地面 0cm、地下 5cm、10cm、15cm、20cm、30cm、50cm 等 7 个深度，后 2 个深度主要反映深耕农田的温度状况。

（4）观测时间的确定 农田小气候观测不需要长时间逐日观测，一般根据观测目的可结合作物的生育期选择不同天气类型进行观测，晴天小气候效应最明显，可连续观测 3 天。观测时间应按以下原则进行选择：①选择观测时间所测的记录，算出的平均值应尽量接近于实际的日平均值。②一天所选的时间中，应有1~4次的观测时间与气象台站的观测时间相同，便于比较。③根据所选时间的观测，可表现出气象要素的日变化，其中包括最高值和最低值出现的时间；可反映出农田中气象要素的垂直分布类型，如空气温度的日射型和辐射型，空气湿度的干型和湿型等。

10.2 空气温度和土壤温度的观测

地面气象观测中测量的大气温度是离地面1.5m高度处空气的温度，观测仪器应安装在通风防辐射的百叶箱内，野外观测宜使用通风干湿表。气温有定时气温、日最高气温和日最低气温。配有温度计的气象站应做温度的连续记录。

10.2.1 各种液体温度表

液体温度表一般是利用水银或酒精热胀冷缩的特性来对温度进行测量。温度表主要由感应球部、毛细管、刻度瓷板和外套管等几个部分构成，如图10-3所示。常用的液体温度表有普通温度表、最高温度表和最低温度表。

10.2.1.1 普通温度表

普通温度表如水银温度表，其特点是毛细管内的水银柱长度随被测介质的温度变化而变化，用于读取观测时的温度。常用的普通温度表主要有以下几种：

（1）干球温度表　干球温度表用于测量空气温度（图10-2）。

（2）湿球温度表　在干球温度表的感应球部包裹着湿润的纱布，因而被称为湿球温度表。湿球温度表和干球温度表配合可测量空气湿度。

（3）地面普通温度表　地面普通温度表用于测量裸地表面的温度。

10.2.1.2 最高温度表

最高温度表用来测量某一段时间内出现的最高温度。其构造与普通温度表基本相同，不同之处是在最高温度表球部内嵌有一枚玻璃针，针尖插入毛细管，使这一段毛细管变得窄小成为窄道，如图10-3所示。升温时，球部水银体积膨胀，压力增大，迫使水银挤过窄道进入毛细管；降温时，球部水银体积收缩，毛细管中的水银应流回球部，但因水银的内聚力小于窄道处水银与管壁的摩擦力，水银柱在窄道处断裂，窄道以上毛细管中的水银无法缩回到感应部，水银柱仍停留在原处，即水银柱只会伸长，不会缩短。因此，水银柱顶端对应的读数即为过去一段时间内曾经出现过的最高温度。

为了能观测到下一时段内的最高温度，观测完毕后需调整最高温度表，调整方法是：用手握住表身中上部，感应部向下，刻度瓷板与手甩动方向平行，手臂向前伸直，与身体约成30°角，用力向后甩动，重复几次，直到水银柱读数接近当时的干球温度。调整后放回原处时，应先放感应部，后放表身，以免毛细管内水银上滑。

10.2.1.3 最低温度表

最低温度表用来测量某一段时间内出现的

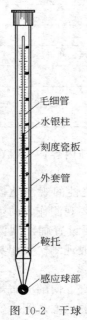

图 10-2　干球温度表

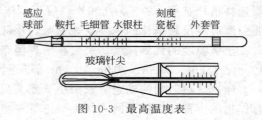

图 10-3　最高温度表

最低温度，以酒精作为测温液体。主要特点是在温度表毛细管的酒精柱中，有一个可以滑动的蓝色玻璃小游标，如图 10-4 所示。当温度上升时，酒精体积膨胀，由

图 10-4　最低温度表

于游标本身有一定的重量，膨胀的酒精可从游标的周围慢慢流过，而不能带动游标，游标停留在原处不动；但温度下降时，毛细管中的酒精向感应部收缩，当酒精柱顶端凹面与游标相接触时，酒精柱凹面的表面张力大于毛细管壁对游标的摩擦力，从而带动游标向低温方向移动，即游标只会后退而不能前进。因此，游标远离感应部一端（右端）所对应的温度读数，即为过去一段时间内曾经出现过的最低温度。

最低温度观测完后也应调整，调整方法是：将感应球部向上抬起，表身倾斜使游标滑动到毛细管酒精柱的顶端。调整后放回原处时，应先放表身，后放感应球部，以免游标下滑。

10.2.1.4　曲管地温表和直管地温表

曲管地温表用来测量浅层土壤温度，其球部呈圆柱形，靠近感应部向上端弯曲成 135° 的折角，玻璃套管的地下部分用石棉等物填充，以防止套管内空气的流动，隔绝了其他土壤层热量变化对水银柱的影响。曲管地温表一套共 4 支，分别测量 5cm、10cm、15cm、20cm 深度的土壤温度。测量的深度越深，表身就越长，以使曲管地温表的刻度部分都能露在地面上，便于观测读数。

直管地温表用来观测 40cm、80cm、160cm、320cm 等较深层的土壤温度。直管地温表装在带有铜底帽的管形保护框内，保护框中部有一长孔，使温度表刻度部位暴露，便于读数。保护框的顶端连接在 1 根木棒上，整个木棒和地温表又放在一个硬橡胶套管内，木棒顶端有 1 个金属盖，恰好盖住硬橡胶套管，金属盖内装有毡垫，可阻滞管内空气对流和管内外空气交换，以及防止降水等物落入。

10.2.2　温度计

温度计（又称自记温度计）是自动记录空气温度连续变化的仪器。

自记温度计由感应部分（双金属片）、传递放大部分（杠杆）和自记部分（自记钟、纸、笔）组成，如图 10-5(a) 所示。

自记温度计的感应部分是一个弯曲的双金属片，它由热膨胀系数较大的黄铜片与热膨胀系数较小的铟钢片焊接而成，如图 10-5(b) 所示。双金属片的一端固定在支架上，另一端（自由端）连接在杠杆上。当温度变化时，两种金属膨胀或收缩的程度不同，其内应力使双金属片的弯曲程度发生改变，自由端发生位移，通过所连接的杠杆装置，带动自记笔尖在自记纸上画出温度变化的曲线，如图 10-5(c) 所示。

自记纸（专用坐标纸）紧贴在一个圆柱形的自记钟圆筒外侧，并用金属压纸条将其固定好。温度自记纸上的弧形纵坐标为温度，横坐标为时间刻度线。自记钟和自记纸都有日记型和周记型两种，日记型自记纸使用期限为 1 天，每天在 14:00 时更换自记纸；周记型自记纸使用期限为 1 周。

10.2.3　铂电阻温度传感器

10.2.3.1　结构原理

铂电阻温度传感器是根据铂电阻的电阻值随温度的变化而变化的原理来测定温度的。铂电阻丝烧制在细小的玻璃棒或磁板上，外面有金属保护管。

10.2.3.2　安装与维护

温度传感器用支架安装在百叶箱或防辐射罩内，感应元件的中心部分离地面高度为

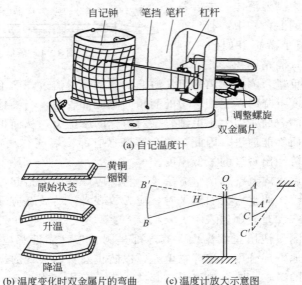

图 10-5　自记温度计及其工作原理

(a) 自记温度计

自记钟　笔挡　笔杆　杠杆

调整螺旋
双金属片

黄铜
铟钢

原始状态

升温

降温

(b) 温度变化时双金属片的弯曲　　(c) 温度计放大示意图

1.5m。传感器的连接电缆要连接、固定牢靠。安装铂电阻温度传感器的百叶箱不能用水洗，只能用湿布擦拭或毛刷刷拭。百叶箱内的传感器也不得移出箱外。

10.2.4　观测方法

（1）温度表的观测　　在常规地面气象观测中，每天 2:00、8:00、14:00、20:00（北京时间）进行温度观测，称为定时观测。空气和地面的最高温度、最低温度每天 20:00 观测 1 次，读数后要对最高温度表和最低温度表进行调整。高温季节则在 8:00 观测地面最低温度后，将最低温度表取回放入室内，以防爆裂，20:00 观测前 15min 将其放回原处。直管地温表观测 40cm 地温时需在每日 2:00、8:00、14:00、20:00 观测。80cm、160cm、320cm 地温则只在 14:00 观测 1 次。

小百叶箱内的观测顺序是：干球温度表、湿球温度表、毛发湿度表、最高温度表、最低温度表、调整最高温度表和最低温度表。大百叶箱是先观测自记温度计，后观测毛发湿度计，读数后均要做时间记号。

观测温度表读数时要迅速而准确，尽量减少人为影响。读数时视线平视，先读小数，后读整数，精确到 1 位小数，做好记录后复读 1 遍，并做误差订正后才能使用。

（2）温度计的观测　　定时观测自记温度计时，根据笔尖在自记纸上的位置观测读数。读数后做时间记号的方法是轻轻按动一下仪器外侧右壁的计时按钮（如无计时按钮，应轻压自记笔杆在自记纸上做时间记号），使自记笔尖在自记纸上画一垂线。

日转仪器每天换纸，周转仪器每周换纸。自记纸换纸步骤如下：①做记录终止的记号（方法同定时观测做时间记号）。②掀开盒盖，拔出笔挡，取下自记钟筒（不取也可以），在自记迹线终端上角记下记录终止时间。③松开压纸条，取下记录纸，上好钟机发条（视自记钟的具体情况而定，切忌上得过紧），换上填写好站名、日期的新纸。上纸时，要求自记纸卷紧贴在钟筒上，两端的刻度线要对齐，底边紧靠钟筒突出的下缘，并注意勿使压纸条挡住有效记录的起止时间线。④在自记迹线开始记录一端的上角，写上记录开始时间，按逆时针方向旋转自记钟筒（以消除大小齿轮间的空隙），使笔尖对准记录开始的时间，拨回笔挡并做时间记号。⑤盖好仪器的盒盖。

温度计使用中要保持仪器清洁并加强维护。笔尖及时添加墨水，但不要过满，以免墨水溢出。如果笔尖出水不顺畅或划线粗涩，应用光滑坚韧的薄纸疏通笔缝。若疏通无效，则更换笔尖。新笔尖先用酒精擦拭除油，再上墨水。更换笔尖要注意自记笔杆的长度必须与原来的长度等长。

（3）地温观测　地温表的观测顺序是：地面 0cm 温度表，地面最高温度表，地面最低温度表，5cm、10cm、15cm、20cm 曲管地温表，40cm、80cm、160cm、320cm 直管地温表。

观测地面温度时不能将温度表拿离地面；观测曲管地温表时，要使视线与水银柱顶端平齐，若温度表表身有露水或雨水，可用手轻轻擦掉，但不能触摸感应部位。

10.3　空气湿度的观测

10.3.1　干湿球温度表

干湿球温度表（自然通风）由两支型号完全一样的温度表组成。一支用于测定空气温度，称干球温度表；另一支球部包扎着气象观测专用的脱脂纱布，并将纱布一端浸在蒸馏水杯里，使纱布保持湿润状态，称湿球温度表。两支温度表垂直悬挂在小百叶箱内的支架上，球部朝下，干球在东，湿球在西。

"干湿球法"测定空气湿度的原理如下。湿球球部被纱布湿润后表面有一层水膜。空气未饱和时，湿球表面的水分不断蒸发，所消耗的潜热直接取自湿球周围的空气，使得湿球温度低于空气温度（即干球温度），它们的差值称作"干湿球温差"。干湿球温差的大小，取决于湿球表面的蒸发速度，而蒸发速度又取决于空气的潮湿程度。若空气比较干燥，水分蒸发快，湿球失热多，则干湿球温差大；反之，若空气比较潮湿，则干湿球温差小。因此，可以根据干湿球温差来计算空气湿度。此外，蒸发速度还与气压、风速等有关。

湿球温度表的观测读数方法与气温观测相同。观测时应注意给浸润纱布的水杯添满蒸馏水。纱布要保持清洁，一般每周更换 1 次。采用气象观测专用的吸水性能良好的纱布包扎湿球球部。包扎时，将长约 10cm 的新纱布在蒸馏水中浸湿，平贴无褶皱地包卷在水银球上，纱布的重叠部分不要超过球部圆周的 1/4。包好后，用纱线把高出球部上面和球部下面的纱布扎好，但不要过紧，剪掉多余的纱线。纱布放入水杯中时，要折叠平整。冬季只要气温不低于−10℃，仍用干湿球温度表测定空气湿度。当湿球出现结冰现象时，为保持湿球的正常蒸发，应从室内带一杯蒸馏水对湿球纱布进行融冰，待纱布变软后，将纱布在球部以下 2～3mm 处剪掉（图 10-6），然后将水杯拿回室内以防冻裂。观测前还要进行湿球融冰。其方法是：把整个湿球浸入蒸馏水水杯内，使冰层完全融化，蒸馏水水温与室温相当。当湿球的冰完全融化，移开水杯后应除去纱布头的水滴。待湿球温度读数稳定后，进行干、湿球温度的读数并做记录。读数后应检查湿球是否结冰（用铅笔侧棱试试纱布软硬）。如已结冰，应在湿球温度读数右上角记上结冰符号"B"，待查算湿度用。

10.3.2　通风干湿表

10.3.2.1　仪器构造

通风干湿表也称阿斯曼干湿表。主要用于野外考察或自动气象站在温度或湿度采集出现故障时进行补测。通风干湿表构造如图 10-7 所示。两支型号完全一样的温度表被固定在金属架上，感应部安装在保护套管内，套管表面镀有反射力强的镍或铬，避免太阳直接辐射的影响。保护套管的两层金属间空气流通，所以通风干湿表是野外观测空气温度、湿度的常用

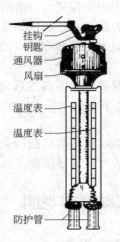

图 10-6　湿球与纱布　　　　　　　　　　图 10-7　通风干湿表

仪器。

10.3.2.2　观测方法与要点

将仪器挂在测杆上，为使仪器感应部分与周围空气的热量交换达到平衡，使用前应暴露 10min 以上（冬季约 30min）。在观测读数前 4~5min（干燥地区 2~3min）先将湿球纱布润湿，然后给风扇上足发条，才能进行观测。

上发条时应手握仪器颈部，发条不要上得太紧。当风速大于 4m·s^{-1} 时，应将挡风罩套在风扇迎风面的缝隙上，使罩的开口部分与风扇旋转方向一致，这样不会影响风扇的正常旋转。悬挂高度视要求而定，待湿球温度读数稳定后，读取湿球温度。读数时要从下风方向去接近仪器，不要用手接触保护管，身体也不要与仪器靠得太近。记录处理方法同干湿球温度表。

10.3.3　毛发湿度表

10.3.3.1　仪器构造

毛发湿度表是用脱脂人发制成的测定空气相对湿度的仪器（图 10-8）。潮湿时，脱脂人发吸附空气中的水分后会伸长，干燥时会缩短，故能用它来测湿度。但毛发长度随空气湿度的变化是非线性的，一般相对湿度较大时，毛发的伸长量小些。故毛发湿度表的刻度盘在低值一端刻度稀疏些，高值一端刻度密集些。毛发湿度表的精度较差，当日平均温度高于 −10℃ 时，它的读数只作参考；只有在气温为 −10℃ 以下时它的读数经订正后才作为正式记录使用。

图 10-8　毛发湿度表

10.3.3.2　观测记录

按当时指针指示的位置观测读数（读取百分数的整数，小数四舍五入），观测时，如果怀疑指针由于轴的摩擦或针端碰到刻度尺而被卡住，可以轻轻地敲一下毛发湿度表架，重新读数，并将仪器情况记入备注栏。

如果读数时发现指针超出刻度范围，应当用外延法读数。若为上超，按 90~100 的刻度尺距离外延到 110；若为下超，按 0~10 的刻度处距离外延到 −10。估计指针相当在延伸刻度的那一个分划线上，得出读数加 "（　）" 记入观测表。

10.3.4 毛发湿度计

10.3.4.1 仪器构造及工作原理

毛发湿度计是自动记录相对湿度连续变化的仪器。它由感应部分（脱脂人发）、传动机械（杠杆曲臂）和自记部分（自记钟、纸、笔）组成，见图10-9。

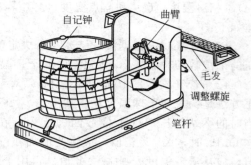

图 10-9 毛发湿度计

10.3.4.2 观测记录方法

湿度计的使用同温度计。湿度计读数时取整数，当笔尖超过100％而未超出自记纸时，用外延法估计读数并订正。若笔尖抵靠钟筒底沿时，除按外延法读数并订正外，还需在备注栏中注明。订正后值大于100时，记为100％；小于0时，记为0。若笔尖超出钟筒，记录为"—"，表示缺测。

10.3.5 湿敏电容湿度传感器

10.3.5.1 结构原理

湿敏电容湿度传感器是用有机高分子膜作介质的一种小型电容器。

湿敏电容器上电极是一层多孔金膜，能透过水汽；下电极为一对刀状或梳状电极，引线由下电极引出。基板是玻璃。整个感应器是由两个小电容器串联组成的。

传感器置于大气中，当大气中水汽透过上电极进入介电层，介电层吸收水汽后，介电系数发生变化，导致电容器电容量发生变化。电容量的变化正比于相对湿度。

在某些自动气象站中，铂电阻温度传感器与湿敏电容湿度传感器制作成一体。

10.3.5.2 安装与维护

湿敏电容传感器应安装在百叶箱内，传感器的中心点离地面1.5m。

湿敏电容传感器的头部有保护滤膜，防止感应元件被尘埃污染。每月应拆开传感器头部网罩，若污染严重应更换新的滤膜。禁止手触摸湿敏电容，以免影响正常感应。

10.4 《湿度查算表》的使用方法

10.4.1 《湿度查算表》的结构

中国气象局编制的《湿度查算表（甲种本）》（中国气象局编．湿度查算表：甲种本．2版．北京：气象出版社，2006），可供百叶箱通风干湿表、通风干湿表、球状和柱状干湿表（自然通风）等型号干湿表查算。此查算表主要由表1（湿球结冰部分）、表2（湿球未结冰部分）、表3（湿球温度的气压订正值）、表4（干球温度小于−20℃由相对湿度 U 反查 e、t_d）和表5（n 值附加表）组成，外加5个附表。附表1为饱和水汽压表，附表2～附表5是不同型号干湿表的湿球温度订正值。它们是分别以各种仪器相应的干湿表系数，在一定的气压范围内编制的。不同干湿表经过各自的湿球温度订正值的订正后，就可从表1和表2中查取空气湿度。2000年以后，我国气象台站开始推广使用自动气象站。虽然使用自动气象站测量空气湿度不需要《湿度查算表》，但是多数用户不可能都使用自动气象站，还必须使用干湿球温度表测定湿度。此外，当自动气象站出现故障时，还得用干湿表法来查算湿度。

10.4.2 查算方法

表1和表2每栏居中的数值为干球温度（t）、订正参数（n）、湿球温度（t_w）、水汽压

（e）、相对湿度（U）和露点温度（t_d）等项，均用其括号中的符号列出。湿度查算方法具体如下：

（1）查表时，根据湿球结冰与否决定使用表1或表2。若气压恰好为1000hPa（本站气压的个位数四舍五入），找到相应的干、湿球温度值，即可查出 e、U、t_d 值。

（2）若气压不是1000hPa，则必须对湿球温度进行气压订正，然后再查取空气湿度。订正方法是：先在干球温度栏中找出与 t_w 并列的订正参数 n（在首行或末行），然后用 n 值和当时的本站气压 P（个位数四舍五入）在表3中查出湿球温度订正值 Δt_w。当气压 $P<$ 1000hPa 时，Δt_w 为正值，应将此值加在湿球温度 t_w 上；当气压 $P>$1000hPa 时，Δt_w 为负值，应从湿球温度 t_w 中减去此值。再用干球温度 t 和经订正后的湿球温度 t'_w，从表2（或表1）中查取空气湿度。

（3）当空气湿度较小，气压又较低时，若在表1（表2）中查不到 n 值，此时需用 t、t_w 先从表5的 n 值附加表的湿球结冰或未结冰部分查得 n 值，已知 n、P 值从表3查得 Δt_w，经过湿球温度订正后，再从表1或表2中查取空气湿度。

（4）当干球温度小于$-20℃$时，由表4用干球温度和湿敏电容测得或经订正的毛发湿度表读数 U，查取水汽压 e 和露点温度 t_d。当干球温度大于$-20℃$小于$-10℃$时，可由表1（湿球结冰部分）反查 e 和 t_d。

（5）用其他不同型号干湿表的测定值查算湿度的方法。以所测得的干湿球温度值从表2（或表1）查得 n 值，再用 n 值和本站气压 P（个位数四舍五入）查附表中相应型号干湿表的湿球温度订正值表（附表2～附表5），得订正值 Δt_w，将此订正值加在 t_w 上，然后用干球温度和经订正的湿球温度再查表2（或表1），即得所求空气湿度。

在查附表5（0.8m·s^{-1}自然通风的球状干湿表湿球温度订正值）时需注意：当湿球未结冰时，应在气压值的左部查取 Δt_w 值；当湿球结冰时，则在气压值的右部查取 Δt_w 值。

10.5　降水的观测

降水是指从天空降落到地面上的液态或固态（经融化后）的水。降水观测内容包括降水量和降水强度。降水量是指某一时段内未经蒸发、渗透、流失的降水在水平面上积累的深度。以毫米（mm）为单位，保留1位小数。降水强度是指单位时间内的降水量。常用的测量降水的仪器有雨量器、翻斗式雨量计、虹吸式雨量计和双阀容栅式雨量传感器等。

10.5.1　雨量器

10.5.1.1　构造

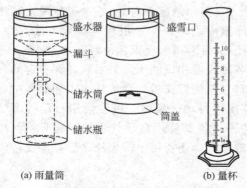

(a) 雨量筒　　　　　　(b) 量杯

图 10-10　雨量筒及量杯

雨量器是观测降水量的仪器，它由雨量筒与量杯组成（图10-10）。雨量筒用来盛降水物，它包括盛水器、储水瓶和储水筒。我国采用直径为20cm 的正圆形盛水器，其口缘镶有内直外斜刀刃形的铜圈，以防雨滴溅失和筒口变形。盛水器有两种：一种是带漏斗的盛雨器，另一种是不带漏斗的盛雪口。储水筒内放储水瓶，以收集降水量。量杯为一特制的有刻度的专用量杯，其口径和刻度与雨量筒口径成一定比例关系，量杯有100分度，每1分度等于雨量筒内水深0.1mm。

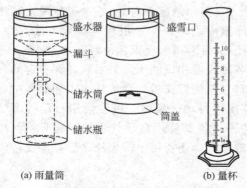（图中标注）盛水器、漏斗、储水筒、储水瓶、盛雪口、筒盖

10.5.1.2　安装

气象站雨量器安装在观测场内固定的架子上。器口保持水平，距地面高 70cm。冬季积雪较深的地区，应备有一个器口距地面 1.0～1.2m 的备份架子。当雪深超过 30cm 时，应把仪器移至备份架子上进行观测。

单纯测量降水的站点不宜选择在斜坡或建筑物顶部，应尽量选在避风地方。不要太靠近障碍物，最好将雨量器安在低矮灌木丛间的空旷地方。

10.5.1.3　观测和记录

（1）每天 8:00、20:00 分别量取前 12h 降水量。观测液体降水时要换取储水瓶，将水倒入量杯，要倒净。将量杯保持垂直，观测者的视线与水面齐平，以水凹面为准，读得刻度数即为降水量，记入相应栏内。降水量大时，应分数次量取，求其总和。

（2）冬季降雪时，须将盛水器取下，换上盛雪口，取走储水器，直接用盛雪口和储水筒接收降水。观测时，将已有固体降水的储水筒，用备份的储水筒换下，盖上筒盖后，取回室内，待固体降水融化后，用量杯量取。也可将固体降水连同储水筒用专用的台秤称量，称量后应把储水筒的质量扣除。

（3）20:00 降水量观测一般提前几分钟进行，在观测时和观测之前无降水，而其后至 20:00 正点之间（包括延续至次日）有降水；或观测时和观测前有降水，但降水恰在 20:00 正点或正点之前终止。如遇以上两种情况时，应于 20:00 正点补测 1 次降水量，并记入当日 20:00 降水量定时栏，使天气现象与降水量的记录相配合。

10.5.2　翻斗式雨量计

以双翻斗雨量计为例进行介绍。双翻斗雨量计由双翻斗雨量传感器与记录器组成。

10.5.2.1　工作原理

双翻斗雨量传感器装在室外，主要由盛水器（直径为 20cm）、上翻斗、汇集漏斗、计量翻斗、计数翻斗和干簧管等组成 [图 10-11(a)]。记录器 [图 10-11(b)] 在室内，两者用导线连接，用来遥测并连续采集液体降水量。

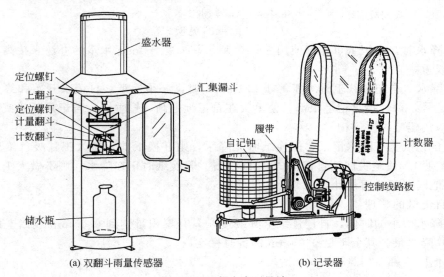

(a) 双翻斗雨量传感器　　　　　　　　(b) 记录器

图 10-11　翻斗式雨量计

盛水器收集的降水通过漏斗进入上翻斗，当雨水积到一定量时，由于水本身重力作用使上翻斗翻转，水进入汇集漏斗。降水从汇集漏斗的节流管注入计量翻斗时，就把不同强度的自然降水，调节为比较均匀的降水强度，以减少由于降水强度不同所造成的测量误差。当计量翻斗承受的降水量为 0.1mm 时（也有的为 0.5mm 或 1mm 翻斗），计量翻斗把降水倾倒到计数翻斗，使计数翻斗翻转一次。计数翻斗在翻转时，与它相关的磁钢对干簧管扫描一次。干簧管因磁化而瞬间闭合一次。这样，降水量每次达到 0.1mm 时，就送出去一个开关信号，采集器就自动采集存储 0.1mm 降水量。

10.5.2.2　观测和记录整理

从计数器上读取降水量，供编发气象报告和服务使用，读数后按回零按钮，将计数器复位。复位后，计数器的 5 位 0 数必须在一条直线上。自记记录供整理各时降水量及挑选极值用。遇固态降水，凡随降随化的，仍照常读数和记录。否则，应将盛水器口加盖，仪器停止使用（在观测簿备注栏注明），待有液体降水时再恢复记录。

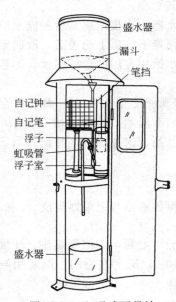

图 10-12　虹吸式雨量计

10.5.3　虹吸式雨量计

10.5.3.1　构造原理

虹吸式雨量计是用来连续记录液体降水的自记仪器，它由盛水器（通常口径为 20cm）、浮子室、自记钟和虹吸管等组成（图 10-12）。

有降水时，降水从盛水器经漏斗进水管引入浮子室。浮子室是一个圆形容器，内装浮子，浮子上固定有直杆与自记笔连接。浮子室外连虹吸管。降水使浮子上升，带动自记笔在钟筒自记纸上画出记录曲线。当自记笔尖升到自记纸刻度的上端（一般为 10mm），浮子室内的水恰好上升到虹吸管顶端。虹吸管开始迅速排水，使自记笔尖回到刻度"0"线，又重新开始记录。自记曲线的坡度可以表示降水强度。由于虹吸过程中落入雨量计的降水也随之一起排出，因此要求虹吸排水时间尽量短，以减少测量误差。

10.5.3.2　观测和记录

（1）自记纸的更换

① 无降水时，自记纸可连续使用 8～10 天，用加注 1.0mm 水量的办法来抬高笔位，以免每日迹线重叠。

② 有降水（自记迹线上升大于等于 0.1mm）时，必须换纸。自记录开始和终止的两端须做时间记号，可轻抬自记笔根部，使笔尖在自记纸上画一短垂线；若记录开始或终止时有降水，则应用铅笔做时间记号。

③ 当自记纸上有降水记录，但换纸时无降水，则在换纸前应做人工虹吸（给盛水器注水，产生虹吸），使笔尖回到自记纸"0"线位置。若换纸时正在降水，则不做人工虹吸。

④ 其他同双翻斗雨量计。

（2）自记纸的整理

① 在降水微小的时候，自记迹线上升缓慢，只有累积量达到 0.05mm 或以上的那个小时，才计算降水量。其余不足 0.05mm 的各时栏空白。

② 其他同双翻斗雨量计。

10.5.4　双阀容栅式雨量传感器

该传感器也是用来自动测量降水量的仪器，主要由盛水器、储水室、浮子与感应极板以及信号处理电路等组成（图 10-13）。

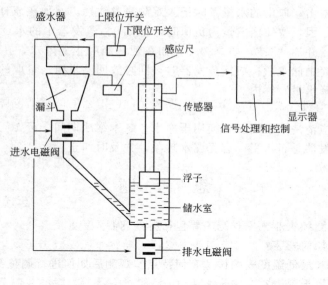

图 10-13　双阀容栅式雨量传感器结构

它是利用降水量储水室内浮子随雨量上升带动感应极板，使容栅移位传感器产生的电容量变化，经转换为位移计量的原理测得降水量。

安装要求参照翻斗式遥测雨量计。安装后用电缆与室内仪器连接。使用时要注意维护仪器清洁，定期清洗过滤网与储水室。

10.6　蒸发的观测

气象站测定的蒸发量是水面（含结冰时）蒸发量，它是指一定口径的蒸发器中，在一定时间间隔内因蒸发而失去的水层深度，以毫米（mm）为单位，取 1 位小数。

10.6.1　小型蒸发器的结构

小型蒸发器为口径 20cm、高约 10cm 的金属圆盆，口缘镶有内直外斜的刀刃形铜圈，器旁有一倒水小嘴（图 10-14）。为防止鸟兽饮水，器口附有一个上端向外张开成喇叭状的金属丝网圈。

图 10-14　小型蒸发器及蒸发罩

10.6.2　蒸发器的使用与维护

10.6.2.1　安装

在观测场内的安装地点竖一圆柱，柱顶安一圈架，将蒸发器安放其中。蒸发器口缘保持水平，距地面高度为 70cm。冬季积雪较深地区的安装同雨量器。

10.6.2.2　观测和记录

每天 20:00 进行观测，测量前一天 20:00 注入的 20mm 清水（即今日原量）经 24h 蒸发剩余的水量，记入观测簿余量栏。然后倒掉余量，重新量取 20mm（干燥地区和干燥季节需量取 30mm）清水注入蒸发器内，并记入次日原量栏。

蒸发量计算式：蒸发量＝原量＋降水量－余量

有降水时，应取下金属丝网圈；有强降水时，应注意从器内取出一定的水量，也可采用加盖方法，以防水溢出。取出的水量及时记入观测簿备注栏，并加在该日的"余量"中。

因降水或其他原因，致使蒸发量为负值时，记0.0。蒸发器中的水量全部蒸发完时，按加入的原量值记录，并加">"，如>20.0。如在观测当时正遇降水，在取走蒸发器时，应同时取走专用雨量筒中储水瓶；放回蒸发器时，同时放回储水瓶。量取的降水量，记入观测簿蒸发量栏中的"降水量"栏内。

10.6.2.3 维护

每天观测后均应清洗蒸发器，并换用干净水。冬季结冰期间，可10天换1次水。

应定期检查蒸发器是否水平，有无漏水现象，并及时纠正。

思 考 题

1. 地面气象观测和农业气象观测主要包括哪些内容？
2. 曲管地温表如何安装？
3. 最高温度表和最低温度表的构造有何特点？观测后如何进行调整？
4. 如何使用通风干湿表？
5. 如何利用《湿度查算表》查算空气湿度要素值？

第11章 气候资料的统计分析

11.1 界限温度起止日期及持续日数的求算

所谓农业界限温度是指具有普遍意义、标志某些重要物候现象或农事活动之开始、终止或转折的温度。农业上常用的界限温度有0℃、5℃、10℃、15℃等,一般均用日平均气温表示。某一界限温度从春季开始日期算起至结束日期(包括起、止日期两天)为止的这一段时间为界限温度的持续时间。下面以国家气象局规定的"五日滑动平均法"统计标准的方法,即五日滑动平均法来介绍农业界限温度起止日期的确定方法。

五日滑动平均法:在一个长序列的气温资料中,首先求出气温的滑动平均值,以此来消除气温的波动。五日滑动平均值为:

$$\overline{T_i} = \frac{T_i + T_{i+1} + T_{i+2} + T_{i+3} + T_{i+4}}{5}$$

应用此公式计算的五日滑动平均值可以确定某界限温度的起止日期。

起始日期的确定:以春季第一次出现高于某界限温度(如10℃)之日起,向前推四天,按日序依次计算出每连续五日平均气温(五日滑动平均气温);并在一年中,任意连续大于等于某界限温度(如10℃)持续得最长的一段时间内,第一个五日的日平均气温中,挑取最先一个日平均气温大于或等于该界限温度(如10℃)出现的日期,即为稳定通过该界限温度(如10℃)的起始日期。

终止日期的确定:即在秋季第一次出现低于某界限温度(如10℃)之日起,向前推四天,按日序依次计算出每连续五日平均气温(五日滑动平均气温);并在一年中,任意连续大于或等于某界限温度持续得最长的一段时间的最后一个高于某界限温度的五日的日平均气温中,挑取最末一个日平均气温大于或等于该界限温度的日期,即为稳定通过该界限温度(如10℃)的终止日期。

稳定通过某界限温度的持续日数是指包括起始日期和终止日期在内的由起始日期到终止日期的总天数。计算持续日数时可利用《日期序列表》来进行计算,首先由《日期序列表》查出起始日期(始序)和终止日期的序列号(终序),再用下式算出持续日数。

持续日数=终序-始序+1

例如,青岛地区稳定通过10℃的持续日数,由《日期序列表》查出起始日期4月13日的日期序列号为103,终止日期11月2日的日期序列号为306,则其持续日数为:

$$持续日数＝306－103＋1＝204(d)$$

【例 11.1】 表 11-1 为某地某年 4 月气温资料，利用表中的数据求算该地≥10℃的界限温度的起始日期。

4 月 10 日的日平均气温为 10.2℃，是资料中第一次出现大于等于界限温度 10℃的日期，从此日向前推四天，即从 4 月 6 日开始计算五日滑动平均气温。在所计算的五日滑动平均气温中，第一个≥10℃的五日滑动平均值为 11.3℃，且此后没有低于 10℃的五日滑动平均值，故从其对应的时段，即从 4 月 9 日～4 月 13 日的日平均气温值中找出第一个日平均气温值大于等于界限温度 10℃的日期，即 4 月 10 日。则该地该年≥10℃界限温度的起始日期为 4 月 10 日。

【例 11.2】 表 11-2 为某地某年 11 月气温资料，利用表中的数据求算该地≥10℃的界限温度的终止日期。

11 月 6 日的日平均气温为 9.8℃，是资料中第一次出现小于界限温度 10℃的日期，从此日向前推四天，即从 11 月 2 日开始计算五日滑动平均气温。在所计算的五日滑动平均气温中，最后一个≥10℃的五日滑动平均值为 10.4℃，且此后没有高于 10℃的五日滑动平均值，故从其对应的时段，即从 11 月 7 日～11 月 11 日的日平均气温值中找出最后一个日平均气温值大于等于界限温度 10℃的日期，即 11 月 10 日。则该地该年≥10℃界限温度的终止日期为 11 月 10 日。

表 11-1 某地某年 4 月气温资料

日期	日平均气温/℃	时段	五日滑动平均气温/℃
4 月 5 日	5.9		
4 月 6 日	1.3	4 月 6 日～4 月 10 日	5.5
4 月 7 日	2.1	4 月 7 日～4 月 11 日	7.3
4 月 8 日	4.6	4 月 8 日～4 月 12 日	9.2
4 月 9 日	9.2	4 月 9 日～4 月 13 日	11.3
4 月 10 日	10.2	4 月 10 日～4 月 14 日	11.9
4 月 11 日	10.2	4 月 11 日～4 月 15 日	11.4
4 月 12 日	11.7	4 月 12 日～4 月 16 日	11.3
4 月 13 日	15.0	4 月 13 日～4 月 17 日	11.6
4 月 14 日	12.5	4 月 14 日～4 月 18 日	10.4
4 月 15 日	7.7	4 月 15 日～4 月 19 日	10.1
4 月 16 日	9.7	4 月 16 日～4 月 20 日	12.2
4 月 17 日	13.0	4 月 17 日～4 月 21 日	11.9
4 月 18 日	9.1	4 月 18 日～4 月 22 日	11.2
4 月 19 日	11.0	4 月 19 日～4 月 23 日	11.2
4 月 20 日	18.2	4 月 20 日～4 月 24 日	11.4
4 月 21 日	8.1	4 月 21 日～4 月 25 日	10.2
4 月 22 日	9.4	4 月 22 日～4 月 26 日	10.3
4 月 23 日	9.4	4 月 23 日～4 月 27 日	10.4
4 月 24 日	11.9	4 月 24 日～4 月 28 日	10.8
4 月 25 日	12.2	4 月 25 日～4 月 29 日	10.8
4 月 26 日	8.6	4 月 26 日～4 月 30 日	11.0
4 月 27 日	10.1	4 月 27 日～5 月 1 日	11.6
4 月 28 日	11.1		
4 月 29 日	11.8		
4 月 30 日	13.4		

表 11-2 　某地某年 11 月气温资料

日期	日平均气温/℃	时段	五日滑动平均气温/℃
11 月 2 日	9.5	11 月 2 日～11 月 6 日	10.4
11 月 3 日	10.4	11 月 3 日～11 月 7 日	10.9
11 月 4 日	11.0	11 月 4 日～11 月 8 日	10.8
11 月 5 日	11.3	11 月 5 日～11 月 9 日	10.6
11 月 6 日	9.8	11 月 6 日～11 月 10 日	10.7
11 月 7 日	11.8	11 月 7 日～11 月 11 日	10.4
11 月 8 日	9.9	11 月 8 日～11 月 12 日	8.9
11 月 9 日	10.1	11 月 9 日～11 月 13 日	8.3
11 月 10 日	11.9	11 月 10 日～11 月 14 日	7.7
11 月 11 日	8.2	11 月 11 日～11 月 15 日	6.7
11 月 12 日	4.6	11 月 12 日～11 月 16 日	6.7
11 月 13 日	6.5	11 月 13 日～11 月 17 日	8.0
11 月 14 日	7.1	11 月 14 日～11 月 18 日	8.3
11 月 15 日	7.3	11 月 15 日～11 月 19 日	8.4
11 月 16 日	7.9	11 月 16 日～11 月 20 日	9.3
11 月 17 日	11.0	11 月 17 日～11 月 21 日	9.4
11 月 18 日	8.1	11 月 18 日～11 月 22 日	9.1
11 月 19 日	7.6	11 月 19 日～11 月 23 日	9.9
11 月 20 日	11.9	11 月 20 日～11 月 24 日	9.5
11 月 21 日	8.6	11 月 21 日～11 月 25 日	9.0
11 月 22 日	9.2	11 月 22 日～11 月 26 日	9.1
11 月 23 日	12.4	11 月 23 日～11 月 27 日	9.7
11 月 24 日	5.6	11 月 24 日～11 月 28 日	8.7
11 月 25 日	9.1	11 月 25 日～11 月 29 日	8.6
11 月 26 日	9.0	11 月 26 日～11 月 30 日	6.4
11 月 27 日	12.3		
11 月 28 日	7.7		
11 月 29 日	5.0		
11 月 30 日	−2.2/℃		

11.2 　积温的求算

　　积温是指在某一时段内日平均气温累积之和，它是作物生长发育对热量需求的主要指标之一，也是用来鉴定地区热量资源的重要指标，单位为℃·d，但人们习惯用单位℃。农业生产上常用的积温有有效积温和活动积温。常用的积温计算方法有累计法、直方图法等。

11.2.1 　累计法

　　该方法比较精确，但计算量较大。求某界限温度内的积温，首先确定该界限温度的起止日期，然后从起始日期算起，将逐日日平均气温累加至该界限温度的终止日期，其累加的温度总和即为该界限温度的积温。具体为：

活动积温：$Y = \sum\limits_{i=1}^{n} t_i$（当 $t_i < B$ 时，t_i 取值为 0）

有效积温：$A = \sum\limits_{i=1}^{n} (t_i - B)$ [当 $t_i < B$ 时，$(t_i - B)$ 取值为 0]

式中，Y 为活动积温，℃·d；A 为有效积温，℃·d；B 为生物学下限温度，℃。

11.2.2 直方图法

在没有日平均气温资料，只有月平均气温资料时，可用直方图法计算积温。该方法计算比较简单，但如果温度年变化曲线连接得不平滑，所求积温就会与实际积温有一定的误差。计算步骤如下：

第一步：在坐标纸上定坐标，纵坐标表示月平均气温值，横坐标表示月份，各月份所占格数按该月份日数确定；

第二步：将各月份月平均气温值以空心直方柱表示，填入坐标图中；

第三步：绘制曲线，将图中每一个直方柱的顶部中点连成平滑的曲线，为月气温年变化曲线。在保证每个直方柱被割去的面积与被划入的面积相等和曲线圆滑的前提下，曲线可以不通过每一个直方柱的中点。曲线的顶点未必居于最热月的中间，最低点也未必居于最冷月的中间。在绘制好的直方图中，可以计算出某界限温度的起止日期及其范围内的有效积温和活动积温。

（1）求算界限温度的起止日期　在总坐标上以所求的界限温度为起点，找出平行于横坐标的直线与温度年变化曲线的相交点 a、b，a、b 两点分别为界限温度的起止日期。

（2）求算界限温度的活动积温　界限温度的起始日期和终止日期所在月的活动积温可按照求梯形面积的方法计算，即：

$$\sum T_{始、终月} = 1/2[上底(温度值) + 下底(温度值)] \times 高(天数)$$

其他各月的活动积温按长方形面积计算。

【例 11.3】　利用表 11-3 某地多年月平均气温数据求算该地稳定通过界限温度 10℃的起止日期及稳定通过 10℃的活动积温和有效积温。

表 11-3　某地多年月平均气温资料　　　　　　　　　　　单位：℃

月份	1	2	3	4	5	6	7	8	9	10	11	12
月均值	−12.7	−8.6	−0.3	9.1	17.0	21.4	24.6	23.7	17.2	9.6	−0.3	−8.7

① 绘制多年月平均气温直方图（图 11-1）。

② 从直方图中查得该地多年平均稳定通过 10℃的起始日期为 4 月 20 日，终止日期为 10 月 12 日，持续时间为 176 天。

③ 起始月、终止月积温的计算：

$$\sum T_{始月} = \frac{1}{2}(10.0 + 13.7) \times 11 = 130.4(℃)$$

$$\sum T_{终月} = \frac{1}{2}(10.0 + 13.5) \times 12 = 141.0(℃)$$

④ 其他各月按长方形面积计算：

5 月：$17.0 \times 31 = 527.0(℃·d)$

6 月：$21.4 \times 30 = 642.0(℃·d)$

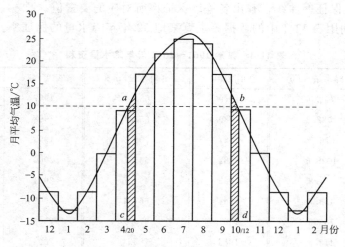

图 11-1　某地多年月平均气温直方图

　　7 月：$24.6 \times 31 = 762.6$（℃·d）

　　8 月：$23.7 \times 31 = 734.7$（℃·d）

　　9 月：$17.2 \times 30 = 516.0$（℃·d）

　　⑤ 4～10 月的活动积温 $= 130.4 + 527.0 + 642.0 + 762.6 + 734.7 + 516.0 + 141.0 = 3453.7$（℃·d）。

　　⑥ 该地全年大于等于 10℃ 的有效积温为：$3453.7 - 10 \times 176 = 1693.7$（℃·d）。

11.3　气象要素保证率的求算

　　气象要素保证率是指某一气象要素高于或低于某一界限数字的频率的总和。保证率的计算就是对频率进行累计统计。保证率是经验值，只有从较长时间序列（多年代）的资料中求得的保证率才接近真实情况，且具有代表性。温度保证率的计算一般需要 10～20 年以上的资料，降水保证率的计算则需要 25～50 年以上的资料。下面以分组法介绍求算气象要素保证率的方法。

　　分组法是首先把某一气象要素的逐年观测值进行分组，求出各组内该要素值出现的频率，然后再求出各界限内的保证率。

　　第一步：从多年气象观测资料中找出某气象要素的最大值和最小值，了解该气象要素的变化范围。

　　第二步：确定分组的数目和组距。组距是所分各组的上、下限的差值。分组数目要适当，一般以 6～8 组为宜。据经验，以不超过通过以下公式求得的组数为妥。

$$N = 5 \lg n$$

　　式中，N 为组数；n 为统计序列总数（年度数）。

　　第三步：统计各组内某要素值出现的次数（频数）及频率（%）。

$$每组频率（\%） = \frac{每组频数（出现次数）}{统计序列总数} \times 100$$

　　第四步：计算保证率，将各组频率依次进行累加，并填入表（保证率）的相应位置上。

　　第五步：根据保证率数据，绘制保证率曲线图，将求得的各组保证率值点在坐标中各组的下限值上。

第六步：根据保证率曲线，查出各等级保证率所对应的要素值。

【例11.4】 利用表11-4中的数据，求算某地52年年降水量的保证率。

表 11-4　某地 1961～2012 年年降水量资料

年度/年	年降水量/mm	年度/年	年降水量/mm	年度/年	年降水量/mm
1961	792.0	1979	654.2	1997	364.3
1962	1082.2	1980	557.4	1998	756.0
1963	676.3	1981	308.3	1999	614.4
1964	1028.6	1982	635.7	2000	788.2
1965	711.8	1983	461.7	2001	566.0
1966	453.7	1984	667.4	2002	424.6
1967	786.0	1985	673.7	2003	810.5
1968	472.6	1986	482.3	2004	626.2
1969	571.2	1987	511.4	2005	730.8
1970	1022.8	1988	439.5	2006	490.1
1971	897.5	1989	549.9	2007	953.2
1972	614.2	1990	928.2	2008	933.3
1973	560.9	1991	573.2	2009	665.4
1974	796.3	1992	407.0	2010	713.9
1975	1053.7	1993	729.4	2011	717.2
1976	751.1	1994	619.7	2012	632.9
1977	410.4	1995	546.5		
1978	569.2	1996	649.6		

从表11-4中找出最大值为1053.7mm（1975年），最小值为308.3mm（1981年）。根据最大值、最小值及样本数，将52年的降水量数据划分为8个组，组距为100，然后计算各组频率，按组序依次累加其频率便得出各组降水量保证率。其结果见表11-5。

表 11-5　分组法求算保证率

组限		频数	频率 $= \dfrac{f}{n} \times 100\%$	保证率/%
上限	下限			
1100	1001	4	7.7	7.7
1000	901	3	5.8	13.5
900	801	2	3.8	17.3
800	701	11	21.2	38.5
700	601	12	23.1	61.5
600	501	9	17.3	78.8
500	401	9	17.3	96.2
400	301	2	3.8	100.0

将求得的各组保证率数字点在坐标图中各组的下限之上，作出平滑的保证率曲线，根据该

图，可以求出各保证率下的年降水量值；反之也可以求出各降水量值的保证率（图 11-2）。

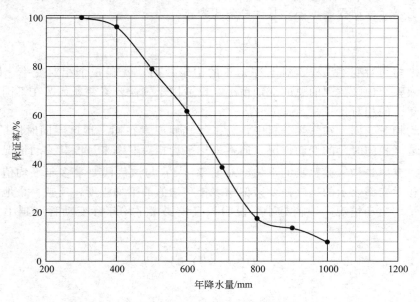

图 11-2　某地年降水量保证率曲线

11.4　气候要素变率的求算

气温、降水、风、光照等气候要素在时间序列上通常是偏离平均值而上下波动，且其偏离的大小和程度各年不同。在气候要素统计中常用变率作为指标来量度气候要素值变动的大小。变率越大，说明气候要素年际之间的变动性越小，越稳定。

变率的种类有如下几种：

（1）绝对变率（d_i）　是指某年的气候要素（X_i）与多年同期平均值（$\overline{X}$）之差，其表达式为：

$$d_i = X_i - \overline{X} \qquad (i=1,2,3,\cdots,n)$$

对于有 n 年的记录数列，就有 n 个绝对变率值，因此绝对变率并不能反映整个记录数列的总的变动情况，仅适用于气候要素变动情况在不同年份的相互比较。

（2）平均绝对变率（$\overline{d}$）　是指某个气候要素各年绝对变率的绝对值的平均值，也称为平均距平。平均绝对变率表示的是气候要素偏离多年平均值的平均幅度，反映一个地区某个气候要素的多年平均变动情况。由于绝对变率的数值有正有负，如果取代数和会使正、负值抵消，因此在计算平均绝对变率时要取各年绝对变率的绝对值来进行计算。其计算公式为：

$$\overline{d} = \frac{1}{n}\sum_{i=1}^{n}|X_i - \overline{X}| = \frac{1}{n}\sum_{i=1}^{n}|d_i|$$

（3）相对变率　在气候变化分析中，常常要对不同地区同一气候要素的变动情况进行比较，这时必须要消除掉气候要素多年平均值对变率的影响，采用一种相对的衡量标准来进行相互间的比较。相对变率就是消除了单位和多年平均值影响后的一种相对的衡量指标，采用相对变率，可以进行不同地区或不同气候要素变动情况间的比较。

相对变率是指气候要素绝对变率（d_i）与该气候要素多年平均值（$\overline{X}$）的百分比。相对变率是一个百分数，表示气候要素在某个年份偏离多年平均值的程度，相对变率越小，说明该气候要素的年际变动程度越小。其计算公式为：

$$D_i = \frac{d_i}{\overline{X}} \times 100\%$$

相对变率与绝对变率一样，对于有 n 年的记录数列，就有 n 个相对变率，因此相对变率并不能反映整个记录数列的总的变动情况，仅适用于气候要素变动情况在不同要素、不同地区或不同年份的相对比较。

（4）平均相对变率　在气候分析中，为了解气候要素在同一地区不同时段的变动情况，或者在不同地区相同时段的变动情况，通常采用平均相对变率来量度其变动情况。

平均相对变率是指气候要素的平均绝对变率（$\overline{d}$）与该气候要素多年平均值（$\overline{X}$）的百分比。平均相对变率表示的是气候要素偏离多年平均值的平均程度，反映一个地区某个气象要素的多年平均变动情况，该值越小，说明该气候要素平均年际变动程度越小。其计算公式为：

$$D_i = \frac{\overline{d}}{\overline{X}} \times 100\%$$

思　考　题

1. 农业中常用的界限温度有哪些？
2. 积温计算的方法有哪些？
3. 简述气象要素保证率的求算方法。
4. 求算气象要素变率有什么意义？

农业气象学

第12章　农业气象灾害和病虫害的观测和调查

农业气象灾害是危害农业生产的重要自然灾害，往往使作物生长和发育受到抑制或损害，造成产量减少或品质下降。进行农业气象灾害观测和调查是为了及时、准确地提供情报，为组织防灾、抗灾和指导农业生产服务。

12.1　主要农业气象灾害观测

12.1.1　观测的范围和重点

农业气象灾害是指在农业生产过程中发生的导致农业减产、耕地和农业设施损坏的不利天气或气候条件的总称。水分因素异常引起的农业气象灾害有：干旱、洪涝、渍害、雹灾、连阴雨；温度异常引起的有：低温冷害、霜冻、冻害、雪灾、高温热害；风引起的有风灾；气象因素综合作用引起的有干热风等。这里介绍对农业生产危害大、涉及范围广、发生频率高的主要农业气象灾害。

（1）干旱　长期无降水或降水显著偏少，造成空气干燥、土壤缺水，从而使作物体内水分亏缺，正常生长发育受到抑制，最终导致产量下降的气候现象。发生在作物水分临界期的干旱，对产量影响最大。因此，应特别注意作物水分临界期的干旱观测。

（2）洪涝　洪涝是由于大雨、暴雨引起河流泛滥、山洪暴发而淹没农田、毁坏农业设施，或因雨量过于集中，农田积水造成的洪灾和涝灾。此灾害多发生在沿江、沿河和湖泊洼地的农田。

（3）渍害　渍害又叫湿害。由于长期阴雨或地势低洼，排水不畅，土壤水分长期处于饱和状态，使作物根系通气不良，致使缺氧引起作物器官功能衰退和植株生长发育不正常。

（4）连阴雨　较长时期的持续阴雨天气，日照少，空气湿度大，影响作物的生长或收获。

（5）风灾　大风对作物造成机械性损伤和生理危害、土壤风蚀沙化、损坏农业生产设施等。

（6）雹灾　降雹给农业生产造成直接或间接危害。机械破坏作用使作物叶片、茎秆、籽粒遭受损伤。此外，冰雹的机械损伤还会引起作物各种生理障碍等间接危害。

（7）低温冷害　低温冷害包括春季低温阴雨、夏秋季低温冷害和水稻寒露风等。在作物生长季节，温度在0℃以上，有时可能接近20℃的条件下，由于作物持续受低于其生育适宜温度或在生育关键期受短期低温的影响，生育推迟，甚至发生生理障碍造成减产。冷害一般在外观上不明显，不易引起人们的注意，故称"哑巴灾"，需认真观测。

（8）霜冻　　是指在植株生长季节里，夜间土壤和植株表面的温度下降到 0℃ 以下，使植株体内水分形成冰晶，造成作物受害的短时间低温冻害。春霜冻多出现在喜温作物的出苗（移栽）之后，而秋霜冻是在喜温作物成熟之前。

（9）冻害　　作物越冬期间，当遇到 0℃ 以下强烈低温或剧烈变温时，作物体内水分冻结而遭受冻害；由于土壤冻结或水分过多，形成土壤掀耸、冻壳和冻涝使作物受害。

（10）雪灾　　由于积雪使作物遭受机械损伤、受冻而造成的灾害。

（11）高温热害　　高温热害是高温对作物生长发育和产量形成造成的损害。在作物上主要危害水稻、棉花、马铃薯等，不同作物受害指标不同。

（12）干热风　　干热风是造成大量蒸散的综合气象灾害，表现为高温、低湿并伴有一定的风力。破坏作物的水分平衡和光合作用的进行。主要在小麦乳熟期造成危害。棉花、玉米、南方的早稻和中稻有时也受其害。

12.1.2　观测的时间和地点

（1）观测时间　　在灾害发生后及时进行观测。从作物受害开始至受害症状不再加重为止。

（2）观测地点　　一般在作物生育状况观测地段上进行，重大的灾害，还要做好一定区域范围内（例如全县、全省等范围）的调查。

12.1.3　观测和记载项目

（1）农业气象灾害名称、受害期。

（2）天气气候情况。

（3）受害症状、受害程度。

（4）灾前、灾后采取的主要措施，预计对产量的影响，地段代表灾情类型。

（5）地段所在区、乡受害面积和比例。

12.1.4　受害期

（1）当农业气象灾害开始发生，作物出现受害症状时记为灾害开始期，灾害解除或受害部位症状不再发展时记为终止期，其中灾害如有加重应进行记载。霜冻、洪涝、风灾、雹灾等突发性灾害除记载作物受害的开始和终止日期外，还应记载天气过程开始和终止时间（以时或分计）。以台站气象观测记录为准。

（2）当有的农业气象灾害（如哑巴灾）达到当地灾害指标时，则将达到灾害指标日期记为灾害发生开始期，并进行各项观测。如未发现作物有受害症状，须继续监测两旬，然后按实况做出判断，如判明作物未受害，则记载"未受害"并分析原因，记入备注栏。

12.1.5　天气气候情况

灾害发生后，记载实际出现使作物受害的天气气候情况，在灾害开始、增强和结束时记载。内容见表 12-1。

12.1.6　受害症状

记载作物受害后的症状，主要描述作物受害的器官（根、茎、叶、花、穗、果实）、受害部位（植株上、中、下），并指出其外部形态、颜色的变化。根据以下特征，按实际出现情况记载。

（1）干旱

① 对播种（或移栽）不利、出苗缓慢不齐；缺苗、断垄；不能播种、出苗。

表 12-1　主要天气气候情况

名称	天气气候情况记载内容
干旱	最长连续无降水日数、干旱期间降水量和天数、旱作物地段干土层厚度(cm)、土壤相对湿度(%)
洪涝	连续降水日数、过程降水量、日最大降水量及日期
渍害	过程降水量、连续降水日数、土壤相对湿度(%)
连阴雨	连续阴雨日数、过程降水量
风灾	过程平均风速、最大风速及日期
雹灾	最大冰雹直径(mm)、冰雹密度(个数·m^{-2})或积雹厚度(cm)
低温冷害	不利温度持续日数、过程日平均气温、极端最低气温及日期
霜冻	过程气温≤0℃的持续时间、极端最低气温及日期
冻害	持续日数、过程平均最低气温、极端最低气温及日期
雪灾	过程降雪日数、降雪量、平均最低气温
高温热害	持续日数、过程平均最高气温、极端最高气温及日期
干热风	持续日数、过程日平均气温、过程平均最高气温、平均风速、14:00平均相对湿度

② 叶子上部卷起；叶子颜色变黄或变褐；叶子变软，白天萎蔫下垂，夜间可以恢复或夜间不能恢复；上部叶子（禾本科作物）卷缩成管状；叶子干缩、脱落。

③ 胚芽或已发育好的穗、花朵，玉米刚出现的丝状花柱变干；花蕾、花朵、子房、未成熟的果实脱落。

④ 带芒谷类作物的芒变白。

⑤ 稻田缺水：稻田断水、不能插秧，田间池塘干涸，河流、灌渠断水。

（2）涝灾、渍害　洪水冲刷农田，田地内积水（日数和深度），植株被淹没状况（深度），土壤湿度情况，叶、茎、穗、谷粒变色、枯萎霉烂，出现畸形穗，谷粒在穗上发芽。

（3）连阴雨　连阴雨灾害受害症状与发生的时段、危害的作物有关。

春季连阴雨常伴随着低温，主要危害春季作物的播种、出苗（一般作为低温灾害）；影响小麦抽穗、扬花、灌浆；使授粉受阻，籽粒不实；影响油菜开花，使荚果发育不正常；诱发小麦赤霉病和油菜霜霉病、白粉病、菌核病的发生、发展。

夏季连阴雨，影响收割、脱粒、晾晒，造成籽粒发芽、霉变。棉花落铃落蕾。

秋季连阴雨，作物籽粒发芽、霉烂，棉花烂铃、落铃，花生、甘薯等霉烂；影响小麦、油菜正常播种和播后烂种、烂根、死苗。

（4）风灾　叶子撕破，茎秆（主茎、分枝）折断，植株倒伏（以15°、45°、60°、90°记录），籽粒脱落，植株被吹走；表土被风吹走，露出植株根部；植株被风沙掩盖；农业保护地设施等被风吹毁。

（5）雹灾　叶片被击破、打落；茎秆被折断，植株倒伏、死亡；穗子折断，籽粒打落；冰雹堆积使植株遭受冻害；保护地设施被毁。

（6）低温冷害

① 春季低温冷害常导致水稻烂秧，影响大田作物如玉米、高粱、棉花等的播种、出苗。

水稻烂秧死苗的症状有以下几种：a. 烂种：稻种只长芽不长根，种芽倒卧，胚乳变质、腐烂。b. 烂根：根部呈透明状，根芽呈现黄褐色，芽腐烂变软。c. 死苗：秧苗心叶先呈棕色，后逐渐卷曲枯萎，根部腐烂变为黑褐色，不久则整株青枯。

春播大田作物，出苗前后受害症状：种子颜色出现不正常变化，烂种或粉种；幼苗叶子变红，有水渍状；幼苗萎蔫。

② 夏、秋季低温冷害（包括寒露风）主要危害水稻、玉米、高粱、棉花等作物的抽穗、开花。此时如发生不适宜作物生理要求的相对低温，就会造成冷害。

作物遭受低温冷害后，如有比较明显的外部形态变化（如水稻受寒露风危害，往往抽穗困难，穗子上出现麻壳等症状），可按观测实况进行记载；如作物受害症状短期内难以辨认，可在低温出现达到当地冷害气象指标后，注意监测其变化趋势，同时从多方面综合分析，尽快判断出作物遭受低温冷害的时段和对生育抑制、延迟的程度，并进行记录。

（7）霜冻　作物受霜冻危害症状的显现，往往滞后到温度开始回升以后，因此温度在0℃以下时，就应密切注意观察作物受害症状，直到变化稳定后为止。

① 叶片呈水浸状，叶子凋萎、变褐、变黑，边缘、上部、中部叶子受害，受害部分呈黄白色。

② 茎秆呈水浸状、软化，茎和侧枝变黑。

③ 穗、花凋萎，变褐、脱落（凋萎后）。

④ 未成熟果实和棉铃变褐、变黑、呈水泡状；玉米苞叶颜色失去绿色并变干，籽粒丧失弹性；小麦籽粒不变黄、有皱纹，形成的棉铃局部或全部受害；整株作物冻死。

（8）冻害　越冬作物遭冻害的主要是冬小麦，其冻害类型有初冬骤冻型、冬季长寒型、早春融冻型、冰壳和冻涝型。

当出现上述天气类型时，应及时进行田间取样调查。在受害程度有代表性的4个区域，每个观测区域挖取带土植株10株左右，共40株左右，于室内解冻后，小心洗去根部泥土，根据外部形态、心叶和分蘖节剖面颜色、生长锥状况进行判断。株茎死亡症状为分蘖节和心叶基部呈水浸软熟状或暗褐色，生长锥透明性差、变软，死亡较早的植株分蘖节明显干缩呈灰褐色，生长锥皱缩且与心叶粘连不易剥离。判断死株以分蘖节剖面颜色为主，判断死茎以心叶状况为主。

（9）雪灾　由于降雪过大，造成作物机械损伤、冻害。观测记载作物最大积雪厚度、积雪时间、机械损伤及受冻症状（参照霜冻受害症状）。

（10）高温热害　水稻上部功能叶变黄早衰，灌浆期缩短，灌浆速度减慢。尽量以量值表示，如从上部起第几个功能叶变黄，有灌浆速度观测的站记载灌浆期缩短天数和日增长量或减少量等。其他作物如棉花、马铃薯等按高温后表现的症状记载。

（11）干热风　叶片由黄绿色变为黄白色或黄褐色，叶片凋萎、发脆，叶片卷曲呈绳状，茎秆呈灰白色，穗部由黄绿色变为黄白色或黄褐色，颖壳变白、张开，"炸芒"、芒尖干枯，顶端小穗枯死，籽粒皮厚、腹沟深而秕瘦，植株黄枯或青枯死亡。

12.1.7　受害程度

（1）植株受害程度　反映作物受害的数量，主要统计其受害百分率。其方法是：在受害程度有代表性的4个地方，分别数出一定数量（每区不少于25）的株（茎）数，统计其中受害（不论受害轻重）、死亡株（茎）数，分别求出受害百分率。大范围旱、涝等灾害，植株受害程度一致，则不需统计植株受害百分率，记载为全田受害。

（2）器官受害程度　反映植株受害的严重性。目测估计器官受害百分率。

12.1.8　灾前、灾后采取的主要措施

记载措施名称、效果，如施药则需填写药品名称。

12.1.9　预计对产量的影响

按无影响、轻微、轻、中、重划分等级。影响中等以上应估计减产成数。

12.1.10 地段代表灾害类型

一定区域范围内（例如全县、全省等范围）灾情分轻、中、重三类，记载地段所代表的灾情类型。

12.1.11 地段所在区、乡和全县（乃至更大范围内）受灾面积和比例

通过调查记载观测作物和其他作物的受灾面积（hm²）和比例，并注明资料来源。如灾后进行调查，全县情况这里可不记载。

12.2 主要病虫害观测

12.2.1 观测范围和重点

病虫害观测主要以作物是否受害为依据。病害要观测发病情况，虫害则主要观测为害的情况，一般不做病虫繁殖过程的追踪观测。对发生范围广、为害严重的主要病虫害应作为观测重点，如水稻的稻瘟病、稻飞虱、螟虫、纵卷叶螟，小麦的条锈病、白粉病、赤霉病、吸浆虫、麦蜘蛛，棉花的黄萎病、枯萎病、棉铃虫、红蜘蛛、红铃虫，玉米的黑粉病、螟虫以及各种蚜虫和黏虫、蝗虫、杂食性害虫等，油菜的菌核病、白锈病、大猿叶虫，大豆的紫斑病、花叶病、食心虫等。重点病虫害观测可与当地植保部门商定。

12.2.2 观测时间

结合作物生育状况进行观测。如有病虫害发生应立即进行观测记载，直至该病虫害不再蔓延或加重为止。

12.2.3 观测地点

在作物观测地段上进行，同时记载地段周围情况，遇有病虫害大发生时，应在全县范围内进行调查。

12.2.4 观测项目和记载方法

① 病虫害名称　记载正式名，不得记各地的俗名。

② 受害期　当发现作物受病虫为害时，记为发生期；病虫发生率高，记为猖獗期；病虫害不再发展时，记为停止期。

③ 受害症状　记载受害部位和受害器官的受害特征。部位分上、中、下各部位，器官分根、茎、叶、花、穗、果实等。各种病虫害的为害特点和作物受害特征以文字简单描述。

$$植株受害、死亡百分率 = \frac{受害、死亡株（茎）数}{总株（茎）数} \times 100\%$$

④ 植株受害程度　受害比较均匀的情况，方法与农业气象灾害受害程度统计相同。受害不均匀的情况，分别估计受害、死亡面积占整个地段面积的百分率。

⑤ 器官受害程度　采用目测法估计器官受害的严重程度。叶、茎、分枝、花、果实、小穗受害，估测受害植株中某受害器官占该器官总数的百分率。

⑥ 其他　灾前、灾后采取的主要措施，预计对产量的影响，地段代表灾情类型，地段所在区受灾面积和比例。

12.3 农业气象灾害和病虫害调查

农业气象灾害和病虫害调查是指对当地（县境）农业生产影响大、范围广的气象灾害及

与气象条件关系密切的主要病虫害进行调查，以便及时、准确地提供情报服务；同时系统地、准确地累积灾害资料，对研究本地区的灾害发生规律、灾害指标都具有重要意义。

12.3.1　调查项目

（1）调查点受灾情况　灾害名称、受害期、代表灾情类型、受害症状、受害程度、成灾面积和比例、灾前灾后采取的主要措施、预计对产量的影响、成灾的其他原因、减产趋势估计和调查地块实产等。例如县内受灾情况　县内不同类型灾情，受灾主要区（乡）、成灾面积和比例以及并发的主要灾害、造成的其他损失、县内资料来源。

（2）调查点及调查作物的基本情况　调查日期、地点、位于气象站的方向和距离、地形、地势、前茬作物、作物名称、品种类型、栽培方式、播栽期、所处发育期、生产水平等。

12.3.2　调查方法

采用实地考察与访问调查相结合的方法。在灾害发生后选择能反映本次灾害的不同灾情类型（轻、中、重）的自然村进行实地调查（如观测地段代表某一种灾情等级，则只需另选两种调查点）。调查在灾情有代表性的田块上进行。受害症状、植株器官受害程度等参照本节"农业气象灾害"中的有关方法进行。调查时间以不漏测应调查的内容，并能满足情报服务需要为原则。一般在灾害发生的当天（或第二天）及受害症状不再变化时各进行一次。如情报服务特殊需要增加调查次数。

思　考　题

1. 农业气象灾害有哪些？
2. 农业气象灾害发生后，为什么要记载实际出现的天气气候情况？
3. 农业病虫害的发生发展与气象条件是否有关？
4. 农业病虫害的观测如何进行？

参 考 文 献

[1] Campbell G S. An Introduction to Environmental Biophysics. 2nd edi. New York：Springer-Verlag，1998.

[2] Monteith J L. Principles of Environmental Physics. Edward Arnold Ltd，1980.

[3] Rosenberg N J. Microclimate（2nd edi.）. John wiley & sons，Inc，1983.

[4] 包浩生. 日然资源简明词典. 北京：中国科学技术出版社，1993.

[5] 包云轩，樊多琦. 气象学实习指导. 第2版. 北京：中国农业出版社，2007.

[6] 包云轩. 农业气象学. 第2版. 北京：中国农业出版社，2007.

[7] 包云轩. 气象学（南方本）. 北京：中国农业出版社，2002.

[8] 陈铁如等. 基础气象与农业气象学. 台北：淑馨出版社，1993.

[9] 陈志银. 农业气象学. 杭州：浙江大学出版社，2000.

[10] 陈志银. 农业气象学实习指导. 杭州：浙江大学出版社，2002.

[11] 陈中一，高传智，谢倩，等. 天气学分析. 北京：气象出版社，2010.

[12] 崔讲学. 地面气象观测. 北京：气象出版社，2011.

[13] 刁瑛元等. 农业气象. 北京：北京农业大学出版社，1993.

[14] 段若溪，姜会飞. 农业气象学. 北京：气象出版社，2002.

[15] 段若溪，姚渝丽. 农业气象实习指导. 北京：气象出版社，2002.

[16] 贺庆棠，陆佩玲. 气象学. 北京：中国林业出版社，2010.

[17] 霍治国，王石立. 农业和生物气象灾害. 北京：气象出版社，2009.

[18] 姜会飞. 农业气象观测与数据分析. 北京：科学出版社，2009.

[19] 姜会飞. 农业气象学. 北京：科学出版社，2008.

[20] 姜世中. 气象学与气候学. 北京：科学出版社，2010.

[21] 李爱贞等. 气象学与气候学基础. 北京：气象出版社，2004.

[22] 李柏. 天气雷达及其应用. 北京：气象出版社，2011.

[23] 李锋，马树庆，王琪，等. 寒潮和霜冻. 北京：气象出版社，2009.

[24] 李亚敏. 农业气象. 北京：化学工业出版社，2007.

[25] 刘江，许秀娟. 气象学（北方本）. 北京：中国农业出版社，2002.

[26] 刘江，高西宁. 气象学实习指导（北方本）. 北京：中国农业出版社，2006.

[27] 毛军需，张金良，李留相. 农业气象. 北京：气象出版社，1996.

[28] 毛军需，张金良，李留相. 农业气象实验指导. 北京：气象出版社，1996.

[29] 苗艳芳，石兆勇，王发园等. 资源综合调查与评价实验实习教程. 北京：中国环境出版社，2015.

[30] 王炳庭等. 农业气象. 上海：上海科学技术出版社，1988.

[31] 奚广生等. 农业气象. 北京：高等教育出版社，2005.

[32] 肖金香等. 农业气象学. 北京：高等教育出版社，2009.

[33] 阎凌云. 农业气象. 北京：中国农业出版社，2005.

[34] 杨继武. 农业气象学. 北京：中央广播电视大学出版社，1989.

[35] 杨军，董超华. 新一代风云极轨气象卫星业务产品及应用. 北京：科学出版社，2011.

[36] 姚运生. 农业气象. 北京：高等教育出版社，2009.

[37] 张霭琛. 现代气象观测. 北京：北京大学出版社，2000.

[38] 张强，潘学标. 干旱. 北京：气象出版社，2009.

[39] 张嵩午，刘淑明. 农林气象学. 西安：西北农林科技大学出版社，2007.

[40] 甄文超. 气象学与农业气象学基础. 北京：气象出版社，2006.

[41] 中国农业科学院. 中国农业气象学. 北京：中国农业出版社，1999.

[42] 中国气象局. 地面气象观测规范. 北京：气象出版社，2003.

[43] 周淑贞. 气象学与气候学. 北京：高等教育出版社，1997.